समेकित कृषि प्रणाली

समेकित कृषि प्रणाली

डा0 संजीव कुमार
डा0 शिवानी
डा0 सती शंकर सिंह

पूर्वी क्षेत्र के लिए भारतीय कृषि अनुसंधान परिषद्
का अनुसंधान परिसर, पटना–800 014, बिहार

2012

न्यू इंडिया पब्लिशिंग एजेंसी
पीतमपुरा, न्यू दिल्ली–110088

Published by
Sumit Pal Jain *for*
New India Publishing Agency
101, Vikas Surya Plaza, CU Block, L.S.C. Mkt.,
Pitam Pura, New Delhi- 110 088, (India)
Phone: 011-27341717, Fax: 011-27341616
Mobile : 09717133558
E-mail: info@nipabooks.com
Web: www.nipabooks.com

ISBN : 978-93-81450-15-4

Typeset at: Harminder Singh Kharb *for* Laxmi Art Creation
Printed at: Jai Bharat Printing Press, Delhi

डॉ. अनिल कुमार सिंह
उप महादिनेशक (प्रा सं प्रा)
Dr. Anil Kumar Singh
Deputy Directory General (NRM)

भाकृ अनुप
ICAR
भारतीय कृषि अनुसंधान परिषद्
कृषि अनुसंधान भवन–II, पूसा
नई दिल्ली–110 012
Indian Council of Agricultural Research
Krishi Anusandhan Bhavan-II, Pusa
New Delhi-110 012

प्राक्कथन

भूमि प्रकृति–प्रदत्त है जिस पर मानव, पेड़–पौधे एवं समस्त जीवों का अस्तित्व निर्भर करता है। इस प्रकृति–प्रदत्त उपहार का सम्यक उपयोग व समुचित प्रयोग ही सृष्टि का संतुलन बनाये रखने में सहायक सिद्ध हो सकता है। भारत जैसे विकासशील एवं कृशि प्रधान देश मे ं भूमि का उपयोग निरंतर बढ़ता जा रहा है एवं जनसंख्या–वृद्धि, औद्यौगिक विकास तथा अवस्थापना विस्तार के लिए इसकी मांग बढ़ती जा रही है। बढ़ती जनसंख्या की मांग को पूरा करने के लिए हमें सन् 2030 एवं सन् 2050 में क्रमशः लगभग 289 एवं 349 मिलियन टन अन्न का उत्पादन करना होगा। परन्तु हमारे देश का वर्त्तमान परिदृश्य यह इंगित करता है कि सम्भवतः सन् 2030 तक हमारी कृशि–योग्य भमि का 20 प्रतिशत भाग अन्य प्रयोजनो ं में परिवर्त्तित हो जाए। खेतों का आकार भी धीरे–धीरे घटता जा रहा है जिसके फलस्वरूप प्रति व्यक्ति भूमि की उपलब्धता में कमी आती जा रही है। ऐसे में कृषि का ऊर्ध्वाधर विस्तार आवश्यक है जिसमें कृषि के विभिन्न घटकों को समन्वित कर सीमित भूमि एवं अन्य प्राकृतिक संसाधनों का भली–भाँति प्रबंधन कर, कम समय में सुनिश्चित आय की प्राप्ति की जा सकती है। कृषि फसलों के साथ ही कृषि के अन्य घटकों जैसे बागवानी, पशुपालन, कुक्कुटपालन, मत्स्यपालन, मधुमक्खी

पालन, कृमि खाद–निर्माण इत्यादि अपना कर उत्पादकता में वृद्धि के साथ–साथ पर्यावरण–क्षरण में सुधार, कृषि–लागत मूल्यों में कमी, कृषि उत्पादन में स्थायित्व तथा गरीब कृषकों के जीवन–स्तर को बेहतर बनाया जा सकता है।

हमारे देश में सतरंगी क्रांति को सुदृढ़ करने एवं बदलते परिवेश में उत्पादकता बढ़ाने में समेकित कृषि प्रणाली अहम भूमिका निभा सकती है। मुझे आशा है कि निश्चित रूप से यह पुस्तक कृषि से जुड़े विभिन्न समुदायों में "समेकित कृषि प्रणाली" विषय को लोकप्रिय बनाने में दिशा–निर्देश देगी एवं अपनी उपयोगिता सिद्ध कर पूर्ण प्रतिष्ठा प्राप्त करेगी।

अकुसिंह

डॉ. अनिल कुमार सिंह

उप महानिदेशक (प्रा सं प्र)

भारतीय कृषि अनुसंधान परिषद, नई दिल्ली

प्रस्तावना

60 के दशक में आयी हरित क्रांति ने किसानों को भरपूर आर्थिक सहयोग प्रदान किया पर यह धान–गेहूँ आदि फसलों तक ही सीमित रही। जनसंख्या वृद्धि की तेज रफ्तार को ध्यान में रखते हुए यह आवश्यक है कि फसलों का उत्पादन भी उसी अनुपात में अधिक से अधिक किया जाए। परन्तु विगत वर्षों में अनाज की उत्पादकता में आई स्थिरता एवं निरन्तर बढ़ती जनसंख्या ने हमारे सामने नई चुनौतियों को पेश किया है और सबसे महत्वपूर्ण चुनौती है बढ़ती जनसंख्या के साथ कदम से कदम मिलाकर अनाज पशुपालन एवं फल सब्जी आदि के उत्पादन को नये आयामों तक पहुँचाना ताकि आने वाले समय में भी हम अपनी अनाज उत्पादन की आत्मनिर्भरता स्तर को बनाये हुए विकास के पथ पर अग्रसर होते रहें। अतः आवश्यकता है कि पारम्परिक खेती में आवश्यकतानुसार बदलाव किए जाएं, खेती का उर्ध्वाधर विस्तार किया जाए एवं कृषि के विभिन्न घटकों को समन्वित कर प्राकृतिक संसाधनों जैसे जल, मिट्टी एवं वातावरण का समुचित उपयोग कर कृषि को लाभप्रद बनाया जा सके।

जरूरत है अब इंद्रधनुषी क्रांति की, जिसमें कृषि के सम्पूर्ण घटक विद्यमान हो। रासायनिक उर्वरकों का प्रयोग समेकित कृषि प्रणाली द्वारा प्राप्त जैविक खाद के साथ मिलाकर करने पर प्रमुख पोशक तत्वो के साथ ही गौण एव सूक्ष्म पोशक तत्वो की पूर्ति हो जाएगी एवं भूमि की उर्वराशक्ति भी बनी रहेगी। वर्तमान समय में समेकित कृषि प्रणाली ही इसका एकमात्र समाधान है जिसमें कृषि फसलों के साथ कृषि के अन्य घटकों जैसे पशुधन, बागबानी मात्स्यिकी, कुक्कुट पालन, वानिकी, मधुमक्खी पालन, केंचुआ खाद एवं मशरूम उत्पादन इत्यादि को समन्वित कर उपलब्ध संसाधनों का भली भांति उपयोग किया जाता है ताकि सीमित भूमि, कम समय एवं कम लागत में उचित सुनिश्चित आय उपलब्ध हो तथा रोजगार के अधिक अवसरों का सृजन हो सके।

प्रस्तुत पुस्तक इस विषय पर नवीन दृष्टिकोण से हिन्दी में लिखी गई संभवतः प्रथम पुस्तक है। इसकी भाषा काफी सरल है एवं सीधे शब्दो में समेकित कृषि प्रणाली

के विभिन्न पहलुओं को पाठकों तक पहुँचाने की कोशिश की गई है। मुझे पूरा विश्वास है कि डॉ संजीव कुमारे, डॉ. शिवानी एवं डॉ एस. एस. सिंह द्वारा लिखित यह पुस्तक समेकित कृषि प्रणाली जैसे महत्वपूर्ण विषय को और ऊँचाईयाँ प्रदान करेगी एवं वैज्ञानिको, अनुसंधान केंद्रो, विश्वविद्यालय के छात्रों, शिक्षकों, प्रसार कार्यकर्ताओं, किसानों एवं कृषि विभागों से सम्बद्ध व्यक्तियों के लिए काफी लाभप्रद सिद्ध होगी। प्रस्तुत पुस्तक कृषि उद्योगों के विकास में भी महत्वपूर्ण भूमिका निभायेगी एवं नवयुवकों में स्वरोजगार बढ़ाने की दिशा में एक मिसाल कायम करेगी।

डॉ0 अरविन्द कुमार
उप महानिदेशक (शिक्षा)
भारतीय कृषि अनुसंधान परिषद, नई दिल्ली

दो शब्द

"समेकित कृषि प्रणाली" नामक पुस्तक पाठकों के कर–कमलों में पठन सामग्री के रूप में प्रस्तुत करते हुए हमें अपार हर्ष का अनुभव हो रहा है। नवीन दृष्टिकोण से राष्ट्रभाषा हिन्दी में इस विषय पर लिखी गई पुस्तक संभवतः इस क्षेत्र में प्रथम प्रयास है।

यह पुस्तक वैज्ञानिकों, अध्यापकों, छात्रों, कृषकों एवं कृषि विभाग से सम्बद्ध लोगों के लिए तकनीकी ज्ञान प्रदान करने हेतु काफी उपयोगी सिद्ध होगी। पुस्तक की भाषा को काफी सरल बनाया गया है ताकि यह कृषि विभाग से सम्बद्ध लोगों के साथ–साथ कृषकों को भी ग्राह्य हो। कृषकों के द्वारा उपयोग की जाने वाली स्थानीय भाषाओं को भी पुस्तक में स्थान दिया गया है। इस पुस्तक की सामग्री को विषय विशेषज्ञों के ऐसे दल द्वारा लिखा गया है जो इस विषय पर लम्बे समय से अनुसंधान, प्रसार एवं प्रशिक्षण से जुड़े हुए हैं।

पुस्तक की रूपरेखा को तैयार करते समय इस बात का पूरा ध्यान रखा गया है कि देश के पूर्वी क्षेत्र के साथ–साथ यह देश के अन्य राज्यों यथा उत्तर–प्रदेश, पंजाब, हरियाणा, मध्य प्रदेश, राजस्थान, महाराष्ट्र, उड़ीसा, केरल, तमिलनाड्डु, उत्तर–पूर्वी राज्यों सहित देश के अन्य भागों के लिए भी समान रूप से उपयोगी सिद्ध हो। प्रस्तुत पुस्तक में "समेकित कृषि प्रणाली" के सिद्धांतों को कृषि भूमि पर लागू करने के उद्देश्य से कई "समेकित कृषि प्रणाली" के मॉडलों का सहारा लिया गया है ताकि यह पाठकों के लिए अधिक रूचिकर हो तथा कृषक बन्धु विभिन्न मॉडलों का अध्ययन कर इसे अपने खेतों के साथ जोड़ सकें समेकित कृषि प्रणाली के मुख्य घटक जैसे कृषि – वानिकी, पशुपालन, बकरी पालन, चूजा पालन, बत्तख पालन, मत्स्य पालन, केंचुआ खाद उत्पादन (वर्मी–कम्पोस्टिंग) एवं खुंभ

उत्पादन तकनीकों को उदाहरण एवं उनकी आर्थिकी के साथ इस पुस्तक में दर्शाया गया है जो अपने आप में एक मिसाल है।

हिन्दी मे इस ढंग से लिखी गई प्रस्तुत पुस्तक सम्भवतः अन्य लेखकों को भी एक दिशा–निर्देश देने में सफल होगी क्योंकि अधिकांशतः पुस्तकें केवल तकनीक से जुड़े सिद्धांतों, पर ही केन्द्रित होती हैं जबकि इस पुस्तक में कृषि के विभिन्न सिद्धांतों को समाहित करते हुए उसे प्रायोगिक बनाने का प्रयास किया गया है। इस विषय पर हिन्दी में तकनीकी लेखों, शोध पत्रों एवं अन्य उपयोगी सामग्रियों का नितान्त अभाव है अतः यह पुस्तक इन कमियों को भी पूर्ण करने में निश्चित रूप से सक्षम होगी। पुस्तक में कुछ त्रुटियाँ रह जानी स्वाभाविक है। अतएव इस विषय के अध्यापकों, अनुसंधानकर्त्ताओं, छात्रों एवं कृषकों से मेरा अनुरोध है कि इस पुस्तक की त्रुटियों की ओर हमारा ध्यान आकृष्ट करें तथा अपना उपयोगी सुझाव समय–समय पर देते रहें। इसके लिए हम उनके आभारी रहेंगे।

आशा है कि प्रस्तुत पुस्तक अपनी कसौटी पर खरी उतरेगी एवं देश की कृषि को एक नया आयाम देने में सफल सिद्ध होगी।

संजीव कुमार
श्रीमती शिवानी
सती शंकर सिंह

विषय सूची

तालिका सूची

पशुपालन

बकरी पालन

मधुमक्खी पालन (मौन पालन)

वर्मी–कम्पोस्ट

खुंभी उत्पादन

मुर्गी पालन

कृषि–सह–वानिकी

औषधीय एवं सगंध पादप

रेखा चित्रों की सूची

अध्याय 1

समेकित कृषि प्रणाली एक परिचय

नयी उन्नत कृषि तकनीकों की सार्थकता तभी है जब कृषक समुदाय उन्हे अपनायें, अन्यथा वे तकनीकी रूप से सबल होते हुए भी सीमित मूल्यों की रह जाती हैं। परम्परागत अनुसंधान तथा प्रसार के प्रयासों से विकसित एवं हस्तांतरित नई कृषि तकनीकें बड़े पैमाने पर भिन्नता रखने वाले कृषि जलवायु तथा सामाजिक आर्थिक परिस्थितियों के अन्तर्गत खेती करने वाले कृषकों में एक समान रूप से अपनायी नहीं जाती हैं। यदि मूलभूत तौर पर कृषि जलवायु तथा सामाजिक–आर्थिक परिस्थितियों पर जिसमें कृषक खेती करते हैं, की ओर पर्याप्त ध्यान नहीं दिया जाए, तो अनुसंधान केन्द्रों पर विकसित एवं हस्तांतरित तकनीकों को किसानों की आवयश्यकताओं एवं परिस्थितियों के अनुरूप उपयुक्त नहीं पाया जा सकता। सीमित संसाधनों एवं कम अनुकूल प्राकृतिक वातावरण में खेती करने वाले छोटे किसान प्रायः कई कारणों से नई तकनीकों को नहीं अपनाते हैं। जिनमें से कुछ मुख्य कारण निम्नलिखित हैं :

1. नई तकनीकों के विषय में जागरूकता का अभाव (निरक्षरता / उपेक्षा)
2. अप्रभावी प्रसार सेवाएं

3. नई तकनीकें किस परिस्थिति में विकसित की गई हैं उसे प्रस्तुत न करना
4. आवश्यक कृषि सामग्रियों पर खर्च करने के लिए संसाधनों का आभाव
5. समय पर खाद, बीज इत्यादि का उपलब्ध नहीं हो पाना

एक और कारण यह भी कभी–कभी सुनने को मिलता है कि अनुशंसित तकनीकें किसानों एवं उनके वातावरण के लिए ही उपयुक्त नहीं है (चैम्बर्स एवं गिल्ड्यल 1985)। सामान्यतः किसान ऐसी तकनीक ढूंढते हैं जिससे उनकी आमदनी में बढ़ोतरी हो और साथ ही साथ जिनके जोखिम का दायरा उनकी परिस्थितियों एवं प्रबंधन के अंतर्गत सीमित हो। 'हरित क्रांति' मुख्यतः समृद्ध किसानों तथा संसाधन सम्पन्न क्षेत्रों, जिनमें अधिक कृषि उत्पादन की स्पष्टतया अधिक क्षमता थी, तक ही सीमित रह गई। परम्परागत तकनीक–विकास तथा हस्तांतरण मॉडल जो विकासशील देशों में अपनाये गए हैं उन्हें अधिकांश किसानों की विशिष्ट आवश्यकताओं को पूरा करने में असमर्थ पाया गया है। उत्पाद आधारित पारम्परिक कृषि अनुसंधान में कृषि प्रणाली दृष्टिकोण का अभाव हैं। अनुसंधान केन्द्रों में चलाए जाने वाले कार्यक्रम ऐसी परिस्थिति में चलाये जाते हैं जो किसान के खेतों में नहीं पाये जाते तथा इनमें किसानों की भागीदारी भी बहुत कम अथवा बिल्कुल नहीं के बराबर होती है। जटिल, विविधतापूर्ण तथा जोखिम भरी परिस्थितियों में खेती करने वाले छोटे संसाधनहीन किसानों की समस्याओं को हल करने के लिए परम्परागत, उत्पाद आधाारित अनुसंधान एवं प्रसार नीतियों की असफलता के फलस्वरूप एक अधिक वृहत, सुनियोजित, कृषक केन्द्रित तथा अन्तरआयामी दृष्टिकोण का अर्विभाव हुआ जिसे कृषि अनुसंधान प्रणाली के नाम से जाना गया। इसका उद्देश्य कृषि प्रणलियों की स्पष्ट जानकारी के आधार पर उनके लिए उपयुक्त कृषि तकनीकों का विकास तथा प्रसार करना है।

विशिष्ट समूह के मांग की पूर्ति हेतु सटीक तकनीकों को विकसित तथा हस्तातंरित करने के क्रम में कृषक–सहभागिता, सुनियोजित अनुसंधान तथा प्रसार के प्रयास भारत में जोर पकड़ रहे हैं। हाल के वर्षों में सस्य प्रणाली/कृषि प्रणाली पर केन्द्रित कई कार्यक्रम आरम्भ किये गए हैं। इन

कार्यक्रमों में कृषि प्रणाली अनुसंधान से जुड़ी रणनीति की वांछनीय विशेषताओं को कृषि अनुसंधान की मुख्य धारा में मिलाने के प्रयास किये गए हैं ताकि प्रासंगिक विशिष्ट समूह केंद्रित तथा स्थान विशिष्ट तकनीकों का विकास किया जा सके। यद्यपि भारतीय परिपेक्ष्य में कृषि प्रणाली अनुसंधान (एफ. एस. आर.) के कार्यान्वयन का वास्तविक अनुभव काफी सीमित रहा है तथापि भारत में कृषि प्रणाली अनुसंधान प्रबंध अकादमी (एन ए.ए.आर.एम.) में आयोजित एक अंतर्राष्ट्रीय कार्यशाला में चर्चा की गई तथा इसमें कई उपयोगी तथा कार्यान्वयन योग्य प्रस्ताव सामने आए (रमन तथा बालागरू, 1992)।

धारणा तथा कार्यविधि

जब यह देखा गया कि कठिन परिस्थितियों में मुश्किलों का सामना करते हुए खेती करने वाले लधु किसानों के परिवारों के समूह को पारम्परिक कृषि अनुसंधान तथा प्रसार नीतियों का कोई लाभ नहीं पहुँच रहा है तो 1970 के दशक में कृषि प्रणाली अनुसंधान (एफ.एस.आर.) का विकास किया गया। यह कृषि अनुसंधान एवं विकास की ओर एक नवप्रर्वतक प्रयास अथवा दृष्टिकोण है जिसमें जटिल, विविधतापूर्ण तथा जोखिमपूर्ण खेती करने के बावजूद लाभ से वंचित किसानों की समस्याओं को अधिक प्रभावी ढंग से हल करने का प्रयास किया जाता है।

अवधारणात्मक परिभाषा

कृषि प्रणाली में, धारणा के रूप में, कृषक परिवार को केन्द्र में रखते हुए मृदा, जल, फसलों, पशुधन श्रम, पूँजी, ऊर्जा तथा अन्य संसाधनों जैसे कारकों पर ध्यान देते हुए कृषि एवं इससे जुड़ी अन्य गतिविधियों का प्रबंधन किया जाता है। कृषक परिवार अपनी क्षमता एवं उपलब्ध संसाधनों की सीमाओं के अन्दर रहकर सामाजिक तथा सांस्कृतिक ढॉचें के बीच कार्य करता है जिसमें भौतिक, जैविक एवं आर्थिक कारकों के साथ इन घटकों की प्रतिक्रिया होती है।

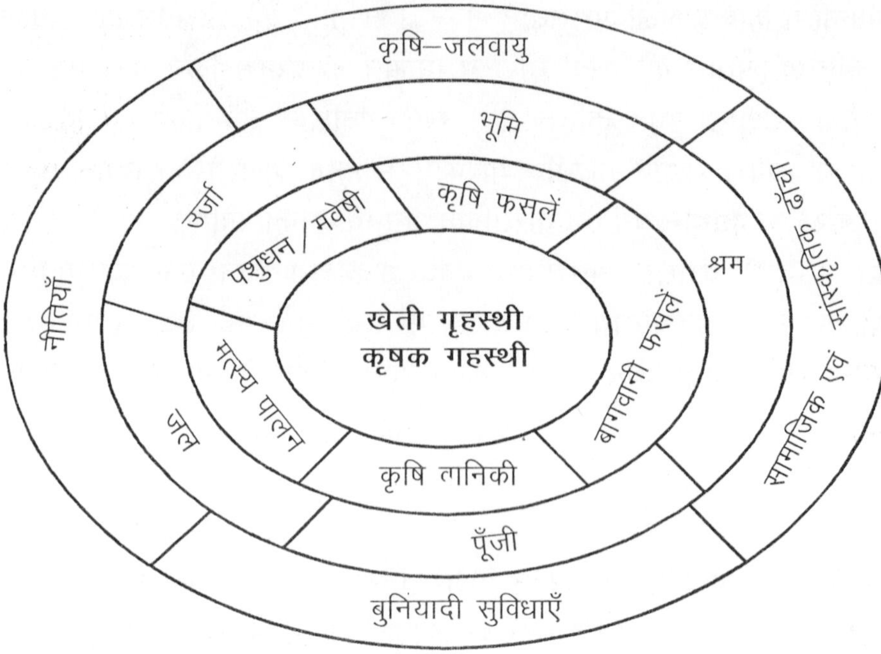

रेखाचित्र 1 : समेकित कृषि प्रणाली के मुख्य अवयव

वृहत अर्थो में, कृषि प्रणाली अनुसंधान में, किसी भी क्षेत्र तथा इसमें होने वाली प्रतिक्रियाओं (घटकों के बीच तथा घटकों की पर्यावरण/परिस्थितियों से होनेवाली) पर विचार किया जाता है (सी.जी.आई.ए.आर., 1978)। इस प्रकार के अनुसंधान उन वैज्ञानिकों के दल (जिसमें भिन्न–भिन्न विषयों के वैज्ञानिक हों) द्वारा अधिक प्रभावी ढ़ंग से किया जाता है जो प्रसार कार्यकर्ताओं के साथ – साथ लगातार किसानों के सम्पर्क में रहते हुए ही किसानों की समस्याओं को समझने तथा सुलझाने का प्रयास करते हैं। इसका उद्देश्य एक निश्चित समूह के किसानों के लिए तकनीकों का विकास एवं हस्तांतरण करना है जिससे संसाधनों की उत्पादकता में वृद्धि हो सके।

शेनर एवं सहयोगियों (1982) द्वारा दी गई एक परिभाषा से कृषि प्रणाली अनुसंधान/प्रसार की मुख्य रूप रेखा स्पष्ट होती है। उस परिभाषा के अनुसार कृषि प्रणाली अनुसंधान एक प्रयास अथवा दृष्टिकोण है कृषि अनुसंधान एवं विकास का, जिसमें पूरे फार्म को एक प्रणाली के रूप में देखा जाता है। यह दो मुख्य बिन्दुओं पर प्रकाश डालता है:

1. गृहस्थी के सदस्यों के नियंत्रण में घटकों के बीच परस्पर निर्भरता हो तथा
2. ये घटक भौतिक, जैविक एवं सामाजिक तथा आर्थिक कारकों के साथ किस प्रकार प्रतिक्रिया करते हैं जो गृहस्थ के नियंत्रण में नहीं हैं।

किसी भी कृषि प्रणाली के दृष्टिकोण से शोध एवं प्रसार कार्य के प्रयास के विभिन्न उद्देश्य होते हैं। इसकी सीमा फार्मिंग सिस्टम (कृषि प्रणाली) के बारे में अधिक ज्ञान अर्जित करने से लेकर कृषि प्रणाली की विभिन्न परिस्थितियों एवं समस्याओं को हल करने तक है। यह समस्याओं का समाधान करने वाली भूमिका का सर्वोत्तम स्थान है क्योंकि इसका लक्ष्य किसानों के लिए उपयुक्त कृषि तकनीकों के विकास और हस्तांतरण द्वारा कृषि प्रणाली की उत्पादकता को बढ़ाया जाना है। दुर्भाग्यवश कृषि प्रणाली अनुसंधान का अर्थ विभिन्न लोगों के लिए भिन्न–भिन्न है (मेरिल–सैडंस, 1986) जिसका उद्देश्य कृषि प्रणाली अनुसंधान की वृहत छतरी तले विभिन्न विधियों को अग्रसर करना है। इसके अतिरक्त इस वृहत शीर्ष के अधीन कुछ गतिविधियाँ आयोजित कर कई व्यक्ति एवं संस्थान, कृषि प्रणाली अनुसंधान की विधियों/कार्यरीतियों पर अपनी मुहर लगाने के प्रयास में हैं। साइमंडस (1984) ने विभिन्न देशों एवं महाद्वीपों में अपनायी गई कृषि प्रणाली अनुसंधान की विविध रणनीतियों पर विस्तृत अध्ययन कर उन्हें निम्नलिखित श्रेणियों में बॉटा :

1. कृषि अनुसंधान प्रणाली : सीधे शब्दों में इसके अन्र्तगत यह उस कृषि प्रणाली का अध्ययन करता है जो आज भी अस्तित्व में हैं। यह पूर्णतः शैक्षणिक गतिविधि है जिसके अन्तर्गत कृषि प्रणाली का विवरण, विश्लेषण एवं इसकी कार्यप्रणाली का गहराई से अध्ययन किया जाता है।
2. नवीन कृषि प्रणाली का विकास : प्रायः इस प्रकार के अनुसंधान, अनुसंधान केन्द्रों में चलाये जाते है तथा इसमें फसल, पशुधन एवं वृक्षों की प्रजातियों को एक क्षेत्र में समेकित किया जाता है। विभिन्न उद्यमों के बीच आपसी निर्भरता बनायी जाती है। इसमें नई कृषि पणाली का

विकास कर जटिल तथा मौलिक परिवर्तनों की आशा की जाती है, न कि चरणबद्ध परिवर्तनों की।

3. कृषि प्रणाली स्वरूप के साथ प्रक्षेत्र अनुसंधान : यह एक समस्या आधारित अनुसंधान है जिसमें प्रयोगकर्ता परिस्थितियों के आधार पर कृषि प्रणाली में परिवर्तनों को ढालने का प्रयास करता है। देखा गया है कि एक ही विधि द्वारा केन्द्र एवं किसानों के खेत पर किये गए अनुसंधान का परिणाम कभी भी नहीं मिल पाता। दोनों में काफी अन्तर होता है। कृषि प्रणाली में क्रांतिकारी बदलाव की जगह चरणबद्ध बदलाव पर बल दिया जाता है। वर्तमान समय में अधिकांश कृषि प्रणाली अनुसंधान इसी श्रेणी में अच्छी तरह वर्णित किये जा सकते हैं जिसे विश्व के अन्य देशों में भी समर्थन मिल रहा है।

आज के परिदृश्य में भारतीय किसानों के पास एक ओर सीमित भूमि एवं सीमित प्राकृतिक संसाधन हैं तथा दूसरी ओर उनकी जरुरतें एवं खर्च में लगातार वृद्धि हो रही है। इन परिस्थितियों में ऐसी तकनीक या कृषि–प्रणाली की आवश्यकता है जो सीमित संसाधनों के समुचित उपयोग से अधिकाधिक आमदनी दे सके। आज अधिकांश कृषक परिवार कुपोषण, कम आमदनी एवं शिक्षा के अभाव से जूझ रहे है। यदि कृषि फसलों के साथ ही कृषि के अन्य घटक जैसे कि बागवानी, पशु–पालन, कुक्कट पालन, मत्स्य पालन को समाहित किया जाए तो किसान अपने प्रक्षेत्र के उत्पादन से ही अपने व अपने परिवार को इन सभी समस्याओं से निदान दिला सकते हैं। सीधे शब्दों में इसे ही समेकित कृषि प्रणाली कहते हैं। समेकित कृषि प्रणाली अन्य कृषि प्रणालियों से ज्यादा आमदनी प्राप्त करने का जरिया है जिसके तहत् कृषि के एक घटक के अवशिष्टों का उपयोग दूसरे घटक में निवेश के रुप में किया जाता है।

ऐसा देखा गया है कि समेकित कृषि प्रणाली को अपनाने से आमदनी में 10 गुणा तक बढ़ोतरी संभव है क्योंकि एक घटक का बेकार पदार्थ या अविशिष्ट दूसरे घटक द्वारा उपयोग कर लिया जाता है। जैसे कि धान के पुआल का उपयोग जानवरों के चारे, मल्चिंग, मशरुम उत्पादन में तथा इन सभी का उपयोग अहाता खाद या कम्पोस्ट बनाने में किया जाता है। इस

तरह से एक घटक का अवशिष्ट दूसरे घटक के लिए उपादान होता है और एक ही पदार्थ का उपयोग विभिन्न रुपों में होने से उसकी उपयोग क्षमता काफी बढ़ जाती है। साथ ही समेकित कृषि में कार्बनिक खाद व जैविक खादों के उपयोग से कृत्रिम खादों के उपयोग एवं मात्रा का ह्रास होता है फलतः मिट्टी स्वस्थ रहती है एवं लम्बी अवधि तक कृषि एवं उपज के लिए वरदान सिद्ध होती है। समेकित कृषि प्रणाली एक ऐसा माध्यम है जिसके द्वारा किसानों की जरुरतों एवं स्थानीय पहलुओं को ध्यान में रखकर संसाधनों को विनिधान किया जाता है।

साधारणतः समेकित या समन्वित कृषि पद्धति ऐसी पद्धति है जो एक किसान के पास उपलब्ध प्राकृतिक संसाधनों (भूमि, जल, श्रम, उर्जा एवं पूंजी) का वास्तविक आकलन करती है एवं उपलब्ध संसाधनों का समुचित उपयोग स्थानीय वातावरण, मिट्टी, उर्जा, जल की उपलब्धता इत्यादि एवं किसान की आर्थिक एवं सामाजिक पहलुओं को ध्यान में रखकर करने का अवसर प्रदान करती है (कालिसान, 1979)। इस प्रणाली में यह भी ध्यान रखा जाता है कि एक घटक का अवशिष्ट दूसरे घटक के लिए उपयोगी हो ताकि उपलब्ध संसाधनों का समुचित उपयोग कर ज्यादा से ज्यादा आमदनी प्राप्त की जा सके। उदाहरणतः धान के पुआल का उपयोग मशरुम उत्पादन में किया जा सकता है, व मशरुम उत्पादन के बाद पुनः इसका उपयोग ध ान में किया सकता है। इस प्रकार एक चक्र का निर्माण होता है जिसे पोषकद्रव्य चक्र कहते हैं। ताकि चक्र में शामिल प्रत्येक घटकों का अधिकाधिक उपयोग किया जा सके।

❑❑❑

अध्याय 2

समेकित कृषि प्रणाली के उद्देश्य एवं विशेषताएँ

समेकित कृषि प्रणाली के प्राथमिक उद्देश्य:

- कृषि फार्म की उत्पादकता में वृद्धि को बाधित करने वाले कारकों की पहचान करना।
- कृषकों की सहभागिता को प्राथमिकता देते हुए संसाधनों के सदुपयोग हेतु तकनीकी फेर–बदल करना।
- कृषकों की सहभागिता द्वारा समेकित कृषि प्रणाली में प्रयोग होने वाले तकनीकों में परिशोधन करना एवं कृषकों का विचार लेना।
- लिंगो के अनुपात को कृषि प्रणाली में समायोजित करते हुए कृषि प्रणाली के विभिन्न घटकों द्वारा हुए परिवर्तन या उत्पादकता पर नजर रखना।

समेकित कृषि प्रणाली अनुसंधान उद्देश्य

- कृषि उत्पादन से सम्बन्धित भौतिक, सामाजिक एवं आर्थिक परिस्थितियों का अध्ययन।

- कृषकों की जरूरतों, उनकी बौद्धिक क्षमता, बाधायें एवं प्राथमिकताओं का अध्ययन।
- परम्परागत कृषि प्रणालियों का अध्ययन एवं उनमें सुधार की गुंजाइश तलाशना।
- सामान्य कृषि व्यवस्था वाले क्षेत्रों के लिए नये समेकित कृषि प्रणाली का मॉडल तैयार करना।
- कृषकों द्वारा बताये गए देशी ज्ञान पर शोध कर उनमें सुधार करना एवं उनको नये समेकित कृषि–प्रणाली में समायोजित करना।
- नई विधि द्वारा विकसित समेकित कृषि मॉडलों का प्रसार करना एवं विकसित मॉडल द्वारा उत्पन्न आर्थिक व सामाजिक पहलुओं का सिलसिलेवार ढंग से अध्ययन कर उनमें पुनः सुधार के अवसरों को पहचानना।

क्या समेकित कृषि प्रणाली द्वारा स्थायित्व संभव है ?

कृषि में स्थायित्व की परिकल्पना तीन मुख्य कारकों के समन्वयन पर निर्भर करती हैः पर्यावरणीय स्वास्थ्य, आर्थिक लाभ एवं सामाजिक तथा आर्थिक समानता/निष्पक्षता। किसी भी फार्म (खेत) पर चार प्राकृतिक परिस्थितिकी तंत्र कार्य करते हैं। वे हैं – ऊर्जा का बहाव, जल चक्र, लवण एवं पोषक तत्वों का चक्र तथा क्रियाशील परिस्थितिकी तंत्र (सुलीवान, 2003)। ये चारो कारक एक दूसरे के पूरक बनकर साथ–साथ काम करते हैं। अतः कृषि में स्थायित्व लाने के लिए एक तंत्र/प्रणाली के रूप में कार्य करने की आवश्यकता है (फीनस्त्रा एवं समूह 1997)। सिस्टम या प्रणाली का तात्पर्य है परस्पर सम्बंधित क्रियाओं (प्रैक्टिस) के समूह को क्रियाशील रूप में संगठित करे। फार्मिंग सिस्टम (कृषि प्रणाली) का अभिप्राय है कृषि सम्बन्धित क्रियाओं के एक समूह (सेट) को इस प्रकार संगठित करें ताकि भूमि की उत्पादकता तथा पर्यावरण की गुणवत्ता बनी रहे साथ ही साथ जैविक विविधता एवं परिस्थितिक स्थायित्व का भी स्तर बिना किसी नुकसान के बचा रहे। यदि उपलब्ध प्राकतिक संसाधनों का फार्म में दक्षता पूर्वक उपयोग हो तो कृषि में स्थायित्व लाया जा सकता है। परिणामस्वरूप

उत्पादकता एवं उत्पादन में वद्धि होगी तथा क्षेत्र से प्राप्त आय में बढ़ोतरी होगी, पारिस्थितिक संतुलन नियंत्रित रहेगा, लोगों को खद्यान्न आसानी से उपलब्ध होगा तथा सामाजिक लाभ के साथ–साथ कृषक समुदाय के जीवन स्तर में भी काफी सुधार होने के आसार होगें। अतः स्थायी कृषि प्रणाली को समझने एवं उत्पादन, लाभ तथा संसाधन उपयोग क्षमता को बढ़ाने के लिए सबसे अच्छा मार्ग कृषि–पारिस्थितिक मार्ग है।

हमारे देश के विभिन्न भागों में विभिन्न ऋतुओं में उगाई जाने वाली मुख्य फसलों की उपज या तो स्थिर हो गई है अथवा घट रही है। अतः खद्यान्न सुरक्षा को बनाये रखने के लिए समेकित कृषि प्रणाली ही सर्वोत्तम उपाय है जिसमें अवशिष्ट पदार्थों/बेकार पदार्थों का प्रणाली (सिस्टम) में ही पुनः चक्रण कर के संसाधनों का संरक्षण किया जा सकता है। पारिस्थितिकी तंत्र एवं उपतंत्रों पर विकसित किये गये समेकित कृषि प्रणाली के मॉडलों को किसान सहभागिता ट्रॉयल तथा विशेषज्ञों की बहुस्तरीय सोच (इन्टरवेंशन) द्वारा अधिक सटीक बनाया जा सकता है। इस प्रकार के मॉडलों का हस्तांतरण एवं प्रचार–प्रसार कृषि के क्षेत्र में स्थायित्व लाने में काफी मददगार साबित होगा।

कृषि अनुसंधान एवं समेकित कृषि अनुसंधान में काफी भिन्नताएं हैं जो निम्नलिखित तालिका में दर्शाया गया है।

तालिका 1 : कृषि अनुसंधान एवं समेकित कृषि अनुसंधान में अन्तर

क्रम सं.	कृषि अनुसंधान	समेकित कृषि अनुसंधान
1.	यहाँ अनुसंधान एक विशेष घटक पर किया जाता है साथ ही एक ही प्रणाली में किया जाता है। उदाहरणार्थः फसल प्रणाली में केवल फसलों पर ही अनुसंधान किया जाता है, उसमें कृषि के अन्य घटकों जैसे – मछली, पशु – पालन आदि का अध्ययन न के बराबर होता है।	यहाँ समेकित कृषि प्रणाली पर अनुसंधान किया जाता है। समेकित कृषि प्रणाली का अर्थ है फसल, मात्स्यिकी, मृदा, पशुपालन, वर्मी–कम्पोस्ट, मुर्गी पालन आदि विषयों पर एक साथ अनुसंधान एवं अध्ययन करना।

2.	इस अध्ययन के द्वारा जो तकनीकें विकसित होती है वो किसानों के लिए उचित हैं या नहीं, किसान उसे करने में सक्षम है या नहीं, पर विशेष ध्यान नहीं दिया जाता है। इस अनुसंधान में विषय–वस्तु पर ज्यादा जोर दिया जाता है। विकसित तकनीकों की काफी मँहगी होने की संभावना होती है।	यहाँ पर समेकित कृषि प्रणाली स्थान विशेष के वातावरण, किसानों की समस्याओं एवं अन्य बातों को ध्यान में रखते हुए विकसित किया जाता है, जिसमें किसानों का भी परोक्ष रूप से योगदान होता है, अतः विकसित तकनीक किसानों के द्वारा यथाशीघ्र बड़े पैमाने पर अपनायी जाती है।
3.	इस अध्यन में एक श्रृंखला (बड़े–छोटों) की होती है। प्रचार–प्रसार की कड़ी भी कई श्रृंखलाओं से गुजरती है जिससे तकनीक के प्रचार–प्रसार एवं उनके अपनाने की गति मंद होती है।	चूँकि यह किसानों के द्वारा (परोक्ष रूप से) एवं किसानों के लिए विकसित की जाती है अतः इसका प्रचार–प्रसार एवं तकनीक को अपनाने की गति काफी तेज होती है।
4.	किसान विकसित तकनीक के बारे में शकित रहते हैं। तकनीकी चूँक होने पर घाटे की पूरी संभावना होती है।	इस तरह से विकसित तकनीक किसानों के लिए मित्र की तरह होती है एवं कृषक उसकी सफलता से परिचित होते हैं।
5.	इसमें भौगोलिक स्थिति, भू–संरचना, सामाजिक–आर्थिक स्थिति एवं अन्य उत्पादन के बिन्दुओं पर ज्यादा ध्यान नहीं दिया जाता है।	इसमें भौगोलिक स्थिति, वातावरण, मौसम, पानी, मृदा, सामाजिक एवं आर्थिक पहलू आदि पर विशेष ध्यान दिया जाता है।
6.	यह खर्चीला होता है एवं एक वस्तु विशेष के उत्पादन को बढ़ाता है।	शुरूआती दौर में कुछ पूँजी लगती है, पर उत्पादन एक प्रणाली के अन्तर्गत होने से प्रति एकड़ लाभ अधिक होता है।
7.	रोजगार सृजन के अवसर उपलब्ध नहीं होते हैं।	समेकित कृषि प्रणाली के अन्तर्गत रोजगार सृजन के अवसर होते है।
8.	विकसित तकनीक वातावरण के मित्र के रूप में आयेंगे या वातावरण को नुकसान पहुँचायेगें इसकी, संभावना बनी रहती है। साथ ही तकनीक कितने लंबे समय तक चलेगी इसका अनुमान नहीं होता है।	यहाँ पर जो तकनीक विकसित होती है, वो वातावरण के साथ मित्र रूप में ही होती है एवं तकनीक के लम्बे समय तक बने रहने की पूरी संभावना रहती है।
9.	पारम्परिक कृषि ज्ञान/एवं देशी तकनीकों के उपयोग की मात्रा क्षीण रहती है।	पारम्परिक कृषि ज्ञान एवं देशी तकनीकों के उपयोग की पूरी–पूरी संभावना विद्यमान रहती है।

समेकित कृषि प्रणाली अनुसंधान की मुख्य विशेषताएं

1. यह समस्या का समाधान करता है। यह वस्तुतः कृषि क्षेत्र में पायी जानेवाली कठिनाईयों पर आधारित कार्यक्रम है। व्यवहारिक रूप से आने वाली समस्याओं को समाधान करने में यह प्रणाली सक्षम है। उत्पादन क्षेत्र में आने वाली विभिन्न समस्याओं का अध्ययन कर उन्नत तकनीकों का विकास एवं प्रसार कर उन कठिनाईयों को दूर करना ही इसका मुख्य मुद्दा है। यह विभिन्न क्षेत्रों में पाई जानेवाली कठिनाईयों का भौतिक, सामाजिक एवं आर्थिक तौर पर अध्ययन कर उनपर शोध करने का अवसर प्रदान करता है। फलतः इस तरह से विकसित तकनीक कृषकों में लोकप्रिय होती है।
2. यह एक समग्र दृष्टिकोण हैं। इसमें पूरे कृषि फार्म का अध्ययन कर घटकों के बीच में सामंजस्य स्थापित करने का प्रयास किया जाता है। पूरे कृषि फार्म को एक प्रणाली के रूप में माना जाता है एवं सभी घटक एक दूसरे से जुड़े रहते हैं। किसी भी घटक को पृथक नहीं रखा जाता है।
3. यह विकसित तकनीक की स्थानीय विशेषता को दर्शाता है। किसी स्थान विशेष में कृषि उत्पादन से सम्बन्धित समस्याओं को ढूँढ़ कर उनका निवारण करने में यह मदद करता है। कृषि पारिस्थितिक, सामाजिक एवं आर्थिक बिन्दुओं को ध्यान में रख कर नई तकनीकों का विकास परीक्षण एवं अनुकूलन करने पर विशेष ध्यान देता है।
4. वैसे किसानों के समूह पर जिनकी एक समान कठिनाइयॉ एवं परिस्थितियॉ होती हैं, की पहचान पर जोर दिया जाता है ताकि उनके लिए नई तकनीकों का विकास किया जा सके। वायुमंडलीय मानक, उत्पादन क्षमता एवं प्रबंधन की समरूपता के आधार पर एक ही तरह के सुझाव ढूँढ़ने का अवसर प्रदान करता है।
5. यह कृषकों की पूर्ण सहभागिता पर आधारित कार्यक्रम है। किसी भी नई तकनीक के उद्भव एवं विकास में कृषकों की पूर्ण भागीदारी को सुनिश्चित करने पर, विकसित तकनीक कृषकों द्वारा आसानी से अपनायी जाती है। किसानों द्वारा उनकी समस्याओं की पहचान करवा

कर उसका समाधान भी उनके साथ मिलकर ढूँढ़ने का प्रयास करता है। किसानों के खेतों पर नई तकनीकों का अध्ययन करना एवं उनके विचार जान कर इसे और प्रभावी बनाया जा सकता है।

6. यह देशी तकनीकी ज्ञान (आईटी.के.) को प्राथमिकता देता है। उत्पादन को स्थायित्व प्रदान करने के लिए किसानों के देशी तकनीकी ज्ञान जिन्हे वे कई सालों से प्रयोग में ला रहे हैं, को वैज्ञानिक समुदाय द्वारा अच्छी तरह से समझ कर एवं अध्ययन कर अपने अनुसंधान में प्रयोग करने का अवसर प्रदान करता है।

7. यह 'बाटम–अप' अनुसंधान नीति से संबंधित है– वैसी कृषि प्रणालियाँ जो आज भी अस्तित्व में हैं, को समझने तथा उत्पादन से सम्बन्धित मुख्य समस्याओं को ढूँढ़ने में सहायक होता है।

8. यह बहुविषयक है– विभिन्न विषयों एवं कार्य क्षेत्रों से सम्बन्धित वैज्ञानिकों को आपस में मिलकर, सहयोग कर काम करने का मौका देता है ताकि किसानों की समस्याओं का बेहतर ढ़ंग से समाधान हो सके।

9. यह कृषक फार्मो एवं कृषकों की सहभागिता पर आधारित शोध कार्यक्रम का सर्मथन करता है – यह सर्वेक्षण के माध्यम से समस्याओं का विश्लेषण करता है तथा विकसित तकनीकों का किसान के खेतों पर परीक्षण करता है। उस तकनीक के बारे में किसानों की राय लेता है तथा शोध केन्द्रों में शोध करने के कार्यक्रम की भी रूप – रेखा तैयार करता है।

10. कृषि में परिवार के सदस्यों के योगदान को भी महत्व दिया जाता है – यह पुरूषों के साथ–साथ कृषि में महिलाओं की भागीदारी का भी समर्थन करता है। यह कृषि प्रणाली के अंतर्गत विभिन्न कार्यों की समीक्षा करता है तथा प्रयुक्त होने वाले संसाधनों एवं उनके फायदों पर भी नजर रखता है ताकि भविष्य के शोध कार्यक्रमों में उनका प्रयोग किया जा सके।

11. प्रणाली में समायोजित घटकों का कदम–दर–कदम अध्ययन करता है। किसी भी प्रणाली के विषय में सारी चीजें एक ही समय में जानने की बजाय यह विभिन्न घटकों एवं उनके पारस्परिक सम्बंधों का विश्लेषण करता है।
12. यह एक गतिशील प्रणाली है – यह विभिन्न कृषि प्रणालियों का बार–बार विश्लेषण करता है ताकि तकनीकों को और बेहतर एवं प्रभावी बनाया जा सके। इस तरह इसमें सुधार एवं विकास की निरंतर संभावनाएं बनी रहती हैं।
13. यह नीति निर्धारकों, वैज्ञानिकों, विकास से जुड़े एजेन्सियों एवं कृषकों के बीच अंतः निर्भरता का अध्ययन करता है। अन्न उत्पादन में वृद्धि एवं कृषि में स्थायित्व से संबंधित तकनीकों का उदभव, प्रयास एवं किसानों द्वारा स्वीकार करना आदि सारी चीजों का विस्तार से अध्ययन करता है।
14. यह कृषकों द्वारा अपनाई गई तकनीकों पर प्रकाश डालता है। यह जरूरी नहीं है कि सभी तकनीकों को किसान स्वीकार करें। अतः यह ध्यान रखना चाहिए कि वैसी तकनीकों का विकास किया जाए जिससे उत्पादन में वृद्धि तो हो पर साथ ही साथ वह सामाजिक तौर पर भी मान्य हो। अतः इससे यह पता चलता है कि किसी तकनीक को कितनी सफलतापूर्वक किसान अपना रहे हैं।
15. यह कृषि के टिकाउपन पर जोर देता है – यह एक ऐसी तकनीक के विकास का समर्थन करता है जो पर्यावरण की दृष्टि से सुरक्षित व कम खर्चीला हो एवं उत्पादन में निरन्तरता बरकरार रहे । प्राकृतिक संसाधनों के संरक्षण को ध्यान में रखते हुए कृषि तकनीकों के विकास पर जोर देता है।
16. यह शोध कार्यक्रम का आधार तैयार करने में मद्दगार है। यह अनुसंधान केन्द्रों में किस तरह का अनुसंधान किया जाए, जो किसानों के लिए फायदेमंद हो, की रूप–रेखा तैयार करता है ताकि उत्पन्न होने वाली नई तकनीकें किसानों की समस्याओं का समाधान करने में सक्षम हों।

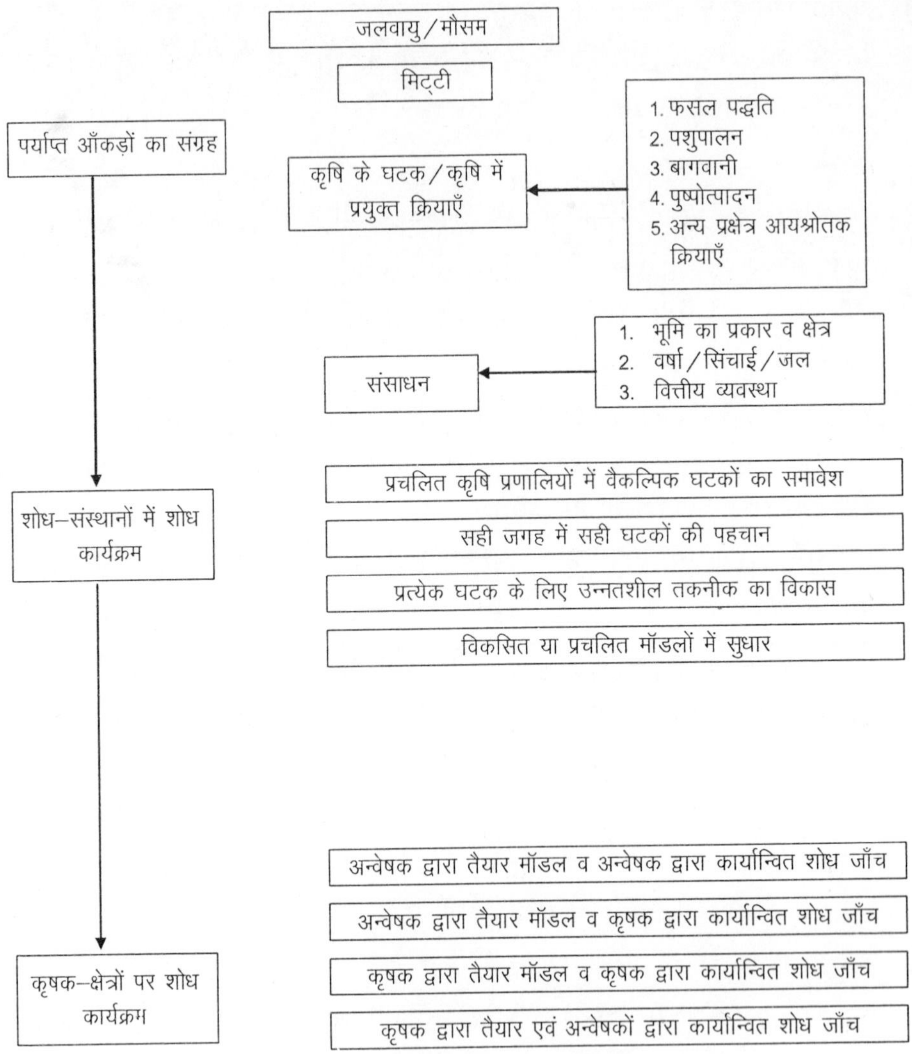

रेखाचित्र 2 : समेकित कृषि–प्रणाली की संरचना

❑❑❑

अध्याय 3

समेकित कृषि प्रणाली – अनुसंधान प्रक्रिया

कृषि प्रणाली अनुसंधान का दृष्टिकोण ऐसा हो कि वह किसानों की समस्याओं का निवारण कर सके। किसी भी तकनीक का विकास करने के पूर्व वैज्ञानिकों को चाहिए कि वे कृषि प्रणाली (फार्मिंग सिस्टम) के बारे में ज्यादा से ज्यादा समझें, सीखें एवं विभिन्न कृषि जलवायु क्षेत्र तथा सामाजिक एवं आर्थिक मुद्दे को ध्यान में रखते हुए किसानों की परेशानियों का पता लगाएं एवं उस पर शोध करें। इसी आधार पर किसानों की सहभागिता के साथ वैज्ञानिकों को शोध कार्यक्रम बनाना चाहिए तथा उनके खेतों में ही उसकी रूप–रेखा तैयार कर कार्यान्वित करें एवं मूल्यांकन करें। किसानों की प्रतिक्रिया के आधार पर ही अनुसंधान केन्द्रों की कार्यसूची तैयार हो पाती है। कृषि प्रणाली अनुसंधान दरअसल कृषि में प्रयुक्त होने वाली ऐसी सभी क्रियाओं का समूह है जो एक दूसरे से सम्बंधित हैं तथा उसे इस प्रकार दर्शाया जा सकता है।

1. **लक्ष्य एवं शोध क्षेत्र का चुनाव** : नीति निर्धारक एवं निर्णायकगण वैज्ञानिकों के सहयोग से किसी विशेष क्षेत्र एवं किसानों के समूह (जिन्हें लक्ष्य माना जाए) का चुनाव करते हैं। यह चुनाव मुख्यतः

सरकार द्वारा निर्धारित नीतियों को ध्यान में रख कर किया जाता है जैसे– उपलब्ध संसाधनों का सही उपयोग गरीब किसानों की आय में वृद्धि तथा कृषि से सम्बन्धित उत्पादन बढ़ाना इत्यादि। इन उद्श्यों की पूर्ति के लिए सटीक कृषि तकनीकों, नीतियों एवं सेवाओं की आवश्यकता है। उसके बाद यह लक्ष्य क्षेत्र वैज्ञानिकों द्वारा छोटे–छोटे क्षेत्रों में बॉट दिया जाता है। यह विभाजन भौतिक, जैविक, सामाजिक एवं आर्थिक गुणों में समरूपता के आधार पर किथा जाता है ताकि उन्नत तकनीकें उस क्षेत्र में अधिक से अधिक लोगों द्वारा मान्य हो सके। कृषकों के कार्य करने का ढ़ंग एवं वहॉ का पर्यावरण समझने में काफी वक्त लगता है। अतः शोध का क्षेत्र इतना बड़ा होना चाहिए कि उसमें भविष्य में सुधार किया जा सके तथा नई जानकारियों के अनुसार तकनीक विकसित की जा सकें।

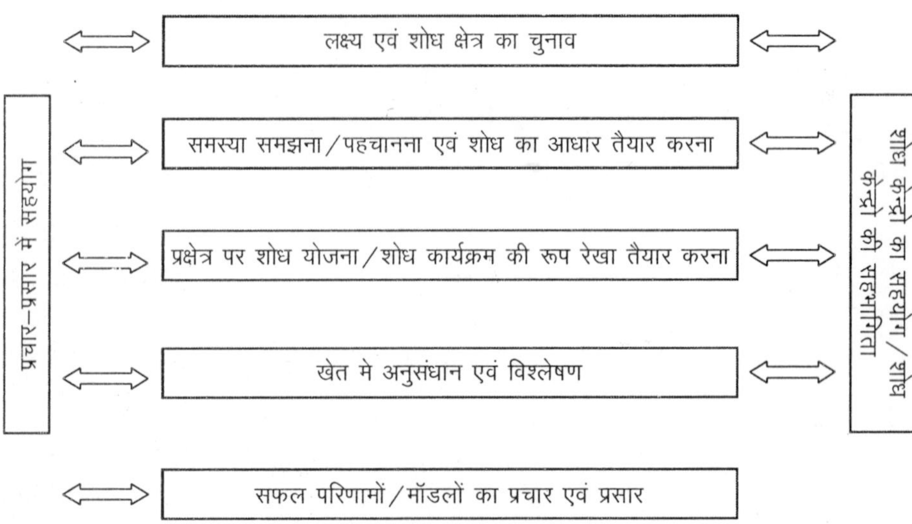

रेखाचित्र 3 : कृषि प्रणाली अनुसंधान प्रक्रिया

2. **समस्याओं की पहचान एवं शोध का आधार तैयार करना** : एक बार जब शोध क्षेत्र का चुनाव कर लिया जाता है तब आगे का कार्यक्रम शुरू होता है। विभिन्न विषयों के वैज्ञानिक टीम बना कर वहाँ की कृषि–पारिस्थितिकी एवं सामाजिक तथा आर्थिक स्थिति की जानकारी

एकत्र करते हैं। पी.आर.ए. (पार्टीसिपेटरी रूरल अपरेजल) इस कार्य में एक अहम भूमिका निभाता है जिसमें किसानों एवं उनके पर्यावरण की जानकारी, सर्वेक्षण, उपलब्ध ऑकड़ों, किसानों से सीधा विचार विमर्श कर, सूचना वाहकों एवं खेतों पर काम करने वाले परिवारो के सदस्यों द्वारा एकत्र की जाती है। उसके बाद वैज्ञानिक उपलब्ध जानकारियों का विश्लेषण करते हैं तथा वहॉ की समस्याओं, अवसरों एवं जरूरतों को किसानों के साथ मिल कर प्राथमिकता के अनुसार बाँटते हैं। वैज्ञानिकों को उस परिस्थिति में उन समस्याओं का निवारण कैसे किया जाए इस पर दिशा निर्देश देता है।

3. **प्रक्षेत्र अनुसंधान की योजना/रूप रेखा तैयार करना :** कृषि प्रणाली अनुसंधान के दृष्टिकोण से यह एक महत्वपूर्ण कार्य है। योजना तैयार करने से पहले वैज्ञानिक निम्नलिखित मुद्दों पर ध्यान देते हैः

   क. विभिन्न समस्याओं की प्राथमिकता के आधार पर समीक्षा करना

   ख. उपलब्ध अवसरों/संसाधनों की समीक्षा

   ग. पहले से किये गए शोध कार्यक्रमों के परिणामों की समीक्षा

   घ. अन्य एजेंसियों द्वारा सहयोग लेना जो किसानों के हित में काम कर रही हों।

अनुसंधान की कार्यसूची तैयार कर वैज्ञानिक, वर्तमान में चल रही कृषि पद्धति एवं मौजूद परिस्थितियों का विश्लेषण करते हैं ताकि उन्हें जो शोध कार्यक्रम चल रहा हो उससे जोड़ा जा सके। इसके बाद प्रस्तावित तकनीकों को जॉच करने के लिए निम्नलिखित बिन्दुओ पर प्रकाश डाला जाता है :

- वैकल्पिक फसल प्रणाली एवं पशुधन
- प्रबंधन
- प्रक्षेत्र प्रयोगों की संख्या एवं प्रकार

यह परीक्षण इसलिए किया जाता है ताकि जो तकनीक बने वो किसानों की जरूरतों एवं मौजूद परिस्थितियों के साथ मेल खा सके।

4. **प्रक्षेत्र अनुसंधान एवं विश्लेषण** : इस गतिविधि में वैज्ञानिक प्रक्षेत्र का प्रयोग करते हैं तथा इस दौरान उपलब्ध आंकड़ों का संकलन कर उनका विश्लेषण करते हैं। किये जाने वाले प्रयोगों को बनाने वाले एवं लागू करने वाले के आधार पर ऑन् फार्म ट्रायल को चार मुख्य प्रकार में बॉटा जा सकता है। वे हैं:–

(अ) वैज्ञानिकों द्वारा बनाये एवं लागू किये गये ट्रॉयल

(ब) वैज्ञानिकों द्वारा बनाये एवं किसानों द्वारा लागू किये गये ट्रॉयल

(स) किसानों द्वारा बनाये एवं लागू किए गए ट्रॉयल

(द) किसानों द्वारा बनाये एवं वैज्ञानिकों द्वारा लागू किये गए ट्रॉयल

(अ) वैज्ञानिकों द्वारा बनाये एवं लागू किये गए ट्रॉयल : ये ट्रॉयल वैज्ञानिकों की देख–रेख में किये जाते हैं ताकि अनुसंधान केन्द्रों में विकसित घटक तकनीक अथवा तकनीकों के पैकेज को प्रमाणिक बनाया जा सके। इसकी रूपरेखा ठीक वैसी ही होती है जैसी अनुसंधान केन्द्र में है तथा लोकल फार्मिंग प्रैक्टिस का शायद ही इसमें समायोजन किया जाता है। वैज्ञानिक ही निर्णय लेते हैं कि किस चीज का परीक्षण होना है तथा आवश्यक निवेश भी वैज्ञानिकों द्वारा ही लगाया जाता है। इसके उपरांत प्राप्त परिणामों का मूल्यांकन/निर्धारण किया जाता है। इस प्रकार के ट्रॉयल में किसानों का योगदान उदासीन होता है तथा उनकी सहभागिता नाम मात्र अथवा आपसी समझौते जैसी मानी जाती हैं। प्रयोग करने के लिए किसान वैज्ञानिकों को अपनी जमीन देते हैं एवं श्रमिक प्रदान करते हैं। इस तरह क ट्रॉयल पर किये गए परीक्षण अनुसंधान केन्द्रों में होने वाले शोध पर आधारित होते हैं (एशबाई, 1986 एवं विगस, 1989)।

(ब) वैज्ञानिकों द्वारा बनाये एवं किसानो द्वारा लागू किये गये ट्रॉयल : इस प्रकार के ट्रॉयल में किसानों की आवाज उपरोक्त ट्रॉयल की अपेक्षाकृत अधिक बुलंद होती है। कहने का तात्पर्य यह है कि इस प्रकार के ट्रायल में किसानों से सलाह ली जाती है। हालॉकि वैज्ञानिक ही किसानों के लक्ष्य एवं समस्याओं पर जानकारी एकत्र कर प्राथमिकता

के आधार पर ट्रॉयल की रूप–रेखा तैयार करते हैं। इसमें मुख्यतः यह ध्यान दिया जाता है कि किसान जिन सामाजिक – आर्थिक एवं खेती करने में उत्पन्न परिस्थितियों अर्थात् पारिस्थितिकी का सामना करते हैं उन के अनुकूल ही तकनीकों का विकास किया जाए।

(स) किसानों द्वारा बनाये एवं लागू किए गए ट्रॉयल : जटिल एवं जोखिम भरे कृषि कार्य की अधिकतर कृषि तकनीकें हमारे किसानों की ही देन है जिन्होने अनौपचारिक प्रयोग किये एवं नये–नये तौर–तरीके भी खेती में डाले। यहाँ वैज्ञानिकों एवं किसानों की भूमिका बिल्कुल उल्टी होती है अर्थात् इस ट्रॉयल में वैज्ञानिक किसानों से उनकी कृषि –पारिस्थितिकी, सामाजिक एवं आर्थिक परिवेश की जटिलताओं को सीखते एवं समझते हैं। साथ ही साथ किसान किस प्रकार समस्याओं को देशी तकनीकी ज्ञान की सहायता से सुलझाते हैं, यह भी वैज्ञानिक सीखते हैं। वैज्ञानिकगण सभी जगहों से एकत्र की गई जानकारियों को या तो प्रक्षेत्र एवं केन्द्र पर परीक्षण कर सकते हैं अथवा देशी तकनीकी ज्ञान का मूल्यांकन भी कर सकते हैं। किसानों को प्रोत्साहित करना चाहिए कि वे ट्रायल को खुद ही लगाएं एवं संभालें तथा औपचारिक शोध प्रणाली से जानकारियॉ एवं सेवाएं लें।

(द) किसानों द्वारा बनाए एवं वैज्ञानिकों द्वारा लागू किये गए ट्रॉयल : इस तरह के ट्रॉयल में किसानों के ज्ञान को वैज्ञाानिक अपने ट्रॉयल में लागू करते हैं। यह काफी सराहनीय एवं प्रभावी होता है क्योंकि वैज्ञानिक किसानों के देशी तकनीकी ज्ञान को आज के विज्ञान के साथ जोड़ कर ट्रॉयल करते है। वैज्ञानिक अपने अनुसंधान केन्द्रों में इन देशी तकनीकी ज्ञान के पीछे छिपे तर्क को ढ़ंढने के क्रम में ट्रॉयल कार्यान्वित करते हैं। इस तरह वैज्ञानिक देशी तकनीकी ज्ञान से जुड़ी तकनीकों को समझ कर उनका मूल्यांकन प्रलेख के रूप में कर सकते हैं अथवा खेतों में भी प्रयोग कर सकते हैं।

विभिन्न प्रकार के प्रक्षेत्र ट्रॉयल/ऑन फार्म ट्रॉयल करने में प्रसारकों की भी निम्नलिखित भूमिका होती है।

(i) क्षेत्र के चुनाव के लिए किसानों के साथ सम्पर्क साधना,

(ii) उपलब्ध संसाधनों की जानकारी प्राप्त करना

(iii) अनुसंधान केन्द्रों के साथ समन्वय स्थापित प्राप्त करना

किसानों एवं वैज्ञानिकों के बीच तीन बिन्दुओं पर स्पष्ट समझौता/तालमेल होना चाहिए– सामग्रियों का निवेश, उपलब्ध उत्पादन का विभाजन एवं जोखिम। प्रयोगों/शोधेां द्वारा उपलब्ध परिणामों का विश्लेषण करते समय जैविक उपलब्धियो का मूल्यांकन, संसाधनों की वास्तविक मांग, आर्थिक एवं वित्तिय संभाव्यता तथा सामाजिक तौर पर मान्य है या नहीं, का भी ध्यान रखना चाहिए। इन सभी चीजों पर गौर फरमाने के बाद वैज्ञानिक यह तय कर सकते हैं कि कोई भी नई तकनीक किसानों द्वारा स्वीकार की जाएगी या नहीं तथा सरकार नीतियॉ बनाते समय उन तकनीकों पर अमल कितनी तत्परता से करेगी।

5. **परिणामों का प्रसार** : जो तकनीक किसानों द्वारा स्वीकार कर ली जाती हैं उन्हें अन्तिम रूप प्रदान करने के लिए या तो कई जगहों पर परीक्षण करना चाहिए अथवा प्रचार–प्रसार सेवा को सौंप देना चाहिए। अन्य जगहों में भी तकनीकों का परीक्षण करने से यह पता चल जाएगा कि अन्य किन परिस्थितियों में यह तकनीक सक्षम है। फलस्वरूप लक्ष्य क्षेत्र (टारगेट एरीया) का दायरा और बढ़ जाएगा। नई तकनीकों के प्रसार (विसरण) में वैज्ञानिकों एवं प्रचार एवं प्रसार से जुड़े अधिकारियों की महत्वपूर्ण भूमिका होती है। नई तकनीकों को लागू करने के लिए उचित एवं सही स्थिति बताने में किसान वैज्ञानिकों की मदद कर सकते हैं एवं तकनीकों में थोड़ी–बहुत फेर बदल करके वैकल्पिक उपायों का भी सुझाव दे सकते हैं। ये उन्नत तकनीकें जब किसानों तक पहुॅच जाती हैं तो किसान खुद ही इसके प्रसार में सम्मिलित हो जाते हैं। इस स्थिति में प्रसार के लिए जिम्मेदार व्यक्ति अपनी जिम्मेवारी किसानों को सौंप सकता है।

हालॉकि उपरोंक्त वर्णित क्रियाएं कदम–दर कदम चलती रहती हैं पर इनमें उतार–चढ़ाव अथवा दुहराव आ सकता है परन्तु यदि एक भी क्रिया छूट जाती है तो अंतिम परिणामों का मूल्यांकन खतरे में पड़

सकता है। अतः किसी भी उन्नत तकनीक के विकास एवं किसानों तक सफलतापूर्वक पहुॅचाने के लिए ऊपर वर्णित सभी क्रियाओं द्वारा गुजरना चाहिए।

समेकित कृषि प्रणाली के मुख्य लक्ष्य

1. निश्चित एवं स्थिर आय प्रदान करने वाले सभी घटक उद्यमों के उत्पादन को बढ़ावा।
2. मिट्टी के स्वास्थ्य व पर्यावरण को बिना नुकसान पहुँचाए उत्पादकता स्तर को बरकरार रखना व प्राकृतिक सम्पदा का समुचित उपयोग।
3. समेकित प्रबंधन द्वारा कीड़े–मकोड़े, बीमारियों, खर–परतवार पर नियंत्रण रखना या उन्हें नुकसान वाले स्तर से नीचे रखना।
4. जल की उत्पादकता को बढ़ाना एवं जल का बहुआयामी उपयोग करना।
5. रासायनिक उर्वरक, कीट–नाशक, खर–पतवार नाशक एवं दूसरे रासायनिक उत्पादों का कम से कम उपयोग करना ताकि वातावरण स्वच्छ, प्रदूषणरहित, स्वस्थ रहे जिसमें कि समाज व लोग लम्बे समय तक सुरक्षित एवं स्वस्थ रहें।

समेकित कृषि प्रणाली के ध्यान देने योग्य मुख्य बिन्दु

1. यह पूरे कृषि फार्म का पूर्ण अध्ययन करती है तथा घटकों के बीच सामंजस्य स्थापित करने में मदद करती है।
2. यह वस्तुतः कृषि क्षेत्र में पाई जाने वाली कठिनाइयों के समाधान पर आधारित कार्यक्रम है। यह विभिन्न क्षेत्रों में पायी जाने वाली कठिनाइयों का अध्ययन कर उनपर शोध करने का अवसर प्रदान करती है। फलतः इस तरह से विकसित तकनीक कृषकों में लोकप्रिय होती है।
3. यह विकसित तकनीक की स्थानीय विशेषता को दर्शाती है।
4. यह कृषि क्षेत्र में एकसमान कठिनाई वाले क्षेत्रों की पहचान कर उसके निवारण के लिए शोध का अवसर प्रदान करती है।

5. यह कृषकों की पूर्ण सहभागिता पर आधारित कार्यक्रम है अतः इससे विकसित तकनीक किसानों द्वारा सहज ही अपनाई जाती है।

6. यह देशी तकनीकी ज्ञान को शोध–कार्यक्रम व तकनीक उत्पादन में महत्ता देकर समायोजन का अवसर प्रदान करती है।

7. यह कृषि के धरातल से उत्पन्न कठिनाइयों की पहचान एवं प्रचलित कृषि–प्रणाली का अध्ययन कर उनमें सुधार का अवसर प्रदान करती है।

8. चूँकि यह बहु–विषयक/बहु सामग्रिक है अतः एक ही समय में यह बहुत सी कठिनाइयों का समाधान करने में सक्षम है।

9. यह कृषक–फार्मों पर एवं कृषकों की सहभागिता पर आधारित शोध–कार्यक्रमों का समर्थन करती है।

10. यह लिंग भेद की पहचान करने में सक्षम है तथा कृषि में महिलाओं की सहभागिता का समर्थन करता है।

11. यह कृषि–प्रणाली में समायोजित धटकों का सीढ़ी–दर–सीढ़ी अध्ययन करता है।

12. यह एक गतिशील प्रणाली है जिसमें सुधार व विकास की निरन्तर अपेक्षाएं बरकरार रहती हैं।

13. यह नियम निर्धारक, वैज्ञानिकों, कृषकों के बीच अन्तः–निभर्रता का अध्ययन करती है।

14. यह कृषकों द्वारा अपनाई जाने वाली तकनीकों का सही रूप में विश्लेषण करती है।

15. यह ऐसी तकनीक के विकास में समर्थन करती है जो पर्यावरण की दृष्टि से सुरक्षित व कम खर्चीला हो एवं उत्पादन निरन्तरता बरकरार रखे।

16. यह शोध कार्यक्रम का आधार तैयार करने में मददगार है।

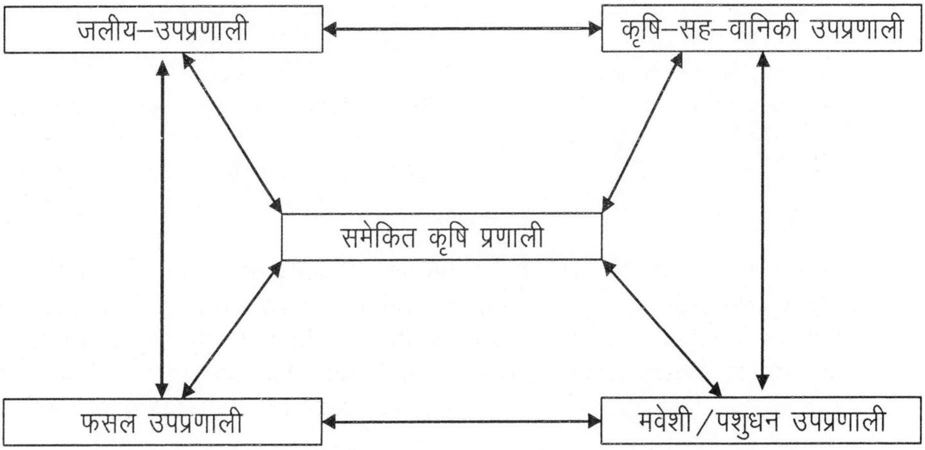

रेखाचित्र 4 : समेकित कृषि के विभिन्न घटकों का आपस में सहलग्नता

समेकित कृषि प्रणाली से लाभ

1. समेकित कृषि प्रणाली प्रति हेक्टेयर भूमि से अधिक उत्पादन प्राप्त करने का एक अवसर प्रदान करता है। सीमित भूमि पर फसलों का विविधिकरण एवं कृषि के साथ अन्य घटकों का समावेश करने से प्रति ईकाई भूमि की उत्पादकता बढ़ती है।

2. समेकित कृषि प्रणाली में एक घटक के अवशिष्ट का उपयोग दूसरे घटक में निवेश के रुप में किया जाता है जिससे कि पोषक तत्वों का पुनः प्रयोग हो जाता है तथा इससे दूसरे पदार्थों पर हमारी निर्भरता कम हो जाती है एवं हमारे उत्पादन पर आनेवाले व्यय में भी कमी हो जाती है।

3. एक ही भूमि से ज्यादा से ज्यादा उत्पादन लेने के क्रम में कम से कम हमें 2.2 प्रतिशत अधिक रासायनिक खाद, कीटनाशक, खरपतवार नाशक आदि का इस्तेमाल करना पड़ता है जिससे मिट्टी प्रदूषित और बीमार हो जाती है। समेकित कृषि प्रणाली को अपनाने से घटक अवशिष्टों के बारम्बार उपयोग से हमारी मिट्टी में कार्बनिक पदार्थों की मात्रा स्वतः ही बढ़ जाती है जिसके फलस्वरुप मिट्टी से लम्बे समय तक अधिक पैदावार प्राप्त की जा सकती है।

4. समेकित कृषि में प्रोटीन, कार्बोहाइड्रेट, वसा, खनिजलवण व विटामिन आदि पोषक तत्वों का उत्पादन एक ही भूमि पर हो जाता है ताकि यह कृषक परिवार के कुपोषण आदि बीमारियों से निदान पाने में लाभकारी हो सके।

5. आधुनिक कृषि प्रणाली में रासायनिक खादों, कीटनाशकों आदि का अन्धाधुन्ध प्रयोग हो रहा है, परिणामतः मिट्टी व पर्यावरण प्रदूषित हो रहे हैं। समेकित कृषि प्रणाली में एक घटक का अविशष्ट दूसरे घटक द्वारा उपयोग में लिया जाता है जिससे रासायनिक खादों एवं अन्य रासायनिक पदार्थों पर हमारी निर्भरता कम हो जाती है तथा भूमि व पर्यावरण का संरक्षण लम्बे समय तक होता रहता है।

6. परम्परागत कृषि द्वारा अनाज के पकने व कटने के समय ही आमदनी होती है जबकि समेकित कृषि के विभिन्न घटकों को कृषि के साथ शामिल करने से पूरे वर्ष आमदनी की निरन्तरता बरकरार रहती है। ये घटक दुग्ध–उत्पादन, कुक्कुट पालन, मधुमक्खी पालन, खुंभ उत्पादन, फल–सब्जी उत्पादन, रेशम उत्पादन, लाह उत्पादन, मत्स्य उत्पादन आदि हो सकते हैं।

7. धनाभाव के कारण प्रायः छोटे और सीमान्त किसान नवीन तकनीकों के उपयोग से वंचित रहते हैं। समेकित कृषि प्रणाली में विभिन्न घटकों द्वारा वर्ष भर आय प्राप्त होती है अतः छोटे और सीमान्त किसान भी धीरे–धीरे नई तकनीकों को अपनाने में सक्षम हो जाते हैं।

8. यह अनुमान लगाया जात। है कि वर्ष 2030 तक ऊर्जा की कमी होना निश्चित है अतः उर्जा के वैकल्पिक स्त्रोतों के उत्पादन एवं उपयोग का ज्ञान 2–3 दशक के अन्दर हो जाना चाहिए। समेकित कृषि में विभिन्न अपशिष्टों द्वारा बायोगैस का उत्पादन संभव है जो ऊर्जा का एक ठोस वैकल्पिक स्त्रोत है। हालांकि यह पूर्ण रुप से फॉसिल उर्जा की कमी को पूरा करने में सक्षम नहीं पर कुछ हद तक यह वैकल्पिक ऊर्जा देने में सक्षम है।

9. चूँकि समेकित कृषि में सम्पूर्ण भूमि का समुचित उपयोग किया जाता है जैसे– खेत की मेड़ों, नालियों, तालाब के घेराबंदी वाले क्षेत्रों में भी

सब्जी, फल, फूल आदि लगाये जाते हैं तथा चारा उत्पादन समेकित कृषि का एक मुख्य अंश है; अतः इस प्रणाली में साल भर चारा फसल की उत्पादन की व्यवस्था होती है ताकि पशुओं को ताजा एवं हरा चारा आसानी से उपलब्ध हो जाए।

10. वर्ष 2020 तक जलावन की लकड़ी की मांग करीब 400 लाख घन मीटर हो जायेगी। वर्त्तमान में हमारी उत्पादकता केवल 20 लाख घन मीटर ही है। इमारती लकड़ियों की मांग भी करीब 64.4 लाख घन मीटर हो जाएगी जबकि वर्त्तमान में इसकी उत्पादकता केवल 11 लाख घन मीटर ही है। साफ जाहिर है कि अगले–दो दशकों में हमें इंधन व लकड़ी की कमी से जूझना है। समेकित कृषि में यदि कृषि–सह–वानिकी के अर्न्तगत इन उपयोगी वृक्षों को लगाया जाए तो यह फसल के साथ इन वृक्षों/पौधों द्वारा उपर्युक्त समस्या पर निदान पाया जा सकता है क्योंकि जिस रफतार से जंगलों की कटाई हो रही है यदि उस पर नियंत्रण न रखा गया तो भावी पीढ़ी के विकास के लिए हम खुद ही उत्तरदायी होंगे।

11. कृषि फसलों के साथ अन्य घटकों के समायोजन से श्रमिकों की माँग भी बढ़ती है। चूंकि ये घटक वर्ष भर गतिशील होते हैं अतः समेंकित कृषि में श्रमिक नियोजन की क्षमता बढ़ जाती है जो कि बेरोजगारी दूर करने में मददगार है।

12. जो किसान कृषि के साथ अन्य घटकों का समायोजन करते हैं जैसे कि बागवानी, खुंभ उत्पादन, रेशम या लाह उत्पादन, कुक्कुट या मधुमक्खी पालन, स्पॉन उत्पादन, पशुधन उत्पादन, बायोगैस उत्पादन आदि लम्बे समय तक इन घटकों को अपने कृषि में समायोजन करने से उन्हें उस घटक के बारे में पूर्ण विशिष्टता प्राप्त हो जाती है जिससे उनके ज्ञान में वृद्धि होती है फलस्वरुप कृषक अपने बच्चों को शिक्षित करने में सक्षम हो जाते हैं। उनकी जीवन शैली में बदलाव तथा रहन–सहन में भी परिवर्तन होगा जिससे समाज का ढाँचा सुदृढ़ होगा और हमारा देश समृद्ध हो पायेगा।

□□□

अध्याय 4

भारत में समेकित कृषि प्रणाली का इतिहास : वृहत दृष्टिकोण

भारत में समेकित कृषि प्रणाली का इतिहास

ग्रीक अथवा रोमन कृषि प्रणाली द्वारा भारतीय अनुसंधान प्रणाली कभी भी लाभन्वित नही रही है। हरित क्रांति के साथ ही हमारे देश में कृषि अनुसंधान में एक चमक आई तथा धीरे–धीरे इसने कई अन्य क्रांतियों को जन्म दिया। सत्तर एवं अस्सी के दशक में इसने आधार प्रदान किया एन.ए.आर.एस. (राष्ट्रीय कृषि अनुसंधान प्रणाली) को जो आज भी कृषि विकास कार्य में अग्रणी स्थान रखता है।

एक वृहत दृष्टिकोण

1. पचास के दशक में राष्ट्रीय प्रसार व्यवस्था की इस आशय से संरचना हुई थी कि ये किसानों तक उनकी जरूरतों के अनुसार नई तकनीके एवं जानकारियॉ पहुँचाएगा। इसका उद्‌भव एक तरफी श्रृंखला (वन वे चेन) अनुसंधान → प्रसार → किसान के रूप में हुआ (रशीद एवं हॉल, 2002) तथा हरित क्रांति इसी रूप में विख्यात हुई जो आज भी अपनी साख बनाये हुए है। तत्पश्चात् इसके आकार में बदलाव आया (अनुसंधान = प्रसार = किसान) लेकिन सफल नहीं रहा। इसके बाद

भारतीय कृषि अनुसंधान परिषद् (आई.सी.ए.आर) ने एक आक्रामक कदम उठाया जिसके फलस्वरूप राष्ट्रीय प्रदर्शन, कृषि विज्ञान केन्द्र तथा कई अन्य कार्यक्रमों का जन्म हुआ जिसके द्वारा अनुसंधान कार्यकर्ता एवं किसानों का सीधा सम्पर्क हुआ तथा एन.ए.आर.एस. रास्ते पर आ गया।

2. भारतीय कृषि अनुसंधान परिषद् (आई.सी.ए.आर.) के प्रसार विभाग के सभी कार्यक्रम जैसे राष्ट्रीय प्रोग्राम, प्रयोगशाला से खेतों तक, कृषि विज्ञान केन्द्रों संस्थान–ग्राम्य सर्म्पक परियोजना (आई.वी.एल.पी) अस्तित्व में आए ताकि तकनीक हस्तांतरण की गुणवत्ता का उत्थान हो सके। इन सभी कार्यक्रमों ने इस कथन को स्वीकार किया कि उन्नत तकनीकों का मूल्यांकन होना चाहिए ताकि उन्हें सुधार कर लक्षित किसानों की वास्तविक परिस्थिति के अनुकूल बनाया जा सके। भारतीय कृषि अनुसंधान से काफी आशाएं की जा सकती हैं क्योंकि इसका भी लक्ष्य किसानों की मॉग/जरूरतों के अनुसार अनुसंधान कर उनकी समस्याओं का समाधान करना है।

3. कृषि वैज्ञानिकों में सस्य वैज्ञानिकों ने ही पहल की थी किसानों के खेतों में जाकर काम करने की। पचास के दशक के अंतिम चरण में साधारण उर्वरक, प्रजातियॉ एवं सिंचाई पर अनुसंधान शुरू हुए ताकि संबद्ध तकनीकों को और उन्नत बनाया जा सके।

4. सघन खेती एवं बहु फसलीकरण ने प्रक्षेत्र अनुसंधान के शोध क्षेत्र को और विस्तार दिया ताकि सबसे सीमित संसाधनों की संभाव्य उत्पादकता पर भी प्रकाश डाला जा सके। फलस्वरूप फसल चक्र एवं फसल प्रणाली का प्रादुर्भाव हुआ।

5. फसल प्रणाली अनुसंधान निदेशालय ने एक और कदम इसमें जोड़ा और वह है फसल विविधिकरण; ताकि ट्रॉयल को और अधिक प्रभावी बनाया जा सके।

6. राष्ट्रीय कृषि तकनीकी परियोजना द्वारा समर्पित उत्पादन प्रणाली अनुसंधान के अन्तर्गत प्रक्षेत्र परीक्षण एवं जॉच को मिलाने का प्रयास किया गया।

7. कृषि प्रणाली अनुसंधान स्थानीय स्तर पर अधिक अच्छी तरह काम कर सकती है बजाए केन्द्रीय स्तर के। हमारे नेताओं ने इस बात को महसूस किया एवं विश्व बैंक के सहयोग से अनुसंधान के लिए बुनियादी ढॉचा हमारे देश के 120 कृषि पारिस्थितिक अंचलों में बनाया गया ताकि किसानों के साथ मिल कर उनकी जरूरतों पर आधारित और जो अधिक ग्राहय हों वैसे अनुसंधान किये जा सकें। करीब 25 वर्षों बाद यह दृष्टिकोण तथा फसल प्रणाली अनुसंधान से सम्बनिधत शोध लगभग गायब हो चुके हैं।

8. कुछ जिज्ञासुओं ने फसल प्रणाली अनुसंधान में फसलों के साथ–साथ पशुधन कुक्कुट, मत्स्य पालन तथा अन्य उद्यमों को भी सम्मिलित किया। इसमें कोई शोध का घटक नहीं था। सिर्फ यह प्रदर्शित करने का प्रयास किया गया कि विभिन्न उद्यमों में सटीक घटकों के सम्मिश्रण द्वारा अधिक आय की प्राप्ति हो सकती है।

9. देश के कुछ भागों में कृषकों की सहभागिता के साथ भी अनुसंधान किये गये। इस प्रकार के अनुसंधान कार्य में किसान ही तय करते हैं कि उन्हें किस प्रकार का सुधार चाहिए और अपनी इच्छानुसार ही विभिन्न रास्ते ढूंढ़ने में साथ देते हैं।

10. मॉडलिंग आधारित प्रणाली अनुसंधान साइमुलेशन माध्यम की मदद से पूर्वानुमान लगाने में सक्षम है किन्तु इसका दोहन ठीक से नहीं हुआ है।

कृषि प्रणाली अनुसंधान में भारतीय अनुभवों की उपर वर्णित समीक्षा किसानों की द्वंद्वमय स्थिति का वर्णन करती है।

इसके अलावा देश के विभिन्न भागों में कई अनुसंधान किये गए ताकि वहॉ की समस्याओं को समझकर उनका निदान किया जा सके। केन्द्रीय धान अनुसंधान संस्थान द्वारा धान पर कृषक सहभागिता प्रक्षेत्र अनुसंधान शुरू किया गया। यह कार्यक्रम कटक जिला के वर्षा आधारित ऊपरी एवं निचली भूमि, उड़ीसा के फुलबनी एवं कालाहांडी जिले के लैटेराइट मिट्टी एवं मिली–जुली लाल तथा काली मिट्टियों के लिए बनाया गया। बहुत सारी समस्याएं जो आपस में एक–दूसरे से सम्बन्धित हैं, पाई गई जैसे छिड़काव

विधि द्वारा ऊपरी भूमि में धान लगाने पर खर–पतवार की एक बड़ी समस्या सामने आई जो मुख्य फसल के साथ जल, पोषक तत्वों, सूर्य की रोशनी इत्यादि के लिए प्रतिस्पर्धा करती हैं। पोषक तत्वों की कमी, पौध संख्या में कमी, आद्रता प्रतिबल इत्यादि अन्य समस्याओं की भी पहचान की गई जो परस्पर सम्बन्धित हैं। सस्यीय क्रियाएं जैसे ऊपरी भूमि में देशी हल के पीछे पंक्तिबद्ध तरीके से बुआई करने पर काफी संख्या में खर–परवार में कमी आती है। किसानों की परिस्थिति के अनुसार उनके प्रबंधन स्तर पर उचित प्रजाति की पहचान के क्रम में एडवांस ब्रीडिंग लाइन (अग्रिम प्रजनन लाइन) का परीक्षण करना एक सफल प्रयास रहा। वर्षा आधारित निचली भूमि में मई के दूसरे पखवाड़े में बुआई करने पर पौधों की बढ़वार अच्छी हो जाती है फलस्वरूप ये बाढ़ एवं जलाक्रान्त स्थिति में भी खड़े रहते हैं। इस कार्यक्रम के द्वारा वैज्ञानिकों को एक दिशा मिली जिसमें उन्होंने किसानों की परिस्थितियों को देखते हुए उनकी समस्याओं का समाधान ढूढ़ँने का प्रयास किया।

उत्तर –पूर्वी पर्वतीय क्षेत्रों के लिए भारतीय कृषि अनुसंधान परिषद् का अनुसंधान परिसर ने कृषि प्रणाली अनुसंधान परियोजना को कार्यान्वित किया ताकि वहॉ की पारिस्थितिकी को मजबूती मिले तथा जनजातिय किसानो (ट्राइबल किसानों) की आर्थिक स्थिति को सुधारा जा सके। इस परियोजना के अन्तर्गत उचित मृदा एवं जल संरक्षण तकनीकों, खाद्य फसलों एवं नगदी फसलों को उपजाना, तथा झूम खेती के स्थान पर कृषि + बागवानी फसलों और वृक्ष + चारागाह जैसी प्रणाली को अपनाने की सलाह वहॉ के किसानों को दी गई (बोरठाकुर, 1985)।

विश्व बैंक द्वारा समर्थित राष्ट्रीय कृषि अनुसंधान परियोजना का कार्यान्वयन सन् 1979 में इस आशय से किया गया कि किसानों की जरूरतों एवं क्षेत्र विशेष की परिस्थितियों को ध्यान में रख कर राज्य स्तर के कृषि विश्वविद्यालयों में होने वाले शोध कार्यों को बल मिले तथा शोध क्षमता बढ़े। इस कार्यक्रम के कुछ पुनर्विचार करने योग्य बिन्दु हैं :

- समस्याओं की पहचान करना एवं उनसे सम्बद्ध शोध सूची तैयार करना।

- समस्याओं को पहचानने, परिणामों का परीक्षण करने में किसानों की सहभागिता तथा परीक्षण के बाद किसानों से पूछताछ कर सूचना प्राप्त करना।
- शोध एवं प्रसार के बीच कड़ी बनाये रखना।

पश्चिम बंगाल के 24 परगना, हावड़ा एवं मिदनापुर जिलों में कृषि प्रणाली अनुसंधान के अन्तर्गत निम्नलिखित क्रियाओं पर विशेष ध्यान दिया गया :

1. विभिन्न प्रजाति, पोषक तत्वों तथा खर–पतवार प्रबंधन द्वारा तकनीकी जॉच
2. फसलों का जलीय कृषि तथा पशु पालन के साथ एकीकरण
3. निचली भूमि वाली धान फसल प्रणाली में 0.2–0.4 हेक्टेयर प्लॉट क्षेत्र में संग्रहण के लिए जलाशय खोदना तथा प्राप्त मिट्टी को आस–पास के क्षेत्रों में फैलाकर उस जमीन को थोड़ा ऊँचा कर पानी का प्रबंधन करना। इस क्रिया के द्वारा बहु फसलीकरण पद्धति में काफी सुधार आया। जलाशय के पानी का प्रयोग शुष्क मौसम में फसल की सिंचाई के काम आया तथा उसमें मत्स्य पालन कर किसान की आय में बढ़ोतरी के साथ–साथ रोजगार के भी अवसर प्राप्त हुए। ऐसे कार्यक्रमों द्वारा इन क्षेत्रों में सामुदायिक सहभागिता में भी बढ़ोतरी हुई।

हिन्दुस्तान खाद कारपोरेशन द्वारा पूर्वी पठारी क्षेत्रों में वर्षा आधारित कृषि परियोजना चलाई गई जिसमें किसानों की देख–रेख में किये गए प्रक्षेत्र – ट्रॉयल ज्यादा अच्छे पाये गए। इससे यह बात प्रकाश में आई कि यदि नई तकनीकों को ऑकना है तो जिस क्षेत्र के लिए वह तकनीक बनाई गई हैं वहॉ के किसानों को भी उसमें परस्पर सहभागी बनाऍ तथा तकनीकों के चयन में एवं नई प्रजातियों के प्रसार कार्य के बारे में कृषक परिवार की महिला सदस्यों के भी विचार लिये जाएं।

अब तक किये गए उपरोक्त कार्यक्रमों/परियोजनाओं को लागू करने पर कुछ महत्वपूर्ण अनुभव प्राप्त हुए जो निम्नलिखित हैं:

- वैज्ञानिक तथा किसानों की किसी विशिष्ट क्षेत्र में आपसी विचार–विमर्श अथवा पारस्परिक क्रियाएँ सूक्ष्म–पर्यावरण संवेदनशील तकनीकों को विकसित करने में काफी सफल रही हैं।
- पिछड़े एवं छोटे संसाधन विहीन किसान जो जोखिम भरी परिस्थितियों में खेती करते हैं उनकी उत्पादन सम्बन्धित समस्याओं को हल करने में एक साधन के रूप में उभरा है।
- खेतों में परीक्षणों के माध्यम से कृषक के खेतों पर, केन्द्रों में प्राप्त शोध परिणामों के साधारण परीक्षण तथा खेतों में कृषक–आधारित रणनीतियों का अंतर अब अधिक स्पष्ट हो गया है।
- समेकित कृषि प्रणाली/कृषि प्रणाली अनुसंधान के मूल सिद्धांत के बारे मे स्पष्टता के अभाव के कारण उत्पन्न वैचारिक अस्पष्टता ही इसे कार्यान्वित करने में सबसे बड़ी बाधा बनी।
- शोध एवं विकास के पारम्परिक मॉडल से हट कर व्यवस्थित एवं कृषकों की परिस्थिति पर आधारित समेकित कृषि प्रणाली अनुसंधान का उद्‌भव काफी धीमी गति से हुआ है।

समेकित कृषि प्रणाली के प्रकार

समेकित कृषि में मूलतः किसी एक घटक पर आधारित करके दूसरे घटको को समन्वित किया जाता है। देश में मुख्यतः तीन घटक आधारित कई कृषि प्रणालियॉ अपनायी जा सकती है।

अ) मत्स्य आधारित समेकित कृषि प्रणाली

- बागवानी – सह – मात्स्यिकी
- धान्य फसल – सह – मात्स्यिकी

- रेशम पालन – सह – मात्स्यिकी
- बत्तखपालन – सह – मात्स्यिकी
- कुक्कुट पालन – सह – मात्स्यिकी
- दुधारु पशु पालन – सह – मात्स्यिकी
- सूअर पालन – सह – मात्स्यिकी
- बकरी पालन – सह – मात्स्यिकी
- खरगोश पालन – सह – मात्स्यिकी

ब) फसल आधारित समेकित कृषि प्रणाली

- धान – सह – मात्स्यिकी
- फसल –सह– मात्स्यिकी/बत्तख पालन कृषि प्रणाली
- फसल –सह– बागवानी कृषि प्रणाली
- फसल –सह– बागवानी – सह – वानिकी कृषि प्रणाली
- फसल –सह– बागवानी – सह – चारागाह – सह – वानिकी कृषि प्रणाली

स) पशुधन आधारित समेकित कृषि प्रणाली

- फसल –सह– बकरी पालन
- फसल –सह– दुधारु पशुपालन
- फसल –सह– दुधारु पशुपालन सह मात्स्यिकी
- वनिकी –सह– पशुपालन
- कृषि फसल – सह – बकरी पालन
- कृषि फसल – सह – बागवानी – सह – सूअर पालन इत्यादिं

❑❑❑

अध्याय 5

भारतीय परिपेक्ष्य में समेकित कृषि प्रणाली

मत्स्य आधारित समेकित कृषि प्रणाली

मत्स्य आधारित समेकित कृषि प्रणाली में मवेशियों एवं कुक्कुट के कार्बनिक अवशिष्ट तथा कृषि उपोत्पाद (बाई–प्रोडक्ट) का उपयोग मत्स्य पालन में किया जाता है। करीब 40–50 किलो कार्बनिक अवशिष्ट का रूपान्तरण 1 किलो मछली में होता है। तालाब की मिट्टी लगातार मत्स्य पालन करने के कारण कई पोषक तत्वों को अपने में सहेज कर रखती है जिसका उपयोग मवेशियों के लिए चारा फसलों के उत्पादन में अथवा मछलियों या कुक्कुट के भोजन के रूप में किया ज़ाता है। मत्स्य–सह–रेशम उत्पादन प्रणाली में रेशम के कीड़े का प्यूपा का प्रयोग मछलियों के भोजन के रूप में किया जाता है तथा रेशम के कीड़ों का विष्ठा एवं रेशम निस्सकरण के दौरान निकला बेकार पानी का प्रयोग तालाब की खाद के रूप में किया जाता है। इस प्रकार इस प्रणाली में बेकार बचे–खुचे अवशिष्ट पदार्थों का भी पुनः प्रयोग हो जाता है। मत्स्य के अलावा तालाब में बत्तखों, हंसों का भी पालन किया जाता है एवं तालाब की मेड़ पर कृषि एवं बागवानी फसलें लगायी जाती हैं। इस प्रणाली में मत्स्य के अलावा दूध, मॉस, अण्डे, फल,

सब्जियाँ, चारा, अन्न, दालें इत्यादि भी प्राप्त होती हैं। इस प्रकार इस प्रणाली से न सिर्फ उत्पादन में वृद्धि होती है बल्कि किसानों की आर्थिक स्थिति में भी सुधार लाती है फलस्वरूप जीवन स्तर भी ऊँचा उठता है।

मत्स्य आधारित समेकित कृषि प्रणाली को दो समूहों में बॉटा जा सकता है।

(1) कृषि आधारित एवं
(2) पशु/मवेशी आधारित।

कृषि सह–मत्स्यकी प्रणाली के अन्तर्गत धान–सह मत्स्यकी, रेशम पालन–सह–मत्स्यकी इत्यादि आते हैं जबकि पशु आधारित मत्स्यकी प्रणाली के अन्तर्गत मवेशी–सह–मत्स्यकी, सूअर–सह–मत्स्यकी, कुक्कुट–सह–मत्स्यकी, बत्तख पालन–सह–मत्स्यकी, बकरी–सह–मत्स्यकी इत्यादि आते हैं। इसके अलावा कोलकता में कचरे/मैले को मछलियों का भोजन बना कर उन्हें पाला जाता है।

बगवानी–सह–मत्स्यकी

यह सभी जानते हैं कि सब्जियाँ एवं फल कार्बोहाइड्रेट, प्रोटीन, विटामिन, वसा, खनिज एवं लवण के मुख्य स्रोत हैं। विदेशों में फलों एवं सब्जियों की खपत हमारे देश से ज्यादा है। उदाहरण के तौर पर अमेरिका में 250 ग्राम फल तथा 500 ग्राम सब्जी/प्रति व्यक्ति की खपत है जापान में 150 ग्राम फल तथा 350 ग्राम प्रति व्यक्ति सब्जी की खपत है जबकि भारत में सिर्फ 47 ग्राम फल एवं 142 ग्राम प्रति व्यक्ति सब्जी की खपत होती है।

फूलों की खेती भी यहॉ धीरे–धीरे अपना स्थान बना रही है। इन दिनों कटे फूलों का भी चलन बढ़ रहा है। इसकी खेती करके रोजगार में वृद्धि के साथ–साथ आय में भी बढ़ोत्तरी की जा सकती है। तालाब के मेंड़ का ऊपरी, बाहरी तथा भीतरी क्षेत्र बागवानी फसलों के लिए उपयुक्त माना जाता है। तालाब की मिट्टी इन फसलों में उर्वरक का काम करती है तथा तालाब के पानी द्वारा पौधों को सींचा जाता है लेकिन इस प्रणाली की सफलता कुछ हद तक पौधों के चुनाव पर भी निर्भर करती है। तालाब की मेड़ पर लगाये जाने वाले पौधों में निम्नलिखित गुण पाये जाएं तो बेहतर होगा–बौनी प्रजाती, कम

छायादार, सदाबहार, मौसमी इत्यादि। मेंड़ के बीच वाले हिस्से में कुशल प्रबंधन की आवश्यकता होती है ताकि उस दो–तिहाई भाग में सब्जियों का उत्पादन किया जा सके। शेष भाग में फलों के वृक्ष लगाए जाएं तो लाभकारी होगे। इस प्रणाली में फूलगोभी, शलगम, मूली इत्यादि के पत्ते बहुतायत में मिलेंगें जिनका उपयोग मछली के भोजन के रूप में किया जा सकता है। इसके लिए मछली की ग्रास कार्प प्रजाति उत्तम रहेगी। यदि 100 ग्रास कार्प प्रति हेक्टेयर की दर से पाली जाए तो वर्ष के अन्त में 30,000 किलो/हे./वर्ष मछली प्राप्त होगी। हालॉकि इस प्रणाली में अधिक श्रमदान (श्रमिकों) लगेगा पर वर्ष भर में इससे लागत पूॅजी का 30 प्रतिशत रिर्टन अधिक मिलेगा जो काफी ज्यादा है।

रेशम पालन–सह–मत्स्यकी

रेशम के कीड़ों का पालन एवं उत्पादन एक कृषि आधारित उद्योग है जो हमारे ग्रामीण परिवेश की आर्थिकी में एक अहम् भूमिका निभाती है। इस उद्योग में लगभग तीस लाख से भी ज्यादा लोग जुड़े हुए हैं। रेशम के कीड़ों का पालन करने में ग्रामीण महिलाएं काफी तत्पर हैं। रेशम के कीड़ों का प्यूपा, विष्ट एवं अन्य चीजें मछलियों के लिए पौष्टिक भोजन का काम करती हैं। इस प्रकार रेशम उत्पादन के साथ–साथ मत्स्य उत्पादन द्वारा भी कृषक अपनी आय में वृद्धि कर सकते हैं।

बत्तख–सह–मत्स्यकी

बत्तख–सह–मत्स्यकी प्रणाली में बत्तखों एवं मछलियों में परस्पर एक जैविक संबंध होता है। विदेशों में खास कर यूरोपीय देशों में बत्तख के मांस को काफी स्वादिष्ट एवं पसंदीदा भोजन माना जाता है। पूर्वी भारत में बत्तख के अंड़ों को भोजन का एक मुख स्रोत माना जाता है। इसका उत्पादन कम लागत में हो जाता है तथा भोजन में शामिल करने पर कई पोषक तत्वों की कमी को पूरा करता है भारतीय समुदाय में सामाजिक तौर पर पिछड़े लोग ही मुख्यतः बत्तख पालते तथा उनके अंड़े खाते हैं। बत्तख–सह–मत्स्यकी प्रणाली के लिए 'खाकी कैम्पबेल' प्रजाती उत्तम मानी जाती है

क्योंकि इसमें ज्यादा अंड़ें देने की क्षमता होती है तथा एक वर्ष में लगभग 300 अंड़े देती है।

इस प्रणाली में बत्तख को एक स्वच्छ पर्यावरण मिलता है तथा ये मेंढक के बच्चे, ड्रैगनफलाई, इत्यादि खा कर मछलियों के लिए भी स्वस्थ एवं स्वच्छ वातावरण का निर्माण करते हैं। इस प्रणली से दो फायदे हैं।

पहला यह कि मछलियों के लिए खाद्य में किसी प्रकार की कमी नहीं होती तथा दूसरा तालाब में समरूपता से उर्वरीकरण होता है। फलस्वरूप मछली के साथ–साथ बत्तख के अंडे तथा मीट मिलता है एवं तालाब के उर्वरीकरण में आने वाले खर्च की भी बचत होती है।

मुर्गी पालन–सह–मत्स्यकी

यह बहुत ही सरल एवं फायदेमंद प्रणाली है जिससे मुर्गी के विष्ट का पुनः चक्रण होता है। मुर्गियों के विष्ट को तालाब में डालने पर प्रति हेक्टेयर करीब 4500 से 5000 किलो मछलियों का उत्पादन होता है। परन्तु इसमें बाजार में उत्पादित वस्तुओं की मांग को ध्यान में रखना बहुत ही आवश्यक है। ब्रॉयलर पालन कर किसान को तुरन्त आय प्राप्त हो जाती है। इस प्रणाली की सफलता किसान की कुशलता, उसके अनुभव, तत्परता एवं मुर्गियों के पालन एवं प्रबंधन की क्षमता पर निर्भर करता है। अच्छे चूजों की खरीदारी, उनके रहने का स्थान, भोजन, बरतन, स्वच्छता एवं कुशल प्रबंधन द्वारा उन्हे बीमारियों से बचाया एवं सुरक्षित रखा जा सकता है।

बचे–खुचे भोजन एवं विष्ट का उपयोग तालाब की जैविक उत्पादकता को बढ़ाने में किया जाता है। एक वयस्क मुर्गी करीब 25 किलो कम्पोस्ट प्रति वर्ष प्रदान कर सकती है, फलतः प्रति हेक्टेयर तालाब के उर्वरीकरण के लिए 1000 पक्षी पर्याप्त हैं।

मवेशी–सह–मत्स्यकी

मत्स्यकी में गाय के गोबर का प्रयोग काफी पुराना है। 400 किलो वजन की गाय एक साल में लगभग 8000 किलो गोबर तथा 5000 लीटर मूत्र त्याग

करती है। गाय का गोबर, सूअर के मल की अपेक्षा अधिक तेजी से तालाब में डूबता है (गाय का गोबर 2–6 से.मी./मिनट, सूअर का मल 4.3 सें.मी./मिनट)। इस तरह मछली को अपना भोजन ग्रहण करने के लिए काफी समय मिल जाता है। गाय का गोबर सिल्वर कार्प एवं कतला इत्यादि के लिए काफी लाभदायक होता है। 5–6 गायों की इकाई प्रति हेक्टेयर तालाब के लिए पर्याप्त सामग्री प्रदान कर सकती है। इस प्रणाली में किसानों को न सिर्फ मछली बल्कि प्रतिदिन दूध भी प्राप्त होता है जिसे बेचकर किसान अपनी आय बढ़ा सकता है। गाय के गोशाला को तालाब के आसपास ही बनाना चाहिए ताकि गोबर एवं मूत्र चैनेल के द्वारा आसानी से तालाबों में जा सके।

सूअर–सह–मत्स्यकी

सूअर–सह–मत्स्यकी की कुछ अपनी ही खासियत है। 30–35 सूअरों द्वारा उत्सर्जित विष्ट लगभग एक टन अमोनियम सल्फेट के बराबर होता है। सूअरों को भी भोजन के रूप में मुख्यतः रसोई की बनावन, सब्जियों के छिलके, फसलों के अवशेष इत्यादि दिये जाते हैं। सूअर का मॉस तथा हड्डियाँ बेचकर लागत पूँजी के बराबर धन प्राप्त हो जाता है। विदेशों में यह प्रणाली जितनी प्रचलित एवं सफल है भारत में उतनी प्रचलित नहीं है। हालॉकि इसके लिए काफी प्रयास किये गए तथा इसी क्रम में सूअरों की विदेशी प्रजातियों सफेद यॉर्कशायर तथा लैंडरेस भारत में मगंवाई गईं। सूअरों का निवास स्थान बिल्कुल साफ–सुथरा होना चाहिए तथा 70–90 किलो वजन के सुअर के लिए करीब 3–4 वर्ग मीटर क्षेत्र होना चाहिए। सूअर का मल तालाब में डालने से तालाब की जैविक उत्पादकता में वृद्धि होती है। 45–50 सूअरों का मल प्रति हेक्टेयर तालब के उवरीर्करण में सक्षम है। इस प्रणाली की सफलता के लिए आवश्यक है कि समय–समय पर बाजार की स्थिति का जायजा लेते रहें।

बकरी–सह–मत्स्यकी

बकरी पालन काफी पुरानी प्रैक्टिस है लेकिन मत्स्य के साथ इसका एकीकरण ज्यादा प्रचलित नहीं है। बकरी के मल में अन्य जानवरों की अपेक्षा

अधिक नाइट्रोजन एवं फास्फोरिक अम्ल की मात्रा पाई जाती है। बकरी के मूत्र में नाइट्रोजन तथा पोटाश दोनों प्रचुर मात्रा में पाये जाते हैं। बकरी के मल को सीधे तालाब में डाला जा सकता है क्योकि इसका आकार छोटा होता है तथा इसपर म्यूकस की परत चढ़ी रहती है। बकरी का घर तालाब के मेड़ के पास बनाने पर उसके मल–मूत्र को तालाब में डालने में ज्यादा मेहनत एवं खर्च नहीं करना पड़ेगा। एक 20 यूनिट वाले बकरी को मत्स्यकी के साथ शामिल करने पर औसत रू. 50,000 / वर्ष प्राप्त होता है।

खरगोश–सह–मत्स्यकी

कुछ समय पहले तक लोग खरगोश को शौक से पालतू जानवर की तरह घर पर पालते थे पर अब इसका चलन कुछ बदल रहा है। नई जानकारी के अनुसार खरगोश के मॉस में अन्य जानवरों की अपेक्षा कम वसा पाई जाती है जो स्वास्थ्य की दृष्टि से काफी लाभप्रद है। बढ़वार में खरगोश ब्रॉयलर की तरह है जो काफी कम समय में बड़े हो जाते हैं। इनमें प्रजनन क्षमता तथा प्रजनन दर भी सभी जानवरों से ज्यादा होती है। खरगोश का पालन तीन प्रकार से किया जा सकता है

1. पिंजडा विधि
2. झोपड़ी विधि
3. जमीन पर

खरगोश की 60 से भी अधिक प्रजातियॉ पाई जाती हैं जो पूरे विश्व में प्रसिद्ध हैं जैसे– सोवियत चिंचिला, ग्रेजायँट, सफेद जायॅट, नयूजीलैंड व्हाइट, रशियन अंगोरा, जर्मन अंगोरा इत्यादि।

खरगोश के विष्ट में गाय के गोबर से लगभग 10 गुना ज्यादा नाइट्रोजन तत्व पाये जाते हैं तथा इससे पोषक तत्वों का उत्सर्जन धीरे–धीरे होता है जो पलैंक्टन की वृद्धि में काफी सहायक है। खरगोश के विष्ट में पानी की मात्रा कम तथा नाइट्रोजन की मात्रा अधिक होती है जो कि एक उत्तम खाद की पहचान है। उत्तर–पूर्वी भारत में खरगोश के मॉंस को काफी पसंद किया जाता है।

कचरे द्वारा मछली पालन

कचरा/मैला, जो कि घरेलू अवशिष्ट पदार्थो से बनता है अपने आप में कई पोषक तत्व समेट कर रखता है। अब यह विचार कि कचरा एक प्रदूषक/प्रदूषित चीज है, बदल रहा है तथा यह धारण जन्म ले रही है कि कचरे को एक संसाधन के रूप में प्रयोग किया जा सकता है क्योकि इसमें कई पोषक तत्व मौजूद होते हैं। प्रतिदिन हमारे देश में उपलब्ध कचरे से 90 टन नाइट्रोजन, 32 टन फॉस्फोरस एवं 55 टन पोटाशियम प्राप्त हो सकता है जिसका मूल्य करीब 61 मिलियन रूपये है। पश्चिम बंगाल में यह प्रणाली कई जमानों से चली आ रही है तथा कई सौ हेक्टेयर क्षेत्र में यह आज भी अपनाई जाती है। शोध अध्ययनों के अनुसार बड़ी मात्रा में मछली का उत्पादन केवल कचरे को खिला कर आज भी किया जा सकता है (3000–4000 किलो/हे./वर्ष)।

फसल आधारित समेकित कृषि प्रणाली

धान–सह–मत्स्यकी

धान विश्व के लगभग 1.6 बिलियन लोगों का प्रमुख भोजन है। एशिया धान का प्रमुख उत्पादक है तथा लगभग 90 प्रतिशत धान का उत्पादन एशिया महादेश से होता है तथा कई ग्रामीण परिवारों का जीविकोपार्जन इसी से होता है। धान के खेतों में मछली पालन की शुरूआत दक्षिण–पूर्वी एशियाई देशों में भारत द्वारा ही करीब 1500 वर्ष पूर्व हुई।

धान–सह–मत्स्य प्रणाली में जरूरत होती है–धान–मत्स्य पलॉट में बदलाव, परिधीय गढ्ड़े की खुदाई, डाइक (मेंड़) का निर्माण, तालाब–रिफ्यूज, धान की उन्नत प्रजातियों की बुआई जैसे– पानीधान, तुलसी, सी. आर. 260–77, उर्वरीकरण, 10,000 प्रति हेक्टेयर की दर से मछलियों का संग्रह तथा अंततः संग्रहित मछलियों को शारीरिक वजन के 2–3 प्रतिशत की दर से धान का भूसा और खली इत्यादि देना चाहिए। मछली जब बाजार में बेचने लायक हो जाए तभी मछलियों को तालाब से निकालना चाहिए। खाली जमीन पर सब्जियाँ, फल, मूंगफली इत्यादि उगा कर अतिरिक्त उत्पादन लिया जा सकता है। इस प्रणाली से करीब 35000 रू./हे./वर्ष आय की

प्राप्ति हो सकती है जो पारम्परिक खेती से अधिक होती है। साथ ही साथ यह फसल विविधिकरण को भी बढ़ावा देता है एवं लागत को कम कर वर्ष भर रोजगार भी प्रदान करता है।

भारत में करीब 42 मिलीयन हेक्टेयर क्षेत्र में धान की खेती होती है। मिट्टी एवं जल की उपलब्धता के आधार पर करीब 20 मि. हे. क्षेत्र इसके लिए उपयुक्त है। इसके अलावा पूर्वी भारत के वैसे क्षेत्र जहाँ तटीय मीठा जल तथा लवणीय जल वाले धान के खेत हो उनमें इस प्रणाली को अपनाया जा सकता है। किंतु वर्तमान में केवल 0.23 मि. हे. क्षेत्र ही धान–मछली उत्पादन में संलग्न है। इस प्रकार उपयुक्त भूमि का भी सही ढंग से आज तक इस्तेमाल नहीं हो पाया है। जल की अनुपलब्धता, मानसून का असमय आगमन तथा प्रस्थान (कभी देर तो कभी जल्दी) एवं अधिक उपज वाली ध ाान की प्रजातियों में कीटनाशकों के छिड़काव इत्यादि के कारण भी धान के साथ मत्स्य पालने से लोग हिचकिचाते हैं। हमारे देश मे पूर्वी क्षेत्र में काफी वर्षा होती है जिसमें से ज्यादा वर्षा जून से सितम्बर तक होती है। फलस्वरूप मानसून के दौरान धान यहॉ की मुख्य फसल है। मानसून ऋतु में लगभग 50 प्रतिशत वर्षा तेज ऑधी के साथ आती है जिसके कारण काफी मात्रा में वर्षा के जल की अपवाह–हानि होती है। परिणामस्वरूप धान की कई अवस्थाओं में पानी की कमी हो जाती है। भूमि एवं जल की प्रति इकाई उत्पादकता बढ़ाने के लिए आवश्यकता हैः

1. वर्षा जल के संरक्षण की
2. धान के साथ मछली अथवा झींगा पालन। इसमें लागत पूँजी भी कम लगती है। छोटे एवं सीमांत किसान इस तकनीक को आसानी से अपना सकते हें। भुवनेश्वर में जहाँ सिंचित धान की खेती होती है वहाँ के लिए यह तकनीक सर्वाधिक उपयुक्त है।

फसल–सह–मत्स्य–सह–बकरी/मुर्गी/मशरूम आधारित कृषि प्रणाली अनुसंधान

तमिलनाडु राज्य में 1993–1995 तक चले शोध कार्य के अन्तर्गत इस प्रणाली में, समेकित कृषि प्रणाली के कुछ घटक शामिल थे जैसे– फसल +

मत्स्य + मशरूम, फसल + मुर्गी + मत्स्य + मशरूम, एवं फसल + कबूतर + मत्स्य + मशरूम। विभिन्न घटकों के पारस्परिक सम्पर्क/संबंध का मूल्यांकन उनकी उत्पादकता, आय तथा रोजगार का सृजन जैसे बिन्दुओं के आधार पर किया गया। साथ ही साथ कार्बनिक अवशिष्टों के रिसाइक्लिंग करने की संभावना पर भी बल दिया गया ताकि पोषक तत्व मिट्टी को मिलें एवं मिट्टी की उर्वरता बनी रहे।

निचली भूमि कृषि प्रणाली में विभिन्न घटकों के आपसी तालमेल पर आधारित शोध कार्यों से प्राप्त परिणामों से पता चलता है कि धान–सोयबीन–सूरजमुखी एवं धान–जिंजेली–मक्का फसल प्रणाली (प्रत्येक 0.18 हे. क्षेत्र में) तथा 40 जोड़े कबूतर, मछली (400 पॉलीकल्चर छोटी मछलियॉ 0.04 हे. तालाब के पानी में) और मशरूम (2 किलो/दिन) के समन्वन को उत्तम पाया गया। इस प्रणाली से वहाँ की प्रचलित पारम्परिक प्रणाली 0.02 हे. में धान–मूंग–मक्का तथा शेष 0.02 हे. में धान–सनई– मक्का की अपेक्षा अधिक उत्पादकता मिली। फसल + कबूतर +मत्स्य + मशरूम के समन्वयन द्वारा अधिक कुल एवं शुद्ध प्रतिफल तो मिला ही साथ ही साथ प्रतिदिन आय एवं लाभ–लागत भी अधिक हुआ। मुर्गी + मछली + मशरूम + फसल का एकीकरण एवं मुर्मी के विष्ट का पुर्नचक्रण मृदा में नाइट्रोजन, फास्फोरस एवं पोटाश जैसे तत्वों को बढ़ाता है जिसके कारण मृदा उत्पादकता में भी वृद्धि होती है।

जयंती एवं समूह (2003) ने भी तामिलनाडु कृषि विश्वविद्यालय कोयम्बटूर में कृषि प्रणाली पर शोध के दौरान पाया कि सिंचित दशा में सिर्फ फसलों की खेती करने के बजाय यदि फसल के साथ–साथ मछली + बकरी + मुर्गी या कबूतर भी पाला जाये तो न सिर्फ उत्पादकता एवं आर्थिक लाभ में ही वृद्धि होती है बल्कि पारिवारिक लोगों को भी रोजगार का अवसर प्रदान होता है।

कृषि – सह – बागवानी – सह – सिल्वीकल्चर आधारित फसल प्रणाली

यदि फलों के पेड़ों के साथ कम अवधि वाली फसलें लगाई जाएं तो मृदा एवं वर्षा जल जैसे संसाधनों का प्रभावी एवं संतोषजनक उपयोग किया

जा सकता है। फलों के वृक्ष जैसे बेर, अमरूद, अनार एवं आँवला के बीज में यदि कम अवधि वाली फसलें जैसे मूंग उरद, बोरो इत्यादि लगा दिया जाये तो आय में काफी वृद्धि हो जाती है। इस प्रणाली की सफलता कुशल प्रबंधन पर आधारित है। ज्यादा गहरी मिट्टी एवं सिंचाई व्यवस्था की उपलब्धता पर ही शुष्क कृषि एवं कृषि–बागवानी की सफलता निर्भर करती है।

'सिल्वीपास्चर' वह प्रणाली है जिसमें पेड़ों के बीच चारा फसलें–घास अथवा फलीदार चारा (लेग्यूम) लगाया जाए। यह प्रणाली उन जगहों के लिए सटीक है जो कृषि सीमांत भूमि हो तथा जहाँ मुख्य फसलें लगाना फायदेमंद नहीं होता। यदि सीमांत भूमि में यह प्रणाली लगातार 6–8 वर्षो तक अपनाई जाती है तो वहॉ की मृदा उर्वरता में सुधार तो होता ही है साथ ही साथ मृदा के भौतिक गुणों में भी सुधार होता है एवं वह क्षेत्र उत्तम कृषि के लायक हो जाता है।

फसल–सह–मत्स्य–सह–बत्तख/मुर्गी आधारित कृषि प्रणाली

नहर द्वारा सिंचाई व्यवस्था में डिस्ट्रीब्यूटरी के अंतिम भाग में पानी मिलना निश्चित नहीं होता है जिसके कारण फसलों को क्रांतिक अवस्था में सिंचाई नहीं मिल पाती एवं उपज में बहुत ह्रास होता है। ऐसी परिस्थिति में जलाशयों का निर्माण कर जिसमें पानी जमा किया जा सके, उचित होगा ताकि फसलों को समय पर सिंचाई मिल सके। पटना जिले के विक्रम ब्लॉक के भेलूरा रामपुर एवं दसिया टोला गॉवों में सिंचाई के अलावा इन जलाशयों में बत्तख एवं मछली पालन भी किया गया। मछली पालन काफी फायदे का सौदा रहा तथा औसत शुद्ध लाभ लगभग 60,000 रू./वर्ष प्राप्त हुआ। मत्स्य उत्पादन में बढ़ोत्तरी के अलावा 20–30 प्रतिशत अधिक बरसीम की उपज हुई। बत्तख पालन मुख्यतः अंडे देने एवं तालाब में वायु का संचार बनाए रखने के लिए किया गया। फसल एवं मवेशी के साथ–साथ बत्तख तथा मुर्गी का पालन करना छोटे किसानों के लिए काफी फायदेमंद पाया गया (गौतम एवं समूह 2004)।

फसल–सह–बागवानी आधारित कृषि प्रणाली

उड़ीसा कृषि एवं तकनीकी विश्वविद्यालय (ओ.यू.ए.टी.) में भी कृषि प्रणाली अनुसंधान के अन्तर्गत कई शोध कार्य किये गये। शोध के पश्चात वैज्ञानिकों ने पाया कि फसलों के साथ यदि शुष्क क्षेत्रों में टमाटर तथा बैगन इत्यादि सब्जियॉ एवं मैदानी क्षेत्रों में मसाला फसलें जैसे अदरक एवं हल्दी इत्यादि लगाई जाए तो यह किसानों के लिए लाभदायक होगा। इसके साथ मवेशी पालन एवं रेशम उत्पादन को भी जोड़ा जा सकता है।

फसल–सह–वृक्ष–सह–एक्वाकल्चर (जलीय कृषि)–सह–मवेशी

समेकित कृषि प्रणाली के दृष्टिकोण से तमिलनाडु कृषि विश्वविद्याालय में विभिन्न उद्यमों को मिला कर एक फसल उत्पादन के अनुकूल प्रणाली का विकास करने का प्रयास किया गया जिसमें फसल उत्पादन के अलावा बागवानी, रेशम उत्पादन, वानिकी, जलीय कृषि तथा मवेशी पालन भी सम्मिलत हों। विभिन्न वातावरण, परिस्थितियों तथा अलग–अलग् घटकों के आपसी तालमेल को ध्यान में रखते हुए कई कृषि मॉडल बनाये गए जिसमें उपलब्ध ससंधान का उचित उपयोग हो, अधिक रोजगार मिले, तथा अनुकूल परिस्थितियों में भी किसानों को कम जोखिम का सामना करते हुए अच्छी आय मिल सके इत्यादि बातों का ध्यान रखा गया है। समेकित कृषि प्रणाली के सभी विकसित मॉडल का मूल्यांकन/परीक्षण उत्पादकता, स्थिरता, समानता एवं सस्टैनेबीलिटी आदि मुद्दों को ध्यान में रख कर किया गया ताकि ऐसे मॉडल विकसित हों जो तकनीकी रूप से व्यवहारिक तथा आर्थिक रूप से किसानों को ग्राहय हो।

वैकल्पिक कृषि प्रणाली

विभिन्न राज्यों में उत्पादकता बढ़ाने एवं उत्पादन को स्थिर बनाये रखने के लिए वैकल्पिक फसलों के सुझाव दिये गये।

तालिका 2 : वैकल्पिक फसलों के सुझाव

क्र.सं.	राज्य	मुख्य फसल	खरीफ में वैकल्पिक फसलें	मुख्य फसल	जाड़े की वैकल्पिक फसलें
1	पंजाब	धान	मक्का, मूंग/उरद	गेहूँ	सरसों, चना, मसूर, मटर
2	हरियाणा	धान	मक्का, मूंग/उरद	गेहूँ	सरसों, चना, मसूर
3	उत्तर प्रदेश	धान	अरहर (कम अवधि), मूंग/उरद	गेहूँ	सरसों, चना, मसूर, मटर
4	बिहार	धान	कोई सुझाव नहीं क्योकि अधिकतर धान वाले क्षेत्र जलाक्रान्त क्षेत्र हैं।	गेहूँ	मक्का, सरसों, मसूर
5	छत्तीसगढ़	धान	सोयबीन	गेहूँ	चना, मसूर, मटर
6	मध्य प्रदेश	धान	सोयबीन, अरहर,मूंग/उरद,तिल	गेहूँ	सरसों, तीसी

(स्रोत : हेगड़े तथा बाबू, 2004)

एले कृषि प्रणाली

यह एक कृषि–वानिकी प्रणाली है जिसमें खाद्य फसलों को वृक्षों अथवा झाड़ियों में पाये जाने वाली गली जैसी जगहों में लगाया जाता है। वर्षा ऋतु में हेजरोज को बिल्कुल जमीन से सटा कर काटा जाता है ताकि आपस में पोषक तत्वों, जल एवं सूर्य की किरणों के लिए कम प्रतियोगिता हो । इस प्रणाली से निम्नलिखित लाभ हैः–

1. खाद्य फसलों की अपेक्षा, अधिक कुल जैव इंधन मिलता है।
2. बेमौसम बारिश का भी उपयोग होता है।
3. गैर मौसम में भी चारा फसलें उपलब्ध हो जाती है।

4. ऐसे मौसम में जब कृषि कार्य नहीं होता तब भी अतिरिक्त रोजगार प्रदान करता है।

5. जब किसी ढ़ालनुमा जमीन के कंटूर पर लगाया जाए तो यह जल के बहाव एवं मिट्टी के कटाव को रोकता है तथा नमी का संरक्षण कर पौधे की वृद्धि एवं विकास के लिए माइक्रोक्लाइमेट में सुधार लाता है।

वृक्ष की खेती

वैसी भूमि जिसमें खेती की क्षमता थोड़ी कम होती है वहॉ कृषि वानिकी प्रणाली उपयुक्त होती है। इस प्रणाली में वैसे पेड़ अथवा झाड़ियॉ लगाई जाती हैं जिनसे लकड़ी, गोंद, तेल अथवा कल–कारखानों में प्रयोग होने वाले अन्य रासायन मिलते हैं। ये पेड़ यदि कुशल प्रबंधन से लगाये जाएं तो कॉफी लाभप्रद सिद्ध होते हैं। वानिकी अनुसंधान नेटर्वक तथा ए.आई.सी.आर. पी.डी.ए. की मदद से वृक्षों की कई ऐसी प्रजातियों की पहचान की गई है जो अलग–अलग क्षेत्रों के लिए उपयुक्त हों। हालॉकि यह एक फायदे का सौदा है पर इसकी सफलता तभी संभव है जब कल–कारखानों के साथ सम्पर्क बनाया जाए तथा उत्पादित सामग्री का सही उपयोग हो।

औषधीय एवं सुंगधित पौधे

आज के दौर में आयुर्वेदिक दवाओं तथा पौधों द्वारा निष्कासित रसायनों का महत्व दिन–पर–दिन बढ़ता जा रहा है। अतः यह वक्त है उन पौधों को लगाने का, जिनसे तेल, सुगन्धित पदार्थों, डाई, औषधी इत्यादि प्राप्त हों या बनाये जा सकें। इस प्रणाली में वृक्षों की अपेक्षा झाड़ियों को उगाना ज्यादा पसंद किया जाता है क्योंकि झाड़ियो एवं फसलों में कम प्रतिस्पर्धा होती है तथा फल–फूल आने में समय भी कम लगता है। यदि इन पौधों/झाड़ियों की उचित रोपाई हो तथा उचित देखभाल एवं प्रबंधन हो तो सीमान्त भूमि में भी इनका विकास अच्छी तरह होगा तथा उपज भी मिलेगी। वर्षा आश्रित क्षेत्रों के लिए कुछ प्रजातियों का चुनाव किया गया है जो आर्थिक रूप से किसानों को लाभान्वित करेंगी जैसे–हिना, करी पत्ता, जटरोफा तथा अगेव इत्यादि। यदि इनकी खेती वैज्ञानिक तरीके से की जाए एवं बाजार से सही

सम्पर्क रहे तो विपण्णन में परेशानी नहीं होगी तथा खाद्य फसलों की अपेक्षा अधिक लाभ प्राप्त होगा। इन क्षेत्रों मे औषधीय पौधों का भी भविष्य उज्जवल है। चूँकि इन पौधों के उत्पादों के विक्रय मूल्य में उतार–चढ़ाव आता रहता है अतः यदि इन्हे वर्तमान कृषि प्रणाली के साथ जोड़ दिया जाए जिसमें खाद्य फसलों के साथ–साथ फलदार वृक्षों का भी समाकलन किया जाए तो किसानों को अच्छी आय प्राप्त हो सकती है।

चारागाह एवं ले कृषि

खाद्य फसलों एवं पशुपालन फार्मिंग के बीच कड़ी प्रतिस्पर्धा होने के कारण प्राकृतिक चारागाह एवं चराई – भूमि काफी तेजी से घटती जा रही है जिसका सीधा असर पशुपालन पर पड़ रहा है तथा पशुधन उत्पादकता में कई गुना ह्रास हो गया है। चारागाह की इस बिगड़ती स्थिति का सुधार तभी हो सकता है जब उन्नत किस्मों की घास तथा लेग्यूम को उचित उर्वरक डाल कर उगाया जाए। यदि बहुवर्षीय लेग्यूम (फलीदार चारा) जिसमें वायुमंडल से नाइट्रोजन लेने की क्षमता हो, को लगातार 3–4 वर्षों तक लगाया जाए तो मृदा उर्वरता में सुधार होता है। फलतः इन क्षेत्रों में खाद्य फसलें बहुत कम उर्वरक अथवा बिना उर्वरक डाले भी उगाई जा सकती हैं– इसी प्रक्रिया को ले कृषि कहते हैं। इस प्रणाली द्वारा न सिर्फ अन्न का उत्पादन एवं मवेशियों द्वारा विभिन्न उत्पाद मिलते हैं बल्कि फसल प्रणाली को स्थिरता भी प्रदान करता है। साथ ही साथ मृदा की गुणवत्ता में भी सुधार लाता है जो कृषि की उत्पादन क्षमता को बनाये रखने में बहुत अहम् भूमिका निभाता है।

विभिन्न कृषि अवस्थाओं के लिए प्रस्वावित समेकित कृषि प्रणालियाँ

विभिन्न कृषि अवस्थाओं के लिए कुछ प्रस्तावित समेकित कृषि प्रणाली के मॉडल नीचे तालिका में दिये जा रहे हैं। जगह एवं जलवायु के अनुसार इनमें थोड़ा – बहुत बदलाव कर इसे समुचित मॉडल के रूप में उपनाया जा सकता है।

तालिका 3 : विभिन्न कृषि अवस्थाओं के लिए प्रस्तावित समेकित कृषि प्रणालियाँ

1. सिंचित (निचली एवं मध्यम भूमि के लिए)

समेकित कृषि प्रणाली	फसल/ फसल पद्धति	पशुपालन	मात्स्यिकी	उद्यानिक फसलें	सब्जियॉं	उद्यम
लघु एवं सीमांत कृषकों के लिए						
धान सह मात्स्यिकी	खरीफः धान रबीः गेहूँ /मक्का/मसूर/चना/सरसों	–	मछली पालन (कार्प)	–	–	मशरूम/ मधुमक्खी पालन
फसल/मछली + बत्तख + मधुमक्खी	उपरोक्त	बत्तख	मछली (कार्प)	केला, पपीता	खीरफः मौसमी सब्जियॉं रबीः मौसमी सब्जियॉं	मधुमक्खी (20 बक्से)
मध्य एवं वृहत कृषकों के लिए						
धान + मछली + पशुपालन (डेयरी)	खरीफः धान रबीः गेहूँ/मक्का/ मसूर/चना/सरसों/तोरी एवं चारा फसलें	गाय/ भैंस या दोनों	मछली (कार्प)	केला, पपीता, आम	मौसमी सब्जियॉं	–
फसल + डेयरी + मछली + मुर्गी पालन + बत्तख पालन + सब्जी/फल/फूल	खरीफः धान, मक्का रबीः गेहूँ/रबी मक्का / मसूर, चना, सरसों/राई एवं चारा फसलें	गाय/भैंस या दोनों + बत्तख/मुर्गी	मिश्रित मत्स्य पालन	आम/कटहल/ अमरूद/केला/ नींबू/लीची/गेंदा एवं कट फलावर्स	मौसमी सब्जियॉं	–

2. ऊपरी सिंचित भूमि क्षेत्र

समेकित कृषि प्रणाली	फसल/ फसल पद्धति	पशुपालन	मात्स्यिकी	फल/फूल	सब्जियॉ	उद्यम
लघु एवं सीमांत कृषकों के लिए						
फसल + मत्स्य + बत्तख + उद्यानिक फसलें	खरीफः धान/गन्ना/मक्का रबीः गेहूँ/सरसों/ मसूर/मूँग/मक्का	बत्तख/सुअर/ब करी	मिश्रित मात्स्यिकी	आम/कटहल/ अमरूद/ केला/नींबू/पपीता/लीची/ फालसा आदि	मौसमी सब्जियॉ	मशरूम/वर्मी कम्पोस्ट
फसल + सब्जी + सुअर पालन + बकरी + मधुमक्खी पालन	खरीफः धान/गन्ना/ मूँगफली रबीः गेहूँ /मक्का /मसूर/मूँग/सरसों/ तोरी एवं चारा फसलें	भैंस/गाय या दोनों/बत्तख/ मुर्गी	मिश्रित मात्स्सिकी	आम/कटहल/अमरूद/ केला/नींबू/लीची/गेंदा/ कट फलावर्स	मौसमी सब्जियॉ	मधुमक्खी पालन/वर्मी कम्पोस्ट
मध्य एवं वृहत कृषकों के लिएः						
फसल + मात्स्की + डेयरी + सब्जी + फूल	खरीफः धान रबीः गेहूँ/मक्का/ मसूर/ चना/सरसों/ तोरी/ चारा फसलें	गय/भैंस या दोनों	मिश्रित मात्स्यिकी	आम/कटहल/अमरूद/केला /नींबू/लीची/सपोटा/ फालसा/अमरूद/पपीता या अन्य उपयुक्त फल/फूल	मौसमी सब्जियॉ	मधुमक्खी पालन/ वर्मी कम्पोस्ट
फसल + डेयरी + मात्स्यिकी + मुर्गी + बकरी + बत्तख + उद्याानिक फसलें	खरीफ : धान/मक्का/ गन्ना रबीः गेहूँ/मक्का /दलहन फसलें/ तेलहन/चारा फसलें	भैंस/गाय या दोनों/बकरी/ बत्तख/मुर्गी	मिश्रित मात्स्यिकी	आम/कटहल/अमरूद/केला /नींबू/लीची/चीकू या फूलों की खेती	मौसमी सब्जियॉ	वर्मी कम्पोस्ट/ मधुमक्खी पालन

3. वर्षा आधारित कृषि क्षेत्र

समेकित कृषि प्रणाली	फसल/ फसल पद्धति	पशुपालन	मात्स्यिकी	उद्यानिक फसलें	अन्य उद्यम
लघु एवं सीमांत कृषकों के लिए					
फसल+मात्स्यिकी + सूअर+बकरी /भेंड + उद्यानिक फसलें	खरीफः धान/मक्का/उरद/ अरहर/अरहर/ सोयाबीन रबीः मक्का/ मिश्रिकन्द/प्याज /तीसी/सरसों/तोरी/कुसुम	सूअर/बकरी/ भेड़ पालन	यदि पर्याप्त जल उपलब्ध हो तो मिश्रित मात्स्यिकी	आम/नींबू/कटहल/फालसा /लीची/अमरूद/पपीता एवं अन्य मौसमी सब्जी या फूल	वर्मी–कम्पोस्ट/मधु मक्खी पालन
फसल+मात्स्यिकी + सूअर/बकरी /भेंड़+मुर्गी + उद्यानिक फसलें	खरीफः धन/मक्का/अरहर रबीः मटर/मसूर/ मक्का/ मूँग/तीसी /कुसुम/ सरसों/ तोरी/तीसी	सूअर/बकरी/ भेंड़ पालन	उपरोक्त	उपरोक्त	मधुमक्खी/ मशरूम
मध्य एवं वृहत कृषकों के लिए					
फसल + डेयरी + उद्यानिक फसलें	खरीफः धान/मक्का/अरहर/ सोयाबीन रबीः सरसों /तोरी/कुसुम/ तीसी/ मूँग/मसूर/मटर/ मिश्रीकन्द आदि	गाय/भैंस या दोनों	–	आम/पपीता/लीची/ फालसा/अमरूद/नींबू/कटह ल/अनार एवं अन्य मौसमी फूल एवं सब्जियाँ	मशरूम/मुर्गी पालन
फसल + डेयर + मुर्गी + बकरी + उद्यानिक फसलें	खरीफः धान/मक्का/अरहर/ सोयाबीन रबीः आलू/तोरी/सरसों/ मसूर/चना/तीसी/मिश्रीकन्द	गाय/भैंस या दोनों	यदि पर्याप्त जल हो तो मिश्रित मात्स्यिकी	आम/लीची/अमरूद/नींबू/ चीकू/फालसा/अनार/कटहल एवं मौसमी सब्जियाँ	वर्मी – कम्पोस्ट/मुर्गी पालन

4. पठारी भूमि क्षेत्र

समेकित कृषि प्रणाली	फसल/ फसल पद्धति	पशुपालन	मात्स्यिकी	उद्यानिक फसलें	अन्य उद्यम
लघु एवं सीमांत कृषकों के लिए					
फसल + सब्जी + सुअर/बकरी / भेंड़	खरीफः धान/ महुआ/ नाइजर/मक्का/सोयबीन /अरहर रबीः कादों /तोरी/मटर/तेलहन/ दलहन फसलें	सूअर/बकरी/ भेड़/खरगोश /बटेर	–	आम/कटहल/इमली/अमरूद/ शरीफा/अनार/लीची/फालसा/ चीकू/बेर/पोपलन सपोटा एवं मौसमी सब्जियॉ	मधुमक्खी पालन/मशरूम
कृषि सह वानिकी + बकरी/सब्जी /फूल–फल/मधुमक्खी	उपरोक्त	बकरी/मुर्गी/ बटेर/सूअर	–	उपरोक्त	मधुमक्खी/मशरूम /वर्मी–कम्पोस्ट/ नर्सरी उत्पादन
मध्य एवं वृहत कृषकों के लिए:					
फसल + डेयरी + मात्स्यिकी + मुर्गी/उद्यानिक फसलें	खरीफः धान/रागी/ नाइजर/सोयाबीन/अरहर रबीः मड़आ/सरसों /तोरी/कुसुम/ सितम्बर अरहर/मटर /तिल	गय/भैंस या दोनों मुर्गी/ बटेर/बत्तख	अगर वर्षा जल संचय की हो तो मिश्रित मात्स्यिकी	आम/इमली/सपौटा/चीकू/ फालसा/बेर/अनार/अमरूद एवं मौसमी सब्जियॉ	मशरूम+नर्सरी उत्पादन
कृषि – सह वानिकी	उपरोक्त	उपरोक्त	उपरोक्त सारे फल एवं मौसमी फूल एवं सब्जियॉ	मशरूम/नर्सरी उत्पादन/वर्मी – कम्पोस्ट / मधुमक्खी पालन	मशरूम / नर्सरी उत्पादन /वर्मी – कम्पोस्ट / मधुमक्खी पालन

5. जलवायु क्षेत्रः बाढ़ प्रभावित क्षेत्र

समेकित कृषि प्रणाली	फसल/ फसल पद्धति	पशुपालन	मात्स्यिकी	उद्यानिक फसलें	अन्य उद्यम
लघु एवं सीमांत कृषकों के लिए					
फसलः मखाना/सिंघाड़ा/ मात्स्यिकी + डेयरी+बॉस+ उद्याानिक फसल	खरीफः धान (गहरे जल वाले प्रभेद)/जूट/मक्का (बाढ़ आने के पहले)/अदसाली गन्ना (बी. ओ. –91) रबीः खेसारी मसूर, मिश्रीकन्द, गेहूँ, मक्का, बोरो धान)	–	कार्प कल्चर (एयर ब्रीडिंग)सिंघाड़ा/ मखाना/आम/ लीची/बॉस मेड़ पर मौसमी सब्जियॉ व तरबूज/खरबूज	बत्तख पालन/ वर्मी कम्पोस्ट	
फसल + मात्स्यिकी + मुर्गी	गहरे जल वाले धान/नूट / मक्का/(बाढ़ आने से पहले) गन्ना (बाढ़ के बाद) 0–91 रबी : मसूर/चना/ खेसारी, मिश्रीकन्द, आलू, गेहूँ, मक्का/ बोरो धन	सूअर / बकरी	कार्प कल्चर (एयर ब्रीडिंग)	सिंघाड़ा/मखाना/ आम/लीची/खरबूज/तरबूज मेड़ पर मौसमी सब्जियॉ	बत्तख पालन/वर्मी – कम्पोस्ट
मध्य एवं वृहत कृषकों के लिएः					
फसल+मखाना/ सिंघाड़ा + मात्स्यिकी + बॉस + उद्यानिक फसलें	गहरे जल वाले धान के प्रभेद/मक्का (बाढ़ आने से पहले) गन्ना (बाढ़ खत्म होने के बाद) (80–91) रबीः मसूर/चना/ खेसारी, मिश्रीकन्द, आलू, गेहूँ, मक्का, बोरो धान	–	कार्प कटचर (एयर ब्रीदिंग)	सिंघाड़ा / मखाना / तरबूज/ खरबूज/ आम/लीची ऊँची भूमि व क्षेत्र पर सब्जियॉ	वर्मी–कम्पोस्ट/मश रूम उत्पादन
फसल+मखाना/ सिंघाड़ा+डेयरी/सुअर या बकरी पालन + उद्यानिक फसलें	उपरोक्त	गाय/भैंस या दोनों+ बकरी/सूअर	कार्प कल्चर (एयर ब्रीडिंग एवं लोकल प्रजाति)	सिंघाड़ा मखाना/ आम/लीची ऊँची भूमि व मेड़ पर सब्जियॉ एवं आम/लीची के नीचे हल्दी/ अदरक की खेती	मुर्गी पालन/ वर्मी –कम्पोस्ट/बत्तख पालन

विभिन्न कृषि जलवायु क्षेत्रों के लिए समेकित कृषि प्रणालियाँ

1. ऊँचाई वाले शीत मरूस्थलः वानिकी सह घास के मैदान, बकरियॉ, खरगोश एवं कृषि फसलें जैसे मोटे अनाज गेहॅू, बार्ली एवं चारा आदि।
2. शुष्क एवं मरूस्थलीय क्षेत्रः मुख्यतः पशुपालन आश्रित कृषिः ऊँट, भेड़, बकरियों के साथ चारा फसलें एवं कृषि फसलें (स्थानीय)।
3. पश्चिमी एवं मध्य हिमालय क्षेत्रः उद्याानिक फसलों पर विशेष जोर, सीढ़ीदार खेती एवं ढलान पर उद्याानिक फसलों के साथ मक्का, धान, गेहॅू, दालें एवं चारा फसलें।
4. पूर्वी हिमालय क्षेत्रः प्राचीन या पारम्परिक फसलें जैसे धान, मोटे अनाज, दालें आदि के साथ कृषि वानिकी, सूअर एवं मुर्गी–पालन आदि।
5. गंगा का मैदानी क्षेत्रः सघन कृषि प्रणाली जैसे धान–गेहॅू–मक्का/सरसों/दालों के साथ पशु–पालन, डेयरी, दुग्ध–उत्पादन, मात्स्यिकी एवं भैसें आदि।
6. मध्य एवं दक्षिणी उच्च भूमि क्षेत्रः कपास–ज्वार आदि मोटे अनाज/दलहन फसलों के साथ दुग्ध उत्पादन, भेड़ बकरी पालन, मुर्गी पालन आदि।
7. पश्चिमी घाटः मुख्यतः प्लान्टेशन फसलों पर विशेष जोर एवं इनके साथ, धान एवं दलहन की खेती के साथ–साथ दुग्ध उत्पादन, भेड़ एवं बकरी पालन।
8. डेल्टा एवं तटीय मैदानी क्षेत्रः धान की खेती के साथ–साथ मात्स्यिकी, मुर्गी एवं बत्तख पालन, सूअर एवं बकरी पालन। समुद्री कैप्चर फिशरी एक मुख्य रोजगार है एवं इसे कृषि फसलों के साथ मिश्रित नहीं करना चाहिए।

तालिका 4 : कृषि–जलवायु मण्डल (एग्रो क्लाइमेटिक जोन) पर आधारित फसल प्रणाली

	कृषि–जलवायु प्रदेश / क्षेत्र	प्रचलित फसल प्रणाली	सम्भावित फसल प्रणाली	कुल क्षेत्र (000, हे0)
1.	पश्चिमी हिमालयी क्षेत्र / प्रदेश	फसल आधारित कृषि प्रणाली उद्यानिक फसल आधारित कृषि प्रणाली	डेयरी आधारित कृषि प्रणाली सब्जी आधारित कृषि प्रणाली	106.8 (10%)
2.	पूर्वी हिमालयी क्षेत्र	धान–धान–धान	धान+मत्स्य + उद्यानिक फसल + सब्जी	59.04 (3%)
3.	निचला गांगेय मैदानी क्षेत्र	जूट–धान–सरसों	फसल + उद्यानिक फसल+मत्स्य + डेयरी (पशुपालन)+बत्तख	108.03 (5%)
4.	मध्य गांगेय मैदानी क्षेत्र	धान–गेहूँ	फसल +डेयरी (दुधारू पशुपालन) + मत्स्य पालन+मशरूम	146.43 (3%)
5.	ऊपरी गांगेय मैदानी क्षेत्र	धान+डेयरी	फसल + डेयरी + मत्स्य पालन+मधुमक्खी पालन +उद्यानिक फसलें	283.05 (5%)
6.	गांगेय मैदानों के पार का क्षेत्र	धान / ज्वार–गेहूँ+डेयरी	मत्स्य + सुअर पालन–फसल+डेयरी(सकंर नस्ल)–फसल +डेयरी+मुर्गी पालन – फसल + डेयरी +मत्स्य +सूअर पालन –फसल + डेयरी +सब्जी	988.56 (18%)
7.	पूर्वी पठारी और पठारी क्षेत्र	फसल + उद्यानिक फसल फसल+मछली / मुर्गी + डेयरी	फसल +उद्यानिक फसल + डेयरी फसल +डेयरी+मुर्गी पालन + मत्स्य पालन +बत्तख + उद्यानिक फसल	309.10 (5%)
8.	केन्द्रीय पठारी और पहाड़ी क्षेत्र	फसल + पशुपालन मक्का –आलू–गेहूँ सोयबीन –मक्का–गेहूँ	फसल + पशुपालन + मत्स्य पालन फसल + डेयरी + सब्जी फसल + डेयरी	972.29 (11%)

9.	पश्चिमी पठारी एवं पहाड़ी क्षेत्र	फसल आधारित	फसल + डेयरी + रेशम उत्पादन फसल + डेयरी फसल + डेयरी + मुर्गी पालन	816.28 (7%)
10.	दक्षिणी पठारी एवं पहाड़ी क्षेत्र	केवल फसलें धान/मक्का आधारित फसल प्रणाली	फसल + उद्यान + बकरी फसल + मुर्गी + मत्स्य पालन फसल + मत्स्य + बकरी पालन फसल + मत्स्य + मुर्गी पालन + मशरूम	480.40 (11%)
11.	पूर्वी तटवर्ती मैदान एवं घाट क्षेत्र	धान–धान–परती–दाल	धान–धान–धान–कपास+मकई और बत्तख सह मत्स्य पालन धान–धान–धान–कपास+मकई और मुर्गी पालन सह मत्स्यपालन	400.77 (9%)
12.	पश्चिमी मैदनी एवं पहाड़ी क्षेत्र	धान–धान–धान+ मत्स्यपालन (साथ ही साथ) काजू/नारियल + धान	धान+मत्स्यपालन–धान+मत्स्य पालन+मुर्गी पालन –धान–मत्स्य (चक्र में) –धान –बैंगन+धान–बोरो + मशरूम +मुर्गीपालन	86.21 (11%)
13.	गुजरात के मैदानी एवं पहाड़ी क्षेत्र	फसल + डेयरी (लोकल प्रजाति)	फसल + डेयरी (संकर प्रजाति) फसल + मुर्गीपालन	345.88 (13%)
14.	पश्चिमी बारानी क्षेत्र	फसल, धान्य एवं मिलेट (मोटे अनाज) – फसल, मिलेट (मोटे अनाज एवं दालें)	फसल + डेयरी + उद्यानिक कृषि – चारागाह प्रणाली	333.84 (6%)
15.	कुल			5361.99

नोटः (कोष्ठक में दिए गए अंक फसल के क्षेत्रफल का प्रतिशत है) स्रोतः पी.डी.सी.एस.आर. मोदीपुरम्, (प्रस्तुति–राय मंगला, 2005)

उष्ण कटिबंध प्रदेशों के लिए समेकित कृषि प्रणालियाँ

विकसित किए गये समेकित कृषि प्रणाली के मॉडल कुछ खास स्थानों के लिए ही उपयुक्त होते हैं। विकसित किए गये मॉडलों में स्थान, समय, वातावरण, तापमान, आद्रता एवं वर्षा के हिसाब से आवश्यकतानुसार परिवर्तन कर इसे स्थान विशेष के लिए उपयोगी बनाया जाता है। उष्ण कटिबंध प्रदेशों या गर्म जलवायु वाले जगहों के लिए कुछ उपयोगी समेकित कृषि प्रणालियाँ विकसित की गयी हैं, जो निम्नलिखित तालिका में दर्शाई गई हैं।

तालिका 5 : उष्ण कटिबंध प्रदेशों के लिए समेकित कृषि प्रणाली

क्रम सं.	समेकित कृषि प्रणाली मॉडल	क्षेत्र	मॉडल विकसित करने वाले
1	मिश्रित मात्स्यिकी	भारत	जयासीलन एवं अन्य (1988)
2	बत्तख सह मात्स्यिकी	हॉग–कॉग	सिन (1980), वोयानारोविच् (1980)
		ताइवान	चेन एवं ली (1980)
		भारत	शर्मा एवं अन्य (1985)
3	सूअर सह मात्स्यिकी	भारत	जिंगरन एवं शर्मा (1980)
		भारत	पउलराज (1984)
4	मुर्गी पालन सह मात्स्यिकी	भारत	कुमार एवं सिंह (1984)
		भारत	गोविंदन (1988)
		इण्डोनेशिया	डजाजडिरेडजा एवं अन्य (1980)
		मलेशिया	टान एवं खू (1980)
		मलेशिया	डेलमाण्डो (1984)
5	खुम्ब सह कृषि	भारत	राव (1984)
		भारत	लोगानाथन (1989)
		भारत	रंगास्वामी एवं जयन्ती (1994)
		भारत	वनगिरेनसवन (1987)
6	धान + सूअर + मात्स्यिकी + बत्तख + एजोला	फिलिपींस	गोविन्दा (1990)
7	धान + मात्स्यिकी + मुर्गी पालन	भारत (तमिलनाडु)	गोविंदन एवं अन्य (1990)
8	धान + मात्स्यिकी + मुर्गी + खुम्ब	भारत	रंगास्वामी (1992)
9	धान + मात्स्यिकी + एजोला	भारत	शानमुगासुन्दरम एवं अन्य (1992)
10	धान + मात्स्यिकी + डेयरी	भारत	वीरभद्रण (1994)
11	फसल + डेयरी + बायोगैस + सिल्वी कल्चर	भारत (हिमाचल प्रदेश)	सिद्धेश्वरन एवं पालानिरपन्न (1990)
12	फसल + पशु पालन	भारत (हिमाचल प्रदेश)	शर्मा एवं अन्य (1991)
13	धान + मछली + झींगा + सब्जी उत्पादन	वियतनाम	लेघफुट एवं मिनिक (1990)

विभिन्न राज्यों में विषय अध्ययन

राज्य–तमिलनाडु

शंकरण एवं जंयती (2004) ने तमिलनाडु राज्य के विभिन्न भागों के लिए विभिन्न कृषि प्रणालियाँ पर अध्ययन किया। इसमें फसलों के साथ–साथ पशु/पक्षियों को भी समेकित किया गया।

तालिका 6 : तमिलनाडु की प्रमुख कृषि प्रणाली

क्षेत्रों के नाम	**फसल घटक**	**अन्य घटक**
उत्तर –पूर्वी	धान, गन्ना, बाजरा, मडुवा, मूंगफली	एक या दो भैंसे अथवा जर्सी संकर गाय या 20 बकरियों/भेड़ों की एक इकाई
उत्तर–पश्चिमी	मडुवा, मूगंफली, चना, धान, टैपिओका	भेड़ या बकरी या मुर्गी या गाय (डेयरी)
पश्चिमी भाग	मिलेट (ज्वार, बाजरा आदि)	डेयरी या मुर्गी या भेड़ या बकरी
कावेरी डेल्टा	धान	डेयरी या बकरी या बत्तख या सुअर
दक्षिणी भाग	मिलेट, कपास, दाल, धान	भेड़ या बकरी या मुर्गी या बत्तख
अधिक वर्षा वाले क्षेत्र	धान, टैपिओका	डेयरी या बत्तख
अधिक उँचाई एवं पहाड़ी क्षेत्र	चाय, कॉफी	खरगोश या बकरी या डेयरी

फसल + मुर्गी/कबूतर/बकरी + मत्स्य–पालन

वर्ष 1998 से 2001 के दौरान फसल के साथ अन्य उद्यमों जैसे मुर्गी, कबूतर, बकरी तथा मत्स्य पालन आदि विभिन्न घटकों के यथासंभव मेलों का इस दृष्टि से अध्ययन किया गया कि एक घटक के अवशेष एवं उपोत्पाद का दूसरे घटक में पुनर्चक्रण (रिसाइक्लिंग) हो सके। एक हेक्टयर फार्म क्षेत्र में 0.75 हेक्टेयर फसल के लिए, 0.10 हे. बकरियों (20+1) के लिए चारा फसलें एवं घास उगाने के लिए, 0.03 हेक्टेयर बकरी के रहने के लिए (शेड) तथा शेष 0.12 हेक्टेयर तीन तालाबों के लिए आवंटित किया गया। तीन प्रकार की समेकित कृषि प्रणालियों को तीन वर्षों तक लगाया गया। ये

प्रणालियॉ थीः (1) फसल + मछली + मुर्गी पालन (20 बैपकाक मुर्गियॉ) (2) फसल + मछली + कबूतर (40 जोड़े) एवं (3) फसल + मछली + बकरी (तेलीचेरी प्रजाति की 20 मादा बकरी एवं एक नर बकरा 0.03 हे. में रखा गया)। कतला, रेहू, मृगल एवं कॉमन कार्प 40:20:30:10 के अनुपात में कुल 400 मछलियॉ इन तीनों तालाबों मं पाली गईं। प्रत्येक तालाब का आकार 0.04 हे. रखा गया जिसकी गहराई 1.5 मी. थी।

तालाब में पाली गई मछलियों को मुर्गी एवं कबूतर (700 किलो मुर्गी/कबूतर का विष्ठ जो 20 बेपकॉक मुर्गियों/40 जोड़े कबूतरों से प्राप्त हुआ) जिनका घर दो तालाबों के ऊपर बनाया गया था तथा बकरी के विष्ठ को भोजन के रूप में खिलाया गया ताकि यह पता लगाया जा सके कि विभिन्न जानवरों के खाद रूपी विष्ठ को खिला कर मत्स्य पालन संभव है या नहीं। समेकित कृषि प्रणाली में तीन फसल प्रणाली (i) गन्ना (रोपाई)–गन्ना (रैटून)–केला (3 वर्ष) (ii) केला–हल्दी–धान–केला (3 वर्ष) तथा (iii) मक्का–धान–तिल–ढ़ैचा (वार्षिक) प्रत्येक 0.25 हे. क्षेत्र मं लगाई गई तथा 0.10 हे. क्षेत्र में बाजरा–नेपियर घास + डेसमेनथस (बहुवर्षी) लगाया गया।

इस प्रणाली की तुलना किसानों द्वारा उगाये जा रहे पारम्परिक फसल प्रणाली से की गई जिसमें किसान चार फसल प्रणाली, प्रत्येक 0.25 हे. में लगाते हैं। ये चार प्रणालिया हैंः (i) धान–धान–उरद (ii) मक्का–धान–उरद (iii) मक्का–धान–सनई और (iv) धान–धान–सनई । समेकित कृषि प्रणाली में पोषक तत्वों की आपूर्ति मुर्गी, कबूतर एवं बकरी के लिए विष्ठ तथा उपजायी गई फसलों के अवशिष्ट (केला तथा गन्ने के छिलके इत्यादि) प्रत्येक 0.25 टन/हे. को वर्मीकम्पोस्ट में परिवर्तित कर पूरी की गयी। मिट्टी की उत्पादकता को बनाये रखने के लिए क्या समेकित कृषि प्रणाली के अंतर्गत बनाये गये वर्मी कम्पोस्ट सक्षम है ? इसके लिए भी परीक्षण किये गये जिसमें इनकी तुलना प्रत्येक फसल प्रणाली के लिए अनुमोदित उर्वरक 100, 80 एवं 60 प्रतिशत से की गई। विभिन्न फसलों एवं उद्यमों के सम्मिलन से समेकित प्रणाली बनती है तथा समेकित कृषि प्रणाली द्वारा प्रति इकाई क्षेत्र प्रति इकाई समय में अधिक उपज प्राप्त की जा सकती है। लगातार तीन वर्षों तक समेकित कृषि प्रणाली में अनुसंधान करने के पश्चात् परिणाम यह

प्रदर्शित करते हैं कि निचली भूमि में सिर्फ फसल उगाने कि अपेक्षा फसल के साथ–साथ मत्सय, मूर्गी, कबूतर एवं बकरी पालन द्वारा अधिक उत्पादकता प्राप्त कि जा सकती है। अन्य फसल प्रणालियों की तुलना में फसल + मत्सय पालन + बकरी पालन द्वारा सबसे ज्यादा धान के समतुल्य उपज (39610) किलोग्राम प्रति हे0 प्राप्त हुई तथा जानवरों के घटक में बकरी की इकाई (20 +1) से सबसे ज्यादा उत्पादकता (8818 किलो) प्राप्त हुई। इसके अलावा 400 मछलियों को खाना खिलाने के अलावा 11 टन अतिरिक्त बहुमूल्य खाद प्राप्त हुई। मुर्गी, कबूतर तथा बकरी के विष्ठ को मछली के भोजन के रूप में प्रयोग करने पर पाया गया कि अन्य स्रोतों की अपेक्षा मुर्गी का विष्ठ प्रयोग करने पर अधिक मछलियॉ प्राप्त होती है (825 किलो/0.04 हे. तालाब)। सबसे अधिक शुद्ध आय (रू. 1,31,118) एवं प्रतिदिन आय (रू. 511/हे.) भी फसल + मत्स्य + बकरी पालन प्रणाली द्वारा ही प्राप्त हुई तथा तालाब की मिट्टी की भी उर्वरता काफी बढ़ी पाई गई जिसे फसल उगाने में प्रयोग किया गया। कबूतर + मत्स्य पालन + फसल द्वारा प्रति रूपया लागत पर सर्वाधिक शुद्ध आय (3.30) प्राप्त हुई तथा तालाब की मिट्टी को पुनः खेतों में फसल उगाने के लिए प्रयोग किया गया। शुरू में मुर्गी, कबूतर एवं बकरी के विष्ठ को तालाब में मछलियों के भोजन के रूप में डाला गया तथा वर्ष के अंत में मछलियॉ निकालने के बाद प्रत्येक तालाब से लगभग 4500 किलो उपजाऊ मिट्टी (सिल्ट) निकाली गई जिसे फसल उपजाने में कार्बनिक खाद के रूप में प्रयोग किया गया।

ऊपरी भूमि में संपूरक सिंचाई की व्यवस्था वाले क्षेत्र

फसल+डेयरी (दुग्धशाला) + बायोगैस + सिल्वीकल्चर

ऊपरी भूमि जहॉ सिंचाई की व्यवस्था होती है वहॉ किसान ज्वार–कपास–मक्का, मडुवा–कपास–मक्का तथा मडुवा–कपास–ज्वार फसल प्रणाली अपनाते हैं। इनके अतिरिक्त जो घटक फसल के साथ समेकित किये गए, वे हैंः– डेयरी, बायेगैस, मशरूम एवं स्पॉन (बीज) उत्पादन, मधुमक्खी पालन, घर में बागवानी, मत्स्य पालन एवं सिल्वीकल्चर। वर्ष 1987 से 1992 तक समेकित कृषि प्रणाली लगाई गई जिसके अन्तर्गत फसल, डेयरी (पशुपालन) बायोगैस एवं सिल्वीकल्चर आदि घटक लिये गये। कोयम्बटूर में जो सामान्य सस्यक्रम

फसलक्रम प्रचलित है वह है मडुवा–कपास–ज्वार। समेकित पद्धति में इसी सस्यक्रम में अंतर सस्यन किया गया जैसे कपास में मूंग, ज्वार में बोरो तथा मडुवा में सूरजमुखी बॉर्डर फसल के रूप में ली गई (0.75 हे.)। बहुवषीर्य घास चारा (0.15 हे.) तथा फली चारा लूर्सन (0.05 हे) भी लगाया गया।

तीन दुधारू जर्सी संकर गाये तथा दो बछड़े डेयरी में रखे गए। फार्म तथा पशुओं से मिले अवशिष्ट पदार्थों का प्रभावकारी पुर्नचक्रण करने के ख्याल से 2 मी. क्षमता वाली एक बायोगैस इकाई भी लगाई गई ताकि उससे इंधन, प्रकाश एवं अच्छी खाद का उत्पादन हो सके। प्रतिदिन इन 5 जानवरों (3 गाय + 2 बछड़ों) से लगभग 60 किलो गोबर प्राप्त हुआ जिसके द्वारा 2 धनमीटर (2 मी^{3}.) गैस प्रतिदिन प्राप्त की गई। 2 धनमीटर गैस 1.5 लीटर केरोसीन तेल के बराबर होती है। खेत के चारो ओर 200 सुबबूल के पेड़ लगाये गए जिससे चारे के साथ–साथ लकड़ी (टिम्बर) का भी उत्पादन हुआ। इस प्रकार की समेकित कृषि प्रणाली से 20,702 रू./हे./वर्ष शुद्ध आय में वृद्धि के साथ–साथ इस प्रणाली से और भी कई फायदे हुए हैं। जैसेः फार्म तथा जानवरों से मिले अवशिष्ट पदार्थो का प्रभावी पुनः चक्रण, फार्म में रोजगार में बढ़ोत्तरी तथा सालों भर लगातार आय भी उपलब्ध होती रहती है।

फसल + डेयरी + बायोगैस + मशरूम + मत्स्य पालन

इस प्रणाली में भिन्न–भिन्न घटकों को समायोजित किया गया : फसल + डेयरी, फसल + डेयरी + बायोगैस + मत्स्य पालन, फसल + डेयरी + बायोगैस + मशरूम + मत्स्य पालन और फसल + मत्स्य पालन। ऊपरी सिंचित भूमि में समेकित कृषि प्रणाली पर कुछ अनुसंधान किये गए जिसमें फसल के साथ–साथ डेयरी, बायोगैस तथा मशरूम या मत्स्य पालन जैसे घटक जोड़े गए तथा प्राप्त परिणामों से यह सिद्ध होता है कि केवल फसल लाने के बजाय यदि कृषि के अन्य घटक भी उसमें समायोजित किये जायें तो क्षेत्र की उत्पादकता काफी बढ़ जाती है। वर्ष 1999–2000 के दौरान समेकित फसल प्रणाली में ज्वार + अरहर–सूर्यमुखी + धनियॉ, मकई–बोरो

(चारा फसल) – कपास + धनिया एवं बहुवर्षीय चारा फसलें (घास) + फलीदार चारा (लूसर्न) प्रत्येक 0.32 हे. में तथा डेयरी (6 गायें + 4 बछड़े), बायोगैस (2 मी. क्षमता), मशरूम (2 किलो/दिन) + स्पॉन उत्पादन (10 बोतले/दिन) एवं मछली (0.008 हे.) तालाब में 80 मछलियॉ) पालन किया गया। इससे प्राप्त उत्पदों को ज्वार के समतुल्य उपज में परिवर्तित किया गया तथा पाया गया कि ज्वार–कपास (0.05 हे.) की तुलना मे फसलों के साथ विभिन्न घटकों को एकीकृत करने पर अधिक उत्पादन प्राप्त होता है। इस प्रणाली के द्वारा सर्वाधिक सकल एवं शुद्ध आय के साथ–साथ प्रतिदिन अच्छी रकम प्राप्त होती है। प्राप्त परिणामों के अनुसार वर्ष 1999–2000 में 2.22 तथा वर्ष 2000–2001 में 2.41 लाभ–लागत अनुपात प्राप्त हुआ (शिवामुरूगन, 2001)।

फसल + बकरी पालन

कोयम्बटूर में वर्ष 1987–1992 के दौरान एक हेक्टेयर वर्षाश्रित भूमि में समेकित फसल प्रणाली के अन्तर्गत फसल, चारा फसलें, वृक्ष (चारा), बहुवर्षीय घास तथा बकरी लिया गया। सामान्यतः सूखे क्षेत्र में किसान ज्वार की फसल चारे के रूप में उगाते है तथा इसकी उपज (1–10 टन/हे.) वर्षा आधारित होती है। इसी में थोड़ा सा परिवर्तन कर समेकित प्रणाली कृषि का रूप लिया गया जैसे ज्वार की फसल, न सिर्फ चारे (0.2 हे.) के लिये लगाई गई बल्कि अन्न के लिए भी उपजाई गई (0.2 हे.)। बकरियों को खिलाने के लिए 0.2 हेक्टेयर क्षेत्र में सुबबूल तथा सेनचरस सिलियारिस (एक चारे में प्रयुक्त घास), को अन्तरवर्ती फसल के रूप में लगाया गया। शेष 0.2 हे. क्षेत्र में अन्य पेड़ जैसे अकासिया एवं प्रोसोपिस सीनेरारिया लगाये गये। 20 तेलीचेरी मादा एवं एक नर को बकरी की एक इकाई माना गया। प्राप्त परिणामों से यह पता चला कि बकरी की एक इकाई के लिए लगाये गये ज्वार एवं बहुवर्षीय फसलों द्वारा वर्ष भर पर्याप्त भोजन उपलब्ध हो जाता है। 5 वर्षो के पश्चात् बहुवर्षीय वृक्षों द्वारा ही 21 बकरियों के लिए आसानी से पत्ते मिल सकते हैं। वर्षा आधारित क्षेत्रों के लिए तेलीचेरी प्रजाति की बकरी उत्तम है क्योंकि ये मॉस के साथ–साथ 80–100 मि.ली./प्रतिदिन दूध भी देती हैं तथा इसकी वृद्धि भी जल्द होती है। 20 मादा बकरियॉ वर्ष भर में

लगभग 45 बच्चों को जन्म दे सकती हैं। इन बच्चों को 10–12 किलो भार होने पर बेचा जा सकता है। इसके अलावा बकरी की एक इकाई से लगभग 11.2 टन बहुमूल्य खाद भी प्राप्त होती है। जब इस खाद को मिट्टी में मिलाया जाता है तो यह मिट्टी को मुख्य तथा सूक्ष्म सभी तरह के पोषक तत्व प्रदान करती है एवं मिट्टी की जल ग्रहण क्षमता भी बढ़ जाती है जिसका सीधा लाभ पौधों को मिलता है तथा अच्छी वृद्धि होने के कारण उपज भी अच्छी होती है। केवल ज्वार (चारा) उपजाने पर 1991 रू./हे./वर्ष शुद्ध आय प्राप्त होती है जबकि समेकित फसल प्रणाली द्वारा 5671 रू./हे./वर्ष शुद्ध आय मिलती है। कुल आय का लगभग 59 प्रतिशत भाग बकरी पालन से प्राप्त होती है।

फसल + वृक्ष + बकरी

इस प्रणाली में फसल +वृक्ष +बकरी पालन मार्च 1999 से फरवरी 2001 तक किया गया। यहॉ परम्परागत रूप से सिर्फ ज्वार की ही खेती होती है। समेकित कृषि प्रणाली के अन्तर्गत फसल के साथ–साथ वृक्ष एवं बकरी पालन भी किया गया। वृक्षों की तीन प्रजातियॉ ली गईं। फसल के अन्तर्गत ज्वार (अनाज) + बोरो, ज्वार (चारा) + बोरो तथा सेन्चरस ग्लाउसस प्रत्येक 0.33 हे. में लगाया गया। इस प्रणाली में बकरी की एक इकाई के अन्तर्गत 5 मादा एवं एक नर बकरी रखी गई। शुष्क क्षेत्र में तीनों प्रजातियों के वृक्षों का मूल्यांकन यह पता लगाने के लिए किया गया कि किस प्रजाति के वृक्ष मृदा में नमी संरक्षण तथा फसलों में नेत्रजन प्रबंधन के लिए उपयुक्त हैं।

प्राप्त परिणामों द्वारा यह पता चला है कि केवल ज्वार लगाने की अपेक्षा यदि ज्वार (अनाज) + बोरो, ज्वार (चारा) + बोरो एवं ऑवला वृक्ष के साथ अन्तवर्ती फसल के रूप में सेन्चरस लगाया जाए (प्रत्येक 0.33 हे.) एवं 0.01 हे. में तेलीचेरी बकरी (5+1) रखी जाये तो न सिर्फ उत्पादकता एवं आर्थिक प्रतिफल में वृद्धि होती है बल्कि अधिक रोजगार के अवसर भी मिलते हैं। राधामणि (2001) ने पाया कि यदि उपरोक्त प्रणाली में 50 प्रतिशत नेत्रजन उर्वरक के द्वारा तथा 50 प्रतिशत बकरी खाद द्वारा फसलों में डाला जाए तो उत्पादकता के साथ–साथ मृदा की उर्वरता में भी वृद्धि होती है तथा प्राप्त

खादों का फसलों पें पुनः चक्रण (रिसाइक्लिंग) के भी अच्छे अवसर प्राप्त होते हैं।

फसल + मत्स्य पालन + मुर्गी पालन

वर्ष 1992–94 के दौरान अडुथुराई में धान आधारित फसल प्रणाली में एक निदर्शन ट्रॉयल रूप में प्रयोग किया गया जिसमें फसल, मत्स्य पालन एवं मुर्गी पालन शामिल थे। राज्य के छोटे एवं सीमांत किसानां को ध्यान में रखते हुए 0.04 हे. क्षेत्र का चुनाव समेकित फसल प्रणाली के अध्ययन के लिए किया गया। वहॉ के किसानों द्वारा अपनाई गयी परम्परागत फसल प्रणाली को 0.96 हे. में लगाया गया। तालाब में 400 छोटी मछलियॉ डाली गई जिनमें 200 मछलियॉ कतला, 100 रोहू एवं 100 मृगल थी। तालाब के उपर एक किनारे पर मुर्गियों के रहने के लिए एक शेड बनाया गया। शेड के नीचे 3 मी. x 3 मी. तार की जाली बिछाई गई ताकि मुर्गियों का विष्ठ आराम से तालाब में गिरे। 100 बैपकाक प्रजाति की मुर्गियॉ शेड में रखी गई। करीब 22वें सप्ताह में मुर्गियाँ अण्डे देना शुरू कर देती है तथा जब उनकी उम्र 42 सप्ताह की हो जाती है तो उन्हे छॉट दिया जाता है।

समेकित कृषि प्रणाली का आर्थिक आकलन करने पर पाया गया कि पूरी प्रणाली से 28, 983 रू. आय हुई जिसमें फसलों द्वारा 23,709 रू. मिले तथा अतिरिक्त आय 5,274 रू. मत्स्य पालन तथा मुर्गी पालन से मिले। 100 ग्रा. /मुर्गी के हिसाब से करीब 3 टन प्रति वर्ष मुर्गियों के विष्ठ तालाब में डाले गये तथा औसत अंण्डों का उत्पादन लगभग 262 अण्डे/वर्ष/मुर्गी प्राप्त हुए। 0.04 हे. क्षेत्र में फैले तालाब से 234 किलो मछलियॉ प्राप्त हुई। इस प्रकार अतिरिक्त आय के अलावा रोजगार के अवसर में भी वृद्धि हुई।

फसल + बत्तख + मत्स्य पालन

समेकित कृषि प्रणाली, जिसमें फसलों के साथ बत्तख एवं मत्स्य पालन करने की कोशिश वर्ष 1989 के दौरान की गई। इसका अध्ययन करने के लिए दो फार्म (प्रत्येक 1 हेक्टेयर) का चुनाव किया गया। एक हेक्टेयर भूमि में वहॉ के किसानों द्वारा अपनाई गई परम्पागत फसल प्रणाली को लगाया गया तथा दूसरे एक हेक्टेयर फार्म 0.973 हे. क्षेत्र में, फसल प्रणाली लगाई

गई तथा 0.027 हे. में मत्स्य एवं बत्तख पालन के लिए तालाब खोदा गया। इसके पश्चात् दोनों की आर्थिकी (आय–व्यय) का ऑकलन तथा तुलनात्मक अध्ययन किया गया। समेकित कृषि प्रणाली में बत्तख एवं मत्स्य पालन द्वारा 0.27 हे. क्षेत्र से शुद्ध आय 1441 रू. प्राप्त हुई तथा परम्पारागत कृषि प्रणाली की तुलना में कुल अतिरिक्त आय 1,032 रू. प्राप्त हुई (गणेशन, 1989)।

फसल + दुधारू पशु

एक और तुलनात्मक अध्ययन में परम्परागत फसल प्रणाली (धान–धान–दाल) की तुलना समेकित कृषि प्रणाली (धान–धान–उरद / कपास और चारा घास नेपियर + तीन दुधारू गायें) के साथ की गई। प्राप्त परिणाम यह दर्शाते हैं कि परम्परागत फसल प्रणाली द्वारा 8,422 रू. शुद्ध आय प्राप्त हुई जबकि समेकित कृषि प्रणाली में उगाई गई फसलों द्वारा 10,913 रू. प्राप्त हुए। इसके अलावा समेकित कृषि प्रणाली के अर्न्तगत पाले गये पशुओं (डेयरी) द्वारा 8,987 रू. शुद्ध आय मिली। इस प्रकार परम्परागत फसल प्रणाली द्वारा 11,478 रू. अतिरिक्त शुद्ध आय प्राप्त हुई (राजकुमार, 1988)।

अन्य अध्ययन में फसल प्रणाली के साथ बकरियों की एक इकाई (5+1) रखी गई जिससे 25,400 रू. / हे. शुद्ध आय प्राप्त हुई। परम्परागत फसल प्रणाली की तुलना में 11,932 रू. / हे. / वर्ष अतिरिक्त आय के रूप में अर्जित हुआ।

फसल प्रणाली के साथ रेशम उत्पादन करने पर 22,426 रू. / हे. / वर्ष शुद्ध आय तथा 9,951 रू. / हे. / वर्ष अतिरिक्त आय प्राप्त हुई। इसी तरह फसल प्रणाली के साथ मशरूम उगाने पर 24,685 / हे. / वर्ष शुद्ध आय प्राप्त हुई मशरूम के द्वारा 12,977 रू. / हे. / वर्ष अतिरिक्त आय प्राप्त हुई।

फसल + डेयरी + बकरी पालन

वर्ष 1992–96 के दौरान समेकित कृषि प्रणाली जिसमें फसल प्रणाली के साथ डेयरी एवं बकरियों का पालन इस उद्देश्य से किया गया कि

उपलब्ध संसाधनों का समुचित प्रयोग हो तथा फार्म एवं पशुओं द्वारा उत्सर्जित अवशिष्ट का प्रभावी तौर पर उपयोग हो सके एवं उत्पादकता एवं आय में स्थिरता के साथ–साथ वर्ष भर रोजगार के अवसर मिलते रहें।

इस अध्ययन के लिए 1 हेक्टेयर क्षेत्र चुना गया। 0.2 हे. क्षेत्र में किसानों द्वारा किये जा रहे परम्परागत कृषि प्रणाली को लगाया गया। 4 से 5 महीने की तेलीचेरी प्रजाति की बकरियों (5+1) को भी अध्ययन में शामिल किया गया। बकरियों को 4 किलो हरा चारा तथा 1 किलो फलीदार चारा (दलहनी)/वयस्क/दिन खिलाया गया।

समेकित कृषि प्रणाली द्वारा प्राप्त कुल आय में 66 प्रतिशत फसलों से तथा 17 प्रतिशत बकरियों से प्राप्त हुआ। फसलों, डेयरी एवं बकरियों से प्राप्त आय–लागत अनुपात क्रमशः 2.2, 1.9 और 2.3 रहा जिससे साफ जाहिर होता है कि कावेरी डल्टा क्षेत्र के किसान फसलों के साथ–साथ बकरी पालन एवं डेयरी रख कर अधिकाधिक लाभ प्राप्त कर सकते हैं।

राज्य–केरलः समुद्र तटीय परिस्थितिकी तंत्र

नारियल आधारित फसल प्रणाली

नारियल केरल की एक महत्वपूर्ण फसल है। नारियल का पेड़ छोटी जगहों से लेकर बड़े भू–भाग में लगाया जाता है। प्रायः केरल में प्रत्येक घर के आसपास नारियल के पेड़ दिखाई देते हैं। नीलीअट एवं कृष्णनजी (1976) के अनुसार वर्षा आश्रित क्षेत्रों में नारियल एकल फसल के रूप में लगाई जाती है जिससे सिर्फ 150 श्रम दिन/हे. वर्ष ही रोजगार मिलता है तथा वर्ष के शेष दिनों में फैमिली लेबर बेरोजगार ही रहते हैं। यदि नारियल को एकल फसल लेने के बजाय फसल प्रणाली के रूप में अपनाया जाए जिसमें नारियल पेड़ों के अन्तरवर्ती जगहों में दूसरी फसल ली जाये तथा इसे अन्य घटकों (डेयरी, मधुमक्खी पालन आदि) साथ समेकित किया जाए तो उत्पादकता के साथ–साथ रोजगार के अवसर भी बढ़ जाएंगे। बहुत सारे अनुसंधानकर्त्ताओं ने भी इस बात की पुष्टि की है। नारियल एक बहुवर्षीय फसल है जो किसी भी क्षेत्र में कई दशकों तक लगा रहता है, लेकिन यह उपलब्ध प्राकृतिक संसाधनों का बहुत ही कम उपयोग करता है तथा

10 प्रतिशत से भी कम शुष्क पदार्थ का उत्पादन करता है। नारियल का सक्रिय मूल क्षेत्र उपलब्ध भू–भाग के सिर्फ 25 प्रतिशत क्षेत्र में ही फैला रहता है। इन पेड़ो से छनकर धूप तथा सूर्य का प्रकाश लगातार भूमि पर पड़ता है हालॉकि इसकी मात्रा फसल की उम्र के अनुसार बढ़ती घटती रहती है। पेड़ो के बीच के खाली क्षेत्रों में धान्य फसलें, कंदमूल, फल, दलहन एवं चारा फसलें ली जा सकती हैं (काऊ, 2007)। अन्तवर्ती फसल के रूप में धान्य फसलों कार्बोहाइड्रेट, प्रोटीन तथा वसा, कंदमूल फसलें कार्बोहाइड्रेट तथा लवण, दलहन फसलें प्रोटीन, वसा, तेल, फलों द्वारा विटामिन एवं लवण, सब्जियों द्वारा विटामिन, लवण, में जायका भोजन में जायका बढ़ाते हैं तथा कोको (पेय पदार्थ) उपलब्ध कराते हैं।

नारियल आधारित फसल प्रणाली द्वारा उपलब्ध संसाधनों का प्रभावी ढ़ंग से उपयोग होता है। अधिक से अधिक सौर उर्जा का उपयोग, मृदा में नमी रोकने एवं उपयोग करने की क्षमता में बढ़ोत्तरी, मृदा उर्वरता में सुधार तथा अधिक बायोमास का सृजन एक निश्चित समय के दौरान होता है। फलस्वरूप मिट्टी के कटाव एवं पोषक तत्वों की हानि में काफी कमी आ जाती है।

नारियल आधारित समेकित कृषि प्रणाली

सी. पी. सी. आर. आई., कसारगोड एवं कयमकुलम में नारियल आधारित समेकित कृषि प्रणाली पर अध्ययन कर पाया गया कि यदि नारियल के फार्म में घास एवं फलीदार चारा 3:1 अनुपात में लगाया जाए तो इससे 4 दुधारू गायें/हे. आसानी से पाली जा सकती हैं। नारियल + चारा + दुधारू गाय (4) + मुर्गियॉ + जापानी बटेर एवं मत्स्य पालन मिश्रित एक बहुत ही प्रभावी समेकित कृषि प्रणाली का मॉडल लगाया गया जिससे 19,125 नारियल, 9275 लीटर दूध, 526 किलो मुर्गियॉ, 50 जापानी बटेर एवं 400 किलो मछलियॉ प्राप्त हुई। रेड्डी एवं बीडप्पा (2000) ने इसका आर्थिक आंकलन किया जिससे समेकित कृषि प्रणाली से कुल एवं शुद्ध प्रतिफल/क्रमशः 2,07,169 रू. एवं 66,678 रू. मिले। फसल एवं पशुओं का चुनाव इन मॉडलों में इस तरह किया गया कि उनका आपसी तालमेल योगवाही रहा जिससे उत्पादकता के साथ–साथ शुद्ध प्रतिफल में भी वृद्धि हुई।

वास–भूमि आधारित फसल प्रणाली

यह प्रणाली पुराने जमाने से चली आ रही है। परम्परागत रूप से चली आ रही इस फसल प्रणाली में फसलों तथा पशुओं वाले घटक में बहुत सी विविधताएँ हैं। यह एक ऐसी प्रणाली है जिसमें कम निवेश लगता है तथा इसका उद्‌भव वहाँ के निवासियों के प्राकृतिक, सामाजिक–आर्थिक, पारिस्थितक एवं सांस्कृतिक दृष्टिकोण पर आधारित है। केरल में इस प्रकार की फसल प्रणाली काफी आम बात है। किसान अपने घरों के आसपास की भूमि में फसल/पेड़ लगाते हैं तथा या तो पशुपालन करते हैं अथवा अन्य उद्यमों को अपनाते हैं। सबसे बड़ी समस्या है इसकी जटिलता, क्योकि प्रत्येक किसान अपने रूचि/पसंद के अनुसार घटक अपनाते हैं। रेजीना एवं समूह (2004) के अनुसार वासभूमि आधारित फसल प्रणाली को जैव–भौतिकी एवं सामाजिकी तथा आर्थिक गुणों के आधार पर पॉच समूहों में विभाजित किया जा सकता है:

उच्च वास भूमि

1. उच्च वास भूमि में फसल (केवल फसल उपजाना)
2. उच्च वास भूमि में फसल–सह–पशुपालन
3. उच्च वास भूमि में फसल–सह पशुपालन–सह अन्य उद्यम जैसे मधुमक्खी पालन/रंग–बिरंगी मछलियॉ पालना
4. उच्च वास भूमि में फसल, पशुपालन एवं कृषि सम्बन्धित कुटीर उद्योग
5. उच्च वास भूमि में फसल–सह–पशुपालन एवं आसपास की गीली भूमि (वेट लैड) में धान उत्पादन

इस प्रकार वासभूमि में अपनाई गई फसल प्रणाली एक ऐसी इकाई होती है जिसमें एकवर्षीय, बहुवर्षीय पेड़/फसलें ऐव पशुधन सभी अर्न्तनिहित होता है। यह कृषि–वानिकी से भी जुड़ा रहता है तथा जैव विविधता का एक अच्छा स्रोत है।

घान आधारित समेकित कृषि प्रणाली

तटीय क्षेत्रों में पाये जाने वाले धान के खेत मुख्यतः निचली भूमि होती है जिसकी कुछ खास पारिस्थितिक एवं आर्थिक विशेषताएं होती है तथा समाज के लिए काफी फायदेमंद हैं। केरल में वर्षा की अधिकता एवं उँची–नीची भूमि होने के कारण पूरे राज्य में फसलों की वृद्धि एवं विकास के लिए भिन्न–भिन्न नमी वाले क्षेत्र पाये जाते हैं। परिणामस्वरूप विभिन्न प्रकार के सूक्ष्म वातावरण का निर्माण होता है। केरल में धान विभिन्न मौसमों में एवं विभिन्न स्थलाकृतियों में बहुत प्रकार की सस्यीय स्थितियों में उगाया जाता है। सदियों से यहॉ के किसान धान की खेती करते आ रहे हैं तथा विषम परिस्थितियों में (चाहे पानी की कमी हो अथवा अधिकता) भी उन्होने धान उगाने की संस्कृति का विकास किया है। उन्होने कई प्रकार की धान की प्रजातियॉ निकाली हैं जो विभिन्न परिस्थितियों चाहे सुखाड़ हो या बाढ़ हो, वर्षा आश्रित हो या सिंचित हो, बलुआही मिट्टी हो या मटियार मिट्टी हो, अम्लीय मिट्टी हो या क्षारिय मिट्टी में उग सकती हैं। केरल की सामान्य घान आधारित फसल प्रणाली तालिका–7 में दी गई है (के. ए. यू. 2007)।

फसल प्रणाली अनुसंधान केन्द्र, कारामाना में हुए अध्ययन में पाया गया कि धान वाले खेत में यदि ग्रीष्म ऋतु में हरी खाद के रूप में ढ़ैंचा, भिंडी या कम अवधि वाला कसावा उगाया जाए जो न सिर्फ आय में वृद्धि होगी बल्कि रोजगार के भी अवसर बढेंगे और (इकाइनोक्लोवा क्रुसगेली) नामक खरपतवार जो काफी हानिकारक होती है, की संख्या में भी कमी आएगी (वर्गिस एवं समूह, 2007)। धान आधारित विविधिकृत फसल प्रणाली में धान की एक फसल लेने के बाद यदि नीनद्रान केले की दो फसलें ली जाए तो उत्पादकता के साथ–साथ शुद्ध आय में भी वृद्धि होगी (तालिका–8)। इस तरह की फसल प्रणाली में पोषक तत्वों के पुर्नचक्रण के लिए लगभग 10 टन/हे. फसलों के अवशेष प्राप्त होते हैं। नमीयुक्त पारिस्थितिकी तंत्र में इस फसल प्रणाली को अपनाने से खरपतवारों की वृद्धि एवं विकास में भी रूकावट आती है जो कि एक अच्छी बात है।

तालिका 7 : केरल राज्य की धान आधारित फसल प्रणाली (के.ए.यू., 2007)

सामान्य भूमि	धान	धान	परती (खाली)
कुट्टानाड (निचली भूमि)	धान	धान	सब्जी /दलहन/तेलहन/हरी खाद
	जल जमाव	जल जमाव	धान
	धान	धान	जल जमाव
	धान	धान	धान
ओनाट्टुकारा	धान	धान	तेलहन/हरीखाद
कैप्पड़	जलजमाव	धान	जलजमाव
	जलजमाव	धान	धान
	जलजमाव	जलजमाव	धान
पोक्काली	धान	मछली/झींगा	–
ऊँचे स्थानों पर	धान	धान	परती

तालिका 8 : फसल प्रणाली का चावल उत्पादकता एवं आर्थिकी पर प्रभाव (वर्गिस, 2006) दो वर्षों के आंकड़े

ट्रीटमेंट	औसत धान की उपज (टन/हे. /वर्ष)	ग्रीष्म ऋतु की औसत उपज	धान के समतुल्य उपज (टन/हे./वर्ष)	शुद्ध आय (टन/हे./वर्ष)	लगत लाभ अनुपात
धान–धान–फैलो	8.09 (4.51+3.59)	–	8.09	12,167	1.27
धान–धान – ढ़ैचा (हरी खाद)	8.50 (4.76+3.74)	14.58	9.54	20,801	1.41
धान–धान–भिंडी	8.58 (4.63+3.95)	13.38	14.35	32,434	1.38
धान–केला	4.64	24.01	28.61	77,108	1.35

(नोट : धान केवल प्रथम वर्ष लिया गया)

केरल के तटीय क्षेत्र जहॉ धान की खेती की जाती है वहॉ समेकित कृषि प्रणाली की काफी सम्बद्धता है। कुट्टानाड, कोल एवं पोक्काली/कायप्पाड जैसे निचली भूमि वाले क्षेत्रों में धान के साथ मत्स्य पालन कर वृहत स्तर पर उपलब्ध पानी का पूरी तरह से उपयोग किया जा सकता है। इस प्रकार धान के साथ मत्स्य पालन करके धान के खेतों का सम्पूर्ण उपयोग किया जा

सकता है जो धान की खेती को और भी आकर्षक/प्रभावी बना सकता है उत्पादकता एवं लाभ में वृद्धि करके। धान के साथ दुधारू पशु एवं मुर्गी अथवा बत्तख पालन करके भी खाद्य सुरक्षा को बरकरार रखा जा सकता है। जयंती एवं समूह (2004) ने भी 1998 से 2001 तक कोयम्बटूर में निचली भूमि में समेकित कृषि प्रणाली पर आधारित प्रयोग किये तथा यह जानकारी दी कि सिर्फ फसल उगाने की अपेक्षा यदि फसल के साथ मत्स्य, मुर्गी कबूतर एवं बकरी पाली जाए तो उत्पादकता में काफी वृद्धि होती है।

धान आधारित समेकित कृषि प्रणाली के विकास एवं परीक्षण कार्य कुट्टानाड में वर्ष 1981 में केरल कृषि विश्वविद्यालय के अन्तर्गत शुरू हुआ। धान के साथ मत्स्य पालन निचली भूमि में तथा डाइक पर नारियल, केला एवं अन्नानास की खेती करना एक सफल प्रयास रहा। धान–सह–मत्स्य पालन कृषि प्रणाली की आर्थिकी की भी गणना की गई। 200 किसानों का सर्वेक्षण किया गया (100 जो सिर्फ धान उगाते हैं) और 100 जिन्होंने समेकित कृषि प्रणाली अपनायी थी जिसने यह पाया गया कि धान–सह–मत्स्य कृषि प्रणाली में धान उगाने पर लगभग 29 प्रतिशत कम खर्च होता है तथा प्रति क्विंटल धान के उत्पादन व्यय में लगभग 34 प्रतिशत की कमी होती है। मैथ्यू तथा वर्गिस (2007) के अनुसार धान आधारित समेकित कृषि प्रणाली में 79 प्रतिशत आय डाइक एवं मेड़ पर लगे नारियल–केले की अन्तरवर्ती फसलों से प्राप्त होती है। हरी खाद, वर्मीकम्पोस्ट एवं केले के पत्तों तथा तनों के द्वारा फार्म में उगायी गई फसलों को पोषक तत्व भी मिल जाते हैं (तालिका–9)।

तालिका 9 : पश्चिमी कुट्टानाड में लिये गये समेकित कृषि प्रणाली की आर्थिकी एवं पोषक तत्वों की आपूर्ति (मैथ्यू एवं वर्गिस, 2007)

घटक	इकाई		मुख्य पोषक तत्वों की जरूरतें (कि.ग्रा.)			प्रणाली द्वारा पोषक तत्वों की आपूर्ति (कि.ग्रा.)			प्रणाली की आर्थिकी ($x10^3$ ₹/हे.)		
			नेत्र	फा	पो	नेत्र	फा	पो	उत्पादन/देख–रेख में खर्च	कुल आय	शुद्ध आय
नारियल (प्रजाति डब्ल्यू. सी. टी.)	88	1 हरी खाद/भूसा मिलाना	43.7	28.0	105.0	60.5	21.7	51.3	1.1	43.8	32.6
केला (प्रजाति निनड्रान)	1250	वर्मी कम्पोस्ट केले के छिलकों एवं तनों द्वारा	237.5	143.8	37.5	120.0	32.0	44.0	75.0	150.0	75.0
धान	1 हे.	अधिक उपज वाली मध्यम अवधि की प्रजाति	90.0	45.0	45.0	–	–	–	30.0	30.3	0.3
पशु : बत्तख (खाकी कैम्पेल)	375	अवशिष्ट/विष्ट कम्पोष्ट में प्रयोग किये गये	–	–	–	25.0	25.0	25.0	98.6	126.4	26.8

राज्यः छत्तीसगढ़

तालिका 10 : छत्तीसगढ़ के लिए कृषि प्रणाली के वैकल्पिक मॉडल (उरूकर एवं मिश्रा, 2004)

क्रम सं.	कृषि प्रणाली मॉडल	मॉडल की विशेषता
1.	फसल + समुदाय आधारित मत्स्य–सह बत्तख पालन	गॉव में उपलध तालाबों को मत्स्य तथा बत्तख पालन के लिए प्रयोग में लाया जा रहा है। इन तालाबों में वैज्ञानिक विधि द्वारा उपयुक्त मछलियों की प्रजातियॉ डाल कर उचित खाना–पीना देकर पाली जाती है। गॉव की पंचायत के देख–रेख में एक से दो वर्षों के लिए गॉव के किसान लीज के आधार पर इन तालाबों में मत्स्य पालन करते है। मत्स्य बीज की उपलब्धता एवं बाजार का विकास किया जा रहा है।
2.	फसल + मशरूम उत्पादन	इंदिरा शक्ति योजना के अर्न्तगत राज्य सरकार द्वारा गॉव की महिलाओं को वृहत् स्तर पर मशरूम उत्पादन तथा स्पॉन बनाने का प्रशिक्षण दिया जा रहा है। हालॉकि शहरी क्षेत्रों के आस–पास बाजार का विकास करना आवश्यक है।
3.	फसल+डेयरी + मुर्गी पालन	राज्य के पशु चिकित्सा विभाग द्वारा डेयरी एवं मुर्गी पालन के विकास पर विशेष ध्यान दिया जा रहे हैं। राजधानी के निकटवर्ती क्षेत्रों में सहकारी स्कीम के तहत दूध संग्रहण (इकट्ठा) केन्द्र खोले जा हैं। हालॉकि बड़े जिलों को भी इस स्कीम में लाने की आवयश्यकता है। मुर्गी पालन एवं डेयरी विकास के लिए असानी से बैंकों द्वारा लोन लिये जा रहे हैं। दुग्ध उत्पादन को बढ़ाने के लिए पशुओं की नस्ल को सुधारा जा रहा है।

4.	फसल+उद्यानिक/ वानिकी + औषधीय पौधे	छत्तीसगढ़ को उद्यानिक एवं जड़ी–बूटियों/ वानस्पतिक राज्य घोषित किया गया है। राज्य सरकार ने वानिकी फसलों/वन वृक्षों तथा औषधीय पौधों की खेती एवं इसके विकास को प्राथमिकता दी है। इनके लिए विभिन्न प्रकार के (एक्शन प्लान) बनाये जा रहे हैं पर बीजों की अनुपलब्धता ही इसके तीव्र विकास में सबसे बड़ी बाधा है।
5.	अन्य उद्यम	निम्नलिखित क्षेत्रों में भी प्रशिक्षण दिया जा रहा है:- सिल्क/रेशम उत्पादन मधुमक्खी पालन लाह उत्पादन

उत्तर–पूर्वी पर्वतीय क्षेत्र: (के. एम. बजरबरूआ, के. के. सतपथी एवं बी. पी. भट्ट, 2004)

कृषि कार्य आधारित भूमि उपयोग

पहाड़ों पर कृषि कार्य उन क्षेत्रों पर किया जा सकता है जहाँ ढाल 50 प्रतिशत तक हो तथा मिट्टी की गहराई 1 मीटर से अधिक हो। मृदा क्षरण/मिट्टी के कटाव को पर्वतीय क्षेत्रों में अधिकतर बेंच टेरेस और कंटूर बंध/समोच्च बंध बांधकर रोकने का प्रयास किया जाता है। फसलों का चुनाव किसानों की इच्छानुसार एवं बाजार की उपलब्धता को ध्यान में रख कर करना चाहिए। पर्वत का उपरी क्षेत्र वनों के लिए सुरक्षित रखना चाहिए जिसमें मुख्यतः वैसे पेड़ लगाये जाएं जिनसे जलावन एवं चारा दोनों मिले, जैसे बॉस एवं टिम्बर वृक्ष इत्यादि। वहाँ के पर्यावरण एवं मिट्टी की दशाओं को देखते हुए जो फसल प्रणाली दिखाई देती है वे हैं :

⇒ धान आधारित फसल प्रणाली : धान–सरसों/आलू/गाजर/राई

⇒ मकई आधारित फसल प्रणाली : मकई–मूगंफली/सोयबीन/सरसों/ मूली/आलू/टमाटर

⇒ तेलहन आधारित फसल प्रणाली

पहाड़ो पर सीढ़ीनुमा खेत बनाकर खेती की जाती है। सामान्यतः धान निचले टेरेस पर तथा कसावा एवं कुटू उपरी टेरेस पर लगाये जाते हैं। धान के बाद दूसरे नम्बर पर मकई की खेती होती है। यहॉ पर कृषक खेती के साथ–साथ दुधारू गायों को भी पालते हैं। फसलों के अवशिष्ट पदार्थ एवं चारा लगाकर किसान इन क्षेत्रों में खेती के साथ–साथ पशुपालन करके भी अपनी आय बढ़ा सकते हैं। टेरेस पर बहुवर्षीय घास एवं फलीदार चारा जैसे– सेटनेरिया, नेपियर, गिनी घास इत्यादि लगाये जा सकते हैं परन्तु उनका प्रबंधन करना अत्यंत आवश्यक है। उन्हें 50 से 60 सें. मी. से ज्यादा बड़ा नहीं होने दें ताकि दूसरी फसल छाया से बच सके। चौड़े टेरेस पर चारा के लिए वृक्ष भी लगाये जा सकते हैं ताकि ठंड के समय जब हरे चारे की कमी हो जाए तो वृक्षों के पत्ते एवं फसलों के अवशेष का प्रयोग चारे के रूप में किया जा सके। पशुपालन एवं कृषि एक साथ करने पर खेतों पर पशुओं के गोबर, घास तथा फसलों के अवशेषों द्वारा अच्छी खाद बनाई जा सकती है जिसे फसलों में डालकर रासायनिक उर्वरक की खपत को कम किया जा सकता है। ऐसा करके मृदा क्षरण में कमी आती है तथा पोषक तत्वों का बहाव नहीं होने के कारण मृदा की उर्वरता भी बनी रहती है।

उद्यानिक–सिल्वीकल्चर

यह एक भूमि प्रबंधन प्रणाली है जिसमें फलों के साथ–साथ वैसे पेड़ लगाए जाते है जिनसे जलावन की लकड़ी, चारा, पैकिंग तथा थोड़ी बहुत टिम्बर लकड़ियॉ भी उपलब्ध जो जाती है। फलों के उद्यान के किनारे अनेक प्रजातियों के वृक्ष लगाये जा सकते हैं जो विंड ब्रेक तथा शेल्टर बेल्ट का काम करते हैं एवं तेज हवाओं से उद्यान वृक्षों की रक्षा करते हैं। फलों के वृक्षों के बीच में अन्य फसलें भी उगाई जा सकती हैं। कई स्थानों में नींबू, अन्नानास तथा चारे के लिए बोरो एक–साथ उगाये जाते हैं। जून के महीने में बोरे की फसल पूरी तरह जमीन को ढ़क लेती है जिस कारण वर्षा द्वारा मृदा क्षरण को बचाया जा सकता है। इस प्रकार की प्रणाली वैसे स्थानों पर सफलातापूर्वक लगाई जा सकती है जहॉ ढाल 50 प्रतिशत से कम हो तथा मिट्टी गहरी एवं उपजाऊ हो।

कृषि–उद्यानिक–सिल्वीपास्टोरल भूमि उपयोग

जहॉ भूमि की ढाल 100 प्रतिशत तथा मिट्टी की गहराई 1 मीटर से अधिक हो, वहॉ इस प्रकार की मिश्रित भूमि उपयोग प्रणाली को अपनाया जा सकता है। इस प्रणाली में कृषि फसलों के लिए निचला पवर्तीय क्षेत्र (फुट हिल), उद्यानिक फसलों के लिए मध्य भाग एवं सिल्वी पास्टोरल (पेड़ + चारा फसलों) के लिए पर्वतीय ढलान का ऊपरी भाग उपयोग में लाया जाता है। कंटूर बंध, बेंच टेरेस, अर्धचंद्राकार टेरेस तथा घास लगाकर मुदा के कटाव को रोका जाता है। खड़ी ढाल वाले क्षेत्रों में यह प्रणाली काफी कारगार सिद्ध होती है। टेरेस पर चारा फसलें उगाकर एवं उद्यानिक फसलों तथा सिल्वी पास्टोरल से प्राप्त चारा द्वारा 10 बकरियों को आराम से पाला जा सकता है जिनकी प्रजनन क्षमता लगभग 170 प्रतिशत होती है तथा सूअर का भी पालन इससे हो सकता है। इन क्षेत्रों में किसान अपनी जरूरत के अनुसार फसलों का चुनाव करते हैं एवं उगाते हैं। यह एक ऐसी समेकित कृषि प्रणाली है जिसमें ट्राइबल (जनजाति) परिवार को पूरे समय के लिए प्रभावी रोजगार मिल जाता है।

पशु आधारित फसल प्रणाली

पशु आधारित फसल प्रणाली के लिए उन क्षेत्रों का उपयोग किया जाता है जिनकी ढ़ाल 100 प्रतिशत तक हो तथा मिट्टी की गहराई 0.5 मीटर हो। इन क्षेत्रों को वार्षिक वर्षा का 90 प्रतिशत भाग मिलता है तथा मिट्टी का क्षरण 2 टन किलो/हे./वर्ष होता है। उद्यम के प्रकार (दूध, बीफ (गाय का मांस), मटन (बकरी का मांस), ऊन, पोर्क (सूअर) और मुर्गी उत्पादन) पर किसी भी स्थान की फसल का चुनाव निर्भर करता है– फलीदार और बेफलीदार, वार्षिक और बहुवर्षीय, झाड़ियॉ और पेड़। चारा उत्पादन करते समय यह ध्यान देना चाहिए कि मिट्टी की उर्वरा शक्ति बनी रहे, अधिक चारा उत्पादन के लिए अधिक समय तक मिट्टी में नमी बनी रहे तथा जब चारे का मौसम न हो उस समय के लिए भी चारा भंडारित किया जाए। वार्षिक लेग्युम वर्षा ऋतु शुरू होने के 45 दिनों के अन्दर पूरी तरह फैल जाते हैं। बहवर्षीय लेग्यूम, घास, झाडियॉ तथा पेड़ो को मिश्रित करके लगाने पर हरा चारा फरवरी तक उपलब्ध हो सकता हैं पशु आधारित फसल प्रणाली

में गोबर खाद द्वारा आय में वृद्धि तो होती ही है साथ ही साथ बायोगैस प्लांट लगाकर जलावन के क्षेत्र में भी आत्मनिर्भरता आती है।

बहुउद्देशीय वृक्ष एवं सिल्वी पास्टोरल प्रणाली

वैसे क्षेत्र जहॉ की ढ़लान ज्यादा हो तथा मिट्टी भी कम हो वहॉ खेती नही की जा सकती। इन क्षेत्रों का सही प्रबंधन उपयुक्त प्रजाति के पेड़ लगाकर किया जा सकता है। तेजी से बढ़ने वाले विदेशी प्रजातियों के पेड़ों को लगाकर लोकल प्रजाति के वृक्षों पर पड़ रहे दवाब को कम किया जा सकता है। जंगलों को पुनः लगाना एवं सिल्वीपास्चर कार्यक्रम के लिए वृक्ष की अनेक प्रजातियो की पहचान हुई है। पर्वतीय क्षेत्रों में वृक्षारोपन कर एक हरी चादर बिछाई जा सकती है जिससे पर्वतीय क्षेत्रों में होने वाली भारी वर्षा से भू–संसाधनों की रक्षा के साथ–साथ जैव विविधता को भी बनाये रखा जा सकता है। गावों की सड़क के किनारे एवं सामुदायिक जमीन पर चारे के लिए उपयुक्त प्रजातियों का वृक्षारोपन, वन में छाया में उगने वाले घास लगाकर, व्यवसायिक पशुओं के फार्म में अर्ध ऑरगेनिक खेती द्वारा चारों का उत्पादन, उद्यान–सह–चारागाह प्रणाली, टेरेस, बंध एवं बासों द्वारा आच्छादित क्षेत्रों में चारा उत्पादन कर पर्वतीय कृषि पारिस्थितक तंत्र में चारे के उत्पादन को बढ़ाया जा सकता है।

राज्य : उत्तर प्रदेश, पंजाब, हरियाणा (एम. एस. गिल, 2004)

उत्तर प्रदेश

पूर्वी उत्तर प्रदेश के सिंचित क्षेत्रों में धान–गेहूॅ प्रणाली काफी प्रचलित है। यहॉ गहरी बलुई–दोमट मिट्टी पाई जाती है तथा किसानों के खेतों का औसत आकार 0.4 हेक्टेयर अर्थात् एक एकड़ है एवं उनकी आर्थिक स्थिति भी अच्छी नहीं हैं। यहॉ समेकित कृषि प्रणाली द्वारा कृषक समुदाय की आय को बढ़ाया जा सकता है। बनारस हिन्दू विश्वविद्यालय के कृषि विज्ञान संस्थान में कल्याण सिंह एवं समूह ने (2002–03 एवं 2003–04) एक अध्ययन में यह पाया कि धान–गेहूॅ उगाने की अपेक्षा यदि किसान समेकित कृषि प्रणाली अपनायें तो किसानों की आर्थिक स्थिति में सुधार लाया जा सकता है। विभिन्न फसल प्रणालियों पर प्रयोग कर यह पाया गया कि धान–

मटर–भिन्डी सबसे उपयुक्त फसल प्रणाली है। इसके साथ चारे के रूप में ज्वार–बरसीम–मक्का लगाई जाए एवं साथ ही साथ डेयरी + मत्स्य पालन + मुर्गी पालन किया जाए तो यह काफी लाभदायक होगा। डेयरी में देशी/लोकल गायों की अपेक्षा जर्सी गाय पालना अधिक लाभदायक है।

2500 वर्गमीटर फार्म क्षेत्र के लिए फसल + डेयरी + मुर्गीपालन + मत्स्यपालन मॉडल में जमीन का आवंटन निम्नलिखित प्रकार से किया जाता है:

1250 वर्ग मी. क्षेत्र में धान–मटर–भिंडी फसल प्रणाली, 650 वर्ग मीटर में ज्वार–बरसीम–मकई (सभी चारे के लिए), डेयरी के लिए 50 वर्गमीटर में शेड बनाया जाए जिसमें पॉच जर्सी गायें रखी जाएं, मुर्गीपालन के लिए 50 वर्गमीटर में शेड बनाकर 150 ब्रॉयलर चूजे रखे जाएं एवं 500 वर्गमीटर के क्षेत्र मे मत्स्य पालन के लिए 2 मीटर गहरा तालाब बनाया जाए जिसमें रोहू, कतला एवं मृगल (3:3:4 के अनुपात में) डालना चाहिए। 15 दिनों के अंतराल में 20 किलो गाय का गोबर या 5 किलो मुर्गी का विष्ठ तालाब में डाला जाता है जिन्हें मछलियॉ भोजन के रूप में ग्रहण करती हैं। इन सभी घटकों के समिश्रण से जो आय प्राप्त होती है वह धान– गेहूँ फसल प्रणाली की अपेक्षा काफी ज्यादा होती है। इस प्रकार समेकित कृषि प्रणाली द्वारा न सिर्फ आय में बढ़ोत्तरी होती है बल्कि अवशिष्ट पदार्थों के पुनः चक्रण से वातावरण भी प्रदूषित नहीं होता तथा रोजगार का भी सृजन होता है। पुनःचक्रण के कारण लागत खर्च भी कम लगता है तथा बाह्य सामग्री पर भी निर्भरता घट जाती है (सिंह एवं समूह, 2007)।

पश्चिमी उत्तर प्रदेश

कृषि प्रणाली अनुंसधान परियोजना निदेशालय, मोदीपुरम, मेरठ (उ. प्र.) के द्वारा एक 1.5 हे. का समेकित कृषि प्रणाली विकसित किया गया है जो कि किसी भी सिंचित अवसथा वाले दोमट मिट्टी वाले क्षेत्र के लिए उपयुक्त है। (तालिका 11) विभिन्न उद्यमों का विवरण एवं प्रस्तावित क्षेत्र का विवरण नीचे दिया जा रहा है।

फसल प्रणाली (कुल क्षेत्र : 1.04 हे.)

फसल प्रणाली :	कुल आमदनी / हे. / वर्ष
1. बासमती धान – आलू–गेंदा	2,46,812
2. बाजरा (चारा) – हाइब्रीड धान	2,19,637
3. ईख+लोबिया (हरी खदा के रूप में)	1,26,500
ईख (रैटून) – गेहूँ	

इन फसलों के अलावा मक्का / लोबिया / बाजा / बरसीम / जई आदि चारा फसलें भी ली गई है जिनका कुल उत्पादन 67.9 टन / वर्ष के दर से प्राप्त हुआ।

डेयरी इकाई (गाय + 2 भैंस) (300 वर्ग मी.)

डेयरी इकाई के अंतर्गत उन्नत किस्म के दो भैंस एवं दो गायें रखी गई हैं जिनसे सलाना करीब रू. 19,000–25,000 की शुद्ध आमदनी प्राप्त की जा सकती है। चारा एवं अन्य भोज्य पदार्थ शस्य क्षेत्र से ही उपलब्ध हो जाती हैं एवं बदले में करीब 40 टन गोबर की खाद पौधों के लिए प्राप्त हो जाता है।

उद्यानिक क्षेत्र (2160 वर्ग मी.)

प्रमुख उद्यानिक फसलों के रूप में आम एवं अमरूद को रखा गया है व नींबू एवं करौंदा को मेड़ के अगले भाग में लगाया गया है। इन वृक्षों के बीच खाली स्थानों में विभिन्न फूल, सब्जियॉ, जई (चारा) आदि की अंतर्वती खेती भी की जा रही है। इस क्षेत्र से सलाना करीब रू. 15,000–20,000 तक शुद्ध आमदनी प्राप्त की जा सकती है।

मौन इकाई (25 बक्से)

उद्यानिक क्षेत्र के अन्तर्गत 25 मधुमक्खियों के बक्से भी लगाये गये हैं, जिनसे औसतन 100–125 कि. ग्रा. शहद का उत्पादन होता है जो कि करीब रू. 10,000–15,000 / वर्ष के दर से अतिरिक्त आमदनी देती है।

केंचुआ खाद इकाई (100 वर्ग मी.)

100 वर्ग मी. के क्षेत्र में केंचुआ खाद इकाई लगाने से औसतन 7.5 टन केंचुआ खाद का उत्पादन प्रति वर्ष के दर से किया जा रहा है। प्राप्त केंचुआ खाद को सब्जियों एवं फलों में उपयोग किया जाता हैं एवं उपयोग के बाद बचे हुए केंचुआ खाद को बाजार में बेचने पर करीब रू. 10,000–12,000 तक प्राप्त किया जा सकता है।

मात्स्यिकी इकाई (1000 वर्ग मी.)

1000 वर्ग मी.वाले तालाब में मिश्रित मछली पालन (जैसे कि रोहू, मृगल, ग्रास कार्प एवं कतला आदि) किया जा रहा है जिससे सालाना करीब 450–510 कि. गा. मछली का उत्पादन लिया जाता है। इस इकाई से सलाना औसतन रू. 12,000 की शुद्ध आमदनी ली जा सकती है।

बकरी पालन इकाई (500 वर्ग मी.)

इस इकाई के अंतर्गत 28 बकरियॉ एवं 3 बकरे बारबेरी जाति के पाले गये पर 12 बकरियॉ मर गयी। अतः इस प्रजाति की बकरियॉ पश्चिम उत्तर प्रदेश के लिए उपयुक्त नहीं हैं। देशी प्रजाति की बकरियॉ या फिर जमुनापाड़ी या ब्लैक बंगाल प्रजाति की बकरियॉ यहॉ की जलवायु के लिए उपयुक्त है। 28 मादा बकरियों के समूह से साल भर में करीब 90–100 बच्चे प्राप्त किए जा सकते हैं एवं रू. 40,000–50,000 की सालाना कमाई की जा सकती है।

प्रक्षेत्र की चाहरदीवारी पर वृक्षारोपण

प्रक्षेत्र की चाहरदीवारी पर चारों ओर कटहल, जामुन, ऑवला, बेल एवं नींबू प्रजाति के वृक्ष या पौधे लगाये जा सकते हैं। इनसे फलों के रूप में व लकड़ी के रूप में आमदनी प्राप्त की जा सकती है। ये वृक्ष तेज–आँधी–तूफान से सभी शस्य फसलों एवं अन्य उद्यमों की रक्षा करते हैं।

तालिका 11 : एकड़ प्रक्षेत्र के समेकित कृषि प्रणाली का आर्थिक विश्लेषण

इकाई /उद्यम	**मात्रा/ आकार**	**कुल आमदनी**	**उत्पादन व्यय**	**शुद्ध आमदनी**
फसल उत्पादन	1.04 हे.	96,542	54,568	41,974
दुग्धोत्पादन (डेयरी)	300 वर्ग मी. (2 भैसें + 2 गाये)	92,535	72,733	19,802
उद्यानिक फसलें	0.22 हे.	22,678	9,222	13,456
मत्स्य पालन	0.1 हे.	14,160	9,863	4,297
मौन पालन	15 बक्से	7,750	4,033	3,717
बकरी पालन	28 मादा + 3 नर (500 वर्ग मी.)	–	–	–
कुल	–	2,52,415	1,56,678	95,737

विभिन्न उद्यमों का आर्थिक विश्लेषण करने पर यह निष्कर्ष निकलता है कि समेकित कृषि प्रणाली के अन्तर्गत खेती करने पर औसतन 30–50 प्रतिशत सालाना परम्परागत खेती से अधिक आमदनी प्राप्त की जा सकती है। साथ ही उत्पादन व्यय में कमी एवं क्षेत्र के उत्पादों का पुनःचक्रण के द्वारा मृदा की उर्वरता भी काफी हद तक लम्बे समय तक बरकारार रखी जा सकती है। एक से अधिक उद्यमों को शामिल करने पर परिवार के ही लोगों के लिए नौकरी या रोजगार का भी सृजन होता है।

पंजाब

पंजाब में अमृतसर जिले के अंतर्गत पाधरीकलाँ गॉव में वर्ष 1998–2000 के दौरान ग्रामीण प्रर्दशन एवं प्रशिक्षण केन्द्र द्वारा समेकित कृषि प्रणाली पर अध्ययन किये गए जिसमें गॉव को एक इकाई माना गया था। गॉव के चार बेकार पड़े तालाबों को जिनका कुल क्षेत्रफल 4.0 हेक्टेयर था को मत्स्य पालन वाले तालाब में परिवर्तित किया गया तथा ये तालाब जानवरों के लिए पीने एवं नहाने का स्रोत बन गए। गर्मियों में भैंसों के नहाने से इन तालाबों

में पल रही मछलियों को कई फायदे हुए जैसेः नहाने के दौरान पानी में आक्सीजन मिला तथा गोबर एवं मूत्र भी पानी में घुले जिसे मछलियों ने भोजन के रूप में ग्रहण किया। गॉव में 37 बायोगैस प्लांट लगाये गए जिससे उत्तम गणवत्ता वाली गोबर की खाद फसलों के लिए प्राप्त हुआ तथा गॉव की रसोइयों क लिए इंधन गैस की भी प्राप्ति हुई। जब वहॉ के शौचालयों को गोबर गैस प्लांट के साथ जोडा गया तो ये गाँव के 37 परिवारों के लिए पर्यावरण शुद्धिकरण उपकरण भी सिद्ध हुए। पंद्रह डेयरी फार्म की स्थापना, जिनमें 10 किसानों के पास 10 संकर नस्ल की गायें तथा 5 किसानों के पास 5 संकर नस्ल की गायें थी, की गई जिसके द्वारा दूध संग्रह करने वाले केन्द्र में दूध का विक्रय मूल्य 33,000 रू. से बढ़कर 1 लाख 67 हजार रूपये हो गया।

इसी प्रकार 11,000 पोपलर के वृक्षों का वृक्षारोपण कर दो वर्षों में ही गॉव में हरियाली छा गई तथा वहॉ के पारिस्थितिकी तंत्र में भी सुधार हुआ। मधुमक्खी पालन के क्षेत्र में ग्रामीण युवाओं ने मधुमक्खी की 8 इकाईयों का पालन किया। मधु बेचकर 1000 रू. प्रति परिवार को आय प्राप्त हुई। करीब 4 हेक्टेयर क्षेत्र में टपक सिंचाई पद्धति (ड्रिप सिंचाई) द्वारा सब्जियॉ उगाई गई तथा उनका प्रर्दशन किया गया। इस पद्धति द्वारा सब्जियों की गुणवत्ता के साथ–साथ उपज में भी वृद्धि हुई। खेती के साथ–साथ पशुपालन भी सही ढ़ंग से करने पर दूध उत्पादन में भी वृद्धि हुई। इस प्रकार के अनु–संधान ने न सिर्फ पधरीकलॉ गॉव के लोगों की ऑखें खोली बल्कि आसपास के गॉवों के लोग भी इससे काफी प्रभावित हुए (गिल एवं बरार, 2001)।

पंजाब के हयातपुर गॉव के श्री दर्शन सिंह के भी फार्म का अध्ययन किया गय!। श्री दर्शन सिंह 'जगजीवन राम अर्वाड' पा चुके हैं। उन्होने अपने फार्म पर फसल–पशु + पालन + मुर्गी पालन + मत्स्य पालन + सूअर पालन + वानिकी इत्यादि घटकों को एक साथ लगाया है (एनोनिमस, 2004)। उनके फार्म पर विकसित मॉडल दूसरे किसानों के लिए मशाल का काम कर रहा है। वहॉ का भू जल स्तर (वॉटर टेबल) गहरा नहीं होने के कारण एवं अच्छी गुणवत्ता वाला जल होने के कारण मत्स्य पालन उनका मुख्य घटक है जिसका संपूरक है सुअर पालन। ट्यूबवेल द्वारा तालाब में

पानी डाला जाता है तथा तालाब का पानी फसल उगाने के काम आता है। सुअर का विष्ठ एवं बचे–खुचे पदार्थों को मछली के भोजन के रूप में प्रयोग किया गया। तालाब में सुअरों के नहाने से आक्सीजन अच्छी तरह मिश्रित हो गया जो मछलियों के लिए फायदेमंद होता है। सुअरों को भी पीने एवं नहाने के लिए तालाब का पानी मिल जाता है। तालब में थोड़ी मात्रा में प्रेस मड, मुर्गियों का विष्ठ तथा पशुओं के गोबर का खाद भी डाला गया। इस पानी से सिंचाई करने पर उपज में वृद्धि के साथ–साथ 30 किलो नाईट्रोजन प्रति हेक्टेयर की भी बचत हुई। वे स्वीकार करते हैं कि कृषि विश्वविद्यालय द्वारा प्राप्त तकनीकी ज्ञान ने ही उनहें प्रेरित किया तथा इस प्रकार के मॉडल का विकास संभव हो पाया। वैसे क्षेत्र जहॉ भूजल स्तर ज्यादा गहरा नहीं है अर्थात् 10–15 फीट की गइराई पर है वहॉ मत्स्य पालन + सुअर पालन आर्थिक रूप से काफी लाभदायक सिद्ध हुए हैं। औसतन एक वर्ष में करीब 40 क्विटल/हे. मत्स्य उत्पादन हुआ तथा 30 क्विटल/वर्ष सुअर बेचे गए जिससे कुल आमदनी 1.54 लाख रूपये हुई जो धान–गेहूँ फसल प्रणाली से प्राप्त आय से 89.7 प्रतिशत ज्यादा थी। फसल+पशुपालन प्रणाली को उपयोग कर यह पाया गया कि धान–गेहू फसल प्रणाली की अपेक्षा फसल +पशुपालन द्वारा 39.4 प्रतिशत अधिक आय प्राप्त हुई।

हरियाणा

सिंह एवं समूह (1999) ने हरियाणा के रोहतक, हिसार एवं भिवानी जिलों के 240 किसानों के साथ एक अध्ययन किया। रोहतक में गेहूँ–गन्ना, हिसार में गेहूँ–कपास तथा भिवानी में चना–बजारा फसल प्रणाली प्रचलित है। फसल के साथ एक–एक भैंस का भी पालन तीनों जिलों में किया गया तथा पाया गया कि फसल+पशुपालन द्वारा रोहतक, हिसार एवं भिवानी में अधिकतम आय क्रमशः 12593 रू., 6746 रू एवं 2317 रू. प्राप्त हुई। रोहतक के किसानों को अधिकतम शुद्ध आय प्राप्त होने का मुख्य कारण वहॉ की मिट्टी की अच्छी उर्वरता, सिंचाई की सुविधा तथा फसलों की सुरक्षा के अच्छे उपाय लागू करना है। हिसार एवं भिवानी की अपेक्षा रोहतक में रोजगार के भी अधिकतम अवसर प्राप्त हुए।

हिमाचल प्रदेश

कुमार एवं समूह (2002) ने हिमाचल प्रदेश के कांगड़ा जिले में दलहन एवं तेलहन बनाम धान्य एवं सब्जी उत्पादन की उपयुक्तता एवं जोखिम पर अध्ययन किया। उन्होंने सात वर्षों तक अध्ययन किया एवं 150 फार्मों का सर्वेक्षण किया। प्राप्त परिणामों के आधार पर यह तथ्य सामने आया कि किसान फसल विविधिकरण द्वारा जोखिम को काफी कम कर सकते हैं। उन्होंने पाया कि सब्जी + डेयरी (पशुपालन) सबसे उपयुक्त एवं जोखिम को कम करने वाली समेकित कृषि प्रणाली है जिसके द्वारा प्राप्त आय लगभग 47.8 प्रतिशत बढ़ सकती है (पुरानी फसल प्रणाली से प्राप्त आय 70,450 रू.) वर्तमान फसल प्रणाली से प्राप्त आय त्र 10,4100रू)। हॉलाकि उन्होंने यह भी पाया कि सिर्फ रुब्जी का उत्पादन करना कम लाभदायक एवं अधिक जोखिम भरा है।

राजस्थान

गुप्ता एवं समूह (1999) ने राजस्थान के कल्याणपुर गॉव में बलुआही एवं बेकार भूमि में हरियाली लाने के लिए एक अध्ययन किया। उनहोंने समेकित कृषि प्रणाली को अपनाया जिसके अनतर्गत कृषि–बागवानी, सिल्वी–पास्टोरल (वृक्ष+चारागाह), कृषि योग्य एवं अपारम्परिक फसलें इत्यादि विभिन्न प्रकार की भूमि में लगाये गये। उनहोंने यह निष्कर्ष निकाला कि समेकित कृषि प्रणाली ही बंजर भूमि को उपजाऊ बनाने का एकमात्र उपाय है । इसके द्वारा न सिर्फ भूमि सुधार होता है बल्कि रोजगार के भी अवसर प्रदान करता है एवं आय में भी वृद्धि होती है।

मध्य प्रदेश

मध्य प्रदेश में तिवारी एवं समूह (1999) ने जबलपुर के बस्तर आदिवासी क्षेत्र के लिए उपयुक्त समेकित कृषि प्रणाली विकसित करने पर अध्ययन किया। वहॉ पर औसत फार्म का आकार लगभग 1.5 हेक्टेयर है। उनहोंने सात तरह के विभिन्न मॉडलों जैसे 7 फसल + गायें, फसल + भैंसे, फसल + गायें + मत्स्य, फसल + गायें + बकरी + मुर्गी पालन इत्यादि पर कार्य किया। परिणामस्वरूप, यह निष्कर्ष निकला कि जिस मॉडल में फसल के

साथ–साथ 2 संकर नस्ल की गायें+15 बकरियॉ + 10 मुर्गियॉ + 10 बत्तख एवं 0.15 हे. तालाब में मछलियॉ पाली गईं, उससे अधिकतम शुद्ध आय (24,4,911 / वर्ष) प्राप्त हुई। सिर्फ फसल उगाने पर न्यूनतम शुद्ध लाभ (24,093 / वर्ष) प्राप्त हुई।

एक अन्य अध्ययन में धान के साथ समेकित कृषि प्रणाली की तुलनात्मक अध्ययन किया गया। समेकित कृषि प्रणाली में धान के साथ मशरूम उत्पादन एवं मुर्गी पालन किया गया। सिर्फ धान की खेती करने पर न्यूनतम प्रणाली उत्पादकता (4,411 किलो / हे. / वर्ष) प्राप्त हुई जबकि अधिकतम प्रणाली उत्पादकता (21,487 किलो / हे. / वर्ष) धान–बैंगन + मशरूम उत्पादन एवं मुर्गी पालन करके प्राप्त हुआ। धान–बोरो + मशरूम + मुर्गी पालन का स्थान द्वितीय रहा। मशरूम उत्पादन में धान के पुआल का प्रयोग किया गया तथा मुर्गियों के भोजन के तौर पर धान का भूसा एवं टूटे चावलों का प्रयोग किया गया। इस प्रकार पुनःचक्रण द्वारा लागत राशि में भी कमी आई तथा कुल एवं शुद्ध लाभ में चार गुणा वृद्धि हुई।

समेकित कृषि प्रणाली : बिहार में विकास की ओर एक कदम

कृषि जलवायु के आधार पर बिहार को तीन क्षेत्रों में विभक्त किया गया हैः

1. उत्तर बिहार के मैदानी भाग / उत्तर–पश्चिमी जलोढ़ मैदान (क्षेत्र 1)
2. उत्तर–पूर्वी बिहार के मैदानी भाग / उत्तर–पूर्वी जलोढ़ मैदान (क्षेत्र 2)
3. दक्षिण बिहार के मैदानी भाग / दक्षिण बिहार के जलोढ़ मैदान (क्षेत्र 3)

बिहारः एक नजर

कृषि विकास दरः 20 से + 30 प्रतिशत

जनसंख्या (गरीबी रेखा से नीचे) : 42.6 प्रतिशत

सकल सिंचित क्षेत्र : लगभग 50 प्रतिशत

औसत भू–जल दोहन : 39 प्रतिशत

जलाक्रान्त क्षेत्र : लगभग 9.4 प्रतिशत

छोटे एवं सीमान्त किसान : लगभग 85 प्रतिशत

कृषि द्वारा राजकीय सकल घरेलू उत्पाद : 40 प्रतिशत

खेतों की औसत आकार : 0.32 से 0.5 हेक्टेयर

औसत वार्षिक वर्षा : 1000 मि. मी.

तालिका 12 : बिहार के विभिन्न कृषि जलवायु क्षेत्रों का विवरण

विवरण	क्षेत्र – 1	क्षेत्र–2	क्षेत्र–3
जिला	पूर्वी चम्पारण, पश्चिमी चम्पारण, सीवान, सारण, सीतामढ़ी, शिवहर, मुजफ्फरपुर, वैशाली, मधुबनी, दरभंगा, समस्तीपुर एवं गोपालगंज	अररिया , कटिहार, किशनगंज, खगड़िया, सुपौल, सहरसा, पूर्णिया, बेगुसराय एवं मधेपुरा	औरंगाबाद, गया, मुंगेर, भागलपुर, बॉका, जमुई, लखीसराय, रोहतास, भोजपुर, बक्सर, भभुआ, अरवल, पटना, नालन्दा, नवादा, शेखपुरा एवं जहानाबाद
मृदा संरचना	बलुई दोमट–दोमट	बलुई दोमट – चिकनी दोमट	बलुई दोमट–दोमट, चिकनी मिट्टी कुछ क्षेत्रों में
पी. एच.	6.5–9.5	6.5–7.8	6.5–8.0
कार्बनिक कार्बन (%)	0.2–1.0	0.2–1.0	0.5–1.0
उपलब्ध नाइट्रोजन (किलो/हे.)	150–350	150–300	200–400
उपलब्ध फास्फोरस (किलो/हे.)	5–50	10–35	10–100
उपलब्ध पोटाश (किलो/हे.)	100–300	150–250	150–350

कृषि बिहार की अर्थ व्यवस्था की रीढ़ है जिससे लगभग 80 प्रतिशत लोग अपना जीविकोपार्जन करते हैं तथा इसके द्वारा बिहार के सकल घरेलू उत्पाद का 40 प्रतिशत भाग प्राप्त होता है। देश में 55 प्रतिशत श्रमिक कृषि में रोजगार पाते हैं लेकिन बिहार में तीन--चौथाई से ज्यादा श्रमिक रोजगार के लिए कृषि पर ही निर्भर हैं। बिहार में कृषि के सामने कई चुनौतियॉ सुरसा की तरह मुहॅ खोले खड़ी हैं जैसे– कम उत्पदकता, क्षेत्रीय भिन्नताएॅ एवं कृषि में विविधिकरण इत्यादि। कृषि विभाग में नवजीवन लाने के लिए आज हमारे राज्य में 'कर्म–प्रधान नीति' लागू करने की आवश्यकता है। बिहार एक ज्वलंत उदाहरण है ऐसे संसाधनों के धनी राज्य का जिसमें गरीब लोग निवास करते हैं तथा संभावनाएॅ/क्षमताएॅ तो काफी है किंतु उत्पादकता कम है। यह अनुसंधानकर्त्ताओं एवं प्राकृतिक संसाधनों के प्रबंधकों के सामने एक चुनौती है कि समय की मांग के अनुसार वे ऐसी प्रभावी रणनीति बनाएं जो कृषि कार्यों में व्यस्त गरीब किसा़नों का जीवनस्तर कृषि विकास द्वारा ऊपर उठा सकें।

बिहार में फसलों का उत्पादन उसकी उत्पादकता क्षमता से काफी कम है। बिहार प्राकृतिक संसाधनों के हिसाब से धनी होते हुए भी एक गरीब राज्य की श्रेणी मे आता है जहॉ कि 42.60 प्रतिशत आबादी गरीबी रेखा के नीचे गुजर--बसर करती है। यहॉ की उत्पादकता के कम होने के निम्नलिखित कारण है।

इनफ्रास्ट्रकचर की कमी, जोत का आकार एवं भैगोलिक स्थिति

बिहर में सिंचित क्षेत्र का प्रतिशत राष्ट्रीय औसत (60 प्रतिशत) से भी कम है जो कि लगभग 50 प्रतिशत है, जबकि पंजाब में सिंचित क्षेत्र 95 प्रतिशत और उत्तर प्रदेश में करीब 67 प्रतिशत है। यहॉ भूगर्भ जल का उपयोग भी करीब 39 प्रतिशत ही है। बिहार की करीब 9.41 लाख हे. भूमि बाढ़ ग्रसित है जो कम उत्पादकता का एक महत्वपूर्ण कारण है।

पूरा बिहार मध्य गांगेय मैदानी क्षेत्र में पड़ता है जिन्हें तीन भागों में बॉटा गया है

1. उत्तर बिहार के मैदानी भाग
2. उत्तर–पूर्वी बिहार के मैदानी भाग व
3. दक्षिण बिहार के मैदानी भाग

अ) उत्तर बिहार एवं उत्तर–पूर्वी बिहार के मैदानी भाग : पूरे उत्तर एवं उत्तर पूर्वी बिहार में काफी संख्या में तालाब, झील, चौर, मौन्स एवं नदियॉ पाये जाते हैं और पानी करीब 6–7 महीनों तक जमा रहता है। कुछ भाग में पानी सालों भर विद्यमान रहता है। अतः ऐसे क्षेत्र के लिए मछली पालन, मखाना–सह–मछली, सिंघाड़ा–सह–मछली, धान–सह–मछली उत्पादन पर जोर देना आवश्यक है क्योंकि इस क्षेत्र में मछली व मखाना उत्पादन की असीम संभावनाऍ हैं। इस क्षत्र में दुधारू पशुओं की संख्या 60–125 प्रति वर्ग कि. मी. है। दुधारू पशुओं में गाय एवं भैसों को दूध के लिए पाला जाता है तथा बकरी को मॉस उत्पादन के लिए पाला जाता है। यहॉ पर बकरी पालन की असीम संभावनाऍ हैं क्योंकि हरा चारा सालों भर यहॉ उपलब्ध है। यहॉ संभावित प्रमुख समेकित कृषि प्रणाली हैः

- मखाना + मछली
- मखाना + सिंघाड़ा + मछली
- धान + मछली
- फसल + बकरी पालन
- फसल + दुग्ध उत्पादन आदि।

ब) दक्षिणी बिहार के मैदानी एवं पठारी भाग

दक्षिणी बिहार के मैदानी भाग में धान–गेहूॅ एक प्रमुख फसल प्रणाली है। पर इसकी उत्पादकता औसत राष्ट्रीय उत्पादकता से भी कम है। इस क्षेत्र में औसत धान की उत्पादकता 20.5 क्वि./हे., गेहूॅ (22.61 क्वि./हे.), दाल (10.2 क्वि./हे.) आलू (159 क्वि./हे.) एवं गन्ना की

औसत उत्पादकता करीब (770.27 क्वि./हे.) मात्र है जबकि मक्का की उत्पादकता में यह राष्ट्रीय औसत को भी पार कर जाता है इस क्षेत्र की संभावित समेकित कृषि प्रणाली है:

- फसल + बागवानी
- फसल + मछली पालन
- फसल + दुग्ध उत्पादन
- फसल + बकरी पालन
- फसल + बकरी + मुर्गी पालन
- फसल + मछली पालन + बत्त्ख पालन आदि।

उत्तर–पूर्वी के मैदानी भाग को छोड़कर यहाँ कुछ पठारी भाग भी विद्यमान है जहाँ कि ऊँची भूमि पर वर्षा आश्रित खेती धान की खेती होती है जिसकी पैदावार काफी कम है। इस क्षेत्र की मिट्टी लाल–पीली है जो कि वर्षा के कारण कटाव से प्रभावित है। मृदा अपरदन एवं कटाव इसके मुख्य समस्या है। यहाँ पर वर्षा जल को संचित करने की जरूरत है तथा बागवानी फसलों की असीम संभावनाएँ हैं। इस क्षेत्र की जनसंख्या एवं भौगोलिक स्थिति के अनुसार प्रसतावित समेकित कृषि प्रणाली है :

- फसल + बकरी/सूअर पालन
- फसल + बकरी/दुग्ध उत्पादन/भेड़ पालन
- कृषि–सह–वानिकी + डेयरी
- बगवानी फसलें + सूअर/मुर्गी पालन
- फसल + बागवानी + मुर्गी + मधुमक्खी पालन आदि।

अतः यह कहा जा सकता है कि इस क्षेत्र में समेकित कृषि प्रणाली को बढ़ावा देने की असीम संभावनाएँ हैं। पूर्वी क्षेत्र जो एक तरफ बाढ़ तो दूसरी तरफ सुखाड़ की समस्याएँ झेलती है एवं जहाँ कि सीमान्त कृषकों की संख्या करीब 70 प्रतिशत है वहाँ पर समेकित कृषि को अपनाकर जीविकोपार्जन में उत्थान की काफी संभावनाएँ हैं। जरूरत है तो केवल एक सुदृढ़ प्रयास की एवं उनके कार्यान्यिवन की।

कुछ आदर्श समेकित कृषि प्रणाली मॉडल

पूर्वी क्षेत्र के लिए भारतीय कृषि अनुसंधान परिषद् का शोध परिसर द्वारा पूर्वी भारत के किसानों की समस्याओं एवं उनके पास उपलब्ध संसाधनों को ध्यान में रखकर एक एकड़ एवं दो एकड़ का मॉडल विकसित किया गया है, जिसका विवरण इस प्रकार है:

क) 2 एकड़ का समेकित कृषि प्रणाली मॉडल (निचली जमीन के लिए)

कुल क्षेत्रः 2 एकड़ (8000 वर्ग मी.)

घटकः फसल + सब्जी + फल (बागवानी) + मवेशी + मछली + बत्तख + वर्मी कम्पोस्ट + गोबर की खाद

विभिन्न घटकों का कुल प्रतिशत क्षेत्र

1. धान्य फसलें: (50 प्रतिशत)

   खरीफ : धान

   रबी : गेहूँ/मक्का

2. बागवानी फसलें (सब्जी + फल) : 12.5 प्रतिशत

सब्जियाँ

खरीफ : लत्तेदार सब्जियाँ: करेला, खीरा, कद्दू, लौकी, तोरई एवं बैगन/भिण्डी आदि।

गरमा : बैंगन, बोरो, भिण्डी, करेला, खीरा आदि।

रबी : टमाटर, पत्ता गोभी, बैंगन, फूलगोभी, मटर आदि।

फल

पपीता (खेत के मेड़ पर एवं तालाब के मेड़ पर)।

केला (तालाब के मेड़ पर)।

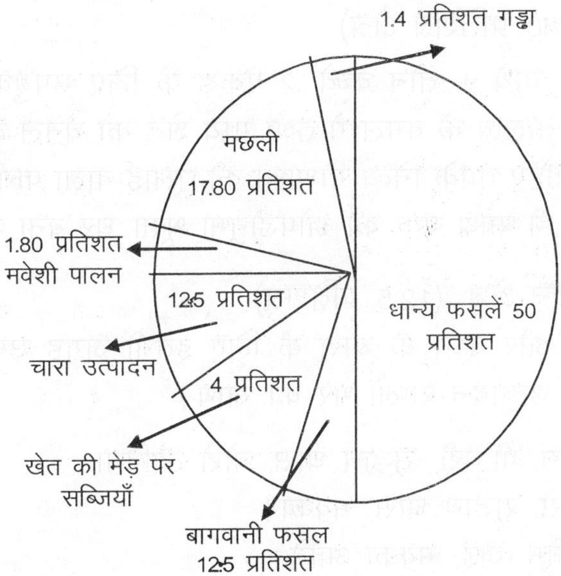

रेखाचित्र 5 : समेकित कृषि प्रणाली मे विभिन्न घटको का रकबा (प्रतिशत)

नींबू (तालाब के मेड़ पर एवं बागवानी खण्ड में)

अमरुद (उपर्युक्त)।

सूड़न तालाब के मेड़ के ढुलाव वाले क्षेत्र में।

3. खेत के चारों तरफ बनाये गये मेड़ पर उगायी गयी सब्जियाँ (कुल क्षेत्र का 4 प्रतिशत)

मौसम के अनुसार फसलों का चुनाव

4. मछली + बत्तख पालन (17.80 प्रतिशत क्षेत्र)

रोहू (20 प्रतिशत, कॉलम फीडर) + कतला (30 प्रतिशत, सतही फीडर) + मृगल या कॉमन कार्प (50 प्रतिशत, तलीय फीडर) का मिश्रण

बत्तख 1000 मी^{2} क्षेत्र के तालाब के लिए बत्तखों की संख्या 30–35 प्रजाति : खाकी कैम्पबेल (तालाब के मेड़ के उपर ही छोटा सा (10 x 15 फीट) की झोपड़ी बत्तखों को रखने के लिए)

5. मवेशी : (1.80 प्रतिशत क्षेत्र)

तीन संकर गायें + तीन बच्चे, 2 एकड़ के लिए उपयुक्त है (गाय के रहने की जगह तालाब के बगल में तथा गाय शेड को चैनल के द्वारा तालाब से जोड़ देना चाहिए ताकि नित्य गोशाला की धुलाई वाला पानी सीधा तालाब में जाये), साथ ही साथ एक की झोपड़ीनुमा भूसा घर बना लेना चाहिए।

6. चारा उत्पादन क्षेत्र: (12.5 प्रतिशत)

तीन गायों और बच्चे के चारा के लिए इतनी जगह उपयुक्त होती है बशर्ते कि चारा उत्पादन सालों भर की जाय।

खरीफ : एम. पी.चरी, सूडान घास, बोरो लोबिया
गरमा : बोरो, सूडान घास, मक्का।
रबी : बरसीम, जई, मक्का आदि।

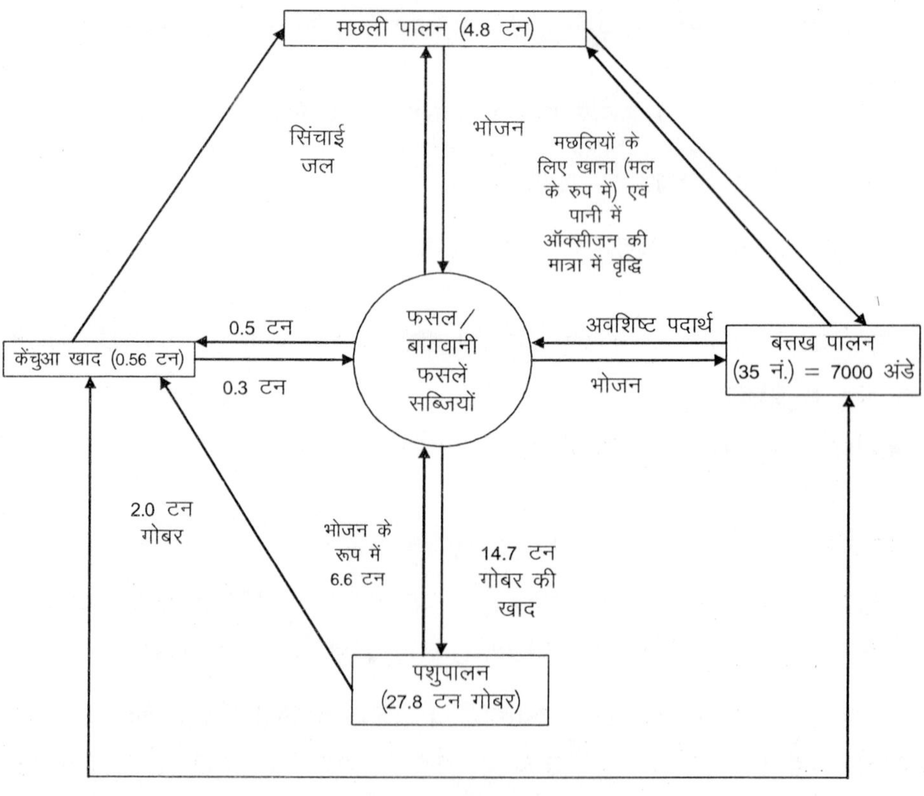

रेखाचित्र 6 : दो एकड़ के समेकित कृषि प्रणाली में पोषक तत्वों का चक्रीकरण

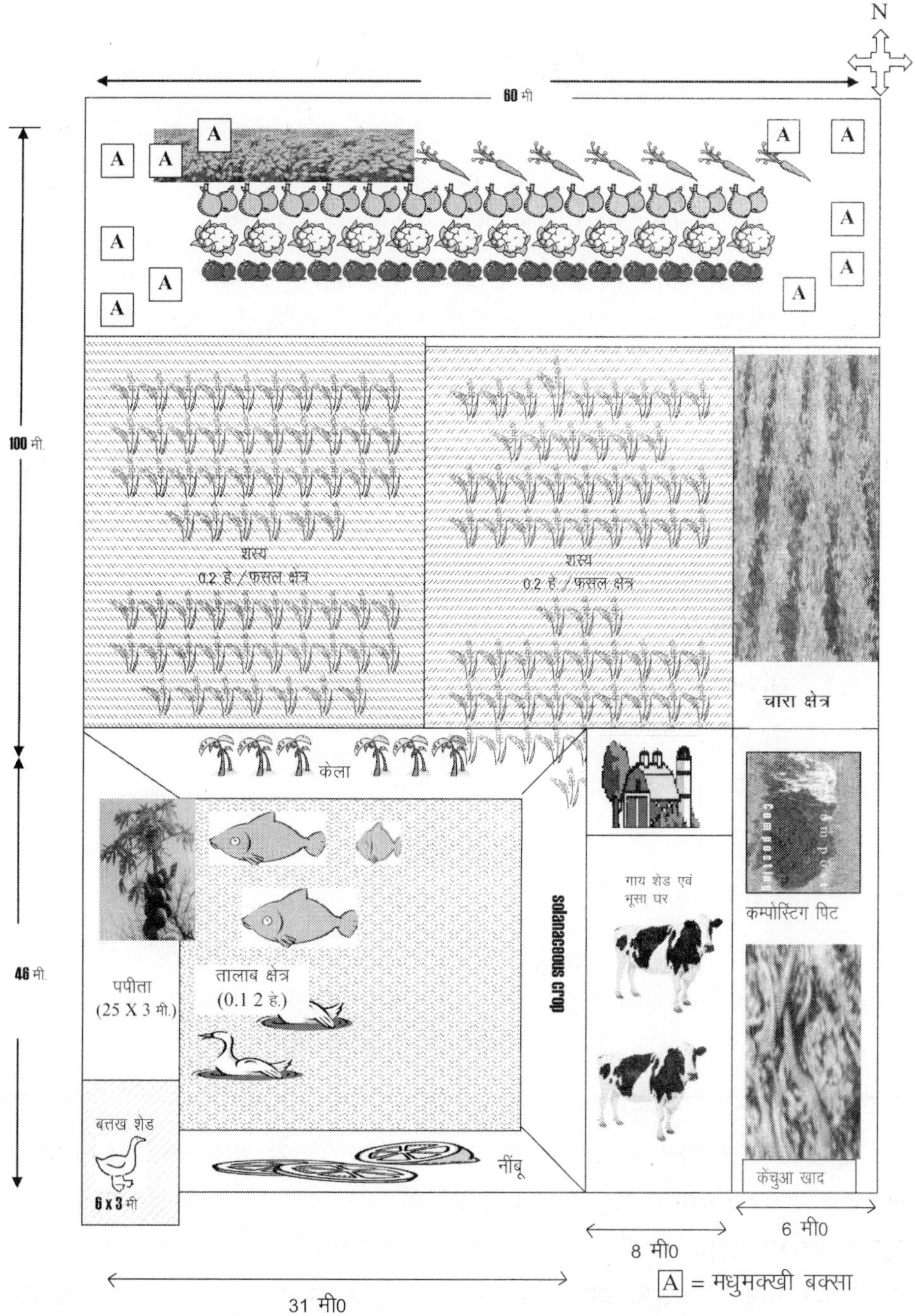

रेखाचित्र 7 : दो एकड़ समेकित कृषि प्रणाली का प्रारूप लत्तेदार सब्जियाँ / चारा फसल चाहरदीवारी पर

7. मसाला फसलें

छायादार जगह में या फलों के पेड़ के नीचे हल्दी और अदरख की खेती की जा सकती है।

8. खाद तैयार करने की जगह (1.4 प्रतिशत)

इस क्षेत्र में वर्मी–कम्पोस्टिंग पिट एवं गोबर की खाद बनाने के लिए गढ्ढ़ा बना लेना चाहिए। यह गढ्ढ़ा जानवरों के रहने के स्थान के नजदीक बनाना ज्यादा उपयुक्त है।

तालिका 13 : समेकित कृषि प्रणाली की आर्थिकी : (एक साल चक्र) – क्षेत्र 2 एकड़

क्र. सं.	घटक	कुल आमदनी (रु. में)	शुद्ध आमदनी (रू.)
1.	धान्य फसलें	39,335	19,010
2.	सब्जियाँ / फल	42,180	29,647
3.	दुग्ध उत्पादन + बच्चों के बेचने से प्राप्त आय	1,44,280	96,870
4.	मछली उत्पादन	19,700	14,172
5.	अंडोत्पादन (बत्तख)	15,000	10,800
6.	फलोत्पादन कुल शुद्ध आमदनी खर्चा काटकर	14,505	10,000
	कुल	2,75,000 / वर्ष	1,80,499 / वर्ष

इसके अतिरिक्त, गोबर की खाद करीब 27.8 टन, वर्मीकम्पोस्ट तैयार 0. 56 टन प्राप्त होता है जो करीब 482 कि. ग्रा. यूरिया, 400 कि.ग्रा. सिंगल सुपर फास्फेट एवं 396 कि.ग्रा. (म्यूरेट ऑफ पोटाश) के समतुल्य होता है यानी कि कुल मिलाकर उपरोक्त खादों के दाम के बराबर (करीब रु. 8000–9000) कृषि उत्पादन लागत में कमी आती है। साथ–ही–साथ मवेशी को खिलाने के लिए चारे / भूसे की भी प्राप्ति अपने ही प्रक्षेत्र से की जाती है।

तालिका 13(क) : समेकित कृषि प्रणाली (2 एकड़ मॉडल) के अन्तर्गत विभिन्न घटकों का स्थापना व्यय, सालाना एवं आमदनी का विवरणः (वर्ष 2009–10)

क्र. सं.	घटक	स्थापना व्यय (रू.)	रिकरिंग खर्च	कुल आमदनी
1.	फसल (0.4 हे.)	–	20,325	19,010
2	उद्यानिक फसलें (0.15 हे.)	2,500	17,785	39,647
3.	चारा, फसल (0.1 हे.)	–	6,224	आन्तिरिक उपयोग
4.	मत्स्यकी (0.1 हे.)	70,000	5,528	14,172
5.	बत्तख पालन (तालाब के मेड़ पर)	18,000	4,200	10,800
6.	डेयरी पशु पालन (0.016 हे.)	70,000	62,500	81,870 15,000
7.	वर्मी कम्पोस्ट एवं गोबर खाद पिट	15,000	3,300	आन्तिरिक उपयोग
	कुल	1,75,500	1,19,862	1,80,499

तालिका 13(ख) : विभिन्न घटकों द्वारा समेकित कृषि प्रणाली के अन्तर्गत खेती करने से फायदे (2 एकड़ मॉडल)

कृषि प्रणाली	शुद्ध आय (रु./2 एकड़/वर्ष)					
	धान–गेहूँ	सब्जी	मछली	बत्तख	पशु–पालन	कुल (रु.)
धान–गेहूँ प्रणाली	46,122	–	–	–	–	46,122
धान–गेहूँ+पशु पालन	43,815	–	–	–	42,290	86,105
धान–गेहूँ+पशु पालन+मछली पालन	38,050	–	22,500	–	42,290	1,02,840
धान–गेहूँ+पशु पालन+मात्स्यिकी+बत्तख पालन	38,050	–	22,500	18,000	42,290	1,20,840
धान–गेहूँ+सब्जी+पशु पालन	32,285	53,790	–	–	42,290	1,28,365
धान–गेहूँ+सब्जी+पशु पालन+मात्स्यिकी	32,285	53,790	22,500	–	42,290	1,50,865

तालिका 13(ग) : विभिन्न घटको द्वारा समेकित कृषि प्रणाली के अन्तर्गत खेती करने से फायदे (2 एकड़ मॉडल)

कृषि प्रणाली	रोजगार का सृजन (दिन/2 एकड़/वर्ष)					
	धान–गेहूँ	सब्जीयाँ/फल	मात्स्यिकी	बत्तख पालन	पशु–पालन	कुल (रु.)
धान–गेहूँ प्रणाली	402	–	–	–	–	402
धान–गेहूँ+पशु पालन	390	–	–	–	160	550
धान–गेहूँ+पशु पालन+मछली पालन	378	–	42	–	160	580
धान–गेहूँ+पशु पालन+ मात्स्यिकी+बत्तख पालन	378	–	42	80	160	660
धान–गेहूँ+सब्जी+पशु पालन	378	148	–	–	160	638
धान–गेहूँ+सब्जी+पशु पालन+मात्स्यिकी	330	148	42	–	160	680
धान–गेहूँ+सब्जी+पशु पालन+मात्स्यिकी+बत्तख पालन	330	148	42	80	160	760

(ख) कुल क्षेत्र : 1 एकड़ (4000 मी.^{2}) का समेकित कृषि प्रणाली मॉडल घटक : फसल + सब्जी/फल (बागवानी + बकरी पालन + खुंभ उत्पादन + मधुमक्खी पालन + वर्मी कमपोस्ट)

विभिन्न घटकों का कुल प्रतिशत क्षेत्र

1. धान्य फसल (कुल क्षेत्र का 50 प्रतिशत)
   खरीफ : धान
   रबी : गेहूँ /मक्का

2. बागवानी फसलें (सब्जी + फल)
   कुल क्षेत्र का 22.5 प्रतिशत सब्जी
   सब्जी : 2 एकड़ मॉडल की तरह

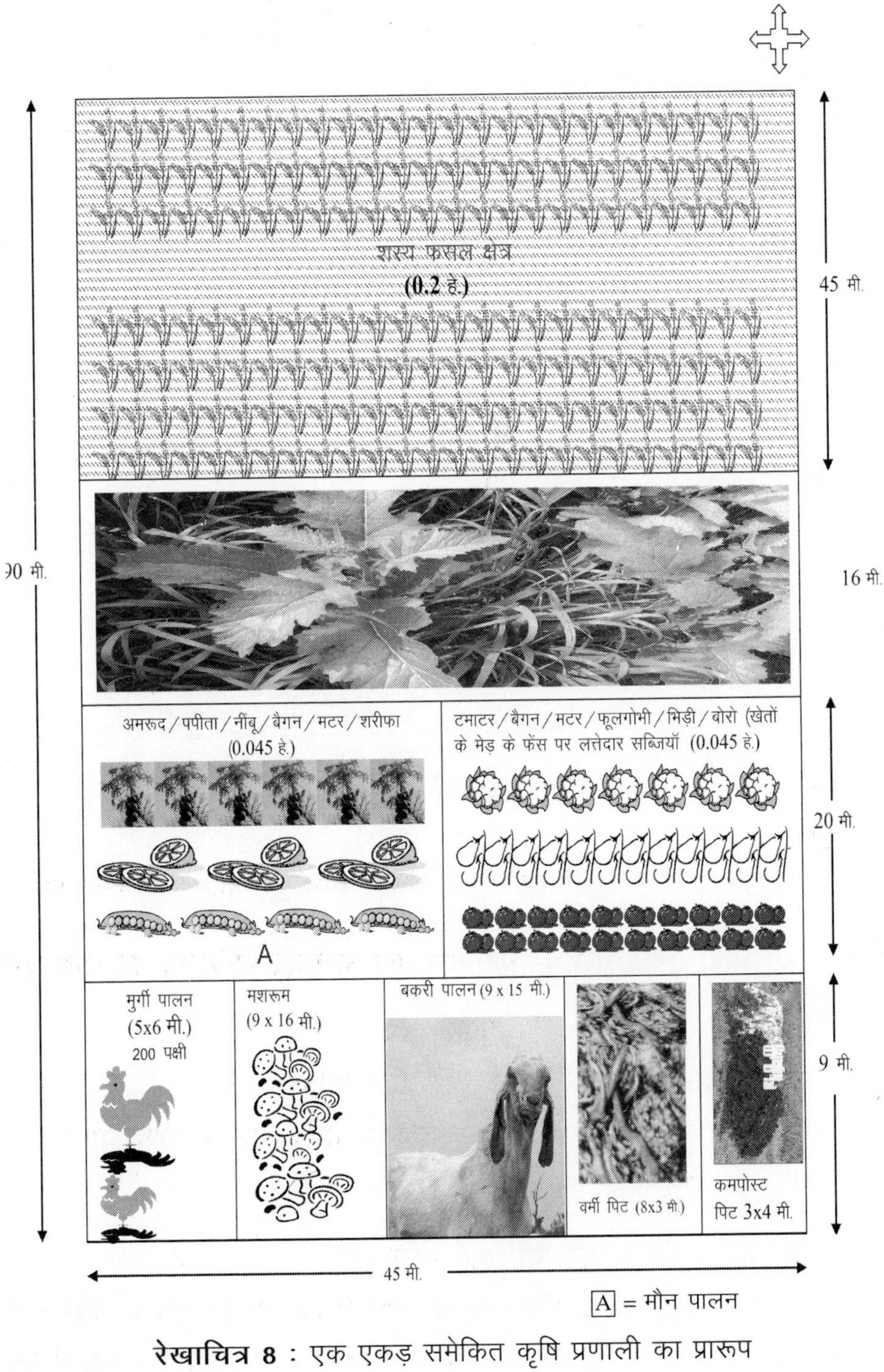

रेखाचित्र 8 : एक एकड़ समेकित कृषि प्रणाली का प्रारूप

फल : बागवानी क्षेत्र का 50 प्रतिशत

पपीता : खेतों की मेड़ पर

नींबू : बागवानी खण्ड में

अमरुद : बागवानी खण्ड में

सूड़न/ओल : मुर्गी/बकरी शेड के पास

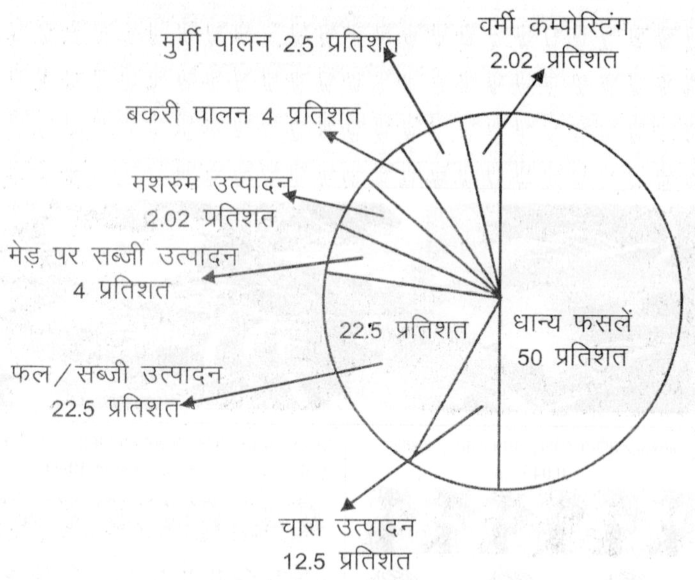

रेखाचित्र 9 : समेकित कृषि प्रणाली मे विभिन्न घटको का प्रति रकबा (प्रतिशत)

3. खेत के चारों तरफ मेड़ पर फेन्सिंग कर लत्तेदार सब्जियों का उत्पादन (4 प्रतिशत क्षेत्र में)

4. चारा उत्पादन (कुल क्षेत्र का 12.5 प्रतिशत)

खरीफ एवं गरमा : सूडान घास, नेपियर घास, मक्का, बोरो आदि।

रबी : बरसीम, जई, मक्का आदि।

5. बकरी पालन (कुल क्षेत्र का 2.5 प्रतिशत)

एक एकड़ क्षेत्र में समन्वित कृषि प्रणाली के अन्दर बकरी पालन में 20 मादा बकरी एवं 1 नर बकरी रखना उपयुक्त माना गया है। बकरी को

फेन्सिंग क्षेत्र के अन्दर रखना अनिवार्य है अन्यथाः फसलों को हानि हो सकती है। यहाँ पर बकरी पालन मीट के उद्देश्य से किया जा सकता है।

6. मुर्गी पालन

मीट उत्पादन या अंडोत्पादन के लिए

पक्षियों की संख्या : 200

7. खुंभ (मशरुम) उत्पादन

एक 25′ x 20′ की झोपड़ी बनाकर एवं बाँस से ही शेल्फ बनाकर खुंभ का उत्पादन सालों भर किया जा सकता हैः

स्ट्रा/पैडी/मिल्की मशरुम : मार्च–सितम्बर माह तक

ओयस्टर मशरुम/बटन मशरुम : अक्टूबर – फरवरी माह तक

8. शहद उत्पादन (मधुमक्खी पालन)

एक एकड़ क्षेत्र के लिए 20 बक्से उपयुक्त हैं। बक्सों को बागवानी क्षेत्र के अन्दर रखना उत्तम है।

वर्मी–कम्पोस्ट : 2 एकड़ मॉडल की तरह (सब्जियों का अवशिष्ट एवं बकरी का गोबर मिलाकर)

तालिका 14 : एक एकड़ समेकित कृषि प्रणाली की आर्थिकी : (पूरे 1 वर्ष का चक्र)

क्र.सं.	घटक	आमदनी (रु. में)	शुद्ध आमदनी (रू.)
1.	धान्य फसलें	13,893	8398
2.	सब्जियाँ/फल	30,240	21015
3.	बकरी पालन	50,000	39,180
4.	मुर्गी पालन	52,500	32,500
5.	मधुमक्खी पालन	16,500	10,800
6.	खुंभ उत्पादन	22,000	16,800
	कुल	रु. 1,85,133/वर्ष	1,28,693

शुद्ध आमदनी, रु. 1,28,693 के अतिरिक्त करीब 1.2 टन वर्मीकम्पोस्ट एवं 5.6 टन बकरी की खाद प्राप्त होती है, जो कि अपने ही क्षेत्र में उगायी जाने वाली फसलों/फल एवं सब्जियों में प्रयुक्त होती है। इसके अलावा धान की पुआल से खुंभ उत्पादन भी किया जाता है एवं खुंभ उत्पादन के बाद बची हुई थैलों को या तो कम्पोस्टिंग की जाती है या फिर जानवारों को खिला दी जाती है। इस तरह से करीब 100 कि. ग्रा. यूरिया, 170 कि. ग्रा. सिंगल सुपर फॉस्फेट एवं 40 कि. ग्रा. (म्यूरेट ऑफ पोटाश) की बचत होती है जिसकी कीमत कुल रु. 4000/– के बराबर है। इसके अतिरिक्त इस प्रणाली से खेती करने में श्रम की उपयोगिता भी बढ़ जाती है एवं रोजगार का सृजन होता है।

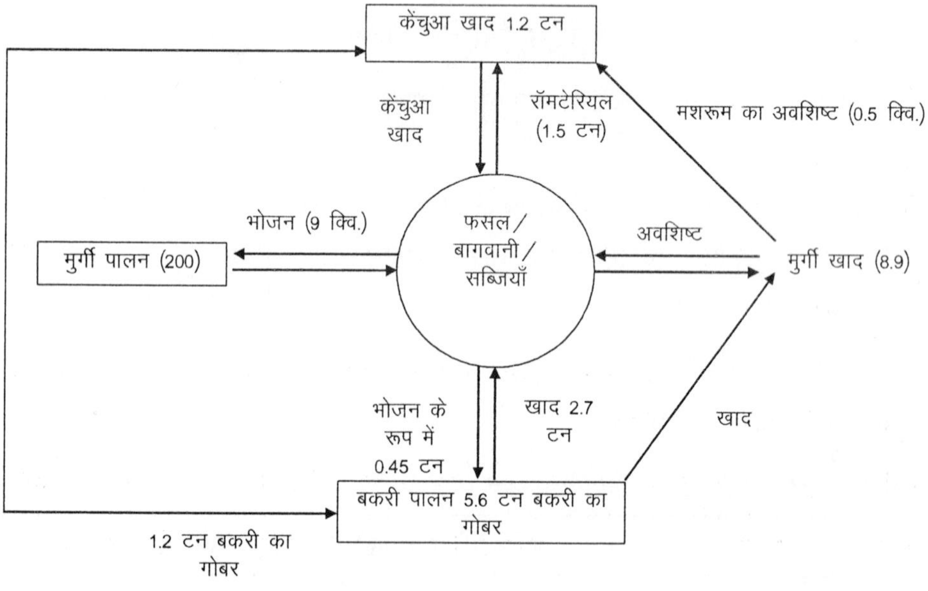

रेखाचित्र 10 : समेकित कृषि प्रणाली के 1 एकड़ मॉडल के अन्तर्गत पोषक तत्वों का चक्रीकरण

तालिका 14(क) : मॉडल समेकित कृषि प्रणाली (एक एकड़ मॉडल) का आर्थिक विश्लेषण

क्र. सं.	शस्य फसलें	कुल क्षेत्र (मी.^{2}) एवं प्रतिशत	वार्षिक उत्पादन (कि.ग्रा. / ली.)	7 सदस्यी परिवार के लिए अनुमानित जरूरत (कि.ग्रा.)	मूल्य (रू.)	अधिशेष	अधिशेषों का मूल्य (रू.)	शुद्ध बचत (रू.)
1	फसल	2000 (50)	2090	1275	11692	815	7473	1227
2	हरा चारा	720 (18)	8770	–	–	–	–	–4206
3	सूखा चारा	–	48,30	1533 (जानवर) 200 (मशरूम के लिए)	–	3097	3097	3097
4	सब्जी का अवशिष्ट	–	1080	450 (वर्मी कम्पोस्ट) 630 (बकरी)	–	–	–	–
5	दलहन / तेलहन	–	–	60 / 30	4800	–	–	–4800
क	फल	–	–	50 कि.ग्रा.	750	–	–	–750
ख	सब्जियॉ	900 (22.5)	4126	500	4000	3626	29008	19443
ग	बकरी	185 (4.6)	60६500	50	5000	450	45000	34180
घ	मशरूम	30 (0.75)	160	10	600	150	9000	5500
ड़	मुर्गी पालन	15 (0.37)	750	50	3500	700	49000	29000
च	केंचुआ खाद	–	1640	–	–	–	–	–1980
छ	बकरी खाद	50 (1.25)	2700	–	–	–	–	–
ज	मुर्गी खाद	–	800	–	–	–	–	–
झ	सार्वजविक स्थान	100 (2.5)	–	–	–	–	–	–
		4000 (100)	22664.3	4788	30,342	8838	142548	80,711

तालिका 14(ख) : समेकित कृषि प्रणाली (एक एकड़) द्वारा सालाना रोजगार सृजन

समेकित कृषि प्रणाली केवल	फसल	सब्जियॉं	मुर्गी	बत्तख	मछली	बकरी	डेयरी	प्रणाली द्वारा कुल रोजगार सृजन
केवल शस्य फसल	416	.	.	.	.	.	.	416
फसल+सब्जी	220	310	.	.	.	.	.	530
फसल+मत्स्य+मुर्गी	376	94	60	.	40	.	.	570
फसल+मत्स्य+बत्तख	376	94	.	50	40	.	.	560
फसल+मत्स्य+बकरी	376	94		.	40	110	.	620
फसल+मत्स्य+डेयरी पशु	376	94	.	.	40	.	170	680
फसल+मत्स्य+बत्तख+मुर्गी	376	94	60	30	40	.	.	600
फसल+मशरूम+बकरी	376	94	.	.	.	110	70	650

तालिका 14(ग) : समेकित कृषि प्रणाली (एक एकड़) के अन्तर्गत विभिन्न घटकों का स्थापना व्यय, वार्षिक खर्च एवं आमदनी का विवरण

क्र.सं.	घटक	स्थापना व्यय (रू.)	रिकरिंग खर्च (रू0)	कुल आमदनी (रू)
1.	फसल (0.2 हे.)	–	5,495	8,398
2.	उद्यानिक फसलें (0.09)	1080	9,225	21,015
3.	चारा फसल (0.06 हे.)	–	4,206	आंतरिक उपयोग
4	बकरी पालन (20+1) (0.018 हे.)	45,000	10,820	39,180
5.	मशरूम उत्पादन (0.018 हे.)	10,000	5,200	16,800
6.	मुर्गी पालन (200) (0.0015 हे.)	12,000	20,000	32,500
7.	वर्मी कम्पोस्ट/बकरी खाद पिट्स	8,000	2,660	आंतरिक उपयोग
8.	मधुमक्खी पालन	8,000	5,700	10,800
	कुल	84,080	63,306	1,28,693

तालिका 14(घ) : विभिन्न फसल चक्र अपनाने से समेकित कृषि प्रणाली (1 एकड़ मॉडल) से प्राप्त आय

फसल प्रणाली	धान–गेहूँ	धान–मक्का	हरा चारा	मुर्गी पालन	खुंभ उत्पादन	सब्जी/फल	बकरी पालन	कुल आमदनी	धान–गेहूँ फसल प्रणाली से बढ़त का प्रतिशत
धान–गेहूँ (केवल)	24,478	–	–	–	–	–	–	–	–
धान–गेहूँ	12,474	–	–	18,625	20,000	–	38,423	24,478	266
धान–मक्का	–	13,893	–	18,625	20,000	–	38,423	90,941	271
धान–गेहू–हरा चारा	12,474	–	7,981	18,625	20,000	–	38,423	97,503	298
भिण्डी–मटर–पत्तागोभी	–	–	–	18,625	20,000	26,835	38,423	1,03,883	324
बोरो–फूलगोभी–टमाटर	–	–	–	18,625	20,000	32,624	38,423	1,09,672	348
करेला–पत्तागोभी–बैंगन	–	–	–	18,625	20,000	28491	38,423	1,05,539	331

ग) समेकित कृषि प्रणाली के अन्तर्गत 1 हे. मॉडल का विवरण

समेकित कृषि प्रणाली के अन्तर्गत विभिन्न घटकों का अर्थिक विश्लेषण करने पर यह पाया गया कि फसल +बत्तख पालन + मात्स्यिकीय + मुर्गी पालन प्रणाली सलाना रू. 2,72,008 शुद्ध आमदनी/हे. की दर से प्रदान करने में सक्षम है, जबकि केवल शस्य फसल द्वारा अर्जित आय प्रति हे. रू. 63,428/वर्ष ही प्राप्त हो पाता है।

शोधापरांत यह भी पाया गया है कि/हे. क्षेत्र के अन्तर्गत यदि धान–गेहूँ फसल चक्र को 0.8 हे., मात्स्यिकी (0.15 हे.) एवं मुर्गी पालन (ब्रायलर) (0.05 हे.) भूमि पर किया जाय तो इस प्रणाली से वार्षिक आय करीब (रू. 2,61,208 हे.) वर्ष की दर से प्राप्त होता है। धान–गेहूँ फसल चक्र (0.5 हे0), सब्जी (0.5 हे0) एवं फल (0.5 हे.) के भूमि पर अपनाने से भी वार्षिक आय करीब रू. 2,29,720/– वर्ष की दर से प्राप्त की जा सकती है। इसके अलावा सब्जियों के अवशिष्ट से प्रचुर मात्रा में वर्मी कम्पोस्ट बत्तख/मुर्गी के अवशिष्ट से जैविक खाद का निमार्ण कर इसका इस्तेमाल पुनः फसलों में किया सकता है।

तालिका 15 : समेकित कृषि प्रणाली (1 हे0 मॉडल) के अन्तर्गत विभिन्न घटकों की स्थापना एवं खर्च (वार्षिक) का विवरण

समेकित कृषि प्रणाली	स्थापना खर्च (रू.)	खर्च/(रू.) वार्षिक	वार्षिक आमदनी (रू.)
केवल फसल द्वारा	–	27,906	63,428
फसल (0.5) + सब्जी (0.5 रू.)	–	83,953	1,53,629
फसल (0.5) + सब्जी (0.25 रू.) + फल (0.25)	15,000	92,152	2,29720
फसल (0.8) + मछली (0.15 रू.) + मुर्गी (0.05)	85,000	1,47,853	2,61,208
फसल (0.85) + मछली (0.15 रू.) + बत्तख	88,500	33,443	80,179
फसल (0.86) + मछली (0.12 रू.) + बकरी (0.02)	1,15,000	42,848	1,11,208
फसल (0.85) + मछली (0.12 रू.) + डेयरी पशु (0.03)	1,55,000	90,348	1,44,817
फसल (0.8) + मछली (0.15 रू) + मुर्गी (0.05) + बत्तख	1,03,500	1,52,078	2,72,008
फसल (0.95) + मशरूम (0.02) + बकरी (0.03)	60,000	45,000	1,11,349

(नोट : कोष्ठक के अन्तर्गत सारे अंक हे0 में)

तालिका 16: समेकित कृषि प्रणाली में विभिन्न घटकों की आर्थिकी (आधार वर्ष 2007–09)

कृषि प्रणाली	उत्पादन लागत (रु./हे.)	कुल आय (रु./हे.)	शुद्ध आय (रु./हे.)	लाभ अनुपात (रु./हे.)	प्रतिदिन आय (रुपयें में)
केवल सस्य फसल	27,822	64,675	37,175	2.43	178
फसल + मात्स्यिकी कुक्कुट पालन	48,304	14,6,035	97,731	3.02	400
फसल + मात्स्यिकी + कबूतर पालन	47,030	1,45,868	93,778	3.06	400
फसल+मात्स्यिकी + बकरी पालन	55,549	1,86,667	1,31,118	3.36	511

तालिका 17 : समेकित कृषि तंत्र में रोजगार सृजन/हे.

कृषि प्रणाली	फसल	कबूतर पालन	मत्स्य पालन	बकरी पालन	कुल दिन
केवल सस्य फसल	469	–	–	–	469
फसल + मात्स्यिकी कुक्कुट पालन	520	61	34	–	615
फसल + मात्स्यिकी + कबूतर पालन	520	61	34	–	615
फसल + मात्स्यिकी + बकरी पालन	520	–	34	122	676

(घ) एक एकड़ का सब्जी आधारित समेकित कृषि प्रणाली (ऊपरी सिंचित भूमि के लिए)

कुल क्षेत्र : 1 एकड़ (4000 मी.^{2})

घटकः धान्य फसलः धान्य फसल/दलहन + बकरी पालन + वर्मी कम्पोस्ट (केंचुआ खाद)

विभिन्न घटकों का कुल प्रतिशत क्षेत्रः

धान्य फसल/दलहन–कुल क्षेत्र का 26 प्रतिशत

खरीफ – धान

गर्मी – मूंग

रबी के मौसम में आलू उपजाना अधिक फायदेमंद है।

सब्जियॉ – कुल क्षेत्र का 54 प्रतिशत

खरीफ – भिंड + करेला

रबी – टमाटर, आलू

गर्मा – कद्दू, प्याज

खेत के चारो तरफ मेड़ पर धेराबन्दी कर लत्तेदार सब्जियों का उत्पादन

चारा उत्पादन – कुल क्षेत्र का 12.5 प्रतिशित

खरीफ एवं गर्मा : नेपियर घास, मक्का, बोरो आदि

रबी : बरसीम एवं जई

बकरी पालन : कुल क्षेत्र का 5 प्रतिशत

एक एकड़ क्षेत्र के समन्वित कृषि प्रणाली में 20 मादा बकरी तथा एक नर बकरा रखना उपयुक्त माना गया है। बकरियों के रहने का स्थान अर्थात शेड चारो ओर से अच्छी तरह धेरा हुआ होना चाहिए। अन्यथा ये फसलों को काफी नुकसान पहुॅचा सकती है ब्लैक बंगाल नस्ल की बकरियॉ समेकित कृषि प्रणाली के लिए उपयुक्त मानी गई है। इनका पालन मुख्यतः मॉस के उद्देश्य से किया जाता है। बढ़वार अच्छी होने के कारण इस नस्ल की बकरियों का विकास जल्दी होता है जो किसान के लिए लाभप्रद है।

वर्मी कम्पोस्ट (केंचुआ खाद) – कुल क्षेत्र का 2.5 प्रतिशत

इस क्षेत्र में वर्मी कम्पोस्ट अर्थात कृषि खाद बनाने के लिए सर्वप्रथम वर्मी कम्पोस्ट पिट का निर्माण करना चाहिए। वर्मीकम्पोस्ट बनाने के लिए सब्जियों के अवशिष्ट एवं बकरी का गोबर दोनो का प्रयोग करना चाहिए। बकरी का गोबर मिलाकर वर्मी कम्पोस्ट बनाने से उसमें उपलब्ध पोषक तत्वों में वृद्धि हो जाती है जिससे पौधों का विकास अच्छा होता हैं एवं उपज में भी वृद्धि होती है।

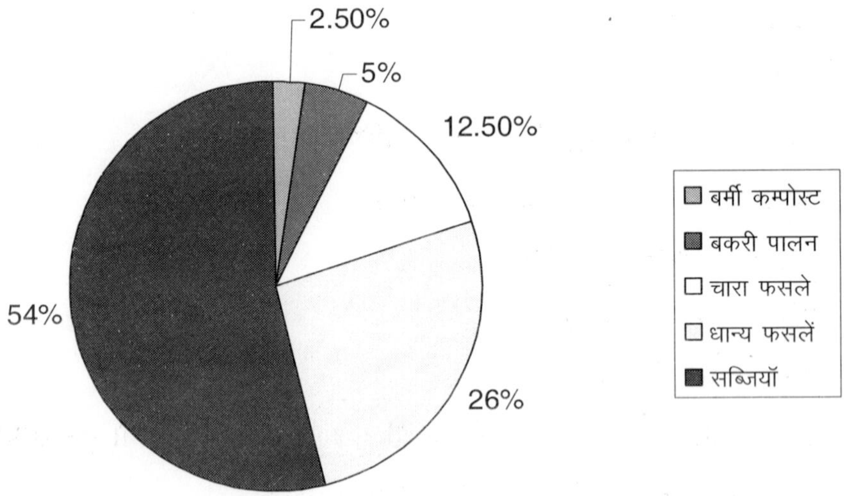

रेखाचित्र 11: एक एकड़ सब्जी आधारित समेकित कृषि प्रणाली में विभिन्न घटको का क्षेत्र

आर्थिकी : एक एकड़ के सब्जी आधारित समन्वित कृषि प्रणाली मॉडल का एक वर्ष पूरा होने पर उसकी आर्थिक का विश्लेषण किया गया जिसे निम्नलिखित सारणी में दर्शाया गया है।

धान, दलहन, सब्जियों एवं बकरी पालन द्वारा प्राप्त उत्पादन के आधार पर लगभग रू. 95,458/– का शुद्ध लाभ प्राप्त होता है। साथ ही साथ करीब 1.2 टन वर्मी कम्पोस्ट एवं 3.0 टन बकरी की खाद प्राप्त होती है जिसका उपयोग सब्जियॉ उगाने में किया जात है। वर्मी कम्पोस्ट एवं बकरी की खाद में नाइट्रोजन, फॉस्फोरस एवं पोटाश के अलावा और भी कई सूक्ष्म पोषक तत्व विद्यमान रहते हैं। फलतः इनके प्रयोग से कुछ मात्रा में

रसायनिक उर्वरकों की बचत होती है। प्रस्तुत मॉडल से लगभग 90 किलो यूरिया, 140 किलो सिंगल सुपर फास्फेट एवं 40 किलो म्यूरेट ऑफ पोटाश की बचत होती है। परिणामस्वरूप उत्पादन लागत भी कम लगता है एवं शद्ध लाभ में भी वृद्धि होती है।

तालिका 18 : सब्जी आधारित एक एकड़ समेकित कृषि प्रणाली के अन्तर्गत फसल चक्र की आर्थिकी

क्र सं.	घटक	क्षेत्र (वर्ग मीटर)	आय (रू.)	शुद्ध लाभ शुद्ध लाभ (रू)
1.	धान्य फसलें / दलहन (धान–आलू–मूंग)	1040	25,234	16,596
2.	सब्जियॉ (भिंडी – आलू–प्याज एवं करेला–टमाटर–कद्दू)	2160	61,642	45,612
3.	बकरी पालन	200	48,800	33,250
	कुल आमदनी		1,35,676	95,458

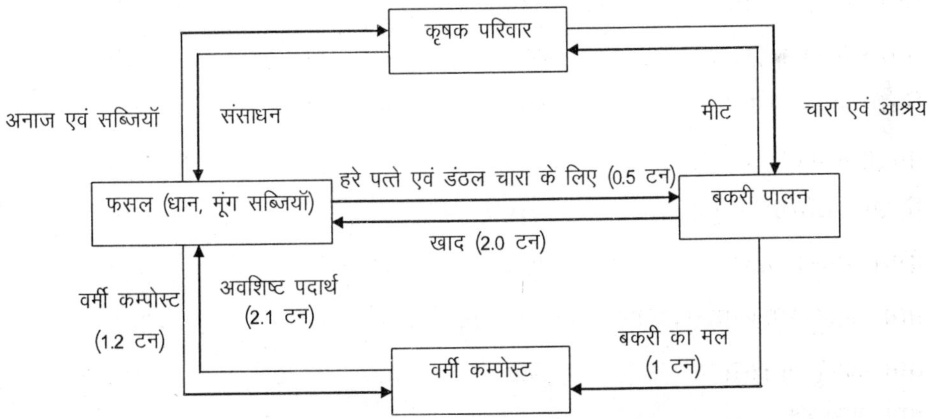

रेखाचित्र 12 : सब्जी आधारित समेकित कृषि प्रणाली में तत्वों पुनर्चक्रण (रिसाइक्लिंग)

सब्जी आधारित समेकित कृषि प्रणाली में सब्जियों के पत्ते एवं कोमल डंठल तथा धान एवं मूंग के कोमल भागों को बकरी के मल के साथ मिला कर वर्मी कम्पोस्ट बनाया जाता है। इस वर्मी कम्पोस्ट को पुनः फसलों में

डाला जाता है ताकि मिट्टी द्वारा पौधों को आवश्यक पोषक तत्व मिलें। इसी तरह बकरी पालन का भी फसल एवं सब्जियाँ तोड़ने के पश्चात् कुछ मात्रा में पत्तें एवं डंठल चारे के रूप में बकरी को खिलाया जाता है। बकरी के मल की कुछ मात्रा (लगभग 1 टन) वर्मी कम्पोस्ट बनाते समय पौधों के अवशिष्ट के साथ मिला दिया जाता है तथा शेष भाग की खाद बनाकर खेत में डाला जाता है। पौधे आवश्यक पोषक तत्व ग्रहण कर अच्छी तरह विकसित होते हैं एवं उपज में भी बढ़ोत्तरी होती है। इस तरह समन्वित कृषि प्रणाली में सभी घटकों का आपस में परस्पर सम्बन्ध होता है तथा पुर्नचक्रण के कारण उत्पादन लागत भी कम होता है। समेकित कृषि प्रणाली अपनाने से रोजगार का भी सृजन होता है जिसे सारणी में दर्शाया गया है:

तालिका 19 : विभिन्न फसल प्रणाली एवं समेकित कृषि प्रणाली के अन्तर्गत रोजगार का सृजन

फसल प्रणाली	फसल/ सब्जी	बकरी पालन	वर्मी कम्पोस्ट	कुल रोजगार (दिन)
धान – गेहूँ – मूंग	470	–	–	470
धान– आलू– मूंग	450	–	–	450
भिन्डी–आलू–प्याज	525	–	–	525
करेला–टमाटर–कद्दू	545	–	–	545
भिन्डी –धनिया–नेनुआ	525	–	–	525
बैंगन–गाजर–बोरो	539	–	–	539
धान–आलू–मूंग+सब्जी+बकरी	120+440	100	–	660
धान–आलू–मूंग+सब्जी+बकरी + वर्मी कम्पोस्ट	560	100	30	690

समेकित कृषि प्रणाली : बिहार में बढ़ते कदम

समेकित कृषि के प्रसार एवं प्रचार के लिए बिहार सरकार काफी प्रयत्नशील है। सरकार की मंशा है कि छोटे एवं भूमिहीन किसान अपने छोटे आकार वाले जोत पर समेकित कृषि प्रणाली द्वारा (चूँकि बिहार के 80

प्रतिशत कृषक छोटे एवं सीमान्त आकार वाले जोत के हैं), जिनकी आर्थिक दशा काफी विचारणीय है बिहार सरकार इन कृषकों के जीविकोपार्जन में वृद्धि के लिए प्रयासरत है और इसका निदान समेकित कृषि प्रणाली के माध्यम से करने जा रही है। इस दिशा में पहल भी हो चुकी है और बिहार सरकार ने भा. कृ. अनु. प. द्वारा विकसित 1 एकड़ एवं 2 एकड़ मॉडल को छोटे किसानों के क्षेत्रों पर विकसित करने को ठानी है। इसके लिए बिहार के प्रत्येक ब्लॉकों से 2–2 मॉडल किसान का चयन किया गया है, जिन्हें समेकित कृषि प्रणाली को अपने खेतों पर अन्तर्निहित करने के लिए आर्थिक प्रोत्साहन दिया जा रहा है तथा सरकार ने बिहार के सभी कृषकों को विकल्प दिये हैं कि परम्परागत खेती के अलावा इस योजना में चयनित समेकित कृषि के किसी भी एक घटक को अपने खेती के साथ समायोजन करने पर रू. 10,000/– प्रोत्साहन राशि के रूप में उपलब्ध करायेगी जिनका उपयोग घटक को विकसित करने में ही किये जायेगें। सरकार द्वारा चयनिक घटकों/उद्यमों की सूची एवं अनुदान आदि का ब्योरा नीचे दिया जा रहा है:

समेकित कृषि प्रणाली में अपनाये जाने वाले कार्यघटक एवं अनुदान की राशि:

प्राथमिक इन्टरप्राईजेज (उद्यम) : इस योजना के अंतर्गत फसल उत्पादन का कार्य मुख्य उद्यम के रूप में माना जायेगा।

सहायक इन्टरप्राईज (उद्यम) : समेकित कृषि प्रणाली के विकास की योजना के अंतर्गत निम्नांकित में से किसी एक उद्यम को सहायक उद्यम माना जायेगा।

1 उद्यान–फल उत्पादन/फूल उत्पादन/सब्जी उत्पादन, सब्जी बीज उत्पादन/औषधीय एवं सुगंधित पौधा उत्पादन/मसाला की खेती/फल/सब्जी प्रसंस्करण/परिरक्षण कार्य, औषधीय/सुगंधित पौधे से आसवन कार्य।

2 पशुपालन एवं डेयरी –गाय या भैंस से दुग्ध उत्पादन/सूअर/बकरी/भेंड़ पालन, डेयरी के घरेलू उपकरण/यंत्र।

कुक्कुट पालन–अण्डा अथवा मांस के लिए कुक्कुट पालन ।

3 बत्तख पालन--अण्डा अथवा मांस के लिए बत्तख पालन।

4 मत्स्यपालन–निजी तालाब अथवा मौन/चौर में मछली पालन (कार्प/देशी)।

5 वर्मी कम्पोस्ट–वर्मीकम्पोस्ट, बायोगैस उत्पादन।

6 मशरूम उत्पादन–अथवा ओयस्टर मशरूम का उत्पादन/प्रसंस्करण।

7 मधुमक्खी पालनः मधुमक्खी पालन एवं बाटलिंग की व्यवस्था।

अनुदान की अनुमानरूता : कृषकों को सहायक उद्यम को अपनाने के लिए इस योजना में अनुदान का लाभ देय होगा। समेकित कृषि प्रणाली के विकास की योजनान्तर्गत फसलोत्पादन प्राथमिक उद्यम के रूप में अनुज्ञात है एवं एक से डेढ़ एकड़ भूमिधारी सीमान्त कृषकों को सहायक इन्टरप्राइज के समन्वय स्थापित करने हेतु निम्नांकित विवरण के अनुरूप विभिन्न घटकों के लिए किये जाने वाले पूँजी निवेश पर अनुदान की राशि उपलब्ध होगी। अनुदान की राशि घटक के प्राक्कलित राशि का 50 प्रतिशत अधिकतम रूपये 10,000.00 (दस हजार रूपये) देय होगा। सहायक उद्यमों जिनके लिए अनुदान स्वीकृत किया जायेगा से संबंधित विवरण निम्न प्रकार है :

तालिका 20 : समेकित कृषि प्रणाली के सहायक उद्यमों एवं इसके घटकों का विवरण

क्र. सं.	**सहायक इन्टरप्राईज का नाम**	**घटक का नाम**
1	उद्यान	गुणवत्तायुक्त सब्जी/औषधीय/मसाला/फूल बीज का क्रय/गुणवत्ता युक्त पौध सामग्री का क्रय ड्रिप सिंचाई यंत्र का क्रय प्रसंस्करण हेतु मशीन/यंत्र का क्रय
2	पशुपालन एवं डेयरी	गाय/भैंस का क्रय बकरी/भेड/सुअर का क्रय डेयरी हेतु/प्रसंस्करण हेतु मशीन क्रय।
3	कुक्कुट पालन	पक्षी के लिए शेड का निर्माण पक्षी के चूजों का क्रय । वैक्सीनेशन पर व्यय।

4	मत्स्य पालन	तालाब की खुदाई/मरम्मत। मछली–अंगुलिका (फिंगरलिंग) क्रय। मछली जाल का क्रय।
5	वर्मी कम्पोस्ट	पक्का पिट एवं शेड का निर्माण केंचुआ का क्रय। बायोगैस उत्पादन हेतु इकाई का निर्माण।
6	मशरूम उत्पादन	मशरूम में चूंद का क्रय। बटन मशरूम हेतु बक्से पर व्यय/ओयस्टर मशरूम उत्पादन हेतु जालीदार बैग एवं हैंगर का क्रय।
7	मधुमक्खी पालन	मधुमक्खी बॉक्स का क्रय। फेरोमोन का क्रय।

□□□

अध्याय 6

समेकित कृषि प्रणाली के मुख्य घटकों का विवरण

समेकित कृषि के अन्तर्गत मत्स्य पालन एवं प्रबंधन

राष्ट्रीय नीति के अन्तर्गत कृषि को उद्योग का दर्जा दिया गया है। अतः देश में कृषि के साथ–साथ मत्स्य एवं पशुओं के विकास पर भी ध्यान देने की आवश्यकता है। पहले कृषि का मतलब केवल फसल से था, पर बदलते परिवेश में उपलब्ध संसाधनों (भूमि, जल, पौधे और पशुओं) का इष्टतम प्रयोग करके ही कृषि के क्षेत्र में संपूर्ण विकास किया जा सकता है। केवल धान–गेहूँ या दाल से शरीर में आवश्यक तत्वों की पूर्ति नहीं की जा सकती है बल्कि मनुष्यों को स्वस्थ रहने के लिए पशु प्रोटीन की भी जरूरत महसूस की गयी है जो मांस या मछली से ही मिलता है। कृषि के साथ पशु अथवा मछलियों की समन्वित खेती ही मिश्रित खेती या एकीकृत कृषि कहलाती है। पशु के मल–मूत्र को मछली पालन के लिए तालाब में प्रयोग किया जाता है। ये मल–मूत्र तालाब में फाइटोप्लॉंकटन एवं जुप्लॉंकटन की संख्या में बढ़ोतरी करते है जो मछलियों का सर्वश्रेष्ठ आहार है। अतः समन्वित कृषि के अंतर्गत पशुपालन के साथ–साथ मछली पालन की व्यापक संभावनाएँ हैं। समेकित कृषि के अन्तर्गत एक हेक्टेयर के दसवें भाग में (निचली जमीन) में गड्डा

बनाकर मत्स्य पालन करना अति लाभकारी है। पर समेकित कृषि के अंतर्गत मिश्रित मत्स्य पालन करना ज्यादा लाभकारी है। मिश्रित मत्स्य पालन तकनीक के अन्तर्गत अत्यधिक वृद्धि करने वाली देशी मेजर कार्प (कतला), लेबियों रोहिता (रोहू), सिरिहिनस मिसाल (नैनी) तथा विदेशी कार्प हाइपोथैलमिक्थिस मौलिट्रिक्स (सितबर कार्प), टीनोफैरिन्गोड़ान इड़ला (ग्रास कार्प) तथा साइप्रिनस कार्पियो (कॉमन कार्प) आदि जो प्रजातियॉ हैं, का पालन एक ही तालाब में एक साथ किया जा सकता है। ये सभी मछलियॉ तालाब के विभिन्न भोज्य स्तरों का भरपूर उपयोग कर तालाब के सकल उत्पादन में काफी वृद्धि लाती है जो कि 'एकल मत्स्य पालन' (मोनोफिश कल्चर) से संभव नही है।

रोहू प्रजाति की मछली की संख्या (20 प्रतिशत) जो कि कॉलम फीडर (पानी के बीच की सतह) है, कतला (30 प्रतिशत) जो कि सरफेस फीडर (पानी के उपरी सतह), एवं मिरगल / कॉमन कार्प (50 प्रतिशत) जो कि बॉटम फीडर (पानी के निचली सतह) से अपना भोजन प्राप्त करती हैं, को एक साथ मिलाकर मत्स्य पालन किया जाय तो 1000 वर्ग मी. (40 मी. लंबा x 25 मी. चौड़ा) क्षेत्रफल वाले तालाब से सालना औसतन 350 कि. ग्रा. मछली का उत्पादन किया जा सकता है। इसके अलावा तालाब के बाउन्ड्री पर अमरूद, केला, पपीता, नींबू आदि फलदार पेड़ तथा फल एवं पेड़ो के बीच की जगह में सब्जी या छायादार जगहों में होने वाले मसाले जैसे कि हल्दी एवं अदरख की खेती की जा सकती है व जरूरत के समय तालाब का पानी इनकी सिंचाई के रूप में इस्तेमाल किया जा सकता है। अधिकतम मत्स्य उत्पादन के लिए तालाब प्रबन्धन एवं उनकी देख–रेख का विवरण अधोलिखित हैः

अ) बीज संचय से पूर्व तालाब प्रबन्धन

1. तालाब का चुनाव

मिश्रित मत्स्य पालन नये निर्मित तालाबों व प्राकृतिक पुराने कच्चे तालाबों दोनों में किया जा सकता है। लगभग 0.5 से 2.0 हे. जल क्षेत्रफल के आयताकार तालाब तथा पूरे वर्ष जलस्तर 1.0 से 1.5 मी. उपलब्ध हो, को प्राथमिकता दी जाती है। 0.1 हे. से छोटे तालाब मिश्रित मत्स्य पालन के लिए

उचित नहीं हैं। आयताकार तालाब कार्य पालन के लिए कई दृष्टियों से बेहतर हैं। मछलियों का प्राकृतिक भोजन भरपूर मात्रा में उपलब्ध कराने के लिए कच्चे तालाब का चयन ही श्रेष्ठकर है तथा तालाब बनाने में उस क्षेत्र की मिट्टी की उर्वरता तथा उसमें जल रोकने की क्षमता आवश्यक है। रेतीली, बंजर और लवणयुक्त भूमि मत्स्यपालन में अधिक उपयोगी नहीं समझी जाती।

तालाब के निर्माण के पूर्व, चयनित स्थल की मिट्टी की गुणवत्ता की जॉच आवश्यक है। तालाब निर्माण के लिये सैंडी–क्ले (चिकनी मिट्टी) की जॉच के लिये सतह व सतह के नीचे (सबसरफेस सोइल) की मिट्टी की गुणवत्ता की जॉच आवश्यक है।

तालाब निर्माण के लिये सैंडी–क्ले (चिकनी मिट्टी) की मात्रा अनुकूलतम समझी जाती है तथा आर्गेनिक कार्बन 0.5–0.2 प्रतिशत तक होना अनुकूल है। इसके साथ ही रासायनिक विश्लेषणों द्वारा मिट्टी का पी.एच., पोषकतत्व (नाइट्रोजन, फास्फोरस व पोटैशियम), कार्बनिक पदार्थ जैसे कैल्शियम मैगनीशियम, आयरन आदि की उपलब्धता, अच्छे मत्स्य उत्पादन की दृष्टि से अनिवार्य है।

तालाब में आवश्यक जलस्तर बनाये रखने हेतु जल का समुचित व निश्चित प्रबन्धन करना आवश्यक है। तालाब के बन्धों की सुरक्षा हेतु फलदार वृक्षों, सब्जियों तथा फूलों के पौधों का उपयोग उत्तम है, जिससे बन्धों की सुरक्षा के साथ–साथ अतिरिक्त आय भी अर्जित की जा सकती है।

2. तालाबों की सफाई व मरम्मत

यदि पुराने प्राकृतिक तालाब में मत्स्य पालन का कार्य प्रारम्भ किया जाना है, तब मत्स्यपालन तालाब की सफाई, बन्धों की मरम्मत व जलप्रवेश/ निकास द्वार की मरम्मत व इनके मुहाने पर उपयुक्त छिद्रों वाली जाली भली प्रकार लगााना आवश्यक है जिससे अवॉछनीय जीव जन्तु तालाब में प्रवेश न कर पायें।

प्रायः तालाबों के लगातार उपयोग से इनकी प्राकृतिक उत्पादकता धीरे–धीरे कम होने लगती हैं अतः उपजाऊ दशा कायम रखने के लिये, 2–3

फसलों की प्राप्ति के पश्चात् तालाब के नितल का उपचार तीन विधियों द्वारा किया जा सकता है। (1) तालाब की मिट्टी, तब तक सूखानी चाहिये जब तक मिट्टी 6 से 12 इंच सुखकर चटक न जाये। इससे सभी प्रकार के परजीवी व परभक्षी मर जाते है। सूखाने के पश्चात् तालाब को जोतना लाभप्रद है। एक फीट तक मिट्टी को जोतकर 180 डि.ग्री कोण पर पलटना चाहिए जिससे मिट्टी में अनावश्यक पौधों की जड़ें दब कर नष्ट हो जाये। यदि तालाब में अत्याधिक मात्रा में कीचड़ जमा है तब कीचड़ में जल मिलाकर पम्प द्वारा बाहर फेंक देना चाहिए। सूखी दशा में यह कीचड़ पौधों के लियें उत्तम खाद भी है।

3. चूने से उपचार (लाइमिंग)

तालाब में चूने का उपयोग निम्न परिस्थितियों में किया जाता है:

- मिट्टी का पी.एच. कम होने पर।
- तलहटी पर कीचड़ जमा होने पर।
- जल की क्षारीयता (एल्केलीनिटी) 25 मि.ग्रा प्रति लीटर कैल्शियम कार्बोनेट से कम होने पर।
- मछलियों के रोग ग्रस्त होने पर
- तालाब में ऑक्सीजन कम होने पर।

तालाब में चूने का प्रयोग निम्न अवस्था में नही करना चाहिए

- यदि तालाब के जल का पी. एच. सायँकाल 8.5 से अधिक हो।
- यदि तालाब का जल परिर्वतन दर अत्यधिक तेज हो।
- यदि जल की क्षारीयता कैल्शियम कार्बोनेट के रूप में 50 पी.पी.एम से अधिक हों।

चूने के प्रकार

मत्स्य तालाब में चूने के तीन रसायन प्रयोग में लाये जा सकते है :

(1) कैल्शियम कार्बोनेट, लाइमस्टोन, 90 से 95 प्रतिशत कैल्शियम कार्बोनेट, इसका उपयोग 4.5 पी. एच. से उपर, मछलियों की उपस्थिति में किया जा सकता है।

(2) कैल्शियम हाइड्रोक्साइड, कास्टिक लाइम, स्लैक लाइम (लगभग 70 प्रतिशत आक्साइड) तालाब का पी. एच. 4.5 होने पर किया जाता है। (उपचार से पहले मछलियॉ निकाल लेनी चाहिये)

(3) कैल्शियम आक्साइड, कुइक लाइम, जला चूना, सूखे तालाब तथा परजीवियों पर नियंत्रण के लिए। साधारणतः इसी चूने का उपयोग मत्स्य पालन में किया जा रहा है।

चूना डालने की विधि

तलाब में चूने का उपयोग उर्वरीकरण से 15 दिन पूर्व करना चाहिए। तालाब में चूने का उपयोग बीज संचय से 15–30 दिन पूर्व करना चाहिए। तालाब सूखने पर इसे तालाब के चारों ओर फैलाकर तालाब की मिट्टी में मिला दिया जाता है। यदि जल भरे तालाब में चूना डालना है तब चूने का घोल बनाकर, तालाब में चारों ओर मिला दिया जाता है।

चूने के बोरे में प्रर्याप्त संख्या में छेद कर, जल में बोरे को तालाब के जल में लटकाया भी जा सकता है। परंतु इस बात का ध्यान रहे कि बोरे से चूना पूर्णरूप से निकलकर, जल में मिल गया हो।

चूने की मात्रा का निर्धारण

साधारणतः 250–300 कि.ग्रा. जला चूना प्रति हेक्टेयर जल क्षेत्र की दर से मत्स्य तालाबों में बीज संख्या से लगभग एक माह पूर्व डाला जाता है। मत्स्य पालक स्वयं ही तालाब के जल के.पी.एच. की जॉच, बाजार में उपलब्ध पी.एच. पेपर या उपकरण द्वारा कर सकते है तथा पी.एच. के अनुसार चूने की मात्रा का निर्धारण कर सकते है।

तालिका 21 : मत्स्य पालन में तालाबों का चूने से उपचार

क्रम सं.	मिट्टी का पी.एच.	मिट्टी का प्रकार	चूने का मात्रा (कि.ग्रा./हे.)
1	4.0–5.0	अत्याधिक अम्लीय	2000 कि.ग्रा./हेक्टयर
2	5.0–6.0	मध्यम अम्लीय	1200 कि.ग्रा./हेक्टयर
3	6.0–6.5	हल्का अम्लीय	1000 कि.ग्रा./हेक्टयर
4	6.5–7.5	उदासीन	400 कि.ग्रा./हेक्टयर
5	7.5–8.5	क्षारीय	300 कि.ग्रा./हेक्टयर

निम्न कारणों से चूने की मात्रा अधिक भी लग सकती है

- मिट्टी में कीचड़ की अधिक मात्रा होने पर ।
- नये तालाबों में पुराने तालाबों की अपेक्षा अधिक चूने की आवश्यकता होती है।
- तलहटी की संरचना क्ले की होने पर बालू सतह की अपेक्षा चूने की मात्रा अधिक लगती है।

तालाब में उर्वरक का प्रयोग

तालाब में जैविक तथा रसायनिक उर्वरक के प्रयोग से मछली के प्राकृतिक भोज्य, प्लवकों की संख्या में कई गुणा वृद्धि की जा सकती है। कार्बनिक खादों का प्रयोग मत्स्य बीज संचय से 10–15 दिन पूर्व करना आवश्यक है। कार्बनिक खाद निम्न स्रोतों से प्राप्त हो सकती है।

- गाय भैंसो के अवशेष जैसे गोबर, मूत्र, गोबर गैस स्लरी।
- मनुष्य मल–मूत्र, सूअर, बत्तख, व भेंड़ का मल।
- कृषि उद्योग के उत्पादक जैसे खल्ली, कना।
- हरी खाद (ग्रीन मेन्यूर)

सूखे तालबों में कार्बनिक खाद जल भरने से पहले मिट्टी में फैला देनी चाहिए। जबकि जल भरे तालाबों में इन्हें जल में घोल बनाकर डालना चाहिए। मछली पालन में ताजा गाय या भैंस का गोबर अत्यंत लाभकारी है।

तथा इसका प्रयोग मासिक, हरपखवाड़े या हर सप्ताह किस्तों में किया जा सकता है। जल में ऑक्सीजन का मात्रा बढ़ाने के लिये खाद 2–3 दिन के अंतराल पर भी डाली जा सकती है।

यद्यपि तालाब में खाद की मात्रा मौसम, जल व मिट्टी के रासायनिक गुणों, खाद के प्रकार गोबर तथा संवर्धन प्रणाली पर निर्भर करती है परन्तु साधारणतः तालाब में 10–20 टन/हेक्टेयर/वर्ष की दर पर डाला जाता है। प्रथम किस्त में गोबर बीज संचय से पूर्व (3000 से 5000) 1 कि.ग्रा. /हेक्टैयर, की दर पर डाली जाती है। तथा शेष मात्रा विभिन्न किस्तों में, प्लवकों की घनत्वता को देखते हुये डाली जाती है।

अमोनियम सल्फेट तथा सिंगल सुपर फास्फेट भी क्रमशः 300 कि.ग्रा. /हेक्टेयर तथा 200 कि.ग्रा./हेक्टेयर की दर से ताजा गोबर के साथ आवश्यकता पड़ने पर मिलाया जा सकता है। साधारणतः प्लवकों का विकास खाद डालने के 10 से 14 दिन में हो जाता है।

गोबर के अतिरिक्त मुर्गी, सूअर, बकरी या भेड़ की खाद का प्रयोग भी मत्स्य पालन तालाबों में निम्न दर पर किया जा सकता है।

- मुर्गी की खाद .... 4.5 कि.ग्रा/100 मी^{2}
- सूअर का खाद .... 6.0 कि.ग्रा/100 मी^{2}
- बकरी या भेड़ .... 3.0 कि.ग्रा/100 मी^{2}

तालाब में अधिक मात्रा में शैवाल उत्पन्न होने पर, खाद की मात्रा कम या थोड़े समय के लिये बन्द कर देना चाहिये।

मत्स्य प्रजातियों का चुनाव

मत्स्य पालन में उच्च सफलता के लिये मत्स्य प्रजाति का सही चुनाव अत्यंत महत्वपूर्ण है। योग्य प्रजातियों का चुनाव निम्न गुणों के आधार पर किया जा सकता है :

- शीघ्र वृद्धि करने वाली।
- प्रजनन व बीज आपूर्ति सरलता से सम्भव।

- अण्डजनन क्षमता अधिक।
- रोग प्रतिरोधक
- सस्ता एवं आसानी से उपलब्ध, उच्च जीवितता तथा अच्छी बढ़त वाला कृत्रिम आहार स्वीकार्य हो।
- मिश्रित मत्स्य पालन में अन्य मत्स्य प्रजातियों के साथ पाला जा सके। उपरोक्त गुण भारतीय मेजर कार्प व विदेशी मेजर कार्प मछलियों में विद्यमान रहते है। अतः इसका चुनाव मिश्रित मत्स्य पालन में किया जाता है।

बीज संचय

तालाब के खादीकरण के पश्चात् तलाब के जल का निरीक्षण करना आवश्यक है।

तालाब का जल यदि हरापन अथवा हल्का भूरापन लिये हुये हो गया हो, तब तालाब मत्स्यबीज संचय के लिये तैयार समझा जाता है। उच्चस्तर की उत्पादकता प्राप्त करने के लिये रोग मुक्त, उन्नत प्रजाति के शुद्ध मत्स्यबीज निम्नानुसार संतुलित अनुपात में 10,000 हजार अंगुलिकायें/हेक्टेयर की दर से तालाब में संचित की जाती है। संचय की दर यद्यपि बीज के आकार व तालाब की उर्वरकता पर निर्भर करती है।

तालिका 22 : तालाब में प्रजातिवार संचय करने का अनुपात

प्रजाति	6 प्रजाति (प्रतिशत)	संख्या	6 प्रजाति (प्रतिशत)	संख्या	6 प्रजाति (प्रतिशत)	संख्या
रोहू	20	2000	40.00	4000	40.00	4000
नैनी	15	1500	30.00	3000	30.00	3000
सिल्वरकार्प	15	1500	15.00	15000	30.00	3000
ग्रास कार्प	15	1500	–	–	–	–
कामन कार्प	15	1500	–	–	–	
मगल	20	2000	15.00	1500	–	–

मत्स्य बीज संचय के पश्चात् तालाब की प्रबन्ध व्यवस्था

1. पूरक आहार

जैविक व रासायनिक उर्वरकों का प्रयोग करते रहने पर तालाब में प्राकृतिक आहार निरंतर उत्पादित होता रहता है, परन्तु केवल प्राकृतिक आहार पर निर्भर रहकर मछलियों की तीव्र गति से समुचित बढ़त नहीं हो पाती है। मिश्रित मत्स्य पालन के अन्तर्गत उच्च स्तर की मत्स्य उत्पादकता प्राप्त करने हेतु मछलियों को संतुलित व पौष्टिक पूरक आहार दिया जाना आवश्यक है। पूरक आहार की मात्रा तालाब में उपलब्ध प्राकृतिक आहार की उपलब्धता को दृष्टिगत रखते हुए निर्धारित की जानी चाहिए। संतुलित व पौष्टिक पूरक आहार तैयार किये जाने हेतु सरसों/मूँगफली की खल्ली 35 प्रतिशत, राईस पॉलिस 38 प्रतिशत, सोयाबीन की खल्ली 20 प्रतिशत व विटामिन/लवण 2 प्रतिशत का मिश्रण किया जाना चाहिए।

पूरक आहार का तालाब में छिड़काव किये जाने की जगह उसे आवश्यकतानुसार निश्चित स्थानों पर टोकरी अथवा थैलों में लटकाना चाहिए, इससे अप्रयुक्त पूरक आहार का अवशिष्ट तालाब में एकत्रित होने से रोका जा सकता है, तथा इस प्रकार तालाब के प्रदूषण स्तर को कम किया जा सकता है। मछलियों द्वारा पूरक आहार के उपभोग का नियमित रूप से निरीक्षण करते रहना चाहिए तथा मछलियों द्वारा पूरक आहार के उपयोग को दृष्टिगत रखते हुए पूरक आहार की मात्रा व उसे दिये जाने के अंतराल अथवा आवृति का निर्धारण करना चाहिए। परन्तु यदि दिन में दो बार प्रातः व सांयकाल पूरक आहार दिया जाय तो मछलियों के विकास के लिए अधिक उपयुक्त रहेगा। तालाब में प्राकृतिक भोजन यदि पर्याप्त मात्रा में हो तो संचित मछलियों के भार का एक से तीन प्रतिशत तक पूरक आहार दिया जा सकता है। यदि तालाब में मिश्रित मत्स्य पालन के अनतर्गत ग्रास कार्प मछली का भी पालन किया जा रहा है तो संचित मछली के भार के एक से डेढ़ गुना तक जलीय पौधे जैसे हाईड्रिला, सिरेटीफाइलम, लेमना, बरसीम व मक्का एवं गोभी के पत्ते आदि आहार के रूप में उपलब्ध कराये जाने चाहिए। ग्रास कार्प मछली को दिये जाने वाले पौधे व घास को निश्चित

स्थान पर बॉस से तैयार किये गये घेरे में रखना चाहिए ताकि वह पूरे तालब में न फैल सके।

पूरक आहार की मात्रा तालाब में उपलब्ध प्राकृतिक आहार पर निर्भर करती है। अतः तालाब का नियमित निरीक्षण आवश्यक है तथा तालाब का पानी गहरा हरा अथवा गाढ़ा हरा हो जाए तो पूरक आहार देना कुछ समय के लिए बन्द कर देना चाहिए। तालाब के पानी का रंग पुनः हल्का हरा हो जाने पर पूरक आहार देना प्रारम्भ कर देना चाहिए।

तालिका 23 : मत्स्य पूरक आहार

समय	6 किस्म	4 किस्म	3 किस्म
पहले 3 माह	3 किलो	2 किलो	2 किलो
दूसरे 3 माह	6 किलो	5 किलो	4 किलो
तीसरे 3 माह	9 किलो	8 किलो	6 किलो
चौथे 3 माह	12 किलो	10 किलो	8 किलो
12 माह	2700 किलो	2250 किलो	1000 किलो

2. तालाब के जल की गुणवत्ता बनाये रखना

मछली के लिए जल ही जीवन है। तालाब में अप्रयुक्त आहार, खादों व मछलियों के अवशिष्ट के सड़ने के कारण तालाब का जलीय वातावरण प्रदूषित हो जाता है। अतः मछलियों के विकास व रोगों की रोकथाम हेतु तालाब के जल की गुणवता बनाये रखना अत्यन्त आवश्यक है। तालाब के जल में घुलनशील ऑक्सीजन का स्तर व सघनता बनाये रखने हेतु जल को मशीनों द्वारा वायु मंडल के सर्म्पक में लाते रहना चाहिए।

इस हेतू पैडल, व्हील, ऐरियेटर, सबमर्सिबल पॉण्ड एरियेटीर व फव्वारों का उपयोग किया जा सकता है।

तालाब के वातावरण के प्रदूषण व ऑक्सीजन स्तर को नियंत्रित करने के लिए तालाब के प्रदूषित जल को प्रारम्भ में 5 प्रतिशत तथा धीरे–धीरे बढ़ाते हुए 30 प्रतिशत मात्रा तक बाहर निकालना चाहिए तथा उसके स्थान पर तालाब में स्वच्छ व ताजा जल डालना चाहिए।

मत्स्य बीज संचय (10,000)

3 मछलियों के विकास व स्वास्थ्य की देखभाल

तालाब में मछलियों की जीवितता व बढ़ोत्तरी का निरीक्षण करते रहना चाहिए। इससे पूरक आहार की मात्रा का निर्धारण व मछलियों की बीमारी की जानकारी प्राप्त करने में सहायता मिलती है। मिश्रित मत्स्य पालन में तालाब में मछलियों का बीमारियों से बचाव करने हेतु पोटैशियम परमैगनेट का प्रयोग करना चाहिए।

मछलियों की निकासी एवं विपणन

सामान्यतः 9–12 माह में मछलियॉ बाजार में विक्रय योग्य हो जाती है तथा इनका बाजार में अच्छा मूल्य प्राप्त होता है। उक्त विक्रय योग्य मछलियो की निकासी तालाब से कर देने से तालाब में मछलियों का सघनता का दबाव कम हो जाता है जिससे जलीय वातावरण का संतुलन बना रहाता है। मत्स्य पालकों को मंडी में मछलियों के विक्रय मूल्य का पता करते रहना चाहिए तथा उपयुक्त समय पर तालाब से मछलियों की निकासी करना चाहिए। मत्स्य पालन के प्रथम वर्ष में मछलियों का भार 0.75 कि.ग्रा. से 1. 00 कि.ग्रा. हो जाने पर जून माह में मछलियों की निकासी करनी चाहिए। ताकि तालाब की तैयारी कर अगले वर्ष जुलाई अथवा अगस्त में पुनः मत्स्य बीज संचय किया जा सके।

बीज संचय के बाद बीज का संचयन

तालाब में बीज संचय के लिये शाम का समय सर्वाधिक उपयुक्त समझा जाता है क्योकि इस समय तालाब में ऑक्सीजन सर्वाधिक मात्रा में उपलब्ध रहती है। तथा जल का तापक्रम भी अपेक्षाकृत ठंडा रहता है। बीज तालाब में छोड़ने से पूर्व बीज के पॉलीथीन बैग को तालाब के जल में 15 से 30 मिनट तक तैरती अवस्था में रखना चाहिए। ऐसा करने से पॉलिथीन के अन्दर के जल एवं तालाब के जल के तापमान में समानता आ जाती है। इसके बाद थैली को खोलकर उसमें थोड़ा–थोड़ा तालाब का जल मिला दिया जाता है। इसके उपरान्त बीज को तालाब के जल में हाथ से तरंगे बनाते हुए धीरे–धीरे प्रवाहित करना चाहिए। बीज को सदैव तालाब के बन्धों से दूर, गहरे जलक्षेत्र में छोड़ना चाहिए क्योंकि तालाब के किनारे पक्षियों की संख्या अधिक होती है जो बीज को नुकसान पहुँचा सकते है।

समेकित कृषि प्रणाली के अन्तर्गत पशुपालन

विभिन्न नस्लों द्वारा देशी नस्लीय गायों के संकरणोपरान्त भारत में ऐसे बहुत सारी संकर नस्लों की दुधारू गाय एवं भैंसो के प्रक्षेत्र खुल रहे हैं जिनमें 4000 से 6000 लीटर दूध देने वाली गाय–भैसें रखी जा रही हैं इनमें कुछ ऐसी भी गाय–भैस हैं जिनकी दैनिक उत्पादन क्षमता 30–40 लीटर तक है।

समेकित कृषि प्रणली के अन्तर्गत पशुपालन एक महत्वपूर्ण घटक है क्योंकि यह न केवल प्रणाली की आय का एक मुख्य स्रोत है वरण यह अपने अपशिष्टों द्वारा खेती की हरियाली कायम रखने में मददगार है। एक गाय–भैंस से औसतन रोजाना 20–25 कि. ग्रा. गोबर प्राप्त होता है। और इस तरह से एक गाय से सलाना करीब 7 टन गोबर प्राप्त हो जाता है। जो खाद के रूप में तैयार कर कृषि में उपयोग किया जाता है जिससे न केवल पैदावार में बढ़ोतरी होती है अपितु मृदा की उपज शक्ति व मृदा स्वास्थ्य भी लंबे समय तक बरकरार रहती है।

जैसा कि ऊपर कहा गया है कि दुधारू गाय भैसों की कुछ प्रजातियॉ 30–40 ली. प्रतिदिन के हिसाब से दूध देने में सक्षम है तो ऐसी उच्चतर दूध उत्पादन वाली जानवारों के खान–पान की व्यवस्था भी विशेष तरह की होनी चाहिए जिसे साधारणतया लोग नहीं जानते है। इनकी शारीरिक आवश्यकताओं की जानकारी अवश्य होनी चाहऐ जिससे इन्हें आवश्यक पोषक तत्व संतुलित मात्रा में दुध उत्पादन के लिए उपलब्ध रहें। इन गायों के आहार पर कुल व्यय का 65 प्रतिशत खर्च होता है। ऐसी स्थिति में समेकित कृषि का महत्व और भी बढ़ जाता है क्योकि इस स्थिति में एक ही प्रक्षेत्र से भूसा व हरा चारा उपलब्ध हो जाता है और इससे आहार पर खर्च करीब आधा हो जाता है। अतः प्रचुर मात्रा में दुग्ध उत्पादन के लिए इन जानवरों के खान–पान पर विशेष ध्यान देना होगा।

साधरणतयः 500 कि. ग्रा. वजन वाले जानवरों के लिए प्रतिदिन 3.5 से 4.0 किलो कुल सुपाच्य पोष्क तत्व और 300 से 350 ग्राम सुपाच्य प्रोटीन निर्वाहक आहार के रूप में तथा औसत 10 लीटर दूध के लिए 3.0 किलो सुपपाच्य पोषक तत्व व 550 ग्राम प्रोटीन नित्य मिलना चाहिए। एक गणना

के अनुसार प्रति 2 ली. दूध के लिए 1 कि. ग्रा. दाना मिश्रण खिलाना हितकर होता है। इस दाने मिश्रण में विभिन्न सामग्रियाँ विद्यमान होती है जो कि नीचे तालिका में दी जा रही है :

तालिका 24 : पशुओं के लिए दाना मिश्रण

मिश्रण सामग्री	जाड़े में (दुग्ध उत्पादन क्षमता 10–15 ली./दिन) (कि. ग्रा. में)	गर्मी में (दुग्ध उत्पादन क्षमता 10–12 ली./दिन) (कि. ग्रा. में)
बाजारा/मक्का	1.5	–
उड़द	1.0	0.8
कपास/तीसी/खल्ली	2.0	1.5
सरसों की ख्ल्ली	2.5	1.5
चोकर	1.5	1.0
गुड़ (जैगरी)	0.5	–
मेंथी	0.3	–
बरसीम/या अन्य चारा	20	15–18
गेहूँ / मसूर का भूसा	1.2	1.0

इस दवा मिश्रण के अलावा भी इन दुधारू पशुओं को कुछ खनिज – लवण की आवश्यकता होती है। इन खनिज लवणों की मात्रा प्रतिदिन के हिसाब से 50 ग्रा. है।

तालिका 25 : पशुओं के लिए खनिज लवणों का मिश्रण

सामग्री	मात्रा (ग्रा./कि.ग्रा.)
डाईकैल्शियम फास्फेट	900
मैगनेशियम कार्बोनेट	40
जिंक सल्फेट	40
मैंगनीज सल्फेट	15
कॉपर सल्फेट	5
पोटाशियम आयोडिन	0.1

उच्चतर दूध उत्पादन वाले पशुओं के दूध उत्पादन के प्रथम चरण (10–12 सप्ताह) में सचिंत वसा का उपयोग होने से शरीर भार में कमी होना एक स्वभाविक प्रक्रिया है जिसे रोका नहीं जा सकता है पर यह कभी भी 30–35 कि.ग्रा. से ज्यादा नहीं होना चाहिए अन्यथा पशु चिकत्सिक से संपर्क करें। दूध उत्पादन के द्वितीय चरण 10–20 सप्ताह में आहार ग्रहण क्षमता बढ़ जाती है। दूध उत्पादन के तीसरे चरण (20 वें सप्ताह के बाद) शरीर भार में 500 से 600 ग्रा. प्रतिदिन वृद्धि होने लगती है। शरीर के वसा ह्रास को पुनः स्वभाविक स्तर पर लाने के लिए यह आवश्यक है। दूध उत्पादन के चौथे चरण (अंतिम 15 सप्ताह) में स्वभाविक आहार ग्रहण क्षमता उच्च स्तरीय हो जाती है तथा दूध उत्पादन कम हो जाता है। इस अवधि में दूध उत्पादन आहार ग्रहण क्षमता से कम रहता है जो कि एक स्वभाविक प्राकृतिक प्रक्रिया है। अतः उपरोक्त आहार प्रणाली को अपनाकर दुधारू पशुओं से समुचित मात्रा में दुग्ध उत्पादन किया जा सकता है।

(क) गाय के बछड़े–बाछियों की देख–रेख

बछड़े तथा बाछियों के खिलाने–पिलाने में कुछ मुख्य बातों पर ध्यान रखना आवश्यक होता है। सर्वप्रथम हमें नवजात बछड़े तथा बाछियों के रिउमेन (पेट का अगला भाग) पर ध्यान देना होता है। यह भाग जन्म से लगभग ढ़ाई महीने तक विकसित नही होता है जिसके चलते सूखे या हरे चारे का या ऐसे दाने का मि.,ण जो सुपाच्य नहीं हो उसे पचा नहीं पाता है। अतः जन्म से प्रथम तीन सप्ताह तक बछड़े के शरीर के कुल वजन का दसवाँ भाग पूर्ण दूध दिया जाता है। गाय के बछड़े का वजन जन्म के समय करीब 20 कि. ग्रा. होता है, तदनुसार बछड़ों को 2 लीटर दूध प्रतिदिन चार भागों में विभक्त कर पिलाना चाहिए ताकि बछड़ों की वृद्धि ठीक ढ़ंग से हो।

बछड़े के जन्म के दिन उसकी मॉ का प्रथम दूध जिसे हम खिरसा, फेनुस या फेन्सा कहते है, उसे जितना जल्दी हो अवश्य पिलाना चाहिए। इसमें बहुत सारे कीटाणु–रोधक तत्व होते हैं जो बछड़े को बाहरी दुनिया में आने पर अनेक प्रकार के रोगो तथा संक्रमणों से रक्षा करते है तथा उनकी शारीरिक वृद्धि में सहायक होते हैं।

अगर फेन्सा या फेनुस नहीं उपलब्ध हो तो 250 ग्रा. पानी में एक अण्डे का घोल, आधा चम्मच अण्डी का तेल, आधा ली. दूध, 10,000 यूनिट विटामिन ए तथा 80 मि. ग्रा. औरियोमायसिन मिलाकर सुबह, दोपहर तथा शाम में बछडे को चार दिनों तक उसके शारीरिक भार के 1/10 वें भाग तक देना चाहिए। इसके अलावा, बछड़े को उसकी मॉ या अन्य गाय का 50 सी. सी. सिरम की सूई सबकट जन्म के 24 से 48 घंटे के अन्दर देना चाहिए।

तीन सप्ताह के बाद बछड़े मुलायम हरे चारे को खाना शरू कर देते है। अतः 3–5 सप्ताह की उम्र के बछड़ों को उसके शारीरिक भार के 1/15 वॉ भाग पूर्ण दूध, 250 ग्रा. काफ स्टार्टर तथा जितना खा सके उतना मुलायम हरा चारा प्रतिदिन देना चाहिए। 5– 8 सप्ताह तक के उम्र के बछड़ों के लिए उसके शारीरिक भर का 20वॉ भाग पूर्ण दूध, आधा कि. ग्रा. काफ स्टार्टर तथा 1 कि. ग्रा. सेपरेटेड दूध तथा जितना खा सके उतना मुलायम हरा चारा देना चाहिए।

दो महीने के उपर के बछड़ों तथा बाछियों को पूर्ण दूध देने की आवश्यकता नहीं होती है।

नवजात बछड़ों को उपर का दूध पिलाते वक्त यह ध्यान रखना चाहिए कि दूध उबला हुआ हो तथा पिलाने वक्त गुनगुना हो।

तालिका 26 : काफ स्टार्टर के विभिन्न तत्व

1. मकई का दाना	5 भाग
2. छिलका सहित मूँगफली की खल्ली	4 भाग
3. खनिज लवण	2 भाग
4. साधारण नमक	1 भाग
5. चोकर (गेहूँ का)	7 भाग
6. नूभूमीन (विटामिन)	5 ग्रा. प्रति दिन काफ स्टार्टर के साथ मिलाकर देना चाहिए।

बरसीम या अन्य दलहनी हरा चारा और सूखा चारा मिलाकर तीन महीने से उपर के बछड़े को खिलाने पर 300–400 ग्रा. प्रतिदिन औसतन शारीरिक वृद्धि होती है। संकर नस्ल की बछियाँ उचित देख–भाल के फलस्वरूप 18–20 महने के अंदर पाल खा लेने लायक हो जाती है और 27–30 महीने के अन्दर बच्चा दे पाने में सक्षम हो जाती हैं। तथा पुनः 15–16 महीनों के अन्दर दुबारा बच्चा दे देती हैं। आमतौर पर देखा गया है कि लोग इन बछड़े–बाछियों की देख–भाल पर ध्यान नहीं देते हैं जिससे उनके बच्चा जनने की उम्र में देर होती है तथा दुग्ध उत्पादन पर विपरीत असर भी पड़ता है।

(ख) कटरे (भैंस का बाछी–बाछा) का प्रबंधन

जिस भोजन से पशुओं को अपने शरीर के उचित पालन–पोषण के लिए पोष्क तत्व उचित मात्रा और अनुपात में मिलता है वह संतुलित आहार कहलाता है।

बछड़े के जन्म लेने के बाद उनकी उचित देख–भाल व खान–पान पर निगाह रखना आवश्यक है नहीं तो उनकी मृत्यु–दर बढ़ जाती है या फिर उनकी शारीरिक वृद्धि अनुकूल नहीं हो पाती है। कटरे के जन्म लेते ही उसकी नाभि को उसकी जड़ से 3'–4' की दूरी पर नये ब्लेड से जो टिंक्चर आयोडीन में डुबाया हुआ हो, काट देना चाहिये। टिंक्चर आयोडीन की कुछ बूँदें नाभी के कटे हुए स्थान पर लगा देना चाहिए तथा स्वच्छ धागे से नाभि को जड़ से कुछ दूरी पर बॉधना हितकर होता है। उसके बाद जन्म के 1–2 घंटे के अन्दर मॉ का प्रथम दूध जरूर से जरूर पिलाना चाहिए। यह कटरे के विकास व संक्रामक रोगों से रक्षा करने में काफी उपयोगी होता है। अगर कटरा फेनुस/फेन्सा पीने में सक्षम नहीं है तो लगभग 250 मि.ली. फेन्सा कांड़ी से थोड़ा–थोड़ा करके पिलाना चाहिए पर ध्यान रहे कि फेन्सा फेफड़े में न जायें।

भैंस के प्रसव के बाद यदि दूध नहीं हो रहा तो या प्रसव के बाद किसी कारणवश उसकी मृत्यु हो गयी हो तो कटरे को 2 अण्डे और एक औंस तीसी का तेल मिलाकर पिला देना चाहिए ताकि पहला मल जिसे मिकोनियम कहते हैं, शरीर से निकल जाये।

जन्म के एक सप्ताह के भीतर कटरे के सींग के निकलने के स्थान पर कैंची से केश को काट कर चाकू से सींग के स्थान पर हल्का सा रगड़ कर वेसलीन या ग्रीस लगा देते हैं एवं 10 प्रतिशत पोटाशियम हाइड्रॉक्साइड या सोडियम हाइड्रॉक्साइड के घोल में रूई के फाहे को भिंगो कर तथा चिमटा से फाहे को पकड़ कर सींग के निकलने के स्थान पर रगड़ देना चाहिए। यह काम कटरे को लिटाकर करना चाहिए ताकि घोल शरीर के अन्य भागों पर नहीं गिरे। यह काम 5–7 मिनट में पूरा हो जाता है। उसके बाद कोई कीटाणुनाशक या एंटीसेप्टिक दवा सींग के स्थान पर लगा दिया जाता है।

जन्म के 10 वें दिन जोंक की दवा खिलानी चाहिए और करीब 2 से 2.5 माह बाद उसकी दूसरी खुराक फिर से खिला देनी चाहिए।

दुधारू पशुओं (गाय–भैंस) में होने वाली बीमारियाँ एवं निदान

दुधारू पशुओं को रोग से बचाव के लिए उनमें होनवाली प्रमुख बीमारियों की जानकारी रखना हितकर है जिससे कि समय पर रोग के लक्षण को पहचानकर उसका उचित इलाज कराया जा सके और अधिकतम दुग्ध उत्पादन किया जा सके। दुधारू पशुओं में होने वाली कुछ प्रमुख बीमारियॉ एवं उसका निदान नीचे दिया जा रहा है:

1. रिंडर पेस्ट

यह एक वायरस जनित रोग है। इस रोग में तेज बुखार, नाक और ऑख से पानी गिरना, मुँह से लार टपकना और बदबूदार पतला मल निकलना आदि प्रमुख लक्षण पाये जाते हैं। जीभ पर चोकर की तरह एक परत सी जम जाती है।

बचाव : इस माहमारी की रोकने के लिए टिशू कल्चर रिंडर पेस्ट टीके दिये जाते हैं जिसका रोग प्रतिरोध पॉच वर्षों तक रहता है। यह टीका 1 मि. ली. के हिसाब से त्वचा के नीचे सूई द्वारा दिया जाता है। भारतीय पशु चिकित्सा अनुसंधान संस्थान, इज्जतनगर तथा वैफ, पुणे से टीके प्राप्त किए जा सकते हैं। चूँकि यह एक तरह की महामारी है जिसमें पशुओं की मरने की संख्या अचानक बढ़ जाती है। अतः बीमार पशुओं को स्वस्थ पशुओं से

अलग रखना चाहिए तथा बथान को जल से सफाई एवं फिनाइल डालकर धुलाई करते रहना चाहिए ताकि संक्रमण को फैलने से रोका जा सके।

2. खुरहा–मुँह पका रोग

यह भी एक वायरस जनित रोग है। यह भैंस से ज्यादा गाय को आक्रान्त करता है। इस रोग में मुँह का भीतरी भाग तथा खुर के बीच का मुलायम भाग रोग– ग्रसित हो जाता है एवं उसमें छोटे–छोटे फफोले पड़ जाते है एवं मुँह से बराबर लार निकलती रहती है। इसमें तेज बुखार की संभावना भी होती है। दुधारू पशुओं की दुग्ध उत्पादन क्षमता कम हो जाती है। यह भी एक महामारी ही है अतः एक पशु के आक्रान्त होने से अन्य पशुओं में फैलने का खतरा होता है।

बचाव : बीमार पशु के मुँह को फिटकरी के घोल (एक लीटर पानी में 10 ग्राम फिटकरी) से दिन में 2–3 बार साफ करें। इस रोग की रोक–थाम के लिए मोनोवैलेन्ट टीका 100 मि. ली. त्वचा के नीचे 6 महीने की उम्र में दिया जाता है और चार महीने के बाद इसकी पुनरावृति करना हितकर पाया गया है। इण्डियन इम्युनोलॉजिकल, हैदराबाद का टीका 3 मि. ली. त्वचा के नीचे दिया जाता है (उम्र 4 माह) जबकि वैफ, पूणा का टीका 2.5 मि.ली. (उम्र 1. 5–2.5 मास) दिया जाता है। इन टीकों को चार महीने बाद फिर से दिया जाता है।

3. गला घोटू

यह एक कीटाणु जनित रोग है। इस रोग से गाय की अपेक्षा भैंस ज्यादा ग्रसित होती है तथा मृत्यु दर भी काफी बढ़ जाती है। बरसात के समय यह बीमारी पनपती है तथा इसमें पशुओं का गला सूज जाता है जिससे श्वॉस लेने में कठिनाई होती है। गला घर्र–घर्र करता है व नाक मुँह से पानी टपकता रहता है। बुखार भी एक लक्षण है।

बचावः एलम प्रेसिपेटेटेड और आयल एडजुवेन्ट टीके इस रोग की रोक–थाम में काम आते है। आयल एडजुवेन्ट टीके की 3 मि.ली. मात्रा मांसपेशियों में दी जाती है। वर्षा ऋतु शुरू होने के पहले यह टीका लगवा देना चाहिए। इसका प्राथमिक टीका 6 महीने की उम्र में ही दे देना चाहिए।

एलम प्रेसिपिटेटेड टीका राज्य सरकार के अन्तर्गत पशु स्वास्थ्य एवं उत्पादन संस्थान में उपलब्ध होता है।

4. थनैला

यह रोग दुधारू पशुओं के थन के किसी भी भाग में हो सकता है। इस रोग में थन लाल होकर फूल जाता है, दूध फटा–फटा कुछ धारों में निकलता है जो उबलने पर फट जाता है। उपचार में देर होने पर पीव, गन्दा व पतला रक्त मिश्रित दूध निकलता है एवं थन कठोर हो जाता है।

उपचार : दूध का सेंसिटिविटी टेस्ट करना होता है ताकि यह पता चल सके कि किस ग्रुप की दवा से शीघ्र निदान संभव हैं ।

5. लंगड़ा प्लीहा ज्वर

यह खासकर नये पशुओं में होता है। तेज बुखार आने पर तथा पिछली जाँघ को दबाने पर कड़कड़ाहट की आवाज आती है तथ पशु लंगड़ाकर चलता है।

बचावः पौलीवैलेन्ट टीके भारतीय पशु चिकित्सा अनुसंधान संस्थान, इज्जतनगर तथा वायफ, पूणे से प्राप्त किये जा सकते हैं। इस टीके की 5 मि.ली. मात्रा त्वचा के नीचे वर्षा ऋतु आरंभ होने के पहले देना हितकर है तथा इस टीके की प्रति वर्ष वर्षा ऋतु से पहले दे देना चाहिए।

6. एन्थ्रेक्स (डहका)

यह गाय और भैसों में अत्यन्त शीध्रता से फैलने वाली संक्रामक बीमारी है। ज्यादातर यह बरसात में होती है। तेज बुखार, कान–नाक–मुँह एवं मलद्वार के रास्ते रक्त स्राव होता है जो जमता नहीं है।

बचावः यथाशीध्र पशु चिकित्सक से संपर्क करना चाहिए। मरे हुए पशु द्वारा विसर्जित मल–मूत्र, रक्त आदि सारे चीजों को गॉव से बाहर 6–8 फीट गहरे गढ्डे में चूने के साथ दबा देना चाहिए। आई.वी.आर.आई., इज्जतनगर में एन्थ्रेक्स विरोधी टीके मौजूद हैं जिसकी 1 मि.ली. खुराक त्वचा के नीचे प्रतिवर्ष दे देना चाहिए।

7. परजीवी रोग

विभिन्न प्रकार के पशुओं में शरीर के बाहर या भीतर अपना समस्त या आंशिक जीवन व्यतीत करने वाले कृमियों को परजीवी कहते हैं। ये विभिन्न प्रकार के होते हैः

(अ) सर्सः खून चूसनेवाली मक्खियाँ मुख्य रूप से इस रोग को बीमार पशुओं से स्वस्थ पशुओं तक पहुँचाने का माध्यम बनती है। गाय से ज्यादा भैंस इस रोग से आक्रांत होती हैं। बहुधा भैसों में लक्षण स्पष्ट नहीं होते हैं। पिछले अंग में कमजोरी व गोल–गोल चक्कर में घूमना आदि कुछ प्रमुख लक्षण हैं।

नस में सुरामीन या नागानौल की सूई कारगर दवा हैं। बुखार हो भी सकता है या नहीं भी, पर रक्त में रक्त शर्करा की मात्रा कम हो जाती है। वेरेनील की सूई भी कारगर दवा है।

(ब) अन्य आंतरिक परजीवी रोगः आंत, फेफड़े और रक्त में कई तरह के परजीवी पाये जाते हैं जिससे पशुओं को भारी हानि होती है। इस परजीवी से उत्पन्न रोगो के लक्षण रक्तहीनता, दूध उत्पादन में गिरावट, कब्जियत, पेट का लटक जाना, अतिसार, लंग वर्म में न्यूमोनिया होना आदि है।

बचावः दुधारू पशुओं एवं उनके बच्चे को आंतरिक कृमि उन्मूलनार्थ नियमित रूप से कृमि नाशक दवॉए देते रहना चाहिए। दवा का चुनाव, इसकी कीमत, कृमि के प्रकार तथा खिलाने में सुविधा आदि के आधार पर किया जा सकता है। बाजार में कई कृमि नाशक दवॉए आसानी से उपलब्ध हैः

- जिन स्थानों पर वर्षा के अधिकांश भाग में जलवायु गर्म रहती है, वहॉ पशुओं में कृमि उन्मूलन कार्यक्रम प्रत्येक 6–8 सप्ताह के अंतराल पर नियमित रूप से करना चाहिए।
- लीवरफलूक उन्मूलन कार्यक्रम के अन्तर्गत दवा देने के बाद लीवोल प्लस (इंडियन हर्ब्स) कुछ दिनों तक देना हितकर माना गया है क्योंकि लीवरफ्लूक दवा भी लीवर को हानि पहुँचाता है।

- जल जमाव वाले क्षेत्रों में कृमि उन्मूलन कार्यक्रम में 30–40 दिनों के अन्तराल पर दवा की पुनरावृति करना आवश्यक है।
- बाछा – बाछी में कृमि उन्मूलन कार्यक्रम के अनतर्गत प्रत्येक महीने की दवा का प्रयोग 6 महीने तक की उम्र तक करना आवश्यक है।

तालिका 27 : कृमि उनमूलक दवाएँ, उनकी मात्रा एवं कृमि के विरूद्ध इस्तेमाल

दवा का नाम	खुराक की मात्रा	कृमि विशेष के विरूद्ध
थायोफैनेट	25 मि. ली. (14 प्रतिशत घोल प्रति 50 कि. ग्रा. शरीर के वजन पर)	गोल कृमि, स्ट्रागाइल्स, लंग वर्म
पानाकर	5 मि. ली. (6 प्रतिशत घोल प्रति 15 कि. ग्रा. वजन पर)	उपर्युक्त
नीलवर्म	50 मि. ली. प्रति 100 कि. ग्रा. शरीर के वजन पर	गोल कृमि, लंग वर्म
थायोबेन्डॉल	3.5 ग्रा. प्रति 45 कि. ग्रा. शारीरिक वजन पर	उपर्युक्त
पिपराजीन एडीपेट	10 ग्रा. प्रति 45 कि. ग्रा. शारीरिक वजन पर	गोल कृमि
क्यूरामीथ	15 मि. ग्रा. प्रति कि. ग्रा. शारीरिक वजन पर	गोल कृमि
वरमेक्स	15–30 मि.ली. प्रति 30 कि. ग्रा. शरीर के वजन पर	गोल कृमि
हेलाटेक	0.75 ग्रा. प्रति कि. ग्रा. शरीर के वजन पर	गोल कृमि, स्ट्रॉगाइल्स
एबलाथेन	5 ग्रा. प्रति 45 कि. ग्रा. शरीर के वजन पर	एम्फीस्टोम्स लीवरफ्लूक
जेनिल	30 मि. ग्रा. प्रति 100 कि. ग्रा. शरीर के वजन पर	लीवरफ्लूक
डिस्टोडीन	10 मि. ग्रा. प्रति 40 कि. ग्रा. शरीर के वजन पर	छोटी आंत कृमि, स्ट्रॉगाइल्स
वर्मीन	10 मि. ग्रा. प्रति कि. ग्रा. शरीर के वजन पर	हेमौंकस
वूपेल	50 – 70 ग्रा. गाय/भैंस को	हेमौकस
आक्सोक्लोजानाइड	18.7 कि. ग्रा. प्रति कि. ग्रा. शरीर के वजन पर	पारा एम्फीस्टोम्स
हेक्साक्लोरोफेन	20 मि. ली. प्रति कि. ग्रा. शरीर के वजन पर	एम्फीस्टोम्स

इन दवाओं का सेवन कुशल पशु चिकित्सक की सलाह पर करना चाहिए ताकि किसी प्रकार का खतरा न हो।

(स) शरीर के बाह्य भाग पर पाये जानेवाले परजीवी

शरीर के बाहरी भागो पर पाये जानेवाले परजीवियों में टिक्स, माइट्स लाइस और मक्खियाँ प्रमुख हैं। यह खुद तो पशुओं में रोग उत्पन्न करती ही हैं साथ–साथ कई रोगों के संवाहक का भी काम करती हैं।

इन परजीवियों से बचाव के लिए बथान या गोशाला को हमेशा साफ – सुथरा व स्वच्छ रखना चाहिए। गोशाला या बथान में मालाथियोन, निगुवौन, सेविन, डी. डी. टी., बी. एच. सी., टेक्साफेन आदि दवा का पशु चिकित्सक की सलाह पर छिड़काव करते रहना चाहिए। छिड़काव की जानेवाली दवा की घोल की सान्द्रता उचित अनुपात या मात्रा में होनी चाहिए अन्यथा पशुओं को भी खतरा हो सकता है।

समेकित कृषि के अन्तर्गत बकरी पालन

लधु एवं सीमांत किसानों के लिए बकरी पालन एक महत्वपूर्ण व्यवसाय है। यदि कृषि जोत के साथ बकरी पालन को जोड़ दिया जाय तो सालाना आमदनी करीब–करीब तीन गुणा से चार गुणा बढ़ जाती है। एक एकड़ के कृषि क्षेत्र के लिए 20 मादा बकरी व एक नर बकरा पर्याप्त होता है। 20 बकरियों को रखने के लिए करीब 300 वर्ग मी. जगह की आवश्यकता होती है। जिसमें 200 वर्ग मी. में बकरी रखने के लिए आवास व 100 वर्ग मी. उनके घुमने–टहलने के लिए र्प्याप्त माना गया है यदि समन्वित कृषि के अन्तर्गत बकरी पालन किया जा रहा है तो बकरी का स्टॉल फीडिंग करना हितकर है क्योंकि बकरी सर्वभक्षी है और वह खेत के अन्य फसलों को नुकसान पहुॅचाने में सक्षम है। 20 बकरियों को खिलाने के लिए औसतन 700–800 वर्ग मी. में हरा चारा उत्पादन करना पर्याप्त है। जिसमें बरसीम, जई मक्का, नेपियर, राइस बीन, आदि का उत्पादन किया जा सकता है।

एक व्यस्क बकरी से हमे 600–700 ग्रा. प्रतिदिन खाद मिलता है जिसमें नाइट्रोजन (2.5–3.75 प्रतिशत) फॉस्फोरस (0.25–1.75 प्रतिशत) और पोटाशियम (1.0–1.25 प्रतिशत) तक पाया जाता है। यह पाया गया है कि 20 बकरियों

से करीब एक महीने में 400 कि.ग्रा. खाद मिलता है जिसका इस्तेमाल कृषि व बागवानी फसलों एवं मत्स्य उत्पादन में भली–भॉति किया जाता है। पूर्व क्षेत्र की जलवायु के लिए ब्लैक बंगाल, गंजाम प्रजाति की बकरी मॉस के लिए, जखराना दूध के लिए एवं जमुनापारी, बरबरी, बीटल नस्ल की बकरी मांस एवं दूध दोनों के लिए पाली जा सकता है।

बकरी पालन के फायदे एवं उनकी देख–रेख

बकरियाँ मानव जाति की घरेलू सहचर रही हैं। अन्य पालतू पशुओ की अपेक्षा बकरियाँ प्रतिकूल परिस्थिति में भी पाली जाती है। इसी कारण यह आद्र वर्षा प्रचूर वन प्रदेश और शुष्क मरूस्थल क्षेत्र दोनों में सरलता से रह लेती हैं। अपने देश के सभी भौगोलिक क्षेत्रों में बकरियॉ सर्वाधिक रूप से निर्बल, भूमिहीन, कृषि श्रमिक, किसान, आर्थिक रूप से पिछड़ी जातियों और सीमान्त कृषकों की जीवन शैली और आकांक्षाओं के साथ बहुत निकटता से जुड़ी हुई है। इसे 'गरीबों की गाय' भी कहा जाता है। इसके पालन व रखरखाव पर प्रारंभिक खर्च बहुत कम होता है और हानि की सम्भावना भी कम रहती है। बकरी पालन निर्बल वर्ग के परिवारों हेतु जीवन निर्वाह का एक अच्छा साधन रहा है जिससे उन्हें जीवकोपार्जन हेतु आर्थिक लाभ मिलते है। अधिकांश बकरी पालक इस व्यवसाय पर निश्चित आय तथा मांस व दूध की परिवारिक आवश्यकताओं की पूर्ति हेतु निर्भर है।

बकरी व्यवसाय से जुड़ी सनिश्चत आय प्राप्ति के अतिरिक्त निम्नलिखित विशिष्ट लाभ है :

1. आहार–बकरियॉ महत्वपूर्ण पशु प्रोटीन का स्रोत है।
2. रोजगार – अवैतनिक पारिवारिक श्रम का प्रभावी उपयोग कर रोजगार नये अवसर सुलभ होते है
3. खाद – इनके मलमूत्र से भूमि की उर्वरता का स्तर बढ़ता है जिससे जल धारण की क्षमता बढ़ जाती है।
4. जैविक उप–उत्पाद का उपयोग–सस्य अवशेषों का प्रभावी आर्थिक उपयोग सम्भव हो जाता है।

5. मनोरेजन – सीमांत व भूमिहीन पालकों के लिए बकरी पालन मनोरंजन का भी एक साधन है।

बकरियों की प्रमुख नस्ले

देशी नस्लें–जमुनापारी, बारबरी, बिटल, सुरती, सिरोही, मारबाड़ी पखनारा, मेहसाना, गंजम, ब्लैक बंगाल, गद्‌दी।

विदेशी नस्लें – सानेन, ऐग्लोनूवियान, एलपाइन एवं टोगनवर्ग (ये दूधारू नस्लें है)

तालिका 28 : बकरी की विभिन्न प्रजातियाँ एवं पहचान

नस्ल प्रजाति उत्पत्ति	उत्पत्ति	प्राप्ति स्थान	रंग	पहचान	गुण
बारबरी	आगरा	आगरा, गाजियाबाद, अलीगढ़, इटावा, गुड़गांव	सफेद एवं भूरा रंग। सफेद रंग पर लाल या काला धब्बा पाया जाता है।	छोटे कद खड़ी कानों वाली, नाक सीधी और रंग सफेद या भूरा होता है। जिसमें भूरे या लाल चित्तियॉ होती हैं। बकरे के शरीर का भार 35 से 45 किलो ग्राम। बकरी 30 से 35 किलो ग्राम, दूध प्रति दिन 1 से 2 लीटर।	वर्ष में दो बार बच्चा देती है। दो–तीन बच्चे देती है। प्रसव काले 146 दिनों का होता है।
बीटल	पंजाब	बटाला जिला गुरदासपुर (हरियाणा)	सफेद रंग, लाल रंग का धब्बा अधिक पाया जाता है।	लम्बी व उॅचे कद वाली, नाक उठी हुई, कान बड़े लटकते हुए। नर का वजन 60–75 कि., मादा का 50–60 किलो	वर्ष में दो बार बच्चा देती है। एक साथ दो बच्चे देती है।
यमुनापारी	गंगा, यमुना	चंबल नदी, तटवर्ती क्षेत्र, इटावा जिले।	सफेद चेहरा, गर्दन हल्के भूरे रंग की भी होते है।	माथा चौड.ा, कद बड़ा शरीर के अपेक्षा पिछले टॉगों पर बाल लंबे, बकरा के दाढ़ी में बाल होते हैं, सींघ	वर्ष में एक बार बच्चा देती है। औसत दूध उत्पादन 2–2.5 कि.ग्रा. प्रति दिन

				छोटा चपटा, थन पूर्ण विकसित, कान 25–30 से.मी. लम्बा झुका हुआ, वजन बकरा 70–90 कि., बकरी 45–65 कि.	
ब्लैक बंगाल	पश्चिम बंगाल	बंगाल, बिहार, झारखंड, उड़ीसा, असम, अरूणाचल प्रदेश	काले भूरे, गहरे भूरे, सफेद रंग में भी पायी जाती है।	ये बकरियाँ कद में काफी छोटी होती है। दाढ़ी होती है, शरीर अधिक चौड़ा, कान ऊपर की ओर उठा हुआ, सीना चौड़ा होता है।	वर्ष में दो बार बच्चा देती है। एक बार में 3–4 बच्चे देती है। किसी किसी को 5 बच्चे तक देते देखा गया है।

तालिका 29 : बकरी की प्रमुख विदेशी नस्ले

नस्ल प्रजाति	उत्पत्ति	प्राप्ति स्थान	रंग	पहचान	गुण
सानेन	स्विटजरलैंड	विश्व में नस्ल सुधार में इसका उपयोग हो रहा है।	सफेद तथा क्रीम रंग की होती है।	इसके थन काफी विकसित होते है। विश्व दुग्ध उत्पदन रिकार्ड में 305 दिन में 3048 लीटर दूध उत्पादन हुआ है।	विश्व में सबसे अधिक दूध देने वाली नस्ल है।
एल्पाइन	स्विटजरलैंड	स्विटजरलैंड	काली भूरी तथा सफेद भी होती है।	इसके सींग होते है। 3–4 प्रतिशत वसा युक्त. 2–2.5 लीटर दूध देती है।	–

बकरियों का आहार

बकरियों को चरने की व्यवस्था अति आवश्यक है। बिना चराये इनका विकास सम्भव नही है। बकरियों में सिर्फ एक ही ऐसी नस्ल है जो बिना चराये हुए पाली जा सकती है। बारबरी नस्ल बकरी को बिना चराये हुए पाला जा सकता है। इसे सिर्फ व्यायाम हेतु कुछ जगह की आवश्यकता है जहाँ वह घूम–फिर कर अपनी आवश्यकता को पूरी कर लेती है। हरा चारा पेड़ों

की पत्तियॉ एवं झाड़ियों से अपना पेट भर लेती है। दाल का चुन्नी, चोकर, मक्का दरा, खल्ली, नमक, मीनरल मिक्सचर या इनका मिश्रण बना कर 100–200 ग्राम प्रति बकरी प्रति दिन देना चाहिए। स्वच्छ जल पीने हेतु व्यवस्था करनी चाहिए।

बकरियों की बीमारियॉ

परजीवी रोग– इसमें आंत कृमि, फीता कृमि, गोल कृमि, एमकिस्टोन तथा प्रोटोजोआ प्रमुख होते है। इनके निदान हेतु पशु चिकित्सक से परामर्श लेना चाहिए।

संक्रामक रोग

मुँह पका, खुर पका रोग (एफ.एम.डी.), पेकनी (रिन्डरपेस्ट), गलघोंटू (एच. एस.), जहरबाद (बी. क्यू.) गोट पॉक्स, फडकिया (ऐन्टरो टॉक्सीमिया) इन रोगो से बचाव हेतु टीकारण अवश्य करें।

तालिका 30 : बकरियों की बीमारियाँ एवं टीकाकरण

रोग	टीका का नाम	लगाने का समय
मुँह पका खुर पका	पोलिवेलेन्ट टिशू कल्चर वैक्सीन	प्रथम टीका तीन माह के आयु में उसके बाद प्रति वर्ष
पोकनी रिन्डरपेस्ट	एम.टी.डी.बी. के आर. पी. टीशू कल्चर वक्सीन।	यह टीका तीन माह की आयु में इसका असर जीवन भर रहता है।
गलघोटू (एच. एस.) जहरवाद (बी. क्यू.)	एच. एस. एवं बी. क्यू. कम्बाइण्ड बक्सीन	पहला टीका छः माह की आयु में इसका असर जीवन भर रहता है।
फडकिया (एन्टेरोटॉक्सीमिया)	रक्षा एन्टेरोटॉक्सीमिया बैक्सीन	तीन माह से अधिक सभी बकरियों में 15–20 दिन के अन्तर पर दो बार, मई जून में लगाया जाता है।
चेचक (गोट पौक्स)	किल्ड पोक्स वैक्सीन	तीन माह के आयु में किसी भी समय लगाया जाता है।

ख) समन्वित कृषि प्रणाली में बकरी पालन की आर्थिकी

नस्ल	–	**ब्लैक बंगाल**
बकरियों की संख्या	–	20 मादा + नर
हरा चारा	–	1.5 कि.ग्रा./बकरी/दिन
सुखा चारा	–	0.3 कि.ग्रा./बकरी/दिन
कान्स्ट्रेट मिक्चर/दवा	–	0.1 कि.ग्रा./बकरी/दिन इत्यादि
प्रतिवर्ष बच्चा देने की दर	–	1.5 बार यानी कि 3 वर्ष में 2 बार कम से कम या अधिक से अधिक 3 बार
प्रतिवर्ष/प्रति माँ/बच्चे	–	3 (औसत)
20 माओं से प्राप्त बच्चे	–	60 (कम से कम)
दूध छुड़ाने के समय जीवित	–	10 कि.ग्रा. बच्चे का औसत वजन (करीब 10–12 मास) 45 बच्चे का वज़न 600 कि.ग्रा. (प्रति बच्चा दर रु. 1000/–)
पालन पर व्यय	–	रु. 218/बच्चा
एक बच्चे से कुल आय	–	रु. 782/–
वर्षिक शुद्ध आय	–	रु. 46,920/– (कमत्तर)

समेकित कृषि के अन्तर्गत मधुमक्खी (मौन) पालन

समेकित कृषि प्रणाली के अन्तर्गत तरह–तरह के फसल/बागवानी फसलें/फूल एवं फल सालो भर फलते–फूलते रहते हैं। गर्मी के मौसम में, जब चारों तरफ सूखा–ही–सूखा रहता है, फूलों की काफी कमी होती है, उस समय भी समेकित कृषि के अन्तर्गत कुछ फूल–फल लगे मिल जाते हैं। चूँकि मधमक्खियाँ इन्हीं फूलों से पराग इकठ्ठा करती है एवं इसका सेवन करती है अतः फूलों का होना अत्यंत आवश्यक है। समेकित कृषि के अन्तर्गत मौन पालन सर्वथा उपयोगी एवं लाभकारी है। मौन–पालन को अतिरिक्त आय के लिए भी उपयुक्त समझा जाता है। ये मधुमक्खियाँ फूलों में परागण की क्रिया को तेज करती हैं जिससे फल अधिक मात्रा में बनते हैं। मधुमक्खियाँ एक ओर तो शहद देती ही हैं, वहीं दूसरी ओर मोम (वैक्स) भी पैदा करती हैं जिसका उपयोग अनेक दवाओं, पेन्ट उद्योग आदि में किया जाता है।

मधुमक्खियों की प्रमुख जातियॉ

1. सारंग मधुमक्खी
2. भृंगा मधुमक्खी
3. देशी मधुमक्खी और
4. यूरोपियन या अमेरिकन मधुमक्खी

इन जातियों में से सारंग, भृंगा व देशी मधुमक्खियॉ खुले वातावरण में रहना पसन्द करती है। यह किसी प्रकार का बन्धन पसंद नहीं करती है व स्वतंत्र रहना पसंद करती हैं अतः इन्हें मौन घर में या लकड़ी के बक्से में पालना कठिन है।

यूरोपियन या अमेरिकन मधुमक्खी अंधेरे या बन्द स्थानों मे रहना पसन्द करती है अतः इन्हें आसानी से लकड़ी के बक्सों या मौन गृह में पाला जा सकता है। यूरोपियन मधुमक्खी का शहद उत्पादन क्षमता भी देशी मधुमक्खियों के अपेक्षाकृत 3–4 गुणा अधिक होता है। देशी जाति की मधुमक्खियों में अण्ड़े देने की क्षमता भी कम होती है तथा ये मोमी पतंगें के आक्रमण का शिकार हो जाती हैं तथा अपना घर/छत्ते बदलती रहती हैं।

मधुमक्खियाँ झुण्ड या समूह में रहती है। एक समूह में लगभग 15,000–60,000 तक मधुमक्खियॉ होती हैं। इस पूरे समूह को मौनवंश कहा जाता है। ये मौनवंश निम्नलिखित प्रकार की होती हैः

1. कमेर मधुमक्खियॉ (मजदूर मधुमक्खियॉ) या वर्कर – किसी भी समूह या छत्ते में इनकी संख्या सबसे अधिक होती हैं। ये छत्ते एवं अन्य मधुमक्खियों के लिए सारा कार्य करती हैं। जैसे– फूलों से मकरन्द व पराग इकठ्ठा करना, पानी लाना, शहद व मोम बनाना, छत्ते बनाना, शिशुओं का पालन व रानी मधुमक्खी की देख–भाल करना आदि।
2. रानी मधुमक्खी (क्वीन) – रानी मधुमक्खी का आकार समूह के अन्य मधुमक्खियों से बड़ा होता है तथा एक छत्ते में केवल एक रानी मधुमक्खी ही निवास करती है। छत्ते के सभी सदस्यों की ये ही मॉ होती है। इनका काम केवल अण्डे देना ही होता है। अपने सक्रिय

काल में यह करीब 800–1500 अण्डे प्रतिदिन के हिसाब से देती हैं। इनकी जीवन अवधि करीब 2–3 वर्ष की होती है। अण्डे से पूर्ण विकसित रानी बनने में करीब 15–16 दिन का समय लगता है। इसके बाद ये रानी मधुमक्खी किसी अन्य मौनवंश या छत्ते में रहने लगती हैं।

3. नर मधुमक्खी (ड्रोन) : यूँ तो नर मधुमक्खी आकार में सभी मधुमक्खियों से बड़े होते है किन्तु लंबाई में ये रानी मधुमक्खी से छोटे होते हैं। इनमें डंक, मोम पैदा करनेवाली ग्रन्थी, मकरन्द तथा पराग इकठ्ठा करने वाले अंग नहीं होते हैं। इनका कार्य केवल रानी मधुमक्खी के साथ सहवास करना होता है। प्रजनन काल में इनकी संख्या छत्ते या वंश में कुल सदस्यों का 1–2 प्रतिशत तक होती है। ये किसी भी वंश मे आ–जा सकते हैं। मधुमक्खियों में सहवास की क्रिया को स्वार्मिंग कहते हैं जो खुले स्थान में उड़ते समय ही संभव होता है।

4. सैनिक मधुमक्खियॉ (सोल्जर्स) : ये वर्कर के ही आकार के होते हैं। इनमें सारे अंग होते हैं तथा डंकयुक्त होते है। खतरा होने पर ये तुरंत आक्रमण को तैयार रहते हैं एवं दुश्मनों पर झुण्ड में आक्रमण करते हैं। ये अपने क्षेत्र से दुश्मनों को भगाकर ही शांत होते हैं। जरूरत पड़ने पर ये फूलों में मकरन्द या पराग भी इकठ्ठा करते हैं तथा बूढ़े नर मधुमक्खियों को मार देते हैं।

मौन वाटिका के लिए स्थान का चुनाव

यूँ तो समेकित कृषि प्रणाली में इनके खाने–पीने की सामग्रियों का समुचित भंडार होता है, पर मौन वाटिका के लिए स्थान चयन करते समय निम्नलिखित बातों पर ध्यान देना आवश्यक है –

1. मधुमक्खियॉ जिन वनस्पतियों पर आश्रित रहती है वो इनके छत्ते से 1–2 कि.मी. के दायरे में होना चाहिए।
2. उन वनस्पतियों तक पहुॅचने का रास्ता ठीक हो यानी कोई रूकावट नहीं हो ताकि मौन सामग्री को ले जाने में कोई परेशानी न हों।
3. एक बक्से को दूसरे बक्से से 2 मी. की दूरी पर एवं कतार में 3 मी. की दूरी पर रखना उचित होता है।

4. बक्से का झुकाव आगे की ओर व प्रवेश द्वारा पूर्व या दक्षिण दिशा में होना उचित है।
5. बक्से के पास वर्षा जल का संचय न होने पाये।
6. 20–22 दिनों पर प्रत्येक बक्से का बारी–बारी से निरक्षण करना आवश्यक है।
7. सर्दी प्रारंभ होने से पहले खुराक की जॉच कर लें एवं अतिरिक्त छत्ते को हटा दें जरूरत पड़ने पर उपर से आहार दें।
8. बसंत ऋतु में रानी व अण्डे की विशेष रूप से देख–रेख की आवश्यकता पड़ती है तथा रानी रहित छत्ते को स्वस्थ एवं पूर्ण छत्ते में मिला देना चाहिए।
9. ग्रीष्म काल में मधुमक्खियों को सूरज की सीधी रोशनी से बचायें एवं इस समय पर्याप्त हवा आने–जाने की व्यवस्था करनी चाहिए।
10. वर्षा ऋतु में खुराक की कमी न होने दें तथा खाली छत्ते को बक्से से निकालकर भण्डार में सुरक्षित करें।

मौन–पालन प्रारंभ करने का उपयुक्त समयः मैदानी क्षेत्र में मधुमक्ख्खी पालन प्रारंभ करने का उत्तम समय सितम्बर–अक्टूबर का होता है जबकि पहाड़ी स्थानों पर इनके पालने का समय मार्च–अप्रैल होता है।

मधुमक्खियों का आहार

मधुमक्खियों का आहार मकरन्द व परागकण हैं जिन्हें ये विभिन्न प्रकार के फूलों के रस चूसकर पेट में जमा करके और परागकणों की अपनी पिछली टॉगों पर बनी पराग टोकरियों में जमा करती हैं। मकरन्द में मुख्यतः कार्बोहाइड्रेट होता है। पराग कणों से प्रोटीन, विटामिन आदि प्राप्त होता हैं विभिन्न प्रकार के पेड़–पौधों जैसे– गुलाब, कैम्बर, तोरिया, सरसों, सूजरमुखी, सहजन, लीची, आम आदि से अपना भोजन प्राप्त करती है। यदि फूलों का मौसम न हो तो लकड़ी के बक्सों के पास चीनी या गुड़ का घोल रख दें साथ ही शहद का घोल भी भोजन के रूप में दें। मधुमक्खियों के द्वारा पौधों में 80 प्रतिशत तक पर–परागण की क्रिया होती है, जिससे उपज में करीब 40 प्रतिशत तक की वृद्धि देखी गयी है।

तालिका 31 : मधुमक्खियों के प्रमुख शत्रु एवं बचाव

क्रम सं.	शत्रु कीट	लक्षण	बचाव
1	रिंग या ततैया (वाष्प)	ये मौन गृह के प्रवेश द्वारा पर आक्रमण कर मधुमक्खियों को मार डालती हैं। बार–बार आक्रमण होने पर मधुमक्खियाँ बक्से को छोड़कर भाग जाती है।	प्रवेश द्वारा पर आये रिंगलों या ततैयों के लकड़ी की फट्ठियों से मार कर भगा दें।
2	मोमी पतंग	ये मौन गृह एवं भंडारण में रखे खाली छत्तों में सुराग एवं जाला बनाकर नष्ट कर देती है अधिक प्रकोप होने पर सारी मधुमक्खियाँ भाग जाती है।	मौनगृह के सभी छिद्रों एवं दरारों को बन्द कर दें। खाली छत्ते से मौन को हटा दें। एवं उस स्थान पर गंधक का धुआँ करे।
3	चीटियाँ/ मकड़े	यह मौन गृह में धुसकर शहद व उनके शिशुओं/अण्ड़ों को खा जाती हैं तथा मधुमक्खियों को उठा ले जाती है।	चीटियों से बचाव के लिए बक्सों के पायों को पानी से भरी कटोरी में रखें।
4	पक्षी (कालकलोची एवं सोन)	ये मौन वाटिका एवं मौनगृह के आगे उड़ती मक्खियों को खा जाती है।	इन्हें मौन वाटिका में तथा आस–पास के वृक्षों/तारों पर न बैठने दें।

तलिका 32 : मधुमक्खियों के प्रमुख रोग एवं निदान

क्र. सं.	बीमारियाँ	लक्षण	निदान/बचाव
1	एकराइन	एकराइन रोग माइट द्वारा मक्खियों की खास नलिका में आक्रमण से होता है। ऐसी स्थिति में रानी मधुमक्खी उड़ नहीं पाती हैं एवं बक्से के सामने रेंगती नजर आती है।	रानी मधुमक्खी को बक्से से हटाकर इसका उपचार फालवेक्स फार्मिक एसिड से करना होता है।
2	माइट	इनका आक्रमण मुख्यतः यूरोपियन मधुमक्खियों के वंशों में होता है। ये शिशुओं को हानि पहुँचाते हैं जिसके कारण शिशु और नई पैदा होने वाली मक्खियाँ अपंगता का शिकार हो जाती है।	गन्धक के चूर्ण को मलमल के कपड़े में बाँधकर टोपियों से ढ़के शिशुओं पर 10 दिन के अन्दर 3–4 बार बुरकाव करें।

तालिका 33 : मधुमक्खी पालन की आर्थिकी

I. स्थापना व्यय

क्रम सं.	सामग्री	संख्या	अनुमानित कीमत (₹)	कुल राशि (₹)
1	5 फ्रेम वाली बक्से	5	700 / बक्सा	3500
2	मधुमक्खी परिवार फ्रेम (प्रति फ्रेम 300)	5	1500 / 5 फ्रेम	7500
3	स्टैण्ड	5	150 / स्टैण्ड	750
4	मधु निष्कासन यंत्र	1	1250 / यंत्र	1250
5	नकाव	2	100 / नकाव	200
6	बकछूट थैला	2	125 / थैला	250
7	धुँआकार	1	250 / धुँआकार	250
8	औजार	1	200 / सेट	200
9	रानी रोकपट	5	70 / रोकपट	350
10	रानीकोष रक्षक	2	100 / रक्षक	200
11	रानी पिंजरा	2	20 / पिंजड़ा	40
	कुल योग			14,490

II. प्रबंधन व्यय

क्र. सं	सामग्री	संख्या / मात्रा	अनुमानित कीमत (₹)	कुल राशि	अभियुक्ति
1.	चीनी	25 कि. ग्रा.	30.00	750.00	5 कि.ग्रा. / बॉक्स
2.	आधार छत्ता	5 कि. ग्रा.	200.00	1000.00	1 कि.ग्रा. / वंश या फ्रेम
3.	दवाएँ	–	–	200.00	40 ₹ / वंश या फ्रेम
4.	अन्य खर्च	–	–	200.00	–
5.	माइग्रेसन खर्च (एक स्थान से दूसरे स्थान पर ले जाने का खर्च)	–	100 / बक्सा	500.00	–
	कुल योग			2,650	–

कुल सालाना खर्च : 14,490 + 2,650 = रू. 17,140

III. कुल आय

क्रम सं.	सामग्री	संख्या / मात्रा	अनुमानित कीमत (₹)	कुल राशि	अभियुक्ति
1.	मधु	200 कि. ग्रा.	120.00	24,000.00	40 कि. ग्रा. / बॉक्स
2.	मोम	5 कि. ग्रा.	150.00	750.00	(1 कि.ग्रा. / बॉक्स)
3.	मौन वंश बिक्री	5 वंश (परिवार)	1500.00	7500.00	(300 / वंश)
	कुल योग			32,260	

शुद्ध आमदनी आय

क्रम सं.	आमदनी	प्रथम वर्ष	द्वितीय वर्ष	तृतीय वर्ष
1.	आय	32,250 / –	32,250 / –	32,250 / –
2.	व्यय	17,140 / –	55,00 / –	55,00 / –
3.	शुद्ध आय	15,110 / –	26,750 / –	26,750 / –

वर्मी–कम्पोस्टिंग (केंचुआ खाद) का समेकित कृषि–प्रणाली में महत्व एंव फायदे

केंचुआ खाद / वर्मी कम्पोस्ट की विशेषताएं

कृत्रिम विधि द्वारा केंचुआ पालन को वर्मीकल्चर एवं इन्हीं केंचुए द्वारा बेकार कार्बनिक पदार्थों से जैविक खाद बनाने की प्रक्रिया को वर्मी कम्पोस्टिंग कहते हैं। वर्मीकम्पोस्ट के भौतिक, रासायनिक एवं जैविक गुण उनको खिलाये जाने वाले भोज्य सामग्री के अनुसार होते हैं। सामान्यतः वर्मी कम्पोस्ट में नाइट्रोजन, फॉस्फोरस, पोटैशियम, कैल्शियम एवं मैग्नीशियम की अच्छी मात्रा पायी जाती है। इसके अलावा इसमें वृद्धि हारमोन जैसे ऑक्सिन, जिबरैलिन एवं साइटोकाईनिन भी पाये जाते हैं तथा कई लाभदायक बैक्टीरिया भी पाये जाते हैं।

भौतिक गुण

1. वर्मीकम्पोस्ट का रंग गहरा भूरा होता है तथा छूने में मुलायम, दुर्गन्धरहित, खरपतवार बीज रहित होता है।

2. इसमें उपस्थित पोषक तत्त्व पौधों को आसानी से प्राप्त हो जाता है। इसकी उर्वराशक्ति गोबर की खाद के अपेक्षा चौगुनी होती है।
3. इसमें 20–30 प्रतिशत नमी होती है जो पौधों की वृद्धि में सहायक होती है।
4. मिट्टी के कणों में म्यूकस की कोंटिंग होने के कारण मिट्टी में वायुसंचार होता है तथा जल संग्रहण की क्षमता भी अधिक होती है। जिसमें पौधे की जड़ों का समुचित विकास होता है।
5. केंचुआ तथा उससे सयुंक्त सूक्ष्म जीव कम्पोस्ट में दुर्गन्ध पैदा करने वाले रसायनों जैसे H_2S एवं NH_4 आदि की विघटित कर देते हैं जिससे वर्मीकम्पोस्ट दुर्गन्ध रहित हो जाता है।
6. कम घनत्व एवं अधिक पोषक प्रतिशत वाला होने के कारण वर्मीकम्पोस्ट को बनाना, संग्रह करना एवं मिट्टी में मिलाना आसान है।

रासायनिक गुण

वर्मीकम्पोस्ट अर्थात् केंचुआ खाद समेकित कृषि प्रणाली का एक महत्त्वपूर्ण घटक है। इसके रासायनिक गुण निम्नलिखित हैं :–

1. पी. एच. – 7.0–7.5
2. कार्बन : नेत्रजन – 12–15:1
3. नेत्रजन – 2–3 प्रतिशत
4. फास्फोरस – 1
5. पोटैशियम – 1.85–2.5 प्रतिशत
6. कैल्शियम – 1.00–1.2 प्रतिशत
7. मैग्नेशियम – 0.3–0.5 प्रतिशत
8. कोबॉल्ट, मालिब्डेनम, बोरॉन – अच्छी मात्रा में
9. सल्फर – 0.8–1.5 प्रतिशत
10. लोहा – 0.8–1.5 प्रतिशत

11. ताँबा – 120–3600 पी.पी.एम.

12. जस्ता – 120–3600 पी.पी.एम.

13. मैंग्नीज – 120–3600 पी.पी.एम.

14. जिबरैलिन, आक्सिन एवं साइटोकाइनिन – अच्छी मात्रा में

15. बहुत सारे बायोएक्टिव कम्पाउन्डस जैसे– आक्सीजन, जिब्रेलिन्स, साइटोकाइनिन, विटामिन एवं एमीनों एसीड होते हैं।

16. इसमें बहुत सारे कृमिक एसिडस भी रहते हैं जो पौधों के विकास में लाभदायक होते हैं। ये भूमि की भौतिक दशा को भी सुधारते हैं।

जैविक गुण

1. कुल जीवाणु–10^{10} से अधिक
2. एक्टीनोमाइसिट्स, फफूंद, अजोटोबैक्टर, राइजोबियम, फॉस्फेट सोल्यूवलाइजर, नाइट्रोबैक्टर–10^2 से 10^6 नाइट्रोजन फिक्सिग जीवाणु. पी. एस. बी., एक्टीनोमाइसीटीज, फंजाई तथा सेलूलोज एवं लिग्नीन को विघटित करने वाले जीवाणु।
3. वर्मीकम्पोस्ट पौधों के लिए लाभकारी सूक्ष्म जीवाणु जैसे नाइट्रोजन फिक्सिंग जीवाणु, पी. एस. बी., एक्टीनोमाइसीटीज, फंजाई तथा सेलूलोज एवं लिग्नीन को विघटित करने वाले जीवाणु।
4. वर्मीकम्पोस्ट में मनुष्यों एवं पौधों को हानि पहुँचाने वाले रोगाणुओं की संख्या कम होती हैं।

तालिका 34 : वर्मीकम्पोस्ट बनाने योग्य व्यर्थ पदार्थों की सूची

क्र.स.	व्यर्थ पदार्थों को स्त्रोत	वर्मीकम्पोस्ट में उपयोग हो सकने वाले पदार्थ
1.	कृषि संबंधी अपशिष्ट क) कृषि प्रक्षेत्र	• पौधों के डंठल, पत्तियाँ, भूसा, दोनों तथा फलियों के छिलके, गन्ने की खोई, खरपतवार कम्पोस्ट, खाद आदि। • फल बागवानी के वेस्ट, फलों के छिलके, सब्जी के छिलके, केले के पत्ते, तने एवं छिलके, नारियल के पत्ते एवं फलों के छिलके आदि।
	ख) वानिकी संबंधी	• तने, पत्तियाँ, फलों की टहनियाँ, छीलन, बुरादा, वेस्ट, लुग्दी, सड़ी–गली लकड़ी, छोटे पौधों के डंठल।
	ग) पशुओं का उत्सर्जन	• जानवरों (गाय, भैस, भेड़, बकरी, घोड़ा, गधा, सूअर) आदि का मलमूत्र। • बायोगैस स्लरी यदि साधारण विधि से कृषि में उपयोग नहीं किया जा रहा हो तो उसमें पत्ते तथा अन्य पदार्थों को मिलाकर।
2.	शहरी अपशिष्ट	• घरों तथा रेस्तराँ का रसोई अपशिष्ट, मार्केट, पूजा स्थलों सब्जी मंडियों का अपशिष्ट, सीवेज ट्रीटमेंटस प्लांटस का स्लज इत्यादि। (यह ध्यान देना होगा कि घरों में उपयोग होने वाले रसायन जैसे फिनायल, साबुन, डिटरजेंट, मसाले, नमक, कीटनाशक रसायन आदि न मिले हो।)
3.	एग्रो इंडस्ट्रीयल वेस्ट	
	क) खाद्य प्रसंस्करण	• छिलके, फलों व सब्जियों का उपयोग न किया गया पल्प
	ख) वनस्पति तेल उद्योग	• प्रेस मड तथा बीजों की भूसी (सीड हस्क)
	ग) चीनी मिलें	• प्रेस मड बारीक गन्ने की खोई, चिमनी की राख
	घ) शराब के कारखाने	• स्पेंट वाश, बारले वेस्ट तथा ईस्ट स्लज
	ड़) बीज प्रसंस्करण	• फलों का गुदा, बीजों के अवशेष, पुराने व्यर्थ बीज
	च) सुगंधित तेल की इकाईयाँ	• तेल निकालने के बाद बचे, तने, पत्तियों व फूलों के अवशेष
	छ) नारियल उद्योग (कोयर पिथ)	• नारियल के फलों के छिलके व जटा के अवशेष।

वर्मीकम्पोस्ट इस्तेमाल करने से फायदे

1. वर्मीकम्पोस्ट अधिक किफायती होने के साथ–साथ भूमि की उर्वराशक्ति भी बढ़ाती है।
2. इसके प्रयोग से मिट्टी की जलधारण क्षमता बढ़ती है।
3. भूमि की भौतिक दशा में सुधार होता है तथा भूमिगत जल–वायु के संचार में सुधार होता है।
4. इसके प्रयोग से सब्जियों, फल एवं फूलों वाली फसलों में बीज जमाव अपेक्षाकृत जल्दी होता है एवं पौधे की बढ़वार भी अच्छी होती है।
5. गोबर की खाद की तुलना में यह चार गुना ज्यादा पौष्टिक होता है।
6. पौधे का विकास अच्छी तरह होने के कारण बीमारियाँ भी कम लगती हैं फलस्वरुप पौधरक्षक दवाईयाँ भी कम लगती हैं जिससे उत्पादन लागत में बचत होती है।
7. इसके व्यवहार से कम पानी में भी अच्छी खेती संभव है।
8. इसके प्रयोग से भूमि के ताप संचरण तथा सुक्ष्म जलवायु की एकरुपता के लिए अनुकूलता उत्पन्न होती है।
9. इससे पैदा किया गया उत्पाद स्वादिष्ट होता है।
10. दो से चार महीने में केंचुए की संख्या दुगुनी हो जाती है। जिन्हें बेचकर अतिरिक्त आमदनी प्राप्त की जा सकती है।
11. वर्मीकम्पोस्ट में कुकून की मात्रा काफी रहती है जो मिट्टी में जाने के बाद केंचुओं की संख्या को बढ़ाती है। परिणास्वरुप मिट्टी में वर्मीकम्पोस्ट बनने की प्रक्रिया अपने आप होती रहती है।
12. मिट्टी की संरचनात्मक शक्ति काफी अच्छी हो जाती है।
13. वर्मीकम्पोस्ट बनाने में घरेलू कचड़ा, खेतों के बेकार पदार्थ तथा कारखानों के कचरों का भी इस्तेमाल होता है। इस तरह प्रदूषण को कम करने में ये काफी सहायक होता है।

सावधानियाँ

1. वर्मीकम्पोस्ट बनाने के लिए प्रशिक्षण लेना अत्यन्त आवश्यक है अन्यथा रख–रखाव व देखभाल में लापरवाही बरतने से केंचुए मर सकते हैं एवं खाद की गुणवत्ता भी प्रभावित हो सकती है।
2. वर्मीकम्पोस्ट बनाने के लिए वैसे स्थान का चुनाव करना चाहिए जहाँ बारिश का पानी नहीं जमता हो तथा सूर्य की सीधी रोशनी न पड़ती हो, छायादार हो।
3. अपने बजट के अनुसार उत्पादन इकाई का निर्माण करें।
4. उत्पादन इकाई के निर्माण के दौरान ही वर्मीकम्पोस्ट बनाने में उपयुक्त सामानों जैसे–टोकरी, फावड़े, कुदाली, बाल्टी, मग, रबर के दस्ताने, झरना, रस्सी, बैग, चलनी इत्यादि एवं वर्मीकम्पोस्ट पदार्थ जैसे–गोबर, जैव विघटनीय अवशिष्ट इत्यादि की भी व्यवस्था करनी चाहिए।
5. नवनिर्मित गड्ढे में पहले से तैयार रखे गोबर व कचरे के उचित मिश्रण में पहली बार किसी विशेषज्ञ की उपस्थिति में केंचुआ डालें। उसके बाद उस गड्ढे या ढेर को पुआल से ढक कर जल से सिंचाई करें।
6. गोबर एवं कार्बनिक कचड़ा 15 से 20 दिन पुराना होना चाहिए तथा रेशेदार व शाक–सब्जी के कचड़े को 20 से 30 दिनों तक सड़ाने के बाद डालना चाहिए।
7. सड़ाने के दौरान कचड़े में पानी छिड़क कर हर तीसरे–चौथे दिन पलटना चाहिए।
8. केंचुओं को सूर्य की रोशनी, अत्यधिक गर्मी, पानी एवं परभक्षियों जैसे चींटी, मेंढ़क, साँप, पक्षी इत्यादि से बचा कर रखना चाहिए।
9. गड्ढे में नमी तथा ठण्डा बनाये रखने के लिए पानी का नियमित छिड़काव इस प्रकार करना चाहिए कि 'न तो' पानी जमे और न ही पानी में पोषक तत्त्व घुलकर बहें।
10. एक माह बाद 10 से 20 दिनों का सड़ा कचरा पुनः उस गड्ढे में मिला देना चाहिए।

11. वर्मीकम्पोस्ट तैयार होने के बाद केंचुए को सावधानी से अलग करें ताकि वे मरे नहीं। इन्हें हाथ से भी चुनकर अलग किया जा सकता है।

12. वर्मीकम्पोस्ट बनने के पश्चात् उसे बोरी में सीलबंद कर दें ताकि उसमें नमी बनी रहे।

13. सील करते समय बोरी में कुछ स्थान खाली छोड़ देना चाहिए ताकि उसमें हवा रह सके।

14. सीलबंद बोरियों को शुष्क, ठण्डे एवं छायादार जगह में भण्डारित कर लें एवं आवश्यकतानुसार उपयोग में लायें।

15. केंचुओं के खाद्य पदार्थ में तेल, रसायन, धातु, प्लास्टिक कीटनाशी साबुन, सर्फ, नींबू वर्गीय फलों के उत्पाद, लहसुन, प्याज, लौंग, ज्यादा गर्म पदार्थ एवं ज्यादा मसालेदार पदार्थ नहीं मिलायें।

16. चींटी से बचाने के लिए बेड के कचरे में पर्याप्त नमी बनाये रखें एवं इसे हमेशा उलटते पलटते रहें।

17. मक्खियाँ लगने पर फलों वाले उत्पादन को कचरे के अन्दर दबा दें एवं ऊपर से अखबार को बिछाकर नमी बना लें।

18. यदि थोड़े दिनों के लिए बाहर जाना हो तो उसे अच्छी तरह ढककर जा सकते हैं। लेकिन एक महीना या उससे ज्यादा दिनों के लिए जाना हो तो किसी पड़ोसी या मित्र को केंचुओं की देखभाल की जिम्मेदारी देकर जा सकते हैं।

19. खाद्य पदार्थों की अम्लीयता को हमेशा जाँच करते रहें। यदि अम्लीय हो जाए तो उसमें थोड़ा सा चूने की मात्रा मिला दें अन्यथा केंचुए खा नही पायेंगे।

20. खाद्य पदार्थों को उलटते पलटते समय यह देखना चाहिए कि उसके अन्दर ज्यादा गर्मी तो नहीं हो रही है। ऐसी स्थिति में कचरे को हमेशा ऊपर नीचें करें तथा पानी का छिड़काव लगातार करते रहें।

तालिका 35 : समस्यायें एवं निदान (वर्मीकम्पोस्ट बनाते समय)

समस्या	कारण	निदान
1. गढ्ढ़े से दुर्गन्ध आना	खाद्य पदार्थ अधिक होना असड़नशील पदार्थ का होना खाद्य अवशेष का ठीक से ढँका न होना। गढ्ढ़ा में अधिक पानी का होना। वायु संखर कम होना।	दो सप्ताह तक खाद्य पदार्थ न दें। असड़नशील पदार्थ को हटा दें। सूखे खाद्य पदार्थ मिलायें ठीक से ढंके। गढ्ढ़ा में छेद करें।
2. मक्खियों का आना	खाद्य अवशेष का खुला होना। खाद्य पदार्थो का अधिक मात्रा में होना विशेषकर नींबूवर्गीय खाद्य का होना।	खाद्य अवशेष को ढेंक दें। खाद्य पदार्थ अधिक न डालें। नींबूवर्गीय फलों को न डालें।
3. केंचुओं का मरना	गढ्ढ़ा का ज्यादा भींगा होना। गढ्ढ़ा का सूखा होना। बहुत अधिक तापमापन होना। वायु संचार कम होना। खाद्य पदार्थों का कम होना।	सूखे खाद्य पदार्थ मिलायें। गढ्ढ़ा में आवश्यकतानुसार नमी रखें। गढ्ढ़ा में छेद बनाकर वायु संचार सामान्य रखें। खाद्य पदार्थों का डालें।
4. केंचुओं का गढ्ढ़े से भागना	गढ्ढ़ा की सामान्य परिस्थितियों का सही न होना।	उपर्युक्त बताये गये समाधानों का उपयोग करें। केंचुओं का वापस गढ्ढ़ा में डाल दें।
5. गढ्ढ़े में सड़न होना	गढ्ढ़ा में खाद्य पदार्थो की अम्लीयता का अधिक होना। वायु–संचार कम होना	नींबूवर्गीय फलों के अवशेष को गढ्ढ़ा से निकाल दें।
6. गढ्ढ़े में खाद्यीय पदार्थों का सुखा होना	वायु संचार अधिक होना।	गढ्ढ़ा में नमी को सामान्य रखें।
7. नीचे की सतह में पानी का जमना।	वायु संचार कम होना। खाद्य पदार्थों का ज्यादा भींगा होना।	गढ्ढ़ा को खुला छोड़े। सुखे खाद्य पदार्थ को मिलायें।
8. चींटियों का प्रकोप	नमी का कम होना। अम्लता का होना।	नमी का स्तर 40–50 प्रतिशत बरकरार रखें। अम्लीय पदार्थ को हटा दें।

केंचुओं के बारे में कुछ रोचक एवं मनोरंजक बातें

1. केंचुए के हाथ, पैर या आँखें नहीं होती हैं।
2. केंचुए की तकरीबन 3000 से अधिक विभिन्न प्रजातियाँ होती हैं।
3. केंचुए वहीं जिन्दा रह सकते हैं जहाँ खाद्य पदार्थ, नमी, ऑक्सीजन एवं अनुकूल तापमान हो।
4. एक एकड़ जमीन में 10 लाख से भी ज्यादा केंचुए रह सकते हैं।
5. केंचुआ ठंढे रक्त वाला जन्तु है।
6. केंचुआ कोकून पैदा करता है जिससे छोटे बच्चे निकलते हैं जिनका आकार चावल से भी छोटा होता है।
7. केंचुए के आँख नहीं होती फिर भी प्रकाश का अनुभव कर सकता है और प्रकाश से दूर भागता है।
8. यदि केंचुए की त्वचा सूख जाए तो वह मर जाता है।
9. केंचुए के शरीर में नर एवं मादा अंग दोनों होते हैं फिर भी प्रजनन के लिए दो केंचुओं की जरूरत होती है।
10. केंचुआ प्रतिदिन अपने शरीर के वजन के बराबर खाना खा सकता है।
11. बेकार खाद्य पदार्थ को उपयोगी बनाने के लिए वर्मीकम्पोस्ट की प्रक्रिया सबसे सरल प्रक्रिया है।
12. केंचुआ बेकार खाद्य पदार्थ को काफी तेजी से कम्पोस्ट बना देता है जिसमें काफी पोषक–तत्व होते हैं।
13. केंचुए द्वारा मिट्टी खाकर बिल (सुरंग) खोदने का तरीका रोचक होता है। केंचुआ मिट्टी को खाता जाता है और सुरंग गहरी होती जाती है। केंचुए अपने आहार नाल में महीन पिसी हुई मिट्टी का मलद्वार से बाहर करने हेतु उल्टा चलकर सुरंग के द्वार तक आते हैं। इनकी विष्ठा खेत को उपजाऊ बनाती है।

14. केंचुए अपने भार से 60 गुना अधिक भार वाले रोड़ा (अटकाव) को दूर करने की क्षमता रखते हैं।

15. अम्लीय या क्षारीय भूमि में केंचुए नहीं रह सकते हैं। ताजा गोबर भी केंचुओं के लिए हानिकारक होती है क्योंकि इसमें अमोनिया की मात्रा काफी होती है।

16. केंचुआ एक मिनट में 24 सें.मी. रेंग लेता है।

17. केंचुए की प्राकृतिक उम्र 3.5 वर्ष से 10.5 साल तक की होती है।

18. जमीन के सूखने एवं मिट्टी में नमी की समाप्ति जैसी विपरीत स्थिति में नीची सतह में जाकर बहुत सारे केंचुए एक जगह मिलकर गेंदनुमा गोला बना देते हैं और उपयुक्त जलवायु की प्रतीक्षा में लम्बे समय तक समाधि की अवस्था में बने रहते हैं।

19. केंचुए शीशे जैसी चिकनी या खड़ी सतहों पर भी चढ़ सकते हैं। इस कार्य में उनके चिकने श्लेष्म (म्यूकस) एवं मुखद्वार चूषक मदद करते हैं।

20. यदि केंचुआ को उनके घर से खींचकर बाहर निकालने की कोशिश की जाय तो वह अपने बालों जैसे पैरों की सहायता से अपने घर को मजबूती से पकड़ लेता है। उसकी यह पकड़ इतनी जबरदस्त होती है कि अधिक जोर लगाने से उसका शरीर टूट सकता है पर उसकी पकड़ नहीं छूटती।

21. केंचुआ बहुत तरह के बेकार पदार्थों को अपना भोजन बनाता है और इस तरह 40 से 60 प्रतिशत तक उनको इस्तेमाल कर लेता है, शेष अपने मल के रूप में बाहर निकालता है।

22. प्रत्येक केंचुआ औसतन 0.5 से 0.6 ग्राम का होता हैं एक दिन में अपने शरीर के वजन के बराबर खाना खाता है।

23. साधारण कम्पोस्ट तैयार करने में जितना समय लगता है उससे आधे समय में ही वर्मी कम्पोस्ट तैयार हो जाता है।

24. एक किलो केंचुआ 3 से 4 महीने में 2 से 3 किलों का हो जाता है। 5 किलोग्राम केंचुआ 2 वर्ष में 2 टन भी हो सकता है।

25. वर्मी कम्पोस्ट पिट में 50 से 60 प्रतिशत नमी एवं 28^0–32^0 सेन्टीग्रेड तापमान रहना चाहिए।

26. एक किलो केंचुआ में 1000 से 1200 परिपक्व केंचुआ पाया जाता है।

27. एक किलो कचरे से कम्पोस्ट बनाने के लिए तकरीबन 10 व्यस्क केंचुए की आवश्यकता होती है।

यूरिया बनाम केंचुआ खाद

100 किलो यूरिया खेत में डालने पर 40–50 किलो यूरिया तो अमोनिया आदि गैस बनकर निकल जाती है और वायुमण्डल को प्रदूषित करती है तथा 20--25 किलो भूमि से रिसकर भूजल में नाइट्रोजन विषाक्त पैदा करती है। शेष केवल 20–25 किलो पौधे के काम आती है। इस प्रकार यूरिया से यदि नेत्रजन उपलब्ध करायें तो प्रति किलो नेत्रजन हेतु 49.00 रूपये खर्च करने पड़ेंगे साथ ही पर्यावरण का भयंकर नुकसान, जिसे ठीक करने के लिए लाखों रूपये खर्च करने होंगे।

दूसरी ओर केंचुएं की खाद से मात्र 25–30 रूपयें में नेत्रजन, फास्फोरस व पोटाश की एक किलो मात्रा पौधों को उपलब्ध होगी वह भी पर्यावरण को नुकसान नहीं वरन सुधारते हुए। अतः रसायनिक खेती के नुकसान के मुकाबले जैविक खेती के लाभ देखते हुए यह (जैविक खेती) तो प्रकृति का निःशुल्क उपहार हैं।

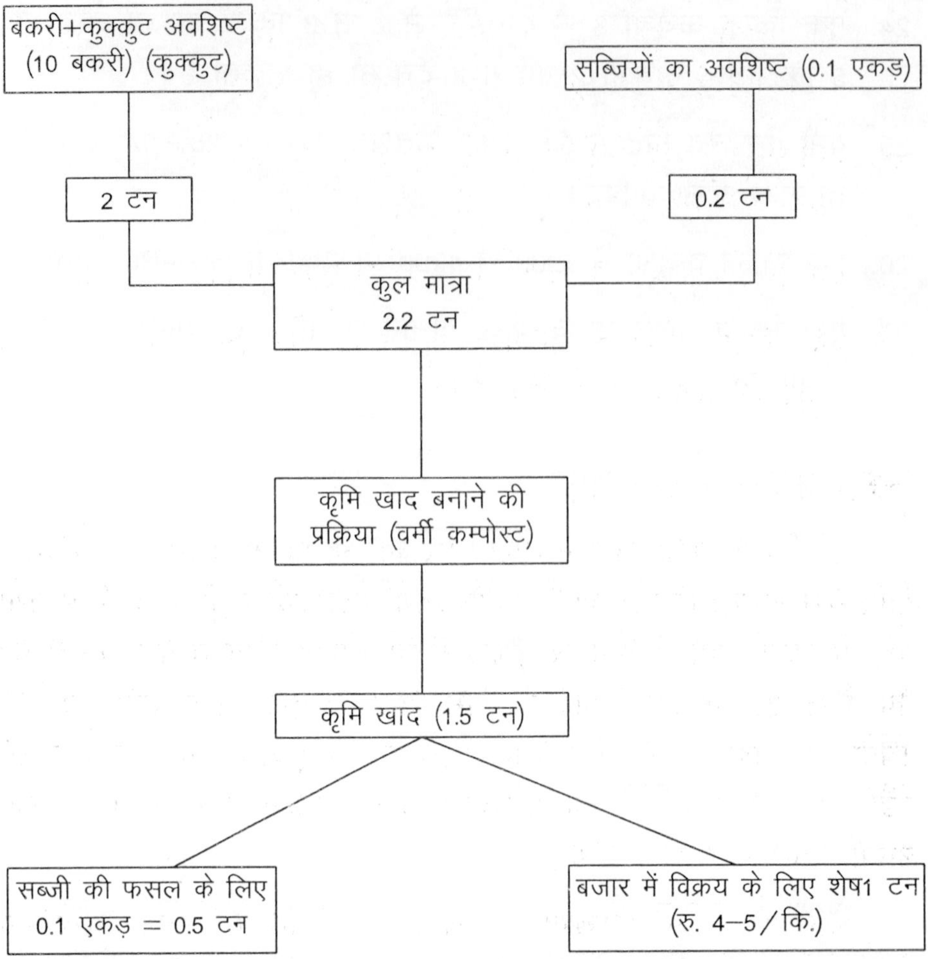

रेखाचित्र 13 : समेकित कृषि प्रणाली में केंचुआ खाद का योगदान

वर्मी वाश

वर्मीकम्पोस्ट उत्पादन के दौरान एक प्रकार के तरल पदार्थ का उत्पादन वर्मीवाश कहलाता है। इसका रंग शहद के रंग के जैसा होता है। केंचुआ अपने खाने के दौरान मिट्टी में सुरंग बनाता है। इसमें बैक्टीरिया (जीवाणु) रहते हैं। इस सुरंग से होकर गुजरने वाला पानी इसमें से पोषक तत्वों को लेकर नीचे आता है और पौधे अवशोषित कर लेते है। वर्मीवाश के उत्पादन में यही प्रक्रिया काम करती है।

केंचुए का शरीर तरल पदार्थों से भरा होता है और इसका उत्सर्जन इसके शरीर से लगातार होता रहता है। इसके कारण इसका शरीर हमेशा भींगा हुआ रहता है। इस तरल पदार्थ को संग्रहित किया जा सकता है यही वर्मीवाश है। यह वर्मीवाश केंचुए को साँस लेने में मदद करता है। वायुमण्डलीय ऑक्सीजन जब इस तरल पदार्थ के सम्पर्क में आता है तब यह छनकर केंचुए के शरीर में अवशोषित हो जाता है। इस तरल पदार्थ में कुछ ऐसे तत्त्व भी होते हैं जो केंचुए के शरीर को स्वरूप रखने में मदद करते हैं। इस तरल पदार्थ में कोई भी जीवाणु जिन्दा नहीं रह पाता है।

वर्मीवाश में बहुत सारे पोषक तत्त्व मौजूद रहते हैं। साइटोकाइनिन और ऑक्सिन जैसे हार्मोन, विटामिन, अमीनो एसिड, एन्जाईम, कुछ दूसरे तत्व एवं बहुत सारे उपयोगी सूक्ष्म जीवाणु जैसे बैक्टीरिया, कवक, एक्टीनोमाइसिटीस (नेत्रजन फिक्स करने वाले एवं फॉस्फेट को घुलनशील बनाने वाले) ये सभी वर्मीवाश में पाये जाते हैं। इसमें जितने भी पोषक तत्व होते हैं सारे घुलनशील रूप में पाये जाते हैं जो पौधों को सरल रूप में उपलब्ध होते हैं।

वर्मीवाश की रासायनिक संरचना

1. पी. एच. — 7.48 ± 0.03
2. जैविक कार्बन (प्रतिशत) — 0.008 ± 0.001
3. कुल नेत्रजन (प्रतिशत) — 0.01 ± 0.005
4. उपलब्ध फॉस्फेट (प्रतिशत) — 1.69 ± 0.05
5. पोटाश (पी. पी. एम.) — 25 ± 2
6. सोडियम (पी. पी. एम.) — 8 ± 1
7. कैल्शियम (पी. पी. एम.) — 3 ± 1
8. ताँबा (पी. पी. एम.) — 0.01 ± 0.001
9. लोहा (पी. पी. एम.) — 0.06 ± 0.001
10. मैग्नीशियम (पी. पी. एम.) — 158.44 ± 23.42

11. मैग्नीज (पी. पी. एम.) – 0.58 ± 0.040
12. जिंक (पी. पी. एम.) – 0.02 ± 0.001
13. नाइट्रोसोमोनास बैक्टीरिया – 1.01 x 10^3
14. नाइट्रोबैक्टर बैक्टीरिया – 1.12 x 10^3
15. कुल फफुंद – 1.46 x 10^3

वर्मीवाश के लाभ

1. वर्मीवाश के प्रयोग से पौधों की अच्छी वृद्धि होती है।
2. इसके प्रयोग से जल के लागत में कमी तथा अच्छी खेती सम्भव है।
3. पर्यावरण को यह स्वस्थ बनाती है।
4. यह कम लागत पर भूमि की उर्वरा शक्ति को बढ़ाती है।
5. इससे मृदा की जलग्रहण शक्ति बढ़ती है।
6. इसके उपयोग से पौध रक्षक दवाईयाँ भी कम लगती है जिससे उत्पादन लागत में कमी (कटौती) की जा सकती है।
7. इससे पैदा किया गया उत्पाद स्वादिष्ट होता है।
8. इसके उपयोग से ऊर्जा की भी बचत होती है।

वर्मीवाश के उपयोग

बहुत सारे पोषक तत्त्व मौजूद होने के कारण वर्मीवाश पौधों तथा मिट्टी के लिए काफी लाभदायक होता है। वर्मीवाश का उपयोग फसलों पर छिड़काव विधि द्वारा किया जाता है। छिड़काव के पहले वर्मीवाश को पानी के साथ 10 प्रतिशत का घोल बना लेना चाहिए। यह छिड़काव बहुत सारी फसलों के लिए प्रभावी है।

पर्णीय छिड़काव के लिए वर्मीवाश को गोमूत्र के साथ मिलाकर इस्तेमाल किया जा सकता है। इसके लिए 1 लीटर गोमूत्र में एक लीटर वर्मीवाश और 8 लीटर पानी डालकर घोल बनाया जाता है।

वर्मीवाश को गोमूत्र के साथ 10 प्रतिशत का घोल बनाकर छिड़काव करने से यह घोल कीटनाशक का भी काम करता है।

नैडेप कम्पोस्ट

नैडेपः कचड़ा, मिट्टी, पानी एवं कम–से–कम गोबर का उपयोग कर अधिकाधिक मात्रा में खाद बनाने की एक उत्तम विधि है। इस विधि को महाराष्ट्र के यवधमाल जिले के किसान श्री नारायण राव पांडरी पांडे (नैडेप काका) ने निकाला है। इसलिए इस विधि से तैयार खाद को नैडेप कम्पोस्ट कहा जाता है।

नैडेप कम्पोस्ट की विशेषताएँ

- इस विधि में समतल जमीन पर ईंटों का एक विशेष प्रकार का जालीदार ढाँचा/घेरा बनाया जाता है।
- इस घेरे में ईंटों को सीमेंट से इस प्रकार जोड़ा जाता है कि ढाँचों में वायु संचार हेतु पर्याप्त छेद हो।
- ढाँचे की दीवारें 9–10 ईंच मोटी बनायी जाती है।
- ढाँचे की ऊपरी तथा निचली दो पंक्तियों में किसी प्रकार कोई छेद नहीं होता है।
- ढाँचों की लम्बाई जरूरत के अनुसार थोड़ा बहुत घटा–बढ़ा सकते हैं।
- इस विधि में गाय के गोबर का ही उपयोग करना सर्वोत्तम होता है। इसमें खेतों एवं उद्यानों का कचरा जो कि सड़–गल सके तथा मिट्टी और पानी की जरूरत होती है।
- इस विधि द्वारा कम्पोस्ट 90–110 दिनों में बनकर तैयार हो जाती है।
- इस प्रकार तैयार कम्पोस्ट में 0.75–1.75 प्रतिशत नेत्रजन, 0.7–0.9 प्रतिशत फास्फोरस तथा 1.2–1.4 प्रतिशत पोटाश के साथ अन्य सूक्ष्म पोषक तत्व प्रचुर मात्रा में होते हैं।

ढाँचा भरने की विधि

- ऊपर बताये गये आकार के ढाँचे में कम्पोस्ट तैयार करने के लिए खेतों एवं उद्यानों का कचरा जैसे : फसलों के डंठल, पत्ती, छाल/पत्ता आदि का 1400–1500, गोबर 60–100 किलोग्राम, सूखी मिट्टी 1800 किलोग्राम एवं पानी 1500–2000 लीटर (मौसम के अनुसार) की जरूरत पड़ती है।
- ढाँचा को भरने से पहले 4–5 कि.ग्रा. गोबर को 10–15 लीटर पानी में घोलकर ढाँचे के सतह/फर्श एवं अंदर के दीवारों पर अच्छी तरह छिड़क देना चाहिए।
- इसके बाद 200–210 कि.ग्रा. कचरे की 8–10 इन्च मोटी एक तह बिछा देना चाहिए।
- पुनः इस प्रथम तह पर 5.0 कि.ग्रा. गोबर या बायोगैस सलरी की 125–150 लीटर पानी में घोलकर अच्छी तरह छिड़क देना चाहिए।
- इसके ऊपर (दूसरी तह) सूखी मिट्टी जिसमें काँच/पत्थर के टुकड़े तथा प्लास्टिक आदि न हो, की 200–225 कि.ग्रा. मात्रा का तह बिछा दें।
- अब मिट्टी की सतह पर समुचित पानी की मात्रा का छिड़काव कर दें जिससे गीलापन बना रहे।
- इस प्रक्रिया को तब तक दुहराते रहें जब तक कि पूरा ढाँचा भर न जाए। वैसे लगभग 6–7 बार यह प्रक्रिया दुहराने पर ढाँचा भर जाता है।
- ढाँचे की भराई 1.5–2 फीट ऊपर तक करनी चाहिए।
- इस प्रकार से ढाँचे को भरने के बाद इसके ऊपर से 3–4 इंच मोटी मिट्टी एवं गाय के गोबर से लिपाई कर ढाँचे की छत को बीच में ऊँचा एवं दोनों तरफ ढालुआ रखा जाता है जिससे वर्षा का पानी ऊपर से अंदर न आ सके।

- चूँकि ढाँचा को भरने हेतु आवश्यक सभी सामान एकत्र करना एक दिन में संभव नहीं होता है। अतः अच्छा यह होगा कि सभी सामान 8–10 दिनों तक किसी छायेदार स्थान पर एकत्र कर लें, फिर भराई का काम एक ही दिन में पूरा कर लें।
- लगभग 40–50 दिनों बाद ढाँचा करीब 10–12′ ईंच तक धँस जायेगा और ऊपर के सतह पर दरारें दिखने लगेगी। ऐसी अवस्था में ढाँचा को पुनः उपरोक्त बताई गई विधि से भरकर ऊपर से मिट्टी–गोबर के मिश्रण से लिपाई कर दें।
- कम्पोस्ट अच्छा बने, इसके लिए यह जरूरी है कि ढाँचे में समुचित नमी उपलब्ध रहे। अतः दुबारा भरते समय गोबर के घोल से ढाँचे के कचरे को भलीभाँति तर कर दें। इस प्रकार 90–110 दिनों में अच्छी कम्पोस्ट बनकर तैयार हो जाती है।
- अनुमानतः उपरोक्त आकार के एक ढाँचे से करीब 35 क्विंटल कम्पोस्ट प्राप्त होता है। इसमें कुछ (करीब 5 क्विंटल) अधसड़ी हो सकती है जिसे प्रयोग में लाने से पहले अलग कर देना चाहिए।

कम्पोस्ट की गुणवत्ता बढ़ाना

- कचरे एवं मिट्टी की तह के बीच एक हल्की तह (3–4 मुट्ठी भर) रॉक–फॉस्फेट या सिंगल सुपर फास्फेट के बिछा देने से कम्पोस्ट की गुणवत्ता काफी बढ़ जाती है।
- एक ढाँचे के लिए सिंगल सुपर फास्फेट की 3–4 कि.ग्रा. मात्रा पर्याप्त होती है।
- इसके अतिरिक्त ढाँचे के भरने के 75–80 दिनों बाद ढाँचे की छत पर बाँस की सहायता से नीचे की सतह तक जगह–जगह पर छिद्र कर दें।
- इन छिद्रों में 500 ग्राम पी.एस.बी., 500 ग्राम/एजेटोबेक्टर, 500 ग्राम राइजोबियम को 23 लीटर पानी में घोल बनाकर बंद कर छोड़ दें।

इससे कम्पोस्ट की गुणवत्ता बढ़ने के साथ–साथ कम्पोस्ट बनने की प्रक्रिया में भी तेजी आती है।

खुंभी (मशरुम) का समेकित कृषि प्रणाली में योगदान

खुंभी हमारे देश में व्यवसायिक स्तर पर उगाया जा रहा है। श्वेत बटन खुंभी का प्रचलन हमारे देश में ज्यादा हैं। जैसे–जैसे इसके उत्पादन में वृद्धि हुई है उसी के साथ–साथ अनुसंधान से यह भी पता चला है कि खुंभी की अन्य प्रजातियों को भी सफलतापूर्वक उगाया जा सकता है। खुंभी की निम्नलिखित प्रजातियों को कृषि व्यर्थ सामग्रियों पर विशेष प्रकार के वातावरण में उगा सकते है (तालिका 36)।

तालिका 36 : खुंभी की विभिन्न प्रजातियाँ

	प्रजाति	उगाने का माध्यम
1.	अगेरिकस बाइटोरक्यूस	गेहूँ का भूसा
2.	ढिंगरी खुंभी	गेहूँ का भूसा/धान का पुआल
3.	वाल्वेरियोला खुंभी	धान का पुआल
4.	शिटाके खुंभी	लकड़ी का बुरादा
5.	आरिकुलेरिया खुंभी	गेहूँ का भूसा/धान का पुआल/मकई की गुल्लियाँ/लकड़ी का बुरादा
6.	फ्लैमूलिना खुंभी	लकड़ी का बुरादा
7.	एग्रोसाईबी खुंभी	गेहूँ का भूसा/धान का पुआल
8.	ट्रफल खुंभी	धान लकड़ी का बुरादा/लट्ठा
9.	फोलीओटा खुंभी	लकड़ी का बुरादा
10.	कैलोसाईबी खुंभी	धान का पुआल
11.	स्ट्राफेरिया खुंभी	धान का पुआल
12.	कोप्राइनस खुंभी	गेहूँ का भूसा/धान का पुआल

हमारे देश में उपरोक्त प्रजातियों में से केवल अगेरिकस बाइटोरक्यूस, ढिंगरी तथा वाल्वेरियेला खुंभी ही बड़े पैमाने में कृत्रिम रुप से उगाया जाने लगा है तथा अन्य प्रजातियों को कृत्रिम रूप से उगाने की तकनीक अभी प्रयोगशाला स्तर तक ही सीमित है।

अगेरिकस बाइटोरक्यूस

यह खुंभी भी अगेरिकस बाइस्पोरस की भांति श्वेत खुंभी ही है। अगेरिकस बाइस्पोरस समशीतोष्ण खुंभी होने के कारण पर्वतीय क्षेत्रों तक ही सीमित रही है तथा भारत जैसे देश में जहां के मैदानी क्षेत्रों की जलवायु कटिबन्धीय है तथा यदि जलवायु में विशेष परिवर्तन किया जाये तो केवल सर्दियों में ही खेती हो सकती है। इस प्रकार का प्रतिबंध खुंभी उत्पादन के लिए उष्ण–कटिबंधीय क्षेत्रों में साल में दो से अधिक फसलों के लिए उपयुक्त नहीं, इसलिए इस प्रकार के क्षेत्रों के लिए अगेरिकस बाइटोरक्यूस की खेती अनुमोदित की गई है। इस खुंभी को उगाने के कई लाभ हैं।

1. यह खुंभी अधिक ठोस होती है।
2. इस खुंभी की टोपी समतल तथा रेशमी होने के कारण तुड़ाई के समय इसके रंग में किसी प्रकार का परिवर्तन नहीं होता।
3. साधारणतया इसक डण्ठल (तना) छोटा और खुरदरा होता है, जिससे खुंभी की टोपी खुलकर छतरी नहीं बनती।
4. यह खुंभी अधिक तापमान पर उगती है।
5. इसकी पैदावार के लिए कम ताजी हवा की आवश्यकता पड़ती है, क्योंकि इसके विकास के लिए अधिक कार्बन डाइऑक्साइड की मात्राा चाहिए।
6. इस खुंभी में डाईबैक नामक बीमारियाँ नहीं लगती हैं।
7. *अगेरिकस बाइस्पोरस* की अपेक्षा इस खुंभी का भण्डारण अधिक समय तक किया जा सकता है।
8. *अगेरिकस बाइस्पोरस* की अपेक्षा इस खुंभी के एक बीजाणु घर में चार बीजाणु होने के कारण इसमें सुधार लाने की अधिक सम्भावनाएं है, जिससे खुंभी की पैदावार में बढ़ोतरी सम्भावित है।

देश के अधिकांश भागों में मार्च से सितम्बर तक के महीनों का प्राकृतिक वातावरण, तापमान आदि *अगेरिकस बाइटोरक्यूस* के लिए अति उत्तम है तथा सितम्बर से मार्च तक *अगेरिकस बाइस्पोरस* की खेती पहले और *अगेरिकस*

बाइटोरक्यूस की दो अतिरिक्त फसलें लेकर अधिक लाभ उठा सकते हैं। एक बहुत ध्यान देने योग्य बात यह भी है कि अब काफी सारे खुंभी उत्पादक भारत के मैदानी क्षेत्रों में नियंत्रित वातावरण बनाकर अगेरिकस बाइस्पोरस की खेती गर्मियों के महीनों (मार्च से सितम्बर) में भी करने लगे हैं। इस खुंभी के लिए भी श्वेत बटन नामक खुंभी की खाद बनाने की वही विधि व अन्य तकनीक अपनाई जाती हैं। इस खुंभी की खेती के लिए केवल तापमान तथा वायु के संचालन का ही अन्तर रहता है तथा उत्पादन की अन्य परिस्थितियाँ वहीं हैं, जो कि अगेरिकस बाइस्पोरस नामक खुंभी के लिए होती है।

उत्पादन के लिए अनुकूल पर्यावरण

कवक जाल के फैलते समय

तापमान	:	28 से 30 डिग्री सेल्सियस
आर्द्रता	:	70 से 80 प्रतिशत
वायु संचालन	:	बहुत कम, ताकि तापमान में अधिक परिवर्तन न हो।

फसल निकलते समय

तापमान	:	24 से 26 डिग्री सेल्सियस
आर्द्रता	:	80 से 90 प्रतिशत
वायु संचालन	:	बिल्कुल कम, ताकि शुद्ध ताजी हवा का स्तर 2 से 4 घन मीटर प्रति वर्ग मीटर प्रति घण्टा बना रहे।

ढिंगरी खुंभी

ढिंगरी खुंभी की अनेक प्रजातियां प्राकृतिक रूप में जंगलों में उगती हैं, जिनको लोग इकट्ठा करके सब्जी के रूप में प्रयोग करते हैं या उचित मूल्य पर बेच देते हैं। हमारे देश में ढिंगरी नामक खुंभी को कृत्रिम रूप में उगाने में काफी सफलता मिली है और इसको अब बड़े पैमाने में उगाया जाने लगा है।

इस खुंभी की खेती बहुत ही सुविधाजनक, सरल और सस्ती है। इसको धान के पुआल या गेहूँ के भूसे पर उगाया जाता है। धान के पुआल के 3–5

सेंटीमीटर के टुकड़े या गेहूँ के भूसे को लगभग 8 घण्टे तक 70 से 80 डिग्री सेल्सियस उबलते पानी के तापमान पर भिगोया जाता है। इसके बाद पानी से बाहर निकालकर किसी जीवाणुरहित चबूतरे पर फैला देना चाहिए, ताकि पानी की अतिरिक्त मात्रा निकल जाये। पक्के चबूतरे को 2 प्रतिशत फारमालीन घोल के साथ जीवाणुरहित किया जा सकता है। अब पुआल या भूसे का तापमान 25 से 30 डिग्री सेल्सियस आ जाये, तो इसमें ढिंगरी खुंभी का बीज (2 से 3 प्रतिशत) गीले पुआल या भूसे को 10 किलोग्राम प्रति पोलीथीन के थैलों में भर दें। बीजाई की गई सामग्री को थैलों में भरने के बाद इनको बन्द कर दें तथा इन थैलों को ऐसे कमरे में रख दें जिसका तापमान 25 से 30 डिग्री सेल्सियस तथा आर्द्रता 80 से 90 प्रतिशत हो। यदि थैलों की संख्या अधिक हो तो इन थैलों को लोहे या बांस की फ्रेमों के ऊपर भी रख सकते हैं। बुवाई करने के तीन दिन बाद इन थैलों की सतह पर 4–5 इंच की दूरी पर पेन्सिल के अर्द्धव्यास के बराबर छिद्र कर दें, ताकि कवक जाल को अच्छी तरह से फैलने के लिए वायु का संचालन होता रहे। बुवाई के 16 से 18 दिन के बाद धान के पुआल या भूसे में कवक जाल अच्छी तरह से फैल जाएगा, जिसका पता सफेद रंग की फफूंद से लगाया जा सकता है। अब इन थैलों को काट कर निकाल दें तथा कवक जाल फैले इन पिण्डनुमा ढेलों को इन्हीं फ्रेंमों पर 10 से 12 इंच की आपस की दूरी पर रख दें, ताकि फसल के आते समय खुंभी के निकलने के लिए आवश्यक स्थान मिल सके। कमरे में नमी और तापमान को बनाए रखें तथा इन ढेलीं पर दिन में एक या दो बार आवश्यकतानुसार पानी का हल्का छिड़काव करते रहें। कमरे में दिन में 6 से 8 घण्टे तक कृत्रिम या प्राकृतिक प्रकाश व पंखे की सहायता से वायु का संचालन रखना भी जरूरी होता है।

थैलों को हटाने के 4 से 6 दिन बाद ढिंगरी की छोटी–छोटी सुई के आकार की खुंभी बननी शुरू हो जाती है और लगभग 4 या 5 दिन बाद तोड़ने लायक हो जाती हैं, जिनका आकार 8 से 10 सेंटीमीटर होता है। इन खुम्भियों को उंगलियों की सहायता से मरोड़ कर निकालना चाहिए। खुंभी की फसल 40–45 दिन तक आती रहती है तथा एक फसल के समय में खुंभी की 3–4 किश्तें आती है। दस किलोग्राम की सामग्री से भरे हुए प्रति थैले में

से एक से डेढ़ किलोग्राम ताजी ढिंगरी निकल जाती है। ढिंगरी खुंभी की पहली किश्त निकालने के बाद ढेलेनुमा पिण्डों को बाहर से 2 सेंटीमीटर खरोंच कर बाहर फेंके तथा यह क्रम हर किश्त के बाद करते रहना चाहिए, ताकि ढिंगरी सामान्य रूप से निकलती रहे। जहाँ तक हो सके ढिंगरी को ताजा ही बेचना चाहिए। यदि किसी कारणवश यह नहीं बिक पाती है तो इसे धूप में 6 से 8 दिन तक सुखा कर पोलीथीन के थैलों में बन्द करने पर 1 से 1½ साल तक सुरक्षित भण्डारण किया जा सकता है। ताजी ढिंगरी को रेफ्रीजरेटर में 5 से 6 दिन तक रखा जा सकता है। इस खुंभी को उगाने के निम्नलिखित लाभ है।

1. ढिंगरी खुंभी को उगाने के लिए खाद व केसिंग मिश्रण की आवश्यकता नहीं पड़ती।
2. इस खुंभी को उगाने के लिए विशेष प्रकार के भवन तथा मूल्यवान उपकरणों की आवश्यकता नहीं पड़ती तथा इसे किसी भी सादे कमरे या मिट्टी के मटकन्दों वाले कमरे में, जहां का तापमान 20 से 30 डिग्री सेल्सियस हो, उगाया जा सकता है।
3. फसल के आते समय भयानक रोग या मकोड़ों का प्रकोप कम रहता है।
4. इस खुंभी में पैदावार की लागत श्वेत बटन खुंभी से बहुत कम है तथा लाभ अधिक है।

वाल्वेरियेला खुंभी

इस खुंभी को पेडिस्ट्र या उष्ण कटिबन्धीय खुंभी के नाम से भी जाना जाता है। कृत्रिम रूप से इस खुंभी को सबसे पहले चीन में उगाया गया था। इसलिए इस खुंभी को चाईनीज खुंभी भी कहा जाता। इस खुंभी को धान के पुआल की खुंभी भी इसलिए कहा जाता है, क्योंकि शुरू–शुरू में यह खुंभी धान के पुआल पर ही उगाई जाती थी। इस खुंभी की बहुत–सी प्रजातियां उगाई जाती हैं, परंतु मुख्य रूप से वाल्वेरियेला वालवेसिया, वाल्वेरियेला एसकुलेन्टा और वाल्वेरियेला डिप्लेशिया की ही खेती की जाती है।

इस खुंभी को उगाने के लिए धान के पुआल के बण्डलों की परत बनाकर संस्तरित किया जाता है। इसके गट्ठर को बनाने के लिए ताजे, साफ और सूखे पुआल को प्रयोग में लाते हैं। बण्डल को बनाने के लिए पूरी की पूरी पुआल की लम्बाई को लिया जाता है तथा इनकों दोनों किनारों से 2–2 इंच की दूरी पर सुतली से बांधना चाहिए। बण्डलों के दोनों सिरों या किनारों को दराती या किसी तेज धार वाले औजार से काट देते हैं, ताकि सभी बण्डलों की लम्बाई एक जैसी रहे। प्रत्येक बण्डल का भार लगभग एक किलोग्राम होना चाहिए। इन सभी कटे तथा तैयार बण्डलों को किसी बर्तन या टब में 18 से 20 घण्टे तक स्वच्छ तथा ताजे पानी में डाल दें। इसके ऊपर कोई भारी वजनदार वस्तु रख दें, ताकि बण्डल अच्छी तरह से पानी में डूबे रहें और ऊपर न तैरें। भिगोएं गए बण्डलों को निकाल कर किसी ढलानदार फर्श पर रखें, ताकि पानी की अतिरिक्त मात्रा निकल जाये। कुछ लोग इन बण्डलों को रोगाणु मुक्त करते हैं और अन्य साधारण बण्डलों की ही परत बनाकर संस्तरित करते हैं। इन बण्डलों को मुख्यतया गर्म पानी में 80–85 डिग्री सेल्सियस तापमान पर 30 से 40 मिनट के लिए रखकर रोगाणु मुक्त कर सकते हैं। इन बण्डलों को रोगणु मुक्त करने के बाद 75 से 90 सेंटीमीटर बांस से बनाए गए फ्रेम पर आपस में एक दूसरे से सटाकर रख देते हैं। इस तरह से यह बण्डलों की पहली सतह बन जाती है, जिसके ऊपर इस खुंभी के बीज को चारों तरफ किनारों से 3–4 इंच अन्दर की ओर बिखेर देते है और फिर बुवाई करने के बाद बण्डलों की दूसरी सतह बिछा दी जाती है। दूसरी तह को बनाते समय यह ध्यान रखना जरूरी है कि इन बण्डलों को पहली तह के विपरीत अवस्था में रखें। इस तह पर भी पहली सतह की तरह बीज डाल दें। इस तरह की दो तह और बनाई जाती हैं तथा इस पूरे ढेर की ऊंचाई 60 से 90 सेंटीमीटर तक आ जाती है और तीसरी सतह पर भी बीज पहले की तरह ही डाल दिया जाता है। तथा चौथी तह पर सारी की सारी सतह पर बीज डाल दिया जाता हैं। यदि कोई पूरक या पौष्टिक पदार्थ बण्डलों की सतह पर मिलाना हो तो वह बुवाई के समय पर ही मिला देनी चाहिए। आमतौर पर अरहर व चने की दाल का चूर्ण या एक प्रतिशत गेहूँ/चावल का चोकर सूखे हुए भूसे के आधार पर मिला लेना चाहिए।

चौथी सतह पर बीज डालने के बाद पुआल की 7–8 सेंटीमीटर तक तह बिछा देनी चाहिए और इस ढेर को अच्छी तरह से दबाना चाहिए, ताकि ढेर के अन्दर हवा न रह जाए और किसी प्रकार के अन्य खरपतवार न निकल सकें। बुवाई करने के बाद ढेर का तापमान 30–35 डिग्री सेल्सियस तथा नमी 80–90 प्रतिशत रखनी चाहिए। यदि यह तापमान बना रहे तो कवक जाल को फैलने में 8 से 10 दिन लग जाते हैं। बीज फैलने के 2–3 दिन बाद मुर्गी के अण्डों के आकार की छोटी–छोटी खुंभी बननी शुरू हो जाती है। इन अण्डेनुमा छोटी–छोटी खुंभियों को बनने के बाद एक या दो दिन में ये बड़ी जाती है तथा तुड़ाई के लिए तैयार हो जाती है।

जब खुंभी तुड़ाई के योग्य हो जाएं तो उंगलियों की सहायता से खुंभी को निकाल लेना चाहिए। एक ढेर से प्रायः 20 से 25 दिन तक खुंभी निकलती रहती है तथा एक सामान्य ढेर की पैदावार 2.5 से 3.5 किलोग्राम (ताजा खुंभी) आती है। यह पैदावार ढेर के अनुसार परिवर्तित होती रहती है। परन्तु इस खुंभी की उत्पादन क्षमता ताजा खुंभी/सूखे पुआल के आधार पर प्रायः 10 से 12 प्रतिशत रहती है, जबकि श्वेत बटन खुंभी की यही क्षमता लगभग 65 से 75 प्रतिशत है। यह खुंभी तापमान के प्रति बड़ी संवेदनशील है, क्योंकि यह 15 डिग्री सेल्सियस से नीचे तथा 45 डिग्री सेल्सियस से ऊपर के तापमान पर नहीं उग पाती तथा इस खुंभी की पैदावार के लिए ऐसे स्थान का चयन करना चाहिए, जहाँ पर तापमान 25 से 38 डिग्री सेल्सियस के बीच रहे। इस खुंभी में कई प्रकार की बीमारियों या कीड़े–मकोड़ों का प्रकोप होता है, इसलिए ढेर की अच्छी तरह से देखभाल करनी चाहिए। इन प्रकोपों की रोकथाम के लिए बेविस्टीन (0.05 प्रतिशत) तथा न्यूवान (0.05 प्रतिशत) का छिड़काव करना चाहिए। इस खुंभी में प्रतियोगी फफूंद जैसेः ट्राईकोडर्मा प्रजाति, स्कलैरोशियम प्रजाति, राइजोक्टोनिया प्रजाति तथा कोपराईनस प्रजाति आदि का प्रकोप रहता है।

जहाँ तक हो सके इस खुंभी को ताजा ही सब्जी के रूप में प्रयोग करें। यदि किसी कारणवश इस खुंभी के भण्डारण की आवश्यकता पड़े तो हवादार कमरे में जहां का तापमान 10 से 15 डिग्री सेल्सियस हो, उसमें 48 घण्टे तक सुरक्षित अवस्था में रखा जा सकता है। खुम्भियों को 10 प्रतिशत नमक के घोल में उपचारित करके एक हवादार कमरे में 10 से 15 डिग्री सेल्सियस

पर एक सप्ताह तक रखा जा सकता है। जब ऐसी खुंभियों की सब्जी बनानी हो, तो इनको पानी से भली प्रकार धो लें, ताकि नमक की मात्रा धुल जाये। इस खुंभी को छाया या धूप में सुखाया जा सकता है और यदि इस खुंभी को सूखी गर्म हवा में सुखाना पड़े तो इसका तापमान 52 डिग्री सेल्सियस से ऊपर न ले जाएं अन्यथा इस खुंभी की प्राकृतिक सुगन्ध नष्ट हो जाती है। इस खुंभी की डिब्बाबन्दी नहीं की जा सकती है, क्योंकि इस खुंभी में बहुत से घुलनशील तत्व पाए जाते हैं, जो खुंभी की प्राकृतिक सुगन्ध व स्वादिष्टता को बनाए रखते हैं तथा सरल परिरक्षण के समय सुगन्धता और स्वादिष्टता बनाए रखने वाले तत्वों के खत्म होने का डर रहता है।

तालिका 37 : खुंभी उगाने की विभिन्न प्रणालियों का तुलनात्मक अध्ययन

क्र. सं.	शैल्फ प्रणाली	ट्रे प्रणाली	पोलीथीन बैग प्रणाली
1.	खाद का पास्तुरीकरण शैल्फों वाले कमरे में करना कठिन हो जाता है, जब तक कि इन कमरों को विशेष रूप से तैयार न किया गया हो, जिसके लिए काफी धन की आवश्यकता होती है। शैल्फ प्रणाली में हर सूरत में केसिंग को जीवाणु–हनन करने के लिए अलग कमरे का होना जरूरी है।	खाद का पास्तुरीकरण तथा केसिंग मिश्रण का जीवाणु हनन पेटियों में पास्तुरीकरण कमरे में किया जा सकता है।	पोलीथीन बैगों के लिए खाद का पास्तुरीकरण तथा केसिंग मिश्रण का जीवाणु–हनन करने के लिए पेटिंयो का होना तथा पास्तुरीकरण कमरे का बनाना जरूरी है, क्येांकि खाद को पेटियों में भरकर पास्तुरीकरण कमरे में ही ले जाना पड़ता है।
2.	जब फसल निकलनी बंद हो जाए तो शैल्फों के फट्टों को एक जगह ढेर लगाने से कम स्थान की आवश्यकता पड़ती है।	फसल बंद हो जाने के बाद सभी ट्रे का ढेर लगाने के लिए काफी स्थान चाहिए।	इसमें इस तरह की कोई भी समस्या नहीं होती है।
3.	जब फार्म पर किसी प्रकार की बीमारी या रोग का संक्रमण हो जाए तो शैल्फ की लंबाई के साथ–साथ ही फैल जाता है तथा इस प्रकार शैल्फ प्रणाली में बीमारी या किसी दूसरे रोग को रोकना बहुत कठिन है।	ट्रे में इस प्रकार की बीमारी आदि इतनी जल्दी फैलने का डर नहीं रहता, क्योंकि जिस ट्रे में बीमारी आ जाए उस ट्रे को हम फार्म से काफी दूर ले जाकर फेंक सकते हैं।	बैग प्रणाली में अगर किसी बैग के बीच में बीमारी आ जाए तो इतने जल्दी दूसरे बैगों तक नहीं जाती तथा अगर बैग में यह बीमारी आ जाए तो ट्रे की भांति बैग को भी फार्म से काफी दूर फेंक सकते है।

4.	शैल्फों के फट्टों को आसानी से साफ किया जा सकता है।	ट्रे को साफ करने तथा रोगाणुओं से मुक्त करने में काफी कठिनाई आ जाती है, क्योंकि पेटियों के बीच में लगे फट्टों की जगह तथा खूंटियों के बीच की जगह आसानी से साफ नहीं होगी।	बैगों में एक ही फसल लेनी चाहिए, लेकिन जरूरत पड़ने पर यदि एक से ज्यादा फसल भी लेनी पड़े तो आसानी से रोगाणुमुक्त किए जा सकते हैं।
5.	शैल्फों की फ्रेमों तथा फट्टों की लागत आमतौर पर तकरीबन ट्रेज के बराबर ही आती है।	ट्रे को बनाने में काफी लागत आती है, जैसा कि सोलन में देवदार की एक ट्रे आजकल लगभग 200 रुपये की करीब पड़ती है।	बैग का मूल्य लगभग 1 रुपये 50 पैसे प्रति बैग पड़ता है तथा एक ट्रे की कीमत (200 रु.) में 130–140 बैग खरीदे जा सकते हैं, जिनमें लगभग 1,690 किलोग्राम से लेकर 1,820 किलोग्राम तक तैयार खाद आ जाएगी यदि इस खाद (बैग) की मात्रा को ट्रे में डालना हो तो यह 50 से 60 ट्रे के बराबर खाद को प्रयोग में लाने की क्षमता रखते हैं, जिसमें कि सिर्फ एक ट्रे की कीमत खर्च की गई है और यदि इतनी ही खाद पेटियों में भरनी हो, तो लगभग 11,200 रुपये से लेकर 12,000 रुपये तक की कीमत सिर्फ पेटियों के लिए चाहिए।
6.	केसिंग की काफी मात्रा चाहिए।	कैंसिग की काफी मात्रा चाहिए।	कैंसिग की कम मात्रा की आवश्यकता पड़ती है, क्योंकि बैग की पैदावार का क्षेत्र ट्रे और शैल्फ से काफी कम होता है।
7.	यंत्रीकरण इतना आसान नहीं	यंत्रीकरण आसान	यंत्रीकरण काफी कठिन
8.	केसिंग परत की समानता	केसिंग परत की समानता	कैंसिंग को भरने में समानता नहीं आती।

नोट: उपरोक्त प्रणाली में बैग प्रणाली सबसे अच्छी और सुरक्षित ही नहीं, बल्कि इसमें लागत भी कम आती है। हमारी सरकार की भी यही नीति है कि वनों की कटाई को रोका जाए तथा इस प्रणाली का यह भी लाभ रहेगा कि हमारे जंगल सुरक्षित रहेंगे और उनकी कटान में कुछ फीसदी कमी आएगी।

खुंभी की आर्थिकी

खुंभी उत्पादन का आर्थिक विवरण अलग–अलग स्थानों पर भिन्न–भिन्न होता है क्योंकि इसमें उपयोग में लाए जाने वाले उपकरण, सामग्री एवं इसके परिवहन में आने वाली लागत के कारण पैदावार के खर्चों पर काफी प्रभाव पड़ता है। बढ़ती हुई मंहगाई के कारण भी लागत मूल्यों में परिवर्तन आ जाएगा। आर्थिक दृष्टि से खुंभी उत्पादन को सफल एवं उपयोगी बनाने के लिए एक न्यूनतम क्षमता वाला खुंभी का फार्म होना आवश्यक है। एक छोटे खुंभी फार्म में कम से कम एक फसल उगाने के लिए 500 थैलों का, मध्यम स्तर के लिए 5,000 थैलों तथा बड़े पैमाने के लिए 10,000 थैलों का फार्म होना चाहिए। न्यूनतम क्षमता वाले खुंभी के फार्म का आर्थिक विश्लेषण नीचे दिया गया है:

तालिका 38 : श्वेत बटन खुंभी की आर्थिकी

क)	स्थाई पुंजी	रुपये
	भवन	
1.	पैदावार वाला कमरा – 20 X 12 X 10 फुट (पंखा और नलिका की लागत सहित)	15,000.00
2.	बृहदाकार पास्तुरीकरण कक्ष 15 X 8 X 8 फुट (उष्मारोधी, धौंकनी, मोटर तथा नलिका की लागत सहित)	30,000.00
3.	खाद का चबूतरा 15 X 12 X 12 फुट	10,000.00
	उपकरण	
1.	बायलकर (कवथनित्र) पाइप बिछाने की लागत सहित	22,,000.00
		77,000.00
ख)	**आवर्ती खर्च**	
	खाद के लिए कच्चा माल:	
1.	गेहूँ का भूसा 25 क्विंटल (100 रु./क्विं)	2,500.00
2.	मुर्गी की बीट 15 क्विंटल (100 रु./क्विं)	1,500.00
3.	चोकर 2.5 क्विंटल (250 रु./क्विं)	625.00
4.	युरिया 36 किलोग्राम (500 रु./क्विं)	180.00
5.	जिप्सम 75 किलोग्राम (200 रु./क्विं)	150.00
	श्रम:	
1.	प्रबन्धक – खुंभी उत्पादक की स्वयं सेवा	–
2.	श्रमिक – 2 व्यक्ति 50 रु. प्रतिदिन (चार घंटे) 90 दिन के लिए शुरू से फसल खत्म होने तक	9,000.00
	बीज:	
	250 थैले 10 रु./थैला एक फसल के लिए	2,500.00

	विविध व्ययः	
1.	पानी	100.00
2.	बिजली	1,000.00
3.	केसिंग मिश्रण 50 रु./ट्रे (35 ट्रे ग 50 रु.)	1750.00
4.	ईंधन	1,000.00
5.	कीट वं फफूदनाशी दवाइयाँ	500.00
		20,805.00
ग) 1.	ब्याज 15 प्रतिशत की दर से स्थाई पूंजी के ऊपर	11,500.00
2.	अवमूल्यन प्रभार 10 प्रतिशत की दर से स्थाई पूंजी (क) के ऊपर	7,700.00
		19,250.00
घ)	कुल व्यय तीन फसलों के लिए (ख + ग)	81,665.00
	20,805 x 3 = 62415 + 19250	
ङ)	पैदावार से आय :	
	500 थैले x 2 किलो खुंभी/थैला	1,80,000.00
	1000 किलोग्राम खुंभी 60 रु. प्रति कि.ग्रा. की दर से तीन फसलों से	
	(3000 x 60)	
	तीन फसलों से शुद्ध लाभ = 1,80,000–81,665.00	98,335.00

ढिंगरी खुंभी की आर्थिकी

ढिंगरी के खेती के लिए किसी विशेष उपकरण या वातानुकूलित कमरे की आवश्यकता नहीं होती है। इसे कृषि निरर्थक उत्पादनों – जैसे गेहूँ का भूसा, धान का पुआल, मकई के डण्ठल व पत्तियां और लकड़ी का बुरादा आदि में उगाया जा सकता है।

तालिका 39 : ढ़िंगरी मशरूम की आर्थिकी

क)	स्थाई पुंजी	(रुपये)
1.	पोलीथीन निर्मित ढाँचा	5,000.00
2.	बांस से बनी लिफाफों को रखने के लिए शैल्फ	5,000.00
		10,000.00
ख)	आवर्ती खर्च	
1.	गेहूँ का भूसा 10 क्विंटल (100 रु./क्विं)	1,000.00
2.	पोलीथीन के लिफाफे 18 कि.ग्रा. (100 रु./कि.ग्रा.)	1,800.00
3.	बीज की लागत (400 थैले) (10 रु./थैला)	4,000.00
4.	एक मजदूर – 4 दिन (100 रु./दिन) (भूसे को तैयार करने एवं बीजाई के बाद थैलों को शैल्फ में रखने के लिए)	400.00
5.	बिजली और पानी	200.00
6.	पानी को गर्म करने के लिए ईंधन	1,000.00
		8,400.00
ग)	पोलीथीन निर्मित ढांचाः	
1.	ब्याज 15 प्रतिशत की दर से स्थाई पूंजी (क) के ऊपर	1,500.00
2.	अवमूल्यन प्रभार 10 प्रतिशत की दर से स्थाई पूंजी के ऊपर	1,000.00
		2,500.00
घ)	कुल व्ययः	
	पोलीथीन निर्मित ढांचा (ख + ग) (8,400 + 2,500)	10,900.00
ड़)	पैदावार से आयः	
	(70 प्रतिशत जीवविज्ञान सम्बन्धी क्षमता के आधार पर) 700 किलोग्राम ढिंगरी 50 रु. प्रति कि.ग्रा. की दर से	3,5000.00
च)	शुद्ध लाभः	
	पोलीथीन ढाँचा से शुद्ध लाभ = 35,000 – 10,900	24,100.00

धान के पुआल वाली खुंभी की आर्थिकी

इसकी खेती भी ढिंगरी की भांति सरल एवं आसान है तथा इसे मुख्यतः धान की पुआल पर ही उगया जाता है।

तालिका 40 : धान के पुआल वाली खुंभी की आर्थिकी

क)	स्थाई पुंजी	(रुपये)
1.	घास की बनी छान–छप्पर के साथ	4,000.00
ख)	आवर्ती खर्च	
1.	धान का पुआल 10 क्विंटल (50 रु. प्रति क्विंटल–33 वर्ग मीटर के लिए)	500.00
2.	बेसन 10 कि.ग्रा. (60 रु. प्रति कि.ग्रा.)	600.00
3.	बीज के 50 थैले (10 रु. प्रति थैला की दर से 1½ थैले प्रति वर्ग मीटर)	500.00
4.	1 श्रमिक 3 दिन के लिए (100 रु. प्रति दिन)	300.00
5.	विविध खर्च	200.00
		2,100.00
ग)	पोलीथीन निर्मित ढांचाः	
1.	ब्याज 15 प्रतिशत की दर से स्थाई पूंजी के ऊपर	600.00
2.	अवमूल्यन प्रभार 10 प्रतिशत की दर से स्थाई पूंजी के ऊपर	400.00
		1,000.00
घ)	कुल व्ययः (1,000 + 2,100)	3,100.00
ड़)	पैदावार से आय (3 कि.ग्रा. प्रति वर्ग मीटर – 33 x 3 = 99 कि.ग्रा. 50 रु. प्रति कि.ग्रा. की दर से)	4,950.00
च)	शुद्ध लाभः	
	20 – 30 दिनों में = 4,950 – 3,100	1,850.00

समेकित कृषि के अर्न्तगत मुर्गी पालन

पिछले दो दशक से कुक्कुट पालन का व्यवसाय निरंतर बढ़ते हुए आज एक महत्वपूर्ण स्वरोजगार के रूप में उभरकर सामने आया है। इस व्यवसाय को बड़े पैमाने पर करने के अलावा छोटे पैमाने पर भी कम पूंजी एवं छोटे स्थान पर प्रारंम्भ किया जा सकता है। हमारा देश कृषि प्रधान देश है जहां मुर्गी पालन का व्यवसाय कृषि के साथ–साथ एक अतिरिक्त आय एवं उन्नत किस्म के जैविक खाद का माध्यम है। जिससे भूमि का सुधार होने के साथ–साथ रासायनिक उर्वरकों का भी नियंत्रण किया ज़ा सकता है। मुर्गियों के बीट में नाइट्रोजन, फास्फोरस, पोटाश प्रचुर मात्रा में पाया जाता है जो खेती के दृष्टिकोण से लाभप्रद है। हमारे देश से कई प्रकार के कुक्कुट पदार्थ विदेशों में भेजे जाते हैं, जिससे विदेशी धन काफी मात्रा में अर्जित होता है। हमारा देश कुक्कुट व्यवसाय में पांचवे स्थान पर है।

इस व्यवसाय को सीमान्त एवं लघु कृषक अपने कृषि कार्यों के साथ अतिरिक्त आय के लिए व्यवसायिक स्तर पर अपना सकते है जबकि भूमिहीन किसान कुक्कुट व्यवसाय को अपनाकर अपने जीवकोपार्जन की व्यवस्था कर सकते है।

व्यवसाय प्रारम्भ करने के लिए मुख्य रूप से पाँच बातों का ध्यान रखते है।

1. अच्छी नस्ल के चूजे
2. संतुलित कुक्कुट आहार
3. रोग नियंत्रण
4. उचित रख–रखाव
5. बाजार की व्यवस्था

1. अच्छी नस्ल के चूजे

चूजे हमेशा विश्वसनीय हेचरी से लेने चाहिए जिनके चूजे भारत सरकार द्वारा किए गए रेन्डम सैम्पल परीक्षण में खरे उतरे हों। मुर्गी पालन में चूजों का वही स्थान है जो अच्छी खेती के लिए बीज का होता है, यदि चूजे अच्छी किस्म के नहीं होगें तो इनसे मीट और अन्डे पर्याप्त मात्रा में प्राप्त नहीं होगें।

2. संतुलित आहार

चूजों को दिया जाने वाला आहार संतुलित है तो आगे चलकर ब्रायलरों का भार अधिक होता है। संतुलित आहार मुर्गियों को स्वस्थ रखने के साथ–साथ रोगों से लड़ने की शक्ति भी प्रदान करता है। यदि आहार संतुलित है तो मुर्गी दानों को सरलतापूर्वक मांस में बदल देती है। आहार में संतुलित मात्रा में ऊर्जा, प्रोटीन, खनिज तथा विटामिन सबका मिश्रण होना चाहिए। मुर्गी फार्म में 70 प्रतिशत खर्च आहार के उपर आता है, इसलिए आहार विश्वसनीय कम्पनी का लेना चाहिए।

3. रोग नियंत्रण

मुर्गी पालक को रोग नियंत्रण के महत्व को भलीभांति समझना चाहिए, क्योंकि इसके द्वारा कभी–कभी मुर्गी पालक को काफी आर्थिक क्षति पहुँचती है। फार्म पर बीमारी आने के पहले चूजों एवं मुर्गियों को समय–समय पर टीकाकरण एवं दवाईयां देते रहना चाहिए। फार्म हाउस एवं आस–पास की जगह साफ–सुथरी होनी चाहिए।

4. उत्तम रख–रखाव

कुक्कुट पालन से अच्छा उत्पादन एवं आमदनी प्राप्त करने के लिए रख–रखाव का विशेष ध्यान रखना पड़ता है। सही वैज्ञानिक तरीके से फार्म की देखरेख करके एक सफल मुर्गी पालक रोग में नियंत्रण करके अधिक लाभ प्राप्त कर सकता है।

5. बाजार

बाजार किसी भी मुर्गी फार्म की सफलता के लिए एक महत्वपूर्ण तथ्य है। मुर्गी पालक को बिचौलियों के चक्कर में न पड़कर सीधे उपभोक्ता तक पहुंचने का प्रयास करना चाहिए। बाजार के लिए स्थानीय कस्बे, नजदीकी मार्केट एवं होटलों में निरंतर सम्पर्क करके मुर्गियों को पहुंचाने का प्रयास करना चाहिए।

कुक्कुट व्यवसाय में प्रयोग होने वाले सामान की सूची

1. डे ओल्ड चिकन	एक दिन का चूजा
2. ब्रायलर	मांस वाली नस्ल के 10 माह के चूज़े।
3. पुलैट	1 दिन से लेकर 10 महीने तक के मादा चूजे।
4. सैक्सड चिक्स	लिंग भेद द्वारा नर मादा की पहचान किये गये चूजे।
5. हैन	10 माह से ऊपर की मुर्गी।

6.	कॉकरैल	6 से 8 माह तक के नर चूजे।
7.	कौक्स	बड़े मुर्गे
8.	ब्रूडिंग पीरियड	8 सप्ताह तक बच्चों को पालने का समय
9.	रियरिंग पीरियड	9 से 20 सप्ताह तक की उम्र के मुर्गियों का रख–रखाव
10.	लेइंग पीरियड	20 से 72 सप्ताह का समय
11.	लेयर ब्रीडर	ब्रीडिंग के लिए रखे गये लेयर
12.	स्टार्टर मेश	8 सप्ताह तक के चूजों को दिया जाने वाला आहार
13.	ग्रोवर मेश	9 से 20 सप्ताह के चूजों का आहार
14.	लेयर मेश	20 सप्ताह के चूजों का आहार
15.	ब्रीडर्स मेश	नस्लकसी वाली मुर्गियों को दिया जाने वाला आहार
16.	ब्रायलर स्टार्टर मेश	6 सप्ताह तक के ब्रायलरों का आहार
17.	ब्रायलर फिनिश मेश	6 सप्ताह बाद ब्रायलरों का आहार

1. रख–रखाव

मुर्गी पालन का व्यवसाय एक प्रमुख कार्य है, इसके रख–रखाव के लिए तकनीकी जानकारी का होना आवश्यक है। मुर्गी पालन का व्यवसाय छोटे पैमाने से प्रारंभ करके धीरे–धीरे बढ़ाना चाहिए।

रख–रखाव से संबंधित महत्वपूर्ण बातें

1. स्थान : मुर्गी फार्म का स्थान ऐसे जगह पर होना चाहिए, जहां पानी न लगता हो तथा जल निकासी की उचित व्यवस्था हो।
2. मुख्य सड़क से फार्म की दूरीः मुर्गी फार्म में चूजों, दानों एवं ब्रायलरों को ले जाने के लिए एवं लाने के लिए सड़क की आवश्यकता पड़ती है, मुख्य सड़क से फार्म को जोड़ने वाली सड़क अच्छी होनी चाहिए,

ताकि सभी प्रकार की उत्पादों को बाजार से सुविधापुर्वक लाया जा सके एवं फार्म हाउस से बाजार तक ले जाया जा सकें।

3. बिक्री केंद्र एवं कुक्टुट आहार की सुलभताः

कुक्कुट फार्म से बाजार की दूरी जितनी अधिक होगी। ब्रायलरों तथा कुक्कुट आहार पर आने वाला ट्रान्सपोर्ट का खर्च अधिक होगा। यदि संभव हो तो फार्म, कस्बें या शहर के नजदीक खोलना चाहिए।

4. पानी :

फार्म खोलने से पहले स्वच्छ जल की व्यवस्था कर लेनी चाहिए गंदा पानी पीने या पानी उपलब्ध न होने पर मुर्गियों को आवश्यकतानुसार पानी नहीं मिल पाएगा, जिससे मुर्गियों में बीमारीयों की समस्या के साथ–साथ खर्च भी अधिक बढ़ जाता है तथा फार्म को भी स्वच्छ रखने में कठिनाइयों का सामना करना पड़ता है। 1000 मुर्गियों के क्षमता वाले फार्म के लिए लगभग 300 से 400 लीटर/दिन पानी की आवश्यकता पड़ती है।

5. बिजली का प्रबंधः

पानी खिंचने की मशीन चलाने, चूजें पालनें एवं जाड़े में फार्म हाउस के अंदर का तापमान नियंत्रित करने के लिए बिजली की आवश्यकता पड़ती है। अतः फार्म हाउस पर उचित बिजली का प्रबंधन होना आवश्यक है।

6. भूमि का आकार एवं कीमतः

मुर्गी फार्म प्रारंभ करने के लिए अधिक मंहगी भूमि नहीं होनी चाहिए, अपने आवश्यकता अनुसार भूमि का आकार निर्धारित कर लेते है। एक एकड़ भूमि में 10000 से 12000 तक ब्रायलर रखें जा सकते हैं।

7. एक फार्म से दूसरे फार्म की दूरी :

फार्म अधिक पास–पास होने से संक्रामक रोग मुर्गियों में होने की संभावना बनी रहती है तथा दूसरे फार्म का पानी भी बहकर फार्म के पास एकत्रित होने लगता है। जिसके द्वारा भी मुर्गियों में रोग होने का डर रहता है।

नस्ल का चुनाव

स्थान, जगह एवं नस्ल के अनुसार मुर्गी फार्म का चुनाव करना चाहिए, मुर्गी पालन का व्यवसाय दो प्रकार से करते है। इस पुस्तिका में ब्रायलर फार्म का उल्लेख किया जा रहा है।

1. अण्डे देने वाली मुर्गियों का फार्म
2. ब्रायलर फार्म

1. ब्रायलर फार्म : इस फार्म में एक दिन के चूजों को रखा जाता है, जो 6 से 7 सप्ताह के बाद आय का स्त्रोत बन जाते हैं तथा मुर्गी पालक को आमदनी होने लगती है।

मांस वाली नस्ल की मुर्गियाँ

इस नस्ल की मुर्गियाँ दानों को अण्डे के बजाए माँस के रूप में बदल देती है, जिसके कारण मुर्गियों की बढ़वार शीघ्र होती है। इस श्रेणी की मुख्यतः व्हाइट रॉक, व्हाइट कार्निस प्रमुख नस्लें है।

तालिका 41 : व्हाइट रॉक एवं कारनिस की मुख्य विशेषताएं

	व्हाइट रॉक	व्हाइट कारनिस
रंग	सफेद	सफेद
कलगी	सिंगल	पी
कान	लाल	लाल
अंडे के खोल का रंग	हल्का बादामी	हल्का बादामी
भार (बड़ी मुर्गी)	3 से 4 किलो	3 से 4 किलो
(बड़ा मुर्गा)	4 से 5 किलो	4 से 5 किलो

फार्म का चुनाव एवं संरचना

ब्रायलर फार्मः इस फार्म में मांस वाली नस्ल के एक दिन के चूजे को रखा जाता है, जो चिकेन मांस उत्पादन के काम में आते है। ये चिकेन मांस व्हाइट रॉक, कारनिस या इनकी नस्लबदली से तैयार किए जाते है। चूजे 6

से 8 सप्ताह की उम्र तक फार्म में रखे जाते हैं, इस अवधि में 1.25 से 1.75 कि.ग्रा. तक के शरीर भार वाले हो जाते है। 1 कि.ग्रा. भार के हो जाने पर इनको बेचना फायदेमंद रहता है, तथा 6 से 7 सप्ताह में लाभ मिलने लगता है, ब्रायलर फार्म में दो तरीके अपनाये जाते है।

1. पूरे अंदर, पूरे बाहरः
2. बैच प्रणालीः

1. पूरे अंदर, पूरे बाहरः इस प्रणाली में मुर्गी पालक अपने फार्म की क्षमता के अनुसार चूजे एकसाथ लाता है, और उन्हें एकसाथ बेच देता है, यह क्रिया क्रमशः चलती रहती है। इस प्रक्रिया में एक वर्ष की अवधि में सात बार चूजे लाये और बेचे जाते है। यह तरीका छोटे मुर्गी पालकों के लिए ठीक है, परंतु बड़े मुर्गी पालकों के लिए उपयुक्त नहीं होती है।
2. बैच प्रणालीः यह विधि बड़े मुर्गी फार्मो में अधिक लाभकारी होती है। इस विधि में यदि फार्म की क्षमता 6000 ब्रायलर की है तो फार्म के शेड में 6 भाग बनाते है तथा हर सप्ताह 1000 चूजे लाने चाहिए। इस प्रकार 6 सप्ताह में सारे शेड भर जाएगें। जब छठे भाग में चूजे डालते है तो प्रथम भाग का चूजा बेचने योग्य हो जाता है, इस प्रकार यह क्रम चलता रहता है, जो भाग खाली हो जाए उसे साफ करके उसमें पुनः चूजे लाकर डाल देते है। इस प्रणाली में चूजे धीरे–धीरे तैयार होते रहते है और बिकते रहते है, जिससे मुर्गी पालक को अच्छा रेट मिलता है।

मुर्गी फार्म के मकान का निर्माण

मुर्गी फार्म का निर्माण उसकी क्षमता पर निर्भर करता है, फार्म के निर्माण में मुर्गी पालक को लागत का पूर्ण रूप से अनुमान लगा लेना चाहिए, जैसे– कितने चूजे रखने है, कितने जमीन की आवश्यकता पड़ेगी, छत कैसी रखनी है आदि। 1000 क्षमता का लेयर फार्म खोलने के लिए मूलरूप में कम–से–कम लगभग एक लाख रूपये की आवश्यकता पड़ेगी जो कैपिटल कॉस्ट तथा

6 महीने तक चूजों पर आने वाली प्रतिदिन के खर्च के लिए है। इस प्रकार 1000 ब्रायलरों के लिए लगभग 60000 रूपये की जरूरत होती है, तथा ब्रायलर फार्म में प्रति ब्रायलर 6 से 7 सप्ताह तक पालने की रियरिंग कॉस्ट लगभग 20 से 25 रूपये आता है।

सहायक धंधा के रूप में

पूंजी का अभाव एवं जगह की कमी है तो मुर्गी पालन का व्यवसाय सहायक धंधे के रूप में कर सकते हैं। 2000 ब्रायलर से प्रारंभ करके लगभग 2000 रूपये प्रतिमाह कमा सकते हैं, इस व्यवसाय को हम अपने अन्य कामों के साथ आसानी से कर सकते है, क्योंकि इसमें कम समय और कम पूंजी की आवश्यकता पड़ती है। इसके ढ़ांचे का निर्माण स्थानीय सामग्री की उपलब्धता जैसे– बाँस, फूँस, पुआल आदि से किया जा सकता है। एक हजार ब्रायलर के लिए 1000 वर्ग फीट (93 वर्गमीटर) कवर्ड एरिया की आवश्यकता पड़ती है। यह छोटी युनिट भूमिहीन किसानों के लिए अधिक उपयुक्त है।

व्यवसायिक फार्म

व्यवसायिक फार्म शुरू करने के लिए अधिक पैसे की आवश्यकता पड़ती है। पूरे लागत का लगभग 75 प्रतिशत तक किसी भी राष्ट्रीयकृत बैंक से ऋण लिया जा सकता है। व्यवसायिक स्तर पर फार्म हाउस शुरू करने के लिए तकनीकी रूप से सक्षम होना चाहिए अन्यथा भारी आर्थिक क्षति हो सकती है। मुर्गी फार्म ऊंचे स्थान पर और हवादार होने चाहिए, इसके लिए मुख्य रूप से दो बातों का विशेष ध्यान रखते हैं।

1. मुर्गी फार्म योजनाबद्ध तरीके से पूरी संरचना का होना चाहिए, फार्म के शैड सीधी पंक्ति में स्थापित हो जिससे दैनिक कार्य एवं देखरेख में आसानी रहती है, फार्म इस प्रकार हो कि जिसके आगे बढ़ने की क्षमता की संभावना हो।
2. मुर्गी फार्म खोलने के साथ–साथ गर्मी से बचाव और तेज हवा को रोकने के लिए फार्म हाउस के किनारे पेड़ लगाना चाहिए, इसके लिए

फलदार वृक्षों का चयन कर सकते है, जैसे : शहतुत, साइट्रस इस प्रकार के पौधे अधिक लम्बे नहीं होते लेकिन फार्म हाउस के लिए अधिक लाभदायक होते हैं।

छत का निर्माण

मुर्गियों की सुरक्षा एवं आराम के लिए अच्छे छत का निर्माण आवश्यक है। छत बनाने में सामग्री का उतना महत्व नहीं जितना मकान का क्षेत्रफल, हवादार होना तथा मकान का प्रतिदिन के कार्यो की सुविधाओं में सहायक होना जरूरी है।

मुर्गी फार्म की छत बनाने में ध्यान रखने योग्य प्रमुख बातें

1. मुर्गी फार्म की स्थिति : मुर्गी फार्म की योजना बनाते समय फार्म के आगे अधिक उचित जगह होना आवश्यक है, जिसमें आवश्यकता पड़ने पर निर्माण कार्य हो सके, मुर्गियों के लिए उनकी संख्या के अनुसार पर्याप्त जगह होना चाहिए ताकि उनकी बढ़वार ठीक से होने के साथ–साथ बीमारियों को नियंत्रित किया जा सके।

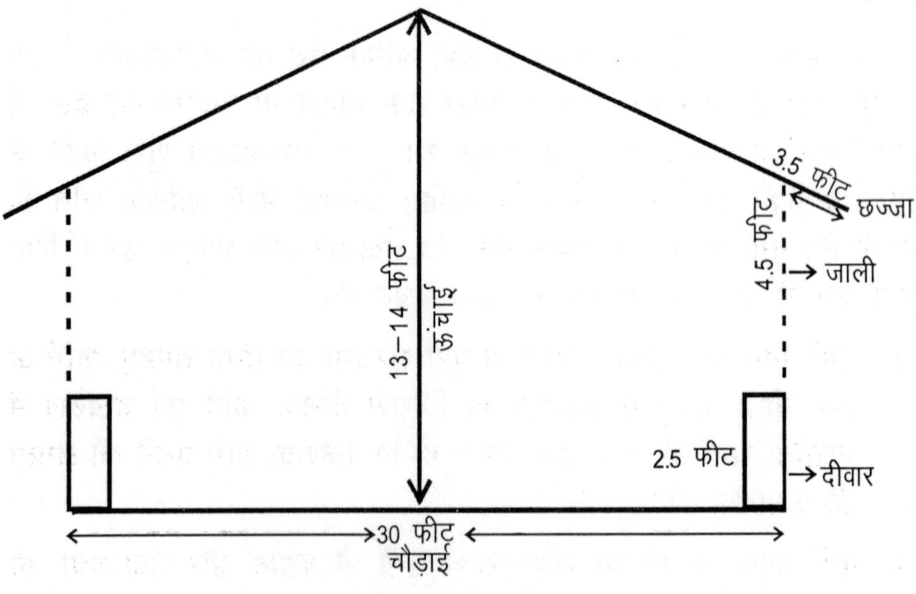

रेखाचित्र 14 : मुर्गी फार्म का रेखाचित्र

2. दिशा : छत का निर्माण पुरब, पश्चिम दिशा की तरफ होना चाहिए, जिससे गर्मी में लू व बारिश की बौछार से बचा जा सके।

3. चौड़ाई : छत की चौड़ाई 30 फीट रखते है, जिससे वह हवादार होने के साथ कम खर्चीला हो, शैड अधिक चौड़ा होने से कम हवादार होता है।

4. लम्बाई : छत की लम्बाई 100 से 120 फीट सही मानी जाती है, लेकिन लम्बाई को कम या अधिक जगह के हिसाब से कर सकते हैं। ब्रायलर फार्म में एक वर्ग फीट स्थान प्रति चूजे के हिसाब से रखते हैं।

5. फर्श : मुर्गी फार्म का फर्श पक्का होना चाहिए। जिससे सीलन एवं चूहों की समस्या से बचा जा सके। फर्श जमीन की सतह से एक फीट ऊंचा होना चाहिए।

6. दिवार : फार्म हाउस कि बाहर की दिवारें 2 से 2.5 फीट ऊंची होनी चाहिए तथा इसके ऊपर जाली लगाते हैं, जिसको कुत्ते, बिल्ली न तोड़ सकें।

7. छत : फार्म हाउस के छत के निर्माण में सबसे अधिक खर्च आता है इसलिए छत का निर्माण ऐसा करना चााहिए, जो मजबूत होने के साथ–साथ अधिक टिकाऊ भी हो। छत का निर्माण दो प्रकार से करते है, फुस की छत एवं एस्बेस्टस की छत, फुस की छत सस्ती होने के साथ–साथ गर्मीयों एवं सर्दीयों दोनों मौसम के लिए अच्छी रहती है तथा यह इन्सुलेटर का भी काम करता है। ये छत दो से तीन साल तक आसानी से चल जाती है, लेकिन झोपड़ीनुमा छत के लिए एस्बेसटस चादर वाली छत अच्छी मानी जाती है। इनकी ऊंचाई बीच में 13 से 14 फीट तथा किनारे की दिवारें 4.5 फीट ऊंची होनी चाहिए। दीवारों के आगे जो छज्जा निकालते है उसकी लम्बाई 3.5 फीट रखते है। छज्जा होने से बरसात के मौसम में बौछार से बचाव होता हैं तथा पानी दूर गिरने की वजह से फार्म हाउस के अन्दर नमी को आने से रोका जा सकता है।

8. पार्टीशन : अच्छे रख रखाव के लिए फार्म हाउस के अन्दर पार्टीशन होना आवश्यक है, अलग–अलग जगह से खरीदे गए चूजों तथा

अलग–अलग उम्र वाली मुर्गियों को एक ही स्थान पर एक ही शैड में रखा जा सकता है। शैड को इस प्रकार विभाजित करना चाहिए कि 500 बड़ी मुर्गियां या 500 से 1000 तक ब्रायलर एक पार्टीशन में रखे जा सकते हैं, 30 x 100 फीट के एक शैड में 3 से 4 भाग किये जा सकते है, प्रत्येक भाग को 1.5 से 2 फीट की दीवार देकर बनाया जा सकता है। जिसके ऊपर चार से पांच फीट की जाली लगाना चाहिए।

मुर्गी फार्म का व्यवहारिक कार्य

छोटे चूजों का पालन पोषण या ब्रूडिंग (0 से 8 सप्ताह)

ब्रूडिंगः मांस वाले बच्चे तथा अंडे देने वाले बच्चे, दोनों के लिए–छोटे चूजों का 8 सप्ताह तक पालन पोषण ब्रूडिंग कहलाता है, अंडे देने वाले तथा ब्रायलर चूजों के ब्रूडिंग का तरीका एक जैसा ही है। एक दिन के चूजे मुर्गी पालकों द्वारा सीधे हैचरी से लाकर पाले जाते हैं। मुर्गी पालन में छोटे चूजों का पालन पोषण सबसे नाजुक समय माना जाता हैं इस समय सबसे ज्यादा सावधानी बरतने व ध्यान देने की जरूरत होती है। छोटे बच्चों को अच्छी तरह से नहीं पाला गया तो आगे चलकर परिणाम अच्छे नहीं मिल सकते। इसलिए बच्चों का पालन–पोषण करने से पहले मुर्गी पालक को छोटे चूजों के आवश्यकताओं का पूरा ज्ञान होना जरूरी है। यदि आप ब्रुडिंग तकनीकी को समझ लेते हैं और इनको प्रयोग में लाते हैं तो छोटे चूजे को पालना बड़ा ही आसान काम हो जाता है तथा इसके परिणाम अच्छे मिलते हैं।

छोटे चूजों के पालन–पोषण के लिए आवश्यकताएँ

1. तापमान

छोटे बच्चों के पालन पोषण में तापमान का महत्व सबसे अधिक है। प्राकृतिक रूप में तो मुर्गी बच्चों को अपने शरीर से गर्मी पहुंचाती है पर यहां आपको अप्राकृतिक रूप से ही बच्चों को गर्मी देनी पड़ेगी। छोटे चूजों को लगभग पूरे वर्ष गर्मी की जरूरत होती है विशेषकर सर्दियों में तो उन्हें अतिरिक्त गर्मी की जरूरत ज्यादा ही रहती है। उम्र के हिसाब से तापमान की जरूरत निम्न प्रकार होती है।

सप्ताह	ताप (डिग्री से.)
पहला	35
दूसरा	32
तीसरा	29
चौथा	27
पांचवा	24
छठा	21

प्रति सप्ताह 3^0 से. तापमान घटाते जाएं, जब तक यह 210 तक आ जाए, बाहरी तापमान के अनुसार सर्दियों में 5 से 6 सप्ताह तक तथा गर्मियों में 2 से 3 सप्ताह तक अतिरिक्त तापमान देने की आवश्यकता होती है। यह अतिरिक्त तापमान बिजली के माध्यम से (हीटर, बल्ब या इंफ्रारेड लैंप) आदि से दिया जाता है।

गर्मी देने के लिए बिजली की आवश्यकता

साधारणतः इस तापमान के लिए प्रति बच्चा 2 से 3 वॉट बिजली की जरूरत होती है। जिसके लिए 3 बल्ब 100–100 वॉट के जलाएं या हीटर लगाएं।

जिस संयंत्र में ये बल्ब या हीटर आदि लगाये जाते हैं उसे ब्रूडर कहते हैं या फोस्टर मदर भी कहा जाता है। आमतौर पर 16 से 20 चूजों के लिए एक वर्ग फुट (930 वर्ग सें.मी.) ब्रूडर स्पेस की जरूरत होती है। यदि आपका ब्रूडर 4 x 3 फीट या 1.2 x 0.91 मी. (12 वर्ग फीट या 1.1 वर्ग मी.) की है तो यह 16–20 बच्चे प्रति वर्ग फीट डायमीटर के अंदर 70 बच्चे रखे जा सकते हैं। 3 फीट (91 सें.मी.) व्यास के गोल ब्रूडर में 200 बच्चे रखे जा सकते हैं। इसलिए चूजे ब्रूडर के हिसाब से ही रखने चाहिए। यदि आप जरूरत से ज्यादा चूजे रखेंगे तो उन्हें उचित गर्मी नहीं मिल पाएगी।

ऊपर दिया गया तापमान ब्रूडर के नीचे होना चाहिए न कि सारे कमरे में, जैसा कि कई बार मुर्गीपालक गलत समझ जाते हैं। ब्रूडर का तापमान नापने के लिए ब्रूडर की टांग के साथ लिटर से 2 इंच (5 से.मी.) ऊपर तापमान मापक यंत्र या थर्मामीटर लगाया जाता है।

तापमान का प्रभाव

ऊपर दिया गया तापमान हमेशा ब्रूडर में रखना चाहिए, अन्यथा बहुत हानि हो सकती है और पालन पोषण में बाधा पड़ेगी। बहुत अधिक या बहुत कम दोनों ही तापमान नुकसानदायक हैं।

कम तापमान का प्रभाव

यदि तापमान बताये गये तापमान से कम है तो बच्चों को ठंड लग जाएगी, निमोनिया हो जाएगा और उनकी बढ़ोतरी रुक जाएगी। इसलिए कभी भी बच्चों को कम तापमान न दें, थोड़ा ज्यादा दे सकते हैं।

ज्यादा तापमान का प्रभाव

यदि ब्रूडर के नीचे बताये गये तापमान से बहुत ज्यादा तापमान है तो चूजे हीट स्ट्रोक से मरने लगेंगे। चूजे हांफने लग जाते हैं और मुंह खोलकर सांस लेते है, जिससे काफी नुकसान होता है।

सही तपमान की पहचान

सही गर्मी का पता लगाने के लिए वैसे तो ब्रूडर की टांग के साथ लिटर से 2 इंच (5 सें.मी.) ऊपर थर्मामीटर लगाएं और उससे तापमान की जांच करें। पर यह इतना सुविधाजनक नहीं है क्योंकि कई बार थर्मामीटर गलत तापमान दर्शाता है या कई लोगों को थर्मामीटर देखना ही नहीं आता। इसलिए तापमान जांचने का सबसे सही तरीका "चूजों का बर्ताव" ही सही मापदंड है। यदि आप देखते हैं कि बच्चे ब्रूडर के नीचे तथा उसके आस–पास बराबर–बराबर फैले हुए हैं और एक जगह इक्ट्ठे नहीं है तो समझना चाहिए कि ठीक तापमान मिल रहा है और यदि ऐसा नहीं है तो तापमान ठीक नहीं है।

तापमान को संतुलित करना

यदि आपके ब्रूडर में तापमान कम है तो सारे चूज़े बल्ब या हीटर से नीचे इक्ट्ठे मिलेंगे। यदि कोई बच्चा ब्रूडर से बाहर नजर नहीं आए तो समझना

चाहिए कि उसको गर्मी सही नहीं मिल रही है। यह स्थिति सबसे ज्यादा खतरनाक होती है।

कम तापमान को सही कैसे करें

यदि तापमान चूज़ों के बर्ताव के हिसाब से कम है तो इसे तुरन्त बढ़ाएं। इसके लिए बल्ब या हीटर और बढ़ा दें या बुखारी जला दें, यदि कोई भी चीज उलब्ध नहीं है तो कोयले की अंगीठी धुआं खत्म होने के बाद ब्रूडर के पास कमरे में रख दें, इससे तापमान बढ़ जाएगा।

ज्यादा तापमान को कम करने की विधि

यदि आप देखते हैं कि कोई भी चूजा ब्रूडर के नीचे नहीं है और सब उससे दूर हैं तो समझना चाहिए कि तापमान ज़रूरत से ज्यादा है। ऐसी दशा में ब्रूडर से एक दो बल्ब कम कर दें या इनकी ऊंचाई बढ़ा दें।

सावधानियां

हमेशा बुखारी या अंगीठी का प्रबंध करके रखें ताकि बिजली फेल होने की दशा में इनका इस्तेमाल किया जा सके और ब्रूडर में तापमान सही बना रहे। इसके अलावा लालटेन भी रखनी चाहिए, जो बिजली चली जाने पर रोशनी के लिए तुरंत जला दी जाए।

चूजों को गर्मी पहुंचाने के लिए अब इन्फ्रारेड लैंपों का प्रयोग भी होने लगा है। 250 वॉट का इन्फ्रारेड लैंप 100 चूजों के लिए पर्याप्त रहता है। यह बल्ब लिटर में लगभग 18 इंच (45.72 से.मी.) ऊपर फिट किय जाते हैं। ये बल्ब या तो पैनल में लगाए जाते हैं या साधारण ब्रूडर में भी लगाये जा सकते हैं। ये चूजों को गरम नहीं करते बल्कि उन्हें सूर्य की तरह गर्मी पहुंचाते हैं।

2. जगह

ब्रूडर के कमरों में चूजों को पर्याप्त जगह दी जानी चाहिए जो इस प्रकार है।

0 से 4 सप्ताह : 1/2 वर्ग फुट (465 वर्ग सें.मी.) प्रति चूज़ा

5 से 8 सप्ताह : 1 वर्ग फुट (930 वर्ग से.मी.) प्रति चूज़ा

यदि ब्रूडर का कमरा 20 फीट का है तो इसमें 4 सप्ताह तक 1/2 वर्ग फुट स्थान प्रति बच्चा के हिसाब से लगभग 600 चूजे को रख सकते है। इससे आगे 8 सप्ताह की उम्र का 300 चूजे रख सकते हैं। जितनी जगह 8 सप्ताह तक के चूजों को चाहिए उतने ही चूजे शुरू से उसमें रखे जाते हैं। ऐसा करने से चूजों की अदला–बदली करने में श्रम की बचत होती है।

दाना का बर्तन

चूजों की संख्या के आधार पर दानों के बर्तनों की संख्या व साइज निर्भर करता है। यदि बर्तन ढाई फीट लम्बा है तो 100 चूजों के लिए 4 सप्ताह तक 2 से 3 बर्तनों की आवश्यकता पड़ती है। 4 से 8 सप्ताह तक के बच्चों के लिए 4 से 6 बर्तनों की आवश्यकता पड़ती है। कभी भी दाने के लिए जगह कम नहीं होना चाहिए अन्यथा कई प्रकार की समस्याएं जैसे पंख नोचना, एक–दूसरे को खाना, कम व असमान बढ़ोतरी का सामना करना पड़ सकता है। जब चूजे 5 से 6 दिन के रहते हैं उस अवस्था में दाना बरतन में ऊपर तक भरते है, जिससे चूजे आसानी से खा सके, चूजों के लिए दो प्रकार के दाने के बर्तन खरीदना चाहिए, छोटे आकार के बर्तन जिसको बेबी फीडर कहते है। दो से तीन सप्ताह तक काम में लाये जाते है। जब बच्चे बड़े हो जाते है, उनको भी बड़े आकार का बर्तन जिसे ग्रोवर फीडर कहां जाता है, प्रयोग करना चाहिए।

पानी का बर्तन

चूजों के लिए पानी की पर्याप्त व्यवस्था होनी चाहिए। 50 चूजों के लिए एक स्वचालित पानी का बर्तन होना चाहिए, पानी के बर्तन पर्याप्त नहीं है तो चूजों को समान रूप से पानी की पूर्ति नहीं की जा सकती। तथा गर्मी के दिनों में हीट स्ट्रोक लगने का डर बना रहता है। 100 चूजे 12 से 24 लीटर

पानी प्रतिदिन पी जाते है। कुछ सस्ते बर्तन घर में भी बनाये जा सकते है, जैसेः छोटे डिब्बे एवं पलेटें, पलेट का व्यास डिब्बे के मुंह के व्यास से 2 इंच बड़ा होना चाहिए, पलेट के किनारे छोटे चूजे के लिए दो इंच तथा बड़े चूजों के लिए 3 से 4 ईंच ऊंचे होने चाहिए। डिब्बे के मुंह पर 1 इंच नीचे आमने–सामने दो छेद कर देते हैं और इसे पानी से भरकर ऊपर से पलेट लगाकर उल्टा करके रख दिया जाता है। छोटे चूजों के लिए बड़े डिब्बों के स्थान पर छोटे डिब्बे भी काम में लाए जा सकते है।

बिछावन

मुर्गी फार्म में दो से तीन इंच मोटा लकड़ी का बुरादा या धान की भूसी का बिछावन के लिए प्रयोग करते है।

रोशनी

कमरे में लाइट की पूरी रात व्यवस्था होनी चाहिए। 500 वर्गफीट जगह के लिए 60 वाट का एक वल्ब जो 7 फीट की ऊंचाई पर हो पर्याप्त होता है।

सफाई

मुर्गी फार्म में साफ–सफाई का विशेष ध्यान रखना चाहिए। साफ–सफाई के अभाव में चूजों में बीमारियां लगती हैं, जिससे चूजों की मृत्यु दर बढ़ जाती है। साफ–सफाई के अलावा बिछावन सुखा व भूरभूरा गंधरहित होने के साथ ही साथ चूजों का आहार संतुलित तथा पानी साफ होना चाहिए ।

तालिका 42 : चूजों का संतुलित आहार

चूजों की आयु (सप्ताह में)	तापमान (सेल्सियस में)	स्थान (प्रति चूजा)	दाने की जगह (प्रति चूजा)	पानी के बर्तनों की जगह
पहला दूसरा तीसरा	35^0 32^0 29^0	1/2 वर्ग फूट (465 वर्ग से.मी.)	2.5 से.मी. प्रति चूजा 2 से 3 दाने के बर्तन प्रति 100 चूजे के लिए	एक पानी का बर्तन 50 चूजों के लिए
चौथा	27^0		" (ग्रोवर फीडर प्रयोग करें)	बड़े साइज का पानी का बर्तन प्रति 50 चूजे के लिए
पांचवा	24^0 100 चूजों को	1 वर्ग फुट (930 वर्ग से.मी.)	(5 से.मी.)	
छठा सातवां आठवां	21^0 21^0 21^0		करीब 10 फीट (3 मी.) दोनों ओर या एक लटकने वाला बर्तन प्रति 30 चूजे के लिए	

एक हजार चूज़ों के लिए निम्नलिखित सामानों की आवश्यकता पड़ती है।

1. ब्रूडर (4 x 4 फीट) 250–300 चूज़ों की क्षमता वाला = 4
2. गार्ड्स – लगभग 7 फीट परिधि वाला = हर ब्रूडर के लिए 1 सैट (4 सैट)
3. दाने के लिए बर्तन
   क) छोटे बच्चों के फीडर = 30–40
   ख) बड़े बच्चों के लिए ग्रोवर फीडर = 60–80
   ग) लटकने वाले या दाने के बर्तन = 30

4.	पानी के लिए बर्तन	=	20 छोटे, 20 बड़े
5.	बल्ब	=	2
6.	बुखारी	=	1
7.	लालटेन या लैम्प	=	2
8.	बिछावन–लकड़ी का बुरादा, धान की भूसी आदि	=	40–50 बोरे

ब्रूडर हाउस को तैयार करना

चूजों को आने से पहले ब्रूडर हाउस को तैयार कर लेना चाहिए, जिसके लिए कुछ महत्वपूर्ण बातों का ध्यान रखते हैं।

1. ब्रूडर हाउस की सफाई : फर्श को फिनाइल के पानी से धो कर घर के अंदर सफेदी करा दें।
2. जब ब्रूडर भलीभांति साफ हो जाए और फर्श सूख जाए, तब उस पर 2–3 इंच सूखा बिछावन बिछा देते हैं।
3. अब चिक गार्ड्स लगा सकते है जो गत्ते या लकड़ी के फ्रेम में जाली लगाकर बनाया जा सकता है। इसकी उँचाई ढ़ेड से दो फीट रखनी चाहिए, ब्रूडर और गार्ड्स के बीच 2 से 3 फीट का फासला रखते है। 300 चूज़ों के लिए 7 फीट व्यास का एक गार्ड पर्याप्त रहता है।
4. गार्ड्स के बीच में लीटर के ऊपर पुराना अखबार बिछाना चाहिए, ऐसा करने से चुज़े बिछावन को नहीं खा सकेगें।
5. अब ब्रूडर को गार्ड्स के बीच में बिछाए गये अखबार के ऊपर सावधानीपूर्वक रख देते हैं।
6. गार्ड्स के बीचों–बीच ब्रूडर के नीचे भी पेपर के ऊपर दाना बिखेर कर गार्ड्स व ब्रूडर के बीच खाली जगह पर पानी का बर्तन रखना चाहिए। दाना तीन दिन तक अखबार पर बिखरा रहता है। इसके बाद दाने के बर्तन रख देते है, चूज़ा धीरे–धीरे दाने की बर्तन से दाना खाने लगता है।

7. चूज़े लाने के 12 से 24 घंटे पहले ब्रूडर चालू कर देना चाहिए, जिससे चूज़ों को सही गर्मी मिलने के साथ–साथ ब्रूडर का तापमान भी पता लग जाएगा।
8. ब्रूडर हाउस के दरवाजे के बाहर फिनाइल का पानी किसी परात में रखते है, इसे एन्टीसेप्टिक फुटबाथ कहते है। अन्दर जाने से पहले पैर को इस पानी में डूबाकर अन्दर जाना चाहिए, इससे बिमारियों के रोकथाम में मदद मिलती है।

हैचरी से ब्रूडर हाउस में चूजों को जल्द से जल्द लाने की कोशिश करना चाहिए, चूज़े बगैर दाना–पानी के 48 से 72 घंटे तक रह सकते है। हैचरी से चूजे स्वस्थ लाने चाहिए, जो अपने पैरों पर पूर्णरूप से खड़े हो सके तथा उनका शरीर पंख से पुर्णरूप से ढ़का हो हैचरी से लाने के पहले इनको एफ–1 रानी खेत का टीका लगा कर लाना चाहिए। यदि चूजें लेयर के हों तो इन्हें मेरेक्स वैक्सीन लगाना चाहिए। यदि ये टीके पहले न लग सके तो फार्म हाउस में डालने के बाद अवश्य लगवा देना चाहिए।

ब्रूडर ह़ाउस के दैनिक कार्य

ब्रूडर हाउस में प्रथम दिन अति महत्वपूर्ण एवं सावधानी बरतने के होते हैं, इसके लिए कुछ महत्वपूर्ण बातों का ध्यान रखना चाहिए।

1. साफ–सफाई के दृष्टिकोण से ब्रूडर हाउस में घूसने के पहले फुटबाथ का प्रयोग करना आवश्यक है।
2. ब्रूडर का तापमान चूज़ों के व्यवहार के अनुसार ज़ांच करना चाहिए। यदि तापमान कम है तो चूज़े ब्रूडर के नीचे एकत्र हो जाते है। इस दशा में तापमान को बढ़ाना चाहिए। यदि सभी चूज़े ब्रूडर के बाहर गार्ड्स के साथ दिखाई पड़े तो तापमान अधिक होता है। इस दशा में ब्रूडर को थोड़ा ऊँचा करना चाहिए तथा एक दो बल्ब को आवश्यकता अनुसार बंद कर देना चाहिए। तापमान सही होने पर बच्चे चारों ओर बराबर फैले रहते है। चूज़ों को कभी भी एक झुंड में नहीं रहने देना चाहिए, इसके कारण वो एक दूसरे के नीचे दबकर चोटिल हो जाते है

या कभी–कभी मर जाते है तथा उनकी एक दूसरे पर बैठने की आदत पड़ जाती है।

3. खाने और पानी के बर्तन प्रतिदिन साफ करके ताजा पानी व दाना भरना चाहिए।
4. दाना कागजों पर बिखरने के साथ–साथ फिडरों में भी भर देना चाहिए।
5. एक सप्ताह के बाद गार्ड्स को हटाकर ब्रूडर कमरें में कोनों को गोल कर दें, वरना चूज़े कोने में इकट्ठा होने लगेगें, सर्दियों में गार्ड्स को 2–3 दिन और रखा जा सकता है।
6. गार्ड्स के हटाने के बाद पानी के बर्तन को निर्धारित दूरी पर रख देते है।
7. 2–3 हफ्ते के बाद बेबी फीडर को हटाकर ग्रोवर फीडर रखने के साथ–साथ उनकी संख्या भी बढ़ा देनी चाहिए।
8. लीटर को हमेशा बद्बू रहित सुखा एवं भूरभूरा रखना चाहिए। पानी के बर्तन को इस प्रकार रखें कि बर्तन से पानी बाहर न गिर पाए।
9. स्वस्थ चूज़े रखने के लिए संतुलित आहार, पर्याप्त संख्या में बर्तन एवं पर्याप्त स्थान होना चाहिए।
10. अधिक गर्मी एवं अधिक सर्दी पड़ने पर फार्म के अन्दर स्वच्छ हवा का आवागमन पर्याप्त मात्रा में होते रहना चाहिए।

सफल ब्रूडिंग का मूल्यांकन

1. मृत्युदर : 8 सप्ताह में मृत्युदर 10 प्रतिशत से अधिक नहीं होनी चाहिए, पांच से दस प्रतिशत तक मृत्युदर सामान्य समझी जाती है। चूज़े स्वस्थ, चुस्त व परों से भरे होने चाहिए।
2. बढ़ोतरी : ब्रूडिंग के अंत तक चूज़ों का ग्रोथ एक समान होना चाहिए, यदि बढ़ोत्तरी असमान है तो ब्रूडर हाउस में चूज़ों की संख्या अधिक है या दाने के बर्तन कम है।

3. शरीर का भार : नस्ल के अनुसार शरीर का भार सही होना चाहिए। जैसे : वहाइट लैग हार्म के पुलैट में 8 सप्ताह के बाद 500 ग्राम भार होना चाहिए। ब्रायलर का भार 6 सप्ताह में 1 कि.ग्रा. के लगभग होना चाहिए। उम्र के हिसाब से भार में कमी है तो रख–रखाव में कुछ कमी है।

4. ब्रायलर फार्मिंग : ब्रायलर फार्मिंग में ब्रूडिंग के अलावा और कुछ नहीं है, क्योंकि 8 सप्ताह के अन्दर ही मुर्गी पालक ब्रायलरों को बेच देते हैं और यह चक्र पुरे वर्ष चलता है। इसलिए ब्रायलर फार्म में अधिक मेहनत की आवश्यकता पड़ती है।

ब्रूडिंग सम्बंधित महत्वपूर्ण जानकारी

1. ब्रायलर के चूज़ों को सात दिन के अन्दर एफ–1 का टीका अवश्य लगवाएं।
2. पहले सप्ताह 35^0 से., इसके बाद 3^0 सें. प्रति सप्ताह के हिसाब से घटाते जाएं जब तक कि तापमान 21^0 से. तक न आ जाए। यह तापमान मौसम के अनुसार गर्मियों में 2 से 3 सप्ताह व सर्दियों में 5 से 6 सप्ताह तक देने की ज़रूरत होती है।
3. तापमान सही रहने पर चूज़े बराबर फैले रहते है तथा झुंड में इकट्ठे नही होते, तापमान यदि कम या ज्यादा है तो उसे ठीक करना चाहिए।
4. प्रति पचास चूज़े के लिए एक पानी का बर्तन रखना चाहिए।
5. ब्रूडर हाउस में तथा उसके आस–पास, साफ–सफाई का पूरा ध्यान रखें तथा ब्रूडर हाउस में प्रवेश करने से पहले फुटबाथ का प्रयोग करना चाहिए।
6. चूज़ों की अच्छी वृद्धि व स्वास्थ के लिए स्वच्छ हवा का होना जरूरी है, तथा रात के समय में रोशनदान आदि पूरे न ढ़के हो, इस बात का ध्यान रखना चाहिए कि चूज़ों को हवा सीधे न लगने पाए।
7. इस बात का ध्यान रखें कि ब्रायलर 6 सप्ताह में एक कि.ग्रा. के उपर एवं 8 सप्ताह में डेढ़ कि.ग्रा. भार के हो जाने चाहिए।

8. ब्रायलर के चूज़ों को 6 सप्ताह तक ब्रायलर स्टार्टर मैश इसके बाद ब्रायल फिनिशर मैश देना ठीक रहता है।
9. बिछावन हमेशा सुखा व भूरभूरा रहना चाहिए, यदि कोई जगह गीला हो तो उसे तुरंत हटाना देना चाहिए।
10. ब्रायलर फ्रार्मिंग का सबसे महत्वर्पुण भाग उसका ब्रूडिंग है, इसे सावधानीपूर्वक करना चाहिए।

मुर्गी फार्म का रखरखाव

मुर्गीयाँ अधिक तापमान को सह सकती है, यह उनकी आयु पंख और पानी की सुलभता पर निर्भर करता है। गर्मी के मौसम में एयर सैक में भाप का निकलना शरीर के तापमान को नियंत्रित रखता है। गर्मी में बाहर का तापमान 40^0 से 45^0 सें. तक बढ़ जाता है और जाड़े के मौसम में जमाव बिंदू तक तापमान गिर जाता है, ये दोनों ही तापमान उत्पादन को प्रभावित करते है। इसलिए इस तरह के सीजन में मुर्गी फार्म की देख रेख की अधिक आवश्यकता पड़ती है। मुर्गी पालक को समय–समय पर फार्म हाउस का निरीक्षण करते रहना चाहिए।

गर्मी में मुर्गियों का देखभाल

गर्मी के मौसम में ठंडी के मौसम के अपेक्षा मुर्गियां अधिक प्रभावित होती है, मुर्गियों की बढ़वार घट जाती है। एयर सैक द्वारा नमी के कारण शरीर का तापमान गर्मी को कम करने में मदद करता है। बहुत अधिक तापमान हो जाने पर मुर्गीयों के आहार में कमी हो जाती है और इस प्रकार कम खाने से उत्पादन प्रभावित हो जाता है। जब वातावरण का तापमान 40^0–45^0 से. या उसके ऊपर पहुँचता है मुर्गीयां हीट स्ट्रोक से मरने लगती है। गर्मी से बचाव के लिए मुर्गी फार्म का ऐसा प्रबंध करना होता है जिससे गर्मी में मुर्गीयों को अधिक तापमान से बचाया जा सके। इसके लिए तापमान कम करने के लिए कुछ महत्वपूर्ण तरीके अपनाये जाते है जो निम्नलिखित है।

1. मुर्गीयों को पर्याप्त जगह मिलना चाहिए, जरूरत से ज्यादा मुर्गियां रखना नुकसानदेह होता है, और उससे गर्मी ज्यादा बढ़ेगी तथा हीट स्ट्रोक लगने की संभावना भी अधिक रहेती है।

2. मुर्गियों को साफ और ठंडा पानी देना चाहिए तथा बर्तनों की संख्या बढ़ा देना चाहिए। मुर्गियां पानी के बर्तन के चारो ओर बैठ जाती है और दूसरे मुर्गियों को पानी नहीं पीने देती, इसलिए पानी के बर्तन की संख्या बढ़ा देनी चाहिए। गर्मी में दोपहर के समय धातु के बर्तन में रखे पानी गर्म हो जाते है, इसलिए कोशिश करके दोपहर के समय पानी अवश्य बदल दें।
3. छत के ऊपर घासफूस या पुआल डाल देने से अन्दर की गर्मी को कम किया जा सकता है। यदि ऐसा न कर सकें तो उपर से सफेदी कर दें। यदि संभव हो सके तो फाल्स (बनावटी) सीलिंग छत के नीचे करा दें, यह इन्सुलेटर का काम करेगा।
4. छज्जों के साथ–साथ टाट लटका दें और इस पर पानी के फुहारे डाल कर तर करते रहें। यह विधि तापमान को नियंत्रित करने के लिए सबसे उत्तम है तथा मुर्गीयों को लू से भी बचाया जा सकता है। टाट को खिड़कियों से सटाकर नहीं लटकाना चाहिए अन्यथा हवा का अवागमन रूक जाएगा और मुर्गीयें को हीट स्ट्रोक लगने का खतरा बढ़ जाएगा।
5. मुर्गीयों पर हल्के पानी के फुहारे डालकर गर्मी से बचाया जा सकता है।
6. हवा के अच्छे अवागमन के लिए पंखे लगा सकते है। यदि मुर्गी फार्म में फाल्स सिलिंग का प्रबंध है तो इस अवस्था में पंखे अधिक कारगर सिद्ध होते है। हवा चलते रहने से नुकसान कम होता है, लेकिन हवा बंद होने पर और तापमान 40^0–45^0 सें. से ज्यादा बढ़ जाए तो कम हवादार वाले मुर्गी फार्मों में नुकसान अधिक होता है।
7. गर्मी के मौसम में ब्रायलर बहुत अधिक प्रभावित होते हैं, यदि संभव हो एक कुलर 300 वर्ग फीट फ्लोर एरिया के हिसाब से लगाना चाहिए।
8. गर्मी के मौसम में मुर्गी आहार लेना कम कर देती है, जिसकी वजह से प्रचुर मात्रा में पोषक तत्व नहीं मिल पाता और उत्पादन प्रभावित होता है। इस दशा में दाने में उर्जा और विटामिन की मात्रा बढ़ा देनी चाहिए।

9. दोपहर के बाद मुर्गियों को गीला दाना दें, ठंडा होने के कारण मुर्गियाँ इसको अधिक खाती है। गीला दाना की मात्रा आवश्यकता अनुसार रखनी चाहिए, अन्यथा यह दूसरे दिन खाने योग्य नहीं रह जाएगा, इसमें से बद्बू आने लगती है, गर्मी के मौसम में सुबह के समय दाना और पानी अवश्य दें क्योंकि सुबह के समय वातावरण ठंडा रहता है और मुर्गीयां दाना मन से खाती हैं।
10. गर्मी का प्रभाव कम करने के लिए एंटीस्ट्रेस टॉनिक जैसे विटामिन–सी या डैक्सट्रोज आदि पानी में मिलाकर मुर्गीयों को दिया जाता है।
11. शेड के चारों ओर छायादार वृक्ष लगाना चाहिए।
12. मुर्गी में गर्मी के लक्षण दिखाई दें तो उसे पकड़ कर पानी में डुबोकर निकालने के बाद छाये में रखते है।

बरसात के मौसम में देखरेख

बरसात के मौसम में विशेषकर जुलाई व अगस्त के महीने में जब गर्मी और उमस अधिक होता है, हीट स्ट्रोक लगने का खतरा बढ़ जाता है। इस मौसम में उमस अधिक होने के कारण मुर्गीयां वाष्पता के द्वारा अपने आपको ठंडा नहीं रख पाती इसलिए हीट स्ट्रोक का शिकार हो जाती है। इससे बचाव के लिए कुछ प्रमुख बातें निम्न है।

1. हीट स्ट्रोक से बचाव करने में पंखे काफी सहायक होते है क्योंकि पंखे के द्वारा हवा चारों ओर फैलती है तथा शीलन भरी हवा बाहर निकलती है।
2. मुर्गियों को पूरी जगह देना चाहिए, क्योंकि जरूरत से अधिक रहने पर लीटर को शीलन से बचाना काफी मुश्किल होता है।
3. बरसात के मौसम में लीटर में सीलन आने की संभावना अधिक रहती है यदि एक बार सीलन आ गया तो अमोनिया पैदा हो जाता है तथा मुर्गियों में जुकाम, खूनी पेचिश आदि रोग हो जाते है। इसलिए लीटर को हर संभव सुखा रखने का प्रयास करना चाहिए।

4. अगर अधिक दिनों तक बरसात हो रही है और हवा में बहुत नमी है साथ ही लीटर में सीलन आने की संभावना हो तो लीटर में दो कि.ग्रा. बुझा हुआ चुना प्रति 100 वर्ग फीट के हिसाब से मिला देते है।

जाड़े में मुर्गियों की देखरेख

जाड़े के मौसम में निम्नलिखित सावधानी रखनी चाहिए।

1. ऊंची छत को इंसुलेट कर देते है।
2. मुर्गी फार्म के शैड में मुर्गियां पूरी रखें, रात में जाली का लगभग दो फीट नीचे का भाग परदे से ढ़क देते हैं। इसके लिए टाट या बोरी का इस्तेमाल कर सकते हैं। जब बाहर का तापमान अंदर से कम हो तो खिड़की को बंद कर देना चाहिए, लेकिन अंदर की हवा निकालने के लिए एक्जॉस्ट पंखे का प्रयोग करना चाहिए। जाड़े के मौसम में तापमान जब काफी कम हो जाता है तो इस दशा में कमरे को गर्म रखने के लिए बल्ब या स्टोव का प्रयोग करते हैं।

मुर्गियों का आहार

मुर्गियों को उनकी आयु, विकास के स्तर तथा उत्पादन के हिसाब से दाना अवश्य दिया जाए, उनके पूरे विकास, उत्पादन और स्वास्थ्य के लिए तथा अधिकतम पैदावार बढ़ाने के लिए संतुलित आहार देना चाहिए। मुर्गी का आहार संतुलित होने के साथ–साथ सस्ता भी होना चाहिए ताकि मुर्गीपालक दाने पर लगाए गए खर्च से ज्यादा से ज्यादा कमा सकें, आहार को संतुलित बनाने के लिए निम्न पदार्थों की जरूरत होती हैः पानी, वसा, कार्बोहाइड्रेट्स, प्रोटीन, मिनरल, विटामिन आदि।

पदार्थों का महत्व

1. पानी : पानी सबसे सस्ता व प्रमुख पदार्थ है, मुर्गी के मांस में उसके भार से आधे से ज्यादा तथा अण्डे में दो–तिहाई भाग पानी ही होता है। जिन्दा मुर्गी में 55 से 80 प्रतिशत पानी होता है। दाने को नरम करने एवं पचाने, हजम हुई खुराक को खून में ले जाने तथा शरीर के अन्दर

खराब तत्वों को बाहर निकालने के लिए और शरीर का तापमान सामान्य बनाये रखने के लिए मुर्गी को पानी की आवश्यकता होती है।

कुक्क्ट आहार की जिन्सों में लगभग 10 प्रतिशत नमी होना चाहिए, इससे ज्यादा नमी पर उसमें फफूंद लगने का डर रहता है।

2. कार्बोहाड्रेट : कार्बोहाड्रेट मुर्गियों में ऊर्जा प्रदान करने के साथ–साथ उन्हें स्वस्थ रखता है, इसकी पूर्ति आहार व इनके बाइप्रोडक्टस से की जाती है।

3. ऊर्जा : ऊर्जा शरीर का तापमान बनाए रखने तथा दूसरे शारीरिक कार्यो, जैसे– दिल के चलने के लिए, हाजमा, बढ़ोत्तरी एवं अंडा उत्पादन में इसकी जरूरत होती है।

4. प्रोटीन : प्रोटीन सबसे मुख्य पदार्थ है। इसके द्वारा मसल्स और अंदरूनी अंग, खाल, पंख आदि का बड़ा हिस्सा प्रोटीन ही है। चूजों में लगभग 15 प्रतिशत, बड़ी मुर्गियों में 25 प्रतिशत तथा अंडे में 12 प्रतिशत प्रोटीन होता है। प्रोटीन 23 एमिनो–एसिड से बनी होती है इनमें से 12 की ज़रूरत मुर्गी दाने में होती है।

5. वसा : वसा मुर्गी आहार में ऊर्जा का एक बढ़िया स्त्रोत है। वसा जो त्वचा के नीचे इकट्ठी हो जाती है और वह मुर्गी को सर्दी से बचाव में इन्सूलेटर का कार्य करती है। वसा में कार्बोहाईड्रेट की तुलना में 2. 25 गुणा अधिक ऊर्जा होती है। मुर्गी के कुल भार का 17 प्रतिशत व अंडे का 10 प्रतिशत वसा होता है। वसा मुर्गी आहार में 2 से 5 प्रतिशत मिलाया जा सकता है। वसा का स्त्रोत जीवों या वनस्पति के तेलों से प्राप्त होता है। जैसे सोयाबीन, बिनौला, मूंगफली व मक्का आदि। वनस्पति वसाओं से चूजों को अन्सच्यूरेटेड फैटी ऐसिड मिलते हैं जो उनकी बढ़ोत्तरी करते हैं।

6. खनिज : खनिज हड्डियाँ बनाने में, अण्डे का छिलका बनाने में, हाज़मे के लिए तथा मांसपेशियां और नसों के कार्य करने के लिए आवश्यक है।

7. विटामिन : मुर्गियों को स्वस्थ रखने, अंडों के उत्पादन, बढ़ोत्तरी तथा अंडों में से चूजों के निकलने के लिए विटामिन बहुत जरूरी है। विटामिन कई प्रकार के होते हैं जैसे विटामिन ए, बी, सी, डी, ई और के आदि। इनमें से तीन, विटामिन–ए, विटामिन बी–2 और डी–3 मुर्गी आहार में अवश्य मिलाएं क्योंकि जो दाना आप मुर्गियों को दे रहे हैं उनमें इन विटामिनों की कमी रहती है। ये तीनों विटामिन अलग से दाने में मिलाए जाते हैं।

खाद्य पदार्थों के स्त्रोत एवं गुण (न्यूट्रिशन)

1. कार्बोहाइड्रेट्स : कार्बोहाइड्रेट मुर्गियों को उष्मा, ऊर्जा तथा चिकनाई प्रदान करता है। कार्बोहाइड्रेटस के मुख्य स्त्रोत अनाज तथा तत्जनित पदार्थ (बाईप्रोडक्ट्स) हैं। ये कुक्कुट आहार में 60% से 70% तक मिलाए जाते हैं।

अनाज दो प्रकार के होते हैं :

I. अधिक ऊर्जा वाले।

II. कम ऊर्जा वाले।

I. अधिक ऊर्जा वाले अनाज

इनमें ताकत ज्यादा होती है तथा रेशे कम होते हैं कुक्कुट आहार के निर्माण में इनका अधिक प्रयोग होता है। इस श्रेणी में निम्नलिखित अनाज आते हैं।

(i) पीला मक्का : यह ऊर्जा का बहुत अच्छा स्त्रोत है तथा कुक्कुट आहार में सबसे ज्यादा उपयोग में आता है। यह बहुत जल्दी हजम होने वाला तथा जायकेदार व कम रेशेवाला होता है। इसमें विटामिन 'ए' बनाने के लिए केरोटीन नामक पदार्थ पाया जाता है तथा इसमें जैन्थोफिल नामक पीला तत्व होता है। कैरोटिन शरीर के अन्दर जाकर विटामिन ए में परिवर्तित हो जाता है और जैन्थोफिल अण्डे में जरदी को पीलापन देता है।

(ii) राइस पॉलिश : ये ऊर्जा से भरपूर होने के साथ–साथ स्वादिष्ट भी होता है। यह सबसे अच्छा एवं सस्ता ऊर्जा का स्त्रोत है। आहार में इसकी हिस्सेदारी लगभग पचास प्रतिशत रहती है। अच्छे प्रकार के राइस पॉलिस की पहचान यह है कि हाथ में लेने पर इसकी पिण्डी बन जाती है तथा इसमें अंगुलियों की छाप आ जाती है।

(iii) चावल की कनी : कभी–कभी चावल की कनी भी दाने में मिलाया जाता है। यह भी एक सस्ता पदार्थ है।

(iv) ज्वार : ज्वार लगभग गुणों के हिसाब से मक्के के बराबर ही होता है। सफेद ज्वार कुक्कुट आहार के हिसाब से अधिक फायदेमंद होता है तथा यह सुलभता से उपलब्ध हो जाता है। यदि मक्का अधिक महंगा मिले तो ज्वार का प्रयोग कर सकते है।

(v) गेहूं की कनी : गेहूं स्वादिष्ट तो होता है लेकिन मक्के के मुकाबले ऊर्जा व प्रोटीन कम मात्रा में पाया जाता है। यदि गेहूं की कनी या कटे–फटे गेहूं कम दाम पर मिल जाए तो मुर्गी आहार में इसका प्रयोग कर सकते है।

II. कम ऊर्जा वाले अनाज

कार्बोहाइड्रेट के कुछ ऐसे भी स्त्रोत है जिसमें ऊर्जा कम होती है, और रेशे ज्यादा होते है। इनकों कम ऊर्जा वाले कार्बोहाइड्रेट कहा जाता है। इनसे ऊर्जा कम मिलता है, लेकिन मुर्गियों के लिए आवश्यक तत्व और खनिज पदार्थ प्रदान करते है। साथ ही साथ कुक्कुट आहार को सस्ता बनाने में सहायक होते है। कम ऊर्जा वाले अनाज निम्नलिखित हैः गेहूं का चोकर, धान का ब्रान, जौ आदि।

2. प्रोटीन के स्त्रोत

मुर्गियों के आहार में प्रोटीन को 20 से 30 प्रतिशत रखना चाहिए। प्रोटीन वाले पदार्थ आहार में सबसे महंगे होते है, मुर्गियों को इनके द्वारा एमिनोएसिड प्राप्त होता है। प्रोटीन देने के दो स्त्रोत हैं वनस्पति से प्राप्त प्रोटीन एवं जीवों से प्राप्त प्रोटीन। इन दोनों प्रकार के प्रोटीन को कुक्कुट आहार में मिलाने पर

एमिनोएसिड की पूर्ति हो जाती है। जीवों से प्राप्त प्रोटीन में तत्व अधिक होते है, इसमें विटामिन बी, बी–12 तथा अन्य खनिज भी होते हैं।

वनस्पतियों से प्राप्त होने वाले प्रोटीन

(i) मूंगफली की खली : मुर्गी के आहार में मूंगफली की खली का सबसे अधिक प्रयोग होता है, यह सबसे अच्छे प्रोटीन का स्त्रोत है। इसका प्रयोग आहार में 35 प्रतिशत किया जाता है। इसमें सिस्टीन, मिथियोनिन और लाइसीन की कमी होती है। ब्रायलर को मूंगफली की खली और सोयाबीन की खली दोनों मिलाकर देना चाहिए।

(ii) तिल की खली : तिल की खली में प्रोटीन का प्रतिशत अधिक होता है। उसमें मिथियोनिन, ट्रिप्टोफैन प्रचुर मात्रा में पाया जाता है, यह खली मूंगफली की खली से महंगी होती है।

(iii) सोयाबीन की खली : इसकों मूंगफली की खली या तिल की खली के साथ मिलाने से एक अच्छा मिश्रण बन जाता है। सोयाबीन की खली में लाइसीन की कमी होती है, लेकिन सोयाबीन की मील में लाइसीन की पर्याप्त मात्रा होती है। इसमें 45 से 50 प्रतिशत तक प्रोटीन पाया जाता है।

(iv) मेजगुलेटिन मील : यह मक्के से तैयार किया जाता है, इसमें प्रोटीन प्रचुर मात्रा में मिलता है। इसमें लाइसीन आरजैनिन तथा ट्रिप्टोफैन की कमी होती है लेकिन केरोटीन और जैन्थोफिल प्रचुर मात्रा में पाये जाते है।

(v) नारियल की मील : इसमें 20 प्रतिशत प्रोटीन होता है और रेशे काफी ज्यादा होते हैं।

जीवों से प्राप्त होने वाले प्रोटीन

जीवों से प्राप्त प्रोटीन को वनस्पति प्रोटीन के साथ मिलाकर दिया जाता है। मुर्गी आहार में निम्नलिखित पदार्थ मिलाया जाता है।

(i) मछली का चूरा : इसमें 55 प्रतिशत प्रोटीन होता है तथा ये आसानी से पच जाता है। इसमें आरजैनिन, मैथोनिन, लाइसीन भरपूर मात्रा में

मिलने के साथ इसमें विटामिन बी–2, बी–12, फौलिकएसिड जैसे प्रमुख तत्व प्रचुर मात्रा में पाया जाता है। इसको कुक्कुट आहार में 5 से 10 प्रतिशत तक मिलाया जाता है।

(ii) मांस का चुरा : ये मरे हुए जानवरों के मांस, खुर, सींग व हड्डियाँ निकालने के बाद तैयार किया जाता है। इसमें 50 से 55 प्रतिशत प्रोटीन पाया जाता है।

(iii) दूध के पदार्थ : कभी–कभी पाउडर का दूध जो मनुष्यों के उपयोग के लिए नहीं रहता इसका प्रयोग कुक्कुट आहार में किया जाता है। ये हाजमे एवं बढ़ोत्तरी के लिए बहुत ही फायदेमंद है।

3. खनिज के स्त्रोत

खनिज पदार्थ, हड्डीयों, अंडों के छिलके, हाजमें एवं पाचन क्रिया के लिए आवश्यक है। मुर्गियों के स्वास्थ एवं अच्छी बढ़वार के लिए कैल्शियम, फास्फोरस, सोडियम, क्लोरिन, मैग्निज, लोहा, कोबाल्ट, जिंक, सल्फर आदि खनिज पदार्थों की आवश्यकता पड़ती है। इनकी पुर्ति करके अच्छी बढ़वार लेने के साथ–साथ कई बिमारियों से भी बचाया जा सकता है।

तालिका 43 : चूजों के लिए खनिज के स्रोत

क्र. सं.	घटक	कार्यकलाप	प्राप्ति के स्त्रोत
1	कार्बोहाइड्रेट	ऊष्मा, ऊर्जा तथा उत्पादकता के लिए	अनाज तथा तद्जनिक पदार्थ
2	प्रोटीन	बढ़ोतरी, शरीर के टिशू का निर्माण अण्डा उत्पादन, उष्मा तथा ऊर्जा	मछली का चूरा, मांस का चूरा, खली मूंगफली, सोयाबीन खली, तिल की खली आदि
3	खनिज पदार्थ	हड्डी निर्माण, अण्डे का छिलका, अण्डा उत्पादन, शरीर का समत्व	हड्डी का चूरा, सिपी का चूरा, संगमरमर का चूरा, नमक
4	विटामिन 'ए'	बढ़ोत्तरी, आंखों के स्वास्थ्य, श्वास संस्थान, जुकाम व रतोंधी से बचाव	हरा चारा, मछली का तेल, पीला मक्का, बना बनाया विटामिन
5	विटामिन बी–2	बढ़ोत्तरी, अण्डों से बच्चों का निकलना पंजों के मुड़ाव की बीमारी रोकना	हरा चारा, दूध व तद्जनित पदार्थ, मछली का चूरा, यीस्ट, बने बनाए विटामिन बी–2

6	विटामिन डी–3	कैल्शियम व फास्फोरस के पाचन हेतु, अण्डा उत्पादन, रिकेट की रोकथाम छाती की हड्डी के मुड़ाव को रोकने तथा अण्डे का छिलका बनाने व अण्डों से बच्चे निकालने में	धूप, मछली का तेल, व बना बनाया विटामिन डी–3
7	विटामिन–ई	प्रजनन केंद्रों का स्वास्थ्य, चूजों के उत्पादन की शक्ति, अण्डों से बच्चे निकालना तथा छोटे चूजों में क्रेजी चिक की बीमारी रोकना	हरा चारा, सम्पूर्ण अनाज, चोकर एवं दूध जनित पदार्थ
8	विटामिन बी–1	भूख लगने, पाचन शक्ति के तथा नसों के स्वास्थ्य के लिए तथा पोलीन्यूराईट्स को रोकना	हरा चारा, सम्पूर्ण अनाज, चोकर दूध जनित पदार्थ
9	पैन्टोथैनिक एसिड	बढ़ोत्तरी, अण्डों से चूज़े निकलना, त्वचा का स्वास्थ्य	हरा चारा, दूध जनित पदार्थ यीस्ट (खमीर)
10	कोलीन	बढ़ोत्तरी, हड्डी बनाने, अण्डों के उत्पादन, पेरोसिस की रोकथाम	अनाज, चोकर, सोयाबिन मील, दूध जनित पदार्थ, मछली का चूरा, कोलीन क्लोराइड
11	विटामिन बी–12	बढ़ोतरी व अंडों से बच्चों का निर्माण	मछली का चूरा, मांस का चूरा दूध जनित पदार्थ, डीप लिटर
12	पानी	पाचकता, शरीर के तापमान को बराबर रखना, शरीर में खुराक को ले जाना शरीर से अनावश्यक चीज़ों को निकालना	पानी, दूध, ताजा हरा चारा

तालिका 44 : चूजों के उम्र के हिसाब से आहार प्रबंधन

तत्व	स्टार्टर (0 से 8 सप्ताह)	ग्रोवर (9 से 20 सप्ताह)	लेयर (20 सप्ताह के बाद)	ब्रायलर स्टार्टर	ब्रायलर फिनीशर
मैटाबोलिक ऊर्जा प्रति किलो	2700–2900	2600–2800	2900–3000	3100	3200
प्रोटीन (प्रतिशत में)	20	16	15	23 से 25	20
सी/पी (मेटाबोलिक एनर्जी व प्रोटीन रेशियो) (प्रतिशत में)	140–149	175	198	120–124	150–160
कैल्शियम (प्रतिशत में)	1–1.4	1–1.4	2–2.5	1–1.4	1–1.4

फास्फोरस (प्रतिशत में)	0.8	0.8	1.00	0.8	0.8
साल्ट (प्रतिशत में)	0.5	0.5	0.5	0.5	0.5
मैग्नीज (मि.ग्रा. प्रति किलो)	55	33	33	55	55
विटामिन ए (आई.यू. प्रति कि.ग्रा.)	4,000	4,000	6,000	6,000	6,000
विटामिन बी 2 (मि.ग्रा. प्रति कि.)	4.4	3.00	3.00	4.4	4.4
विटामिन डी 3 (आई यू प्रति कि. ग्रा.)	374	374	748	660	660

तालिका 45 : मुर्गी आहार के घटकों में पौष्टिक तत्वों का विवरण

क्र. सं.	घटक	प्रोटीन (%)	मैटाबोलिक एनर्जी (किलो कैलोरी प्रति कि.ग्रा.)	रेशा (%)
1.	पीला मक्का	9	3710	2.5
2.	ज्वार	10	3710	2.3
3.	चावल	8	3710	0.4
4.	राइस पालिश	13	3670	4.0
5.	गेहूं	11	3590	3.0
6.	चोकर	15	1725	10.0
7.	शीरा	2.9	2460	–
8.	जौ	12	2840	6.0
9.	मूंगफली की खली	43	2570	13.00
10.	तिल की खली	45	2040	11.0
11.	मछली का चूरा	50	3170	1.0
12.	मांस का चूरा	48	2530	23.0

तालिका 46 : मुर्गी आहार में मिलाए जाने वाले घटकों की प्रतिशत

क्र. सं	घटक	प्रतिशत
1	पीला मक्का	60
2	राईस पालिश	50
3	राईस कटिंग, व्हीट कटिंग	30

4	जौ	15
5	मूंगफली की खली	35
6	सोयाबीन मील	30
7	शीशम या तिल केक	30
8	मछली का चूरा	3—10
9	मीट मील	0—10
10	शीरा	2—10
11	मेज ग्लूटीन मील	0—15
12	पैनसिलीन माइसीलिन	0—5
13	नमक	1/2
14	लाइम स्टोन	2—4
15	हड्डी का चूरा	1—2
16	मैंगनीज सल्फेट	0.02 से 0.05

मुर्गियों की प्रमुख बीमारियाँ

मुर्गी पालन में बीमारियों का विषय सबसे महत्वपूर्ण है फार्म में सबसे अधिक नुकसान बीमारियों की वजह से होता है। बीमारियाँ केवल मृत्यु का कारण ही नहीं बनती बल्कि इसका बुरा असर उत्पादन पर पड़ता है।

बीमरियों के कारण

बीमारियों के बहुत से कारण है, जैसे : वाइरस, बैक्टीरिया, पैराइसाइट्स, प्रोटोजुआ तथा फफुंदी आदि।

बीमारी फैलने का कारण

जब मुर्गियाँ बीमारियों से ग्रस्त हो जाती हैं तो बीमार मुर्गियों से बीमारी के कीटाणु बीट, मुंह की लार, जख्मों व खून चूसने वाले जीवों द्वारा बाहर आते हैं तथा ये कीटाणु दूसरी स्वस्थ मुर्गियों में निम्नलिखित तरीकों से फैलते हैं।

1. बिछावन
2. दाना व पानी
3. साथ–साथ रहना
4. पशु–पक्षियों द्वारा

बीमरियों की रोकथाम

मुर्गियों में कई प्रकार की बीमारियाँ होती हैं, यदि एक बार फार्म पर बीमारी आ जाए तथा उस पर जल्दी काबू न किया जाए तो इनसे बहुत नुकसान हो सकता है। मुर्गी एक बहुत छोटी इकाई है, इसलिए कई बार तो दवा व इलाज का खर्च मुर्गी की अपनी कीमत से भी ज्यादा बैठ जाता है, बीमारियों का असर मुर्गियों के विकास तथा उत्पादन पर पड़ता है। कुछ बीमारियों में महंगा इलाज करके आप उन्हें बचा तो लेंगे पर ठीक हुई इन मुर्गियों को फार्म में रखने से कोई लाभ नहीं होता। इनके रोकथाम के लिए निम्नलिखित उपाय किया जा सकता है।

1. मुर्गियों का चुनाव
2. उचित दर
3. संतुलित आहार
4. बचाव के टीके
5. अस्वस्थ मुर्गियों को हटाना या निकालना
6. मरी मुर्गियों को हटाना
7. बीमारियों के संक्रमण तत्वों की रोकथाम

तालिका 47 : मुर्गी की बीमारियाँ एवं टीकाकरण

क्रं सं.	रोग का नाम	टीके का नाम	टीका लगाने की उम्र	टीका तैयार करने का तरीका	दवा की मात्रा	टीका लगाने का तरीका	टीके का प्रभाव	प्रतिक्रिया
1.	रानीखेत	एफ1	0 से 7 दिन	10 सी.	2 बूंद	एक–एक बूंद नाक व आंख में	12–16 सप्ताह	–
2.	रानीखेत	आर2बी स्ट्रैन	6 सप्ताह से अधिक	सी.डी. पानी प्रति 100 खुराक मिलाएं	0.5 एम. एल.	इन्ट्रामस्कुलर छाती की मांसपेशी में या परों के खाल के नीचे	3–4 साल	5–6 दिन बाद 5–6 प्रतिशत मुर्गियां लंगड़ी हो जाती है।
3.	चेचक	फाउलपौक्स वैक्सीन	8 हफ्ते से ऊपर	100 सी.सी. डी. पानी प्रति 200 खुराक मिलाएं	एक बाद भेदन	पंखों के नीचे दवा भेदी जाती है। सिलाई मशीन की 2 सुइयां लकड़ी में फिट करके वैक्सीनेटर बनाया जाता है।	एक वर्ष	भेद की जगह पर 7 दिन में सूजन व खुरंड जो 3–4 हफ्तों में गिरते हैं।
4.	मैरेक्स	मैरेक्स वैक्सीन	1 दिन	5 सी.सी. गिलसरी सेलाईन प्रति 100 खुराक मिलाएं	0.2 एम. एल.	गर्दन के पीछे खाल के नीचे या रान के माँस पर	–	–

तालिका 48 : मुर्गियों के प्रमुख रोगों का संक्षिप्त विवरण

क्र. सं.	बीमारी	लक्षण	उपचार
1.	कौक्सीडि–योसिस	अचानक मृत्यु, चूजे इक्ट्ठे होना, गिद्ध की तरह खड़े होना, खूनी दस्त, 3–10 हफ्ते के चूजों में ज्यादा होता हैं परंतु बड़ों में भी हो सकता है जिसमें खून आना जरूरी नहीं, चीरफाड में सीका खून से भरा होता है, आंतों में खून होना, मृत्यु दर 60–90 प्रतिशत	एंप्रोसोल, 30 ग्राम 25 लीटर पानी में 5–7 दिन तक या बाईफूरान की एक गोली एक लीटर पानी में तथा अन्य उपलब्ध दवाएं
2	पुलोरम	चूजों में सफेद दस्त 10 दिन तक के चूजों पर ज्यादा प्रकोप, इक्ट्ठे होना, चिरप–चिरप की आवाज करना, चीरफाड़ में बढ़ा हुआ लीवर, फेफड़े व दिल प्रभावित	दाने में नेफ्टीन, पानी में एंटीबायोटिक्स, हमेशा पुलोरम रिक्त पेरेंट स्टॉक से ही चूजे खरीदें
3	चिलिंग (ठंड लग जाना)	ब्रूडर के नीचे चूजे इक्ट्ठा होना और गीले होना, सबुह की जगह ढेर में मरे मिलना	ब्रूडर का तापमान बढ़ाएं, रात में कमरे में रोशनी दें चूजों को इक्ट्ठा न होने दें, पानी में एंटीबायोटिक्स दें
4	रानीखेत	दस्त / कई बार, चक्कर काटना, मृत्यु दर 100 प्रतिशत, चीरफाड करने पर अंतड़ियों में जख्म, पेट में खून के धब्बे व बड में खून	कोई उपचार नहीं, काबू करने के लिए बीमार चूजों को खत्म कर दें, बचे हुओं को टीका लगाएं, बचाव के लिए बचाव का टीका 7 दिन की उम्र में एफ 1 तथा 6 हफ्ते में आर. टू. बी.
5	चेचक	कलगी आदि पर छाले पड़ना, चेचक के दाने निकलना / कई बार मुंह के अंदर भी पीले छाले / छोटे चूजों की मृत्यु, बड़ी मुर्गियों में अंडा उत्पादन में कमी	कोई खास इलाज नहीं, बचाव के लिए 8 हफ्ते की उम्र में चेचक का टीका लगाएं
6	मैरेक्स	यह छोटे चूजों की बीमारी है, पंखों व टांगों में अधारंग / गोल चक्कर में घूमना / मुर्गियां आमतौर पर एक टांग आगे व एक पीछे फैलाकर गिरी होती है, रान की स्नायुओं में सूजन, जिगर, तिल्ली, फेफड़े में फोड़े हो जाना।	कोई खास इलाज नहीं, रोकथाम के लिए काफी सफाई, छोटे चूजों को बड़ी मुर्गियों से अलग रखना, मरी मुर्गियों को ठीक से जलाना, 1 दिन के चूजों को मैरेक्स वैक्सीन का टीका लगाना।

7	जुकाम	नाक से पानी बहना, आंख के आसपास सूजन, एक दम फैलना, छोटे चूजों में काफी मृत्यु	सल्फा ड्रग्स पानी में दे/ फ्यूरासेल व अन्य एंटीबायोटिक्स एक ग्राम एक लिटर पानी में 4, 5 दिन तक
8	सी.आर.डी.	आहिस्ता–आहिस्ता फैलती है, मृत्यु दर कम परंतु बेकार मुर्गी ज्यादा, नाक में बदबूदार रेशा, भार में कमी, अंडों की उत्पादकता में कमी, चीरफाड एयरसैक में सफेद–सफेद दाने, जिगर व तिल्ली पर पीले रंग की झिल्ली	बीमार परिंदो को अलग कर दें टायलोसिन 1 ग्राम प्रति लीटर पानी में 3 दिन तक दें, विटामिन ए के साथ एंटीबायोटिक्स भी दें, घर हवादार हो, कम जगह में ज्यादा मुर्गियां न रखें/बिछावन सूखा रखें तथा सफाई रखें।

तालिका 49 : मुर्गियों में खुराक की कमी (न्यूट्रिशन) से होने वाली बीमारियां

क्र. सं.	बीमारी	लक्षण	उपचार
1.	रिकेट	पैरों में कमजोरी, हड्डियाँ नरम व मुड़ी हुई, टांगें मुड़ी हुई, चोंच रबर की तरह नरम होना।	विटामिन डी–3 दाने में दें।
2.	विटामिन ए की कमी	मुंह व गले में छोटे–छोटे दाने होना, आंख से सफेद लेसदार पानी गिरना, छोटे चूजों में मृत्यु, बड़े चूज़ों में अंडा उत्पादन में कमी	दाने में विटामिन ए दें, हरा चारा दूध का पाउडर देने से बचाव हो सकता है।
3.	विटामिन बी–2 या रिबोफ्लेविन की कमी	मुड़े हुए पंजे, चोंच पर निशान/लंबी बीमारी में फर्श पर पैर फैलाकर गिरना	विटामिन बी–2 दाने में दें।
4.	विटामिन ई की कमी से क्रेजी बीमारी	सुस्त होना, चलने में दिक्कत लड़खड़ाना गरदन को घुमाना, पैरों में बार–बार अकड़न	वटामिन ई दें, गेहूं का चोकर विटामिन ई का स्रोत हैं।
5.	मैंगनीज की कमी से पैरोसिस	जोड़ों का बढ़ जाना, बेढंगा हो जाना, मुर्गियों का पंजों के बजाए हॉक ज्वाइंट या पैर को मोड़ कर चलना	दाने में मैंगनीज सल्फेट 25 से 30 ग्राम प्रति क्विंटल दें।

समेकित कृषि प्रणाली के अन्तर्गत ब्रायलर चूजा पालन

समेकित खेती प्रणाली में चूजा पालन एक ऐसा व्यवसाय है जिसमें ज्यादा जमीन या लागत की जरूरत नहीं पड़ती है। साथ ही इस उद्यम को घर की महिलायें व बच्चे भी करने में सक्षम है। जरूरत है तो केवल चूजा

पालन के तकनीकी ज्ञान की। चूजा पालन की तकनीकी व्यवस्था जटिल नहीं है पर इसको जानना आवश्यक है, अन्यथा इनमें मृत्यु दर अत्यधिक हो जायेगी। साथ–ही–साथ इनकी शारीरिक वृद्धि मनोनुकूल नहीं हो पायेगी तथा खर्च भी ज्यादा हो जाएगा जिसका असर आर्थिकी पर पड़ेगा। यहॉ पर चूजा पालन के बारे में विस्तृत जानकारी दी जा रही है। चूजा पालन में निन्नलिखित बातों का ध्यान रखना अति आवश्यक है:

1. स्थान का चयन : चूजा पालन के लिए ऐसे स्थान का चुनाव करना चाहिए जो हवादार हो एवं ऊपरी भूमि हो, ताकि वायु का संचार हमेशा होता रहे व बरसात के दिनों में चूजा घर के अन्दर पानी या नमी न पहुँच पाए। चूजा पालन की जगह को मवेशियों के घर से दूरी पर बनाना उचित है ताकि संक्रमण का खतरा निम्नतर स्तर पर रहे।

2. चूजा घर का निर्माण : यों तो व्यवसायिक स्तर पर 200 चूजों के लिए चूजा घर बनाने में करीब 50 हजार खर्च आता है, पर कम लागत वाला चूजा घर ; 200 चूजों के लिए बनाने में करीब 10–12 हजार रूपये लगते हैं। यह चूजा घर बॉस एवं फूस से बनाया जाता है। 200 चूजों के रख –रखाव के लिए 15 फीट X 15 फीट X 10 फीट का चूजा घर; झोपड़ीनुमा बनाना उपयुक्त है। चूजा घर की निचली सतह को अच्छी तरह से समतल कर उसपर (ईंट+बालू) खरंजा बिछा देना चाहिए ताकि नमी नहीं रहे। चूजा घर के चारों तरफ के दिवार को नीचे से 1.5 मी0 छोड़कर तार की जाली से घेरा बनाना उत्तम होता है। चूजा घर का दरवाजा ऐसा होना चाहिए कि उससे कोई बाहरी जीव चूहा, नेवला, सॉप, छुछुंदर आदि अन्दर प्रवेश नहीं कर सके। चूहे, सॉप एवं नेवले से चूजों की रक्षा के लिए चूजा घर के भीतरी दिवारों एवं छत पर तार की जाली का एक आवरण लगाना उचित होता है। बाहरी ठंडक व गर्मी से बचाव रहित चूजा घर में प्रति ब्रायलर औसतन एक वर्गफुट स्थान की आवश्यकता 7–8 सप्ताह तक होती है। चूजा गृह को पूरब से पश्चिम की दिशा में लंबाई से बनाना उचित है ताकि सूर्य की सीधी किरण घर के भीतर नहीं जाए एवं कुक्कट गृह के छत को ठंडा रखें।

चूजा चयन : हमेशा स्वस्थ एवं उचित किस्म वाले अण्डे से उत्पन्न चूजें खरीदें या किसी बढ़िया चूजा कम्पनी का ही चूजा खरीदें। चूजे खरीदने के वक्त यह ध्यान देना चाहिए कि चूजे एक आकार व रंग के हों। एक स्वस्थ चूजा साफ–सुथरा, रोऐदार ऑखों में जीवन की चमक लिए हुए, चंचल, चुलबुल व सर्तक होता है। अधमरा किस्म के जो ऑखे मूँदे हुए हो, उन्हें शीध्र ही छॉटकर अलग कर देना चाहिए। चूजे के पैर चमकीले और तैलीय होने चाहिए। टेढ़े पैर, गड़बड़ ऑखें या चोंच वाले चूजों को अलग कर देना चाहिए। एक स्थान व एक समय पर एक उम्र के चूजों के रख–रखाव का प्रबंधन करें अन्यथा प्रबंधन एवं टीकारण कार्य में दिक्कतें होंगी। नये चूजों को दाना देने के तीन घंटे पूर्व पानी अवश्य दें।

चूजा घर में कुक्कुट विछावन व्यवस्था : ब्रायलर चूजे के लिए आरामदेह फर्श बनाने हेतु लकड़ी का बुरादा, गेहूँ का महीन भूसा, पुआल की कुट्टी आदि को काम में लाया जाता है, जो सर्दी–गर्मी से बचाव के साथ–साथ विष्ठा तथा पानी आदि को सोख लें। बिछावन पदार्थों में जल की मात्रा 20–25 प्रतिशत होनी चाहिए। कुक्कट बिछावन फैलाते समय यह ध्यान रखना चाहिए कि इसकी मोटाई 3 से 4 इंच होनी चाहिए तथा समय–समय पर इसे पलटते रहना चाहिए ताकि यह सूखा रहे अन्यथा केकनुमा हो जाने पर कीटाणु एवं विषाणु के प्रकोप का खतरा बना रहता है। सड़े गले, केकनुमा बिछावन को हटा देना ही उचित होता है।

चूजा सेवन : टीकाकरण के बाद चूजा सेवनगृह का तापक्रम मानक 5^0 फा0 बढ़ा देना चाहिए। एक दिवसीय चूजे के शरीर का तापक्रम व्यस्क के शारीरिक तापक्रम से 3^0 फा0 कम होता है।

तालिका 50 : चूजा सेवन गृह का मानक तापक्रम एवं आहार की मात्रा

उम्र सप्ताह में	कमरे का मानक तापक्रम	वजन वृद्धि (ग्राम)	औसत आहार खपत (प्रति 100 चूजा किलो में)
प्रथम	95^0 फा0	90	1.2
द्वितीय	90^0 फा0	200	2.5
तृतीय	85^0 फा0	350–400	4.3–4.8

चतुर्थ	80^0 फा0	750–800	7.1–8.0
पंचम	75^0 फा0	1000–1200	8.1–10.0
षष्ठम् से	70^0 फा0	1500–1800	10.6–2.8

नोट : यदि बिजली की व्यवस्था हो तो 200 वॉट का दो बल्ब रात्री में एवं एक बल्ब दिन में जलाना उचित होता है (सी. एफ. एल. बल्ब का प्रयोग न करें)। जाड़े के दिनों में अधिक गर्मी के लिए बल्ब एवं चूजों की दूरी को जरूरत के अनुसार घटाया–बढ़ाया जा सकता है। जहॉ पर बिजली उपलब्ध नहीं हो वहॉ पेट्रोमैक्स, लालटेन या अंगीठी का प्रबंध होना चाहिए, साथ ही यह ध्यान देना चहिए कि ये सभी गर्मी के स्त्रोत चूजों के पहुॅच से बाहर हो अन्यथा उनके जख्मी होने का खतरा है।

आहार व पानी : कुक्कटों के लिए स्वच्छ एवं ताजा पानी सर्वथा उपलब्ध रहना चाहिए। जरूरत के अनुसार पानी उपलब्ध रहने के लिए एक गैलन क्षमता वाला बरतन प्रति 100 चूजों पर होना चाहिए। पानी पीने वाले बरतन के किनारों की उॅचाई चूजों की पीठ की उॅचाई से एक इंच कम होनी चाहिए, जिससे चूजे पानी को बर्बाद न करें। एन्टीबायटिक एवं विटामिन्स को आवश्यकतानुसार पानी में डाल देना चाहिए। पानी के बर्तनों की सफाई प्रतिदिन करनी चाहिए।

ब्रायलर चूजों के खिलाने–पिलाने में काफी सावधानी बरतनी चाहिए क्योंकि कुल खर्च का 70–75 प्रतिशत भाग दाना मिश्रण पर ही चला जाता है। दाना मिश्रण के वजन पर ही नहीं बल्कि उसकी गुणवत्ता पर भी पैनी नजर रखनी होगी अन्यथा शरीर वृद्धि इच्छानुसार नहीं मिल पाएगी और लाभांश प्रभावित होगा। चूजा पालन के लिए उचित आहार की मात्रा टीकाकरण व अन्य जानकारियॉ, निम्नलिखित सारणी में वर्णित हैं।

तालिका 51 : ब्रायलर चूजा पालन के लिए विभिन्न खाद्य तत्वों की मात्रा (कि0ग्रा0 प्रति 100 कि0ग्रा0 डाईट)

सामग्री	प्रारम्भिक आहार	अन्तिम आहार अधिकतम
मक्का	46.5	56.0
सोयाबीन केक	34.2	25.6
फिशमील / बोन मील	5.0	4.0

गेहूँ/चावल की भूँसी	12	12.0
चूना–पत्थर	0.5	0.2
साधारण नमक	0.3	0.3
मेथियोनीन	0.1	0.1
विटामिन्स	0.1	0.1
टेसमिन	0.1	0.1
कोलीन क्लोराइड	30 ग्राम	30 ग्राम

तालिका 52 : ब्रायलर चूजे का टीकाकरण एवं देख–रेख

चूजे का उम्र	दवा
1 दिन	पानी में घुलनशील एण्टीबायोटिक (तरल) पानी में घुलनशील विटामिन्स मिश्रण (तरल), इलेक्टरॉल पाउडर
2 दिन	उपर्युक्त
3 दिन	उपर्युक्त
4 दिन	विटामिन्स एवं इलेक्टरॉल पाउडर
5 दिन	उपर्युक्त
6 दिन	एफ$_1$ वैक्सिन, कैल्शियम, बी–कम्पलेक्स, विटामिन–ई (तरल) एवं सेलेनियम पाउडर
7 दिन	उपर्युक्त
12 दिन	गमबोरो वैक्सिन, विटामिन ई एवं सेलेनियम पाउडर
13 दिन	विटामिन ई, सेलेनियम पाउडर
14 दिन	लीवर टॉनिक (लीव–52 आदि) एवं विटामिन्स
15 –17 दिन	उपर्युक्त
20–23 दिन	ग्रोथ प्रोमोटर एवं विटामिन–ए
24 दिन	लसोट वैक्सिन, विटामिन–ई व सेलेनियम पाउडर
25 दिन	विटामिन्स, सेलेनियम पाउडर

नोट : तरल दवाईयों को पानी के साथ एवं पाउडर या सूखी दवाओं को आहार के साथ मिलाकर देना चाहिए।

समेकित कृषि के अन्तर्गत मुर्गी–पालन से आहार पर होने वाली खर्च करीब 50 प्रतिशत से ज्यादा कम हो जाता है क्योंकि क्षेत्र में ही आहार पदार्थों की उपलब्धता बरकरार रहती है। आहार का केवल 20–25 प्रतिशत भाग ही जैसे कि विटामिन्स, मिनरलस, दवा आदि की खरीद पर व्यय होता है फलतः उत्पादन लाभांश बढ़ जाता है। साथ ही चूजों का विष्ठा काफी पोषक होता है। इन विष्ठों को इक्ट्ठा कर चूने एवं यूरिया से ट्रीटमेंट कर खाद बनाया जाता है जो फसलों के लिए काफी उपयोगी होता है। एक 3–4 सप्ताह का चूजा प्रतिदिन 100 ग्राम तक विष्ठा उत्सर्जित करता है।

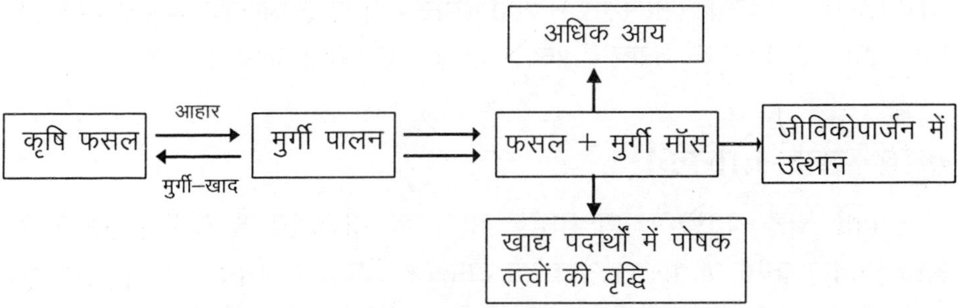

रेखाचित्र 15 : पोषक तत्वों का चक्रीकरण

समेकित कृषि प्रणाली के अन्तर्गत ब्रायलर चूजा (200) पालन से वार्षिक आय औसतन रू. 75000–80000 तक प्राप्त की जा सकती है जबकि व्यसायिक रूप में केवल चूजा पालन (200) करने पर सलाना आय रू. 25000 से 32000 तक प्राप्त की जा सकती है।

आर्थिकी

तालिका 53 : समेकित कृषि प्रणाली के अन्तर्गत ब्रायलर चूजे की आर्थिकी (कुल क्षमता 1200 ब्रायलर/वर्ष)

पक्षी/कुक्कटों की संख्या	:	200
समन्वित कृषि से प्राप्त भोजन	:	75 प्रतिशत
बाजार से खरीदे गए भोज्य पदार्थ (मिनरल/दवा इत्यादि)	:	25 प्रतिशत
एक वर्ष में न्यूनतम 6 बैच कुक्कटों का उत्पादन	:	6 X 200 = 1200 कुक्कट/वर्ष

उत्पादन लागत (व्यवसायिक)	:	₹ 90 / पक्षी / बैच
उत्पादन लागत (समेकित कृषि प्रणाली में)	:	₹ 50 / पक्षी / बैच
औसत वजन / पक्षी / बैच ;सात सप्ताह का)	:	1.5 कि0ग्रा0
औसत मॉस उत्पादन / वर्ष	:	1800 कि0ग्रा0
ब्रायलर मॉस का विक्रय मूल्य	:	₹ 80 / कि0ग्रा0
कुल शुद्ध लाभ (समेकित कृषि प्रणाली में)	:	₹ 84,000 / वर्ष
कुल शुद्ध लाभ (व्यवसायिक उत्पादन द्वारा)	:	₹ 36,000 / वर्ष

नोटः इसके अतिरिक्त साल भर में 200 ब्रायलर चूजों से औसतन 4 टन मुर्गी खाद प्राप्त होता है, जिससे करीब ₹ 2500–3000 अतिरिक्त प्राप्त होते हैं।

कृषि–सह–वानिकी

कृषि–सह–वानिकी का महत्व आज के परिदृश्य में यर्थाथ लगता है। आज केवल कृषि के भरोसे देश का आर्थिक विकास संभव नहीं है। लगातार होने वाली वनों की कटाई के कारण हमारा वन क्षेत्र करीब 12 प्रतिशत ही रह गया है जो कि मनुष्य जाति के लिए खतरे की घंटी है। यदि मनुष्य अब भी नहीं चेता तो वह दिन दूर नहीं जब इस धरा से मनुष्य एवं अन्य जीवों का अस्तित्व ही समाप्त हो जायेगा। मनुष्य की विकासशीलता की अभिलाषा के कारण ही वनों से वृक्ष गायब हो रहे हैं। प्राकृतिक संसाधनों का दोहन कर विकास करना मनुष्य की प्रवृति है और इसमें कोई बुराई भी नहीं हैं क्योंकि ये प्राकृतिक स्रोत हमारे धरा की धरोहर है और जरूरत पड़ने पर इनका उपभेग करना सर्वथा स्वीकार्य है। यदि वनों से वृक्षों की कटाई करना जरूरी है तो यह भी उतना ही जरूरी है कि फिर से उसके स्थान पर नये पौधे लगाना।

बढ़ती हुई जनसंख्या उद्योगों के लिए कच्ची सामग्रियाँ, जलावन की लकड़ियॉ आदि सभी वनों पर ही आश्रित हैं। इस क्रम में यदि जंगल की जगह आवासीय परिसर उग आये हैं तो आवासीय स्थानों के समीप भी जंगल उगाये जा सकते हैं, जिन्हें आज की भाषा में सामाजिक वन का नाम दिया गया है। इनका उद्‌देश्य जंगल से कटाई को कम करना है यानी कि मनुष्य

अपनी जरूरत की चीजों को इन्हीं वनों से प्राप्त कर लें। वृक्षों के साथ अन्य कृषि फसल उगाने की प्रक्रिया को ही कृषि–वानिकी कहा जाता है। ये वृक्ष किसी भी क्रम में कृषि फसलों के साथ उगाये जा सकते हैं। मनुष्य अपनी सुविधा के अनुसार इन वृक्षों को अपने खेत में पंक्ति में, खेत की चाहरदीवारी पर, उसड़ एवं कृषि के लिए अनुपयुक्त जमीन पर या फसल एवं वृक्ष की पंक्ति बनाकर उगा सकते है। ऊँचे वृक्षों के नीचे कुछ फलदार पेड़ लगाना एवं उनके नीचे ओल, हल्दी, अदरख आदि की खेती करना काफी लाभकारी सिद्ध होता है। जहाँ पर तेज हवाये चलती हैं उन जगहों पर खेत के चारों ओर वृक्ष लगाने पर यह विंड ब्रेक एवं सेल्टर वेल्ट का भी काम करती है एवं कृषि फसलों को तेज हवा–धूप–बालू एवं ठंड से रक्षा भी करती है। सागवान, यूकेलिप्टस, महोगनी, नीम, गम्हार, सिरीस, अर्जुन, बकैन, सेमल, पोपलर, बॉस, सुबबूल, बनकट एवं आदि कुछ ऐसी पेड़ों की प्रजातियॉ हैं जो कृषि फसलों के साथ–साथ उगाई जा सकती हैं। वनों से प्राप्त प्राकृतिक स्रोत उनसे आय आदि विवरण आगे विस्तार से दिया जा रहा है।

समेकित कृषि प्रणाली के अंतर्गत कृषि–वानिकी का महत्व और भी बढ़ जाता है। एक तरफ तो ये आय को बढ़ाते हैं तो दूसरी तरफ समन्वित कृषि के अन्तर्गत जानवरों के लिए प्रचुर मात्रा में चारा भी प्रदान करते हैं। इनकी पत्तियों एचं अन्य अवशिष्ट पदार्थों से ऊँचे गुणवत्तावाली खाद भी तैयार की जा सकती है। इमारती लकड़ियों के साथ–साथ, फल–फूल आदि की खेती भी इस प्रणाली में संभव है।

मानव की छेड़–छाड़ से पहले यह धरती सघन वनों से भरी हुई थी तब मानव पूरी तरह से इन वृक्षों पर ही निर्भर था। उसके लिए इस हरी चादर का एक अर्थ था, एक महत्व था और सच पूछा जाये तो यह हरी चादर ही उसके जीवन की आधार थी। ज्यों–ज्यों मानव विकास की सीढ़ियॉ लॉघता गया बढ़ती हुई जनसंख्या, अनियोजित औद्योगिकीकरण तथा अनियंत्रित नगरीकरण से उत्पन्न परिस्थितियों ने इन प्राकृतिक संसाधनों में लगातार जहर घोल उन्हें तहस–नहस करने की कोशिश की। मानव की नादानियों के कारण बढ़ते प्रदूषण के हलाहल को धरती के इन्ही हरे फेफड़ों ने पीया और

बदले में दी प्राण वायु ऑक्सीजन। इस तरह से यदि हम कहें कि हम इस धरती पर इन हरे पौधों का मेहमान बन कर आए तो गलत नहीं होगा। वनों ने हमें शुद्ध हवा, उपजाऊ मिट्टी व पानी का वरदान दिया है बदले में हमने उन्हें दिया कुल्हाड़ा, आरा और प्रदूषण।

राष्ट्रीय वन नीति के अनुसार कुल भू–भाग में 33 प्रतिशत क्षेत्र पर वन होना जरूरी है। परन्तु आज स्थिति यह है कि हमारे पास मात्र 22 प्रतिशत के लगभग ही वन क्षेत्र उपलब्ध हैं। राजस्थान में तो यह स्थिति और भी विकट है। वर्ष 1957 में इस क्षेत्र में लगभग 13 प्रतिशत वन हुआ करते थे जो वर्ष 1977 तक घटकर मात्र 10 प्रतिशत रह गये और इसमें हरे पेड़ों से लदे वन मात्र 3 प्रतिशत ही रहे। यदि हम इन्हीं वृक्षों की हरी चादर को बिना पैबन्द लगे बरकरार रखें तो हमें लाभ ही लाभ है अन्यथा हरियाली की चादर पर यह लगातार चलता कुल्हाड़ा हमें गम्भीर संकट में डाल सकता है।

जहाँ पर जान–बूझकर काष्ठ पेड़ों, झाड़–झाड़ियों को अन्न व फल प्रदान करने वाली फसलों के साथ–साथ या एक निश्चित क्रम में एक ही जमीन पर उगाया जाता है वह कृषि–सह–वानिकी कहलाता है।

वानिकी से लाभ

वनों से हमें जहाँ एक ओर पर्यावरण को सुधारने में मदद मिलती है वहीं दूसरी ओर हमारे आम जीवन में भी इनका बड़ा महत्त्व है। सही अर्थों में मृदा, जल, वायुमण्डल, वनस्पति और जीव–जन्तुओं का आंतरिक सम्बन्ध ही पर्यावरण को शुद्ध रखने के लिए वनों की हरियाली ही एक ऐसी आधारशिला है जिसके बिना पर्यावरण को शुद्ध रखने कीी कल्पना ही नहीं की जा सकती। कृषि–सह–वन पद्धति द्वारा केवल पर्यावरण को ही स्वस्थ नहीं रखा जा सकता बल्कि भूमि एवं जल का लम्बे समय तक उपयोग किया जा सकता है एवं साथ ही साथ कृषि फसलों के अलावा वन उत्पादों द्वारा एक अच्छी खासी रकम की प्राप्ति की जा सकती है।

सामाजिक वानिकी

वनों की लगातार कटाई ने हमारे सामने गंभीर समस्याएँ पैदा कर दी हैं। भूमि कटाव, सूखा, बाढ़, कृषि उपज एंव पशुधन में कमी जैसी समस्याएँ वनों

के विनाश के कारण ही हमारे सामने आई है। आजादी के बाद वर्ष 1952 में भारत सरकार ने वन नीति का निर्धारण किया जिसमें स्थानीय जनता की संतुष्टी पर विशेष ध्यान दिया गया किन्तु इस नीति से न तो वन संपदा का पुनर्स्थापना किया जा सका और न ग्रामीणों के मौलिक आवश्यकताओं की पूर्ति ही कि जा सकी। यह सत्य है कि वनों की कटाई पर पूर्ण प्रतिबंध नहीं लगाया जा सकता परन्तु इसका विकल्प ढूँढा जा सकता है।

राष्ट्रीय कृषि आयोग के सुझाव पर हमारे देश में पहली बार 1978 में एक कार्यक्रम सामाजिक वानिकी शुरू किया गया। इसमें वनों की कटाई को रोकने के साथ–साथ मनुष्यों की जरूरतों को भी ध्यान में रखा गया। बेकार भूमि में ऐसे वृक्षों को उगाने की बात की गई जिनकी मॉग जंगलों की लकड़ियों के विकल्प में की जा सके और जो देखने में विल्कुल प्राकृतिक वनों तरह ही प्रतीत हो। इस तरह के कृत्रिम वन क्षेत्र में विकास को ही सामाजिक वानिकी की संज्ञा दी जाती है। यह कार्यक्रम अब तक के सभी प्रयासों तक ही सीमित नहीं था बल्कि इसमें जनता की भागीदारी थी। इनका रख रख़ाव वहॉ के ग्रामीणों एवं सरकार दोनों के द्वारा की जाती है। सामाजिक वानिकी की निम्नलिखित मुख्य विशेषताएॅ हैं–

(क) इमारती लकड़ी एवं जानवरों के लिए चारा उपलब्ध कराना

(ख) कृषि फसलों को तेज वायु गति के नुकसान से रोकना,

(ग) जलावन की लकड़ी उपलब्ध कराना ताकि गाय के गोबर की जलाने से रोका जाए।

(घ) पिकनिक स्थल, पर्यटन स्थल का विकास करना

इस कार्यक्रम का प्रारम्भ होने के कारण ही जनसाधारण की भूमि पर वृक्षारोपण कार्य का फैलाव हो सका। सामाजिक वानिकी के अन्तर्गत चार प्रमुख मुद्दों को लिया गया–

1. कृषि वानिकी
2. प्रसार वानिकी
3. निम्न कोटि के वनों का प्रत्यारोपण
4. मनोरंजन वानिकी

कृषि वानिकी : इसके अंतर्गत किसानों को खेत के चारों ओर मेढ़ों पर, चाहारदीवारी पर एवं अनुपयोगी जमीनों पर वृक्ष लगाने की व्यवस्था करनी होती है। इसके अन्तर्गत यह ध्यान देना है कि कृषि फसलों के स्वास्थ्य पर प्रतिकूल प्रभाव न पड़े तथा साथ ही साथ किसानों की आमदनी में भी वृद्धि हो। इसके लिए उपयुक्त वृक्षों की प्रजाति का चुनाव करना होता है।

प्रसार वानिकी : इसके अंतर्गत वृक्षों को सरकारी जमीन जैसे पंचायती जमीन, सड़क के किनारे, नहरों के किनारे या रेलवे के किनारे लगाया जाता है। इस तरह की वानिकी को आम जमीन पर भी लगाया जा सकता है बशर्ते कि आम लोग इसके लिए सहमत हों। इससे जलावन व चारे की भी पूर्ति की जा सकती है।

वर्ष 1980 में हुए दूसरे वानिकी सम्मेलन में यह बात कही गई कि कृषि भूमि पर बेकार पड़ी सामुदायिक जमीन पर, सड़क, नहर और रेलवे लाइन के किनारे या इसी तरह की अन्य भूमि पर वृक्षारोपण किया जाए और हरियाली बढ़ाई जाए। इसी उद्देश्य से सम्पूर्ण देश में सामाजिक वानिकी को प्रमुखता दिये जाने की बात कही गई।

सामाजिक वानिकी का प्राथमिक लक्ष्य है ग्रामीण क्षेत्र में इंधन की लकड़ी का विकास करना जिससे ग्रामवासियों के लिए इंधन की समस्या का समाधान किया जा सके एवं गोबर को बचाकर बतौर खाद के रूप में उसका प्रयोग किया जा सके। ग्रामीण मकानों के लिए आवश्यक निर्माण सामग्री जैसे खम्बों, लकड़ियों, पत्तियों आदि को उपलब्ध कराया जाए। ग्रामीण क्षेत्रों में गरीब जनता के आवास के लिए लकड़ियों एवं बॉस जैसी चीजों की आसानी से उपलब्धि हो सके इसलिए भी वृक्षारोपण अनवार्य है। सामाजिक वानिकी एक तरह गरीब ग्रामीण जनता की आवश्यकताओं को पूरा करने के लिए है। विश्व वैज्ञानिकों ने सर्वेक्षण के उपरांत इस बात को माना है कि सामाजिक वानिकी योजना ऐसे भूमिहीन गरीब लोगों, जिनके पास जीविका के साधन नहीं हैं, के इंधन और चारे की आवश्यकताओं को पूरा करना है।

सामाजिक वानिकी का मुख्य उद्देश्य है– प्राकृतिक वनों के विनाश को रोकना (ग्रामीणों को चारा, इंधन, छोटी–मोटी अन्य आवश्यकताओं को देखते

हुए उनके जरूरत की वस्तुएँ उपलब्ध कराई जाएँ। दूसरा पहलू यह भी है कि वनों को नष्ट किये बिना उन पर आश्रित रहने वाली आदम जाति को भी विज्ञान का प्रसाद पहुँचाया जाए, विकास की बात की जाए। इस दिशा में ठोस कदम उठाए जाएँ एवं इस बात पर गौर किया जाए कि वन और वन्य जीव नष्ट न हों)।

सामाजिक वानिकी में एक प्रमुख लक्ष्य यह रखा गया कि देहातों के समीप की भूमि पर वृक्षारोपण इसलिए हो ताकि ग्रामीणों के इंधन की आवश्यकता पूरी हो सके। मात्र सरकारी प्रयास इस योजना को सफल नहीं बना पाऍगें, अतः ग्रामीणों की भागीदारी बहुत आवश्यक है। इस दिशा में चीन का उदाहरण प्रशंसनीय है। यहाँ पिछले 30–40 वर्षों में बहुत बड़ी संख्या में राज नगरो के अन्दर वृक्षारोपण हुआ है। नगरों को प्रदूषण से बचाने एवं नगरों की सौंदर्य वृद्धि के लिए अनेक देशों में उद्यान को स्थापित करने और सुन्दर एवं रंगीन फूल वाले वृक्षों को लगाने का तेजी से प्रचलन हुआ है। सामाजिक वानिकी में बहुउद्देशीय पेड़ लगाना काफी लाभदायक है। जिन पेड़–पौधों का उपयोग एक से अधिक कार्य के लिए होता है, उन्हें बहुउद्देशीय पेड़ कहा जाता है। कुछ महत्वपूर्ण बहुउद्देश्यीय पेड़ निम्नलिखित तालिका में वर्णित हैं:

तालिका 54 : विभिन्न वृक्षों की प्रजातियाँ एवं उनके उपायोग

	प्रजाति	उपयोग
1.	सागवान	टिम्बर, भवन निर्माण, जहाज की बॉडी, छत, पुल, रेलवे वैगन, फर्नीचर इत्यादि।
2.	महोगनी	टिम्बर, भवन निर्माण, फर्नीचर आदि।
3.	नीम	टिम्बर, चारा, औषधि, कीटनाशक एवं उर्वरक।
4.	गम्हार	टिम्बर, भवन निर्माण, फर्नीचर आदि।
5.	सिरीस	टिम्बर, औषधि आदि।
6.	अर्जुन	टिम्बर, जलावन की लकड़ी, चारा, औषधि आदि।
7.	बकैन	माचिस, पैकिंग, केस, प्लाई, गद्दा, तकिया एवं तोशक (रूई) गोंद, औषधि।
8.	सेमल	पेपर, कागज, तेल, ईंधन, चारकोल तथा पेपर उद्योग आदि।

9.	यूकेलिप्टस	माचिस, प्लाई, पेटी एवं पैकिंग केस, कागज के लिए पल्प, फाइबर बोर्ड आदि।
10.	पोपलर	कागज, टोकरी, घेराबंदी सामग्री, कुटिया, भूसा भंडार, लघु उद्योग, चारा, मकान आदि।
11.	बॉस	चारा, हरी खाद, कृषि यंत्र, इंधन, नेत्रजन स्थिरक, मृदा संरक्षक आदि।
12.	सुबबूल	कृषि यंत्र, इंधन, पाल, मचान, मृदा संरक्षण आदि।
13.	बनकट	कृषि यंत्र, इंधन, पाल, मचान, मृदा संरक्षण आदि।
14.	चह	कृषि यंत्र, पाल, बतला, फर्नीचर, चारा, हरी खाद, नेत्रजन–स्थिरक आदि।

कृषि वानिकी

उपजाऊ मिट्टी बनने में तकरीबन 3 हजार से 12 हजार साल लगते हैं। जब इस मिट्टी को बांधकर रखने वाली हरी चादर उधड़ जाती है तो हवा, पानी की सीधी मार से मिट्टी बह जाने मं कोई देर नहीं लगती। यही कारण है कि घंटे भर में डेढ़ सौ टन की दर से उपजाऊ मिट्टी हवा हो जाती है। सबसे मोटी हरी चादर तो पेड़ो से ही बनती है और यह दुखद अध्याय है कि हर साल 110 लाख हैक्टर उष्ण कटिबंधीय वन गायब हो रहे हैं। इनका एक बड़ा हिस्सा दुनिया भर के चूल्हों में झोंका जा रहा है। अगर उनके लिए कोई इन्तजाम न किया गया तो अगले 20 सालों तक विकासशील देशों पर अपनी जनता की इंधन की जरूरतें पूरी करने का साल भर का खर्चा करोड़ों डॉलर पड़ेगा। इसके लिए सारी दुनिया में खेती के साथ–साथ वन विकास कार्यक्रमों को सफल बनाने के लिए एक महत्वपूर्ण कार्यक्रम कृषि वानिकी की शुरूआत की गई। यह कार्यक्रम एक ऐसा कार्यक्रम है जो कि खेती के साथ–साथ वृक्षों को रोपकर वनों को बढ़ाने की बात कहता है।

वर्ष 1989 में इम्फाल में कृषि वानिकी पर एक राष्ट्रीय विचार गोष्ठी का आयोजन किया गया था। यह गोष्ठी भारतीय कृषि अनुसंधान परिषद के अंतर्गत हुई थी। इससे कृषि वानिकी संबंधी प्रायोजनाएँ तैयार करने और उन पर अम्ल करने की जरूरत को समझा गया। कार्यक्रम तैयार करते समय

विभिन्न समुदायों की आर्थिक–सामाजिक स्थिति को ध्यान में रखने की जरूरत है और यह भी देखना जरूरी है कि वह कहाँ तक भूमि पद्धतियॉ अपनाने को तैयार हैं। विचार गोष्टी में समस्या पूरक कृषि वानिकी कार्यक्रम शुरू करने पर जोर दिया गया। यह कार्यक्रम बहुअंगीय हों और ऐसे क्षेत्रों को ध्यान में रखकर बनाए जाएँ जाहॅ गुजारे लायक खेती होती है। इन कार्यक्रमों का उद्देश्य विभिन्न कृषि योग्य बंजर, सीमांत और उप–सीमांत भूमियों के लिए ऐसी तकनीकें विकसित करनी होंगी, जो अपनाई जा सकें और जिनके फलस्वरूप देश में इंधन, चारा और लकड़ी की बढ़ती हुई कमी को दूर किया जा सके। इन नई तकनीकों से बंजर भूमि, वनस्पति से ढ़क सकती है और उपयोगी पेड़–पौधे लगाए जा सकते हैं। वर्ष 1983 में शुरू की गई अखिल भारतीय समन्वित अनुसंधान प्रायोजना के अंतर्गत चल रहे तकनीकी कार्यक्रम में तीन तरह के अनुसंधान कार्यक्रम हैं (1) कृषि फसलों के साथ–साथ वन वृक्ष उगाने की पद्धति (2) कृषि और कृषि उद्यानिक पद्धति, इसमें सदा उगने वाले वृक्षों को फसल के साथ उगाया जाता है और (3) बंजर, सीमांत और अर्ध सीमांत भूमियों पर वन वृक्षों के साथ–साथ चारा फसलें उगाई जाने वाली पद्धति। भूमि का पूरा–पूरा उपयोग अनुसंधान का उद्देश्य ऐसी प्रमुख भूमि प्रबंध पद्धिति का विकास करना था जिसमें ईंधन देने वाले सदाबहार वृक्षों को फसल के साथ–साथ उगाया जाए। ताकि भूमि की एक इकाई से अधिक उत्पादन लिया जा सके। इन कृषि पद्धतियों से कृषि भूमि पर एक साधारण या क्रम से खाद्य, ईंधन, चारा खाद, रेखा या फल अधिकतम लिये जा सकते हैं। छठी पंचवर्षीय योजना के दौरान यह समन्वित अनुसंधान प्रायोजना 20 केन्द्रों में अमल में लाई गई। इनमें से 12 केन्द्र कृषि विश्वविद्यालयों में थे जिन्हें भारतीय कृषि अनुसंधान परिषद पूरी वित्तीय सहायता देती है और आठ परिषद के अनुसंधानों में से हर एक केन्द्र को परिभाषित प्रायोजित तकनीकी कार्यक्रम सौंपा गया। वर्तमान तकनीकी कार्यक्रम की रूप रेखा नीचे दी जा रही है

1. विभिन्न उद्देश्य के लिए और विदेशी वृक्ष प्रजातियों के आशाप्रद जर्मप्लाज्म का संग्रह और चयन।

2. विभिन्न जलवायुवीय स्थितियों के लिए कृषि वानिकी विकास के लिए उपयुक्त वृक्ष और चारा प्रजातियों और फसलों की उपयुक्त किस्में विकसित करना।
3. विभिन्न पद्धतियॉ जैसे वृक्ष चरागाह, फल वृक्ष, चरागाह और कृषि वन वृक्ष के लिए प्रबंध पद्धतियॉ विकसित करना।
4. झूम खेती विकल्प कृषि पद्धति की जगह उपयुक्त कृषि वानिकी पद्धति विकसित करना।
5. नई पद्धतियों और प्रचलित पद्धतियों के बीच लागत लाभ को ध्यान में रखते हुए आर्थिक मूल्यांकन करना।

इस सामान्य विभिन्न कृषि वानिकी अनुसंधान प्रबंधों के लिए ऐसी वृक्ष प्रजातियॉ का पता लगाया गया है जो परिस्थितियों के अनुकूल है और लाभप्रद है और इन्हें कृषि फसलों के साथ लगाया जा सके। इन पर परीक्षण भी चल रहे हैं। दूसरी विशिष्ट परिस्थितियॉ में उपयुक्त कृषि वानिकी तकनीक विकसित करने के लिए अलग–अलग क्षेत्रों की समस्याओं का पता लगाना। इसके लिए जलवायु संबंधी विविधता और देश के अलग–अलग भागों में फैली नैतिक मान्यताओं और आर्थिक सामाजिक कारणों को भी ध्यान में रखना होगा। भारतीय कृषि अनुसंधान परिषद के विभिन्न अनुसंधान संस्थानों जैसे केन्द्रीय मरू क्षेत्र अनुसंधान, जोधपुर, भारतीय चारा और चारागाह अनुसंधान संस्थान, झॉसी, केन्द्रीय मिट्टी लवणता अनुसंधान संस्थान, करनाल और मिट्टी और जल संरक्षण अनुसंधान और प्रशिक्षण संस्थान, देहरादून में कृषि वानिकी अनुसंधान कार्यक्रम चल रहे हैं। विभिन्न वन अनुसंधान और शिक्षा संस्थानों में चल रहे, वानिकी अनुसंधान के इनमें से कुछ में स्नातक स्तर पर डिग्री पाठ्यक्रम भी चल रहे हैं । इन सब प्रयासों के फलस्वरूप देश में कृषि वानिकी अनुसंधान कार्यक्रमों को कुशल कार्यकर्ता मिल सकेंगे। कृषि वानिकी का यह कार्यक्रम सरकार के प्रयासों द्वारा तो जारी है ही लेकिन इसकी पूर्ण सफलता तभी है जब इसमे आम भागीदारी भी हो यानि जनता सामने आए। इस दिशा में किसानों को मुख्य रूप से भूमिका निभानी होगी। खेतों की मेढ़ों पर वृक्ष लगाने की बात महत्वपूर्ण है ही साथ ही दो खेतों के बीच की जगह पर भी वृक्ष लगाना श्रेयकर होगा। आपके

पड़ोसी का खेत आपका भले ही न हो लेकिन आसपास का पर्यावरण तो साझा है। इस पर्यावरण को बर्बाद होने से बचाने के लिए मिल–जुलकर वानिकी कार्यक्रम सफल बनाया जा सकता है। दो खेतों के बीच लगे वृक्ष दोनों ही खेतों के लिए लाभकारी होंगे। कृषि वानिकी कार्यक्रमों का अंत तब तक नहीं हो सकता जब तक की इस धरती पर मनुष्य है और मनुष्य से जुड़ा हुआ उसका व्यापार है। पौधों को ही जीवित रखने के लिए वनों की आवश्यकता है। प्रगति और कृषि पद्धति के बीच खाई नहीं दोस्ती है और इसी दोस्ती की मिसाल है कृषि वानिकी यानि वनों के साये में खेती।

तालिका 55 : प्रमुख कृषि–सह–वानिकी पद्धति

	मुख्य कृषि–सह – वानिकी पद्धति	
1.	सिल्वीकल्चर	वृक्ष एवं झाड़ियॉ+जानवर या बिना जानवर के
2.	एग्री–सिल्वीकल्चर	वृक्ष + एक वर्षीय/बहुवर्षीय कृषि फ़सलें
3.	सिल्वी–पास्टोरल	वृक्ष + घास
4.	सिल्वी–हार्टीकल्चर	वृक्ष (टिम्बर) + फलदार वृक्ष
5.	सिल्वी–हार्टी–पास्चर	वृक्ष + फलदार वृक्ष + घास
6.	एग्री–हार्टीकल्चर	कृषि फसल + फलदार वृक्ष
7.	सिल्वी–हार्टी–फलोरीकल्चर	वृक्ष (काष्ठ) + फलदार वृक्ष + फूलदार पौधे
8.	अले कृषि पद्धति	पंक्तिबद्ध वृक्ष या झाड़ियॉ+कृषि फसल
9.	मल्टीस्टोर	वृक्ष, झाड़ियॉ एवं कृषि फसलें ऊचाई के क्रमानुसार
10.	बौन्ड्री प्लान्टेशन	कृषि क्षेत्र के चारों ओर वृक्ष की पंक्ति
11.	ब्लॉक प्लान्टेशन	एक निश्चित क्षेत्र में एक प्रजाति के वृक्ष
12.	इनर्जी प्लान्टेशन	तीव्र गति से बढ़ने वाले पौधों को कम जमीन में उगाना
13.	फार्म फौरेस्ट्री	किसानों के क्षेत्र (फील्ड) में पेड़ लगाना
14.	सोशल फौरेस्ट्री	सरकारी जमीन, पंचायती जमीन या वेस्ट लैंड पर वृक्ष उगाना
15.	एक्वा फौरेस्ट्री	वृक्ष + मछली पालन
16.	सिल्वी–सेरीकल्चर	वृक्षों पर रेशम उत्पादन

विंड ब्रेक एवं सेल्टर बेल्ट

विंड ब्रेक– जब खेत के चारों ओर या किसी एक दिशा में ऊँची–लम्बी वृक्षों की 1–3 लाईन/पंक्ति लगायी जाती है तो यह विंड ब्रेक का काम करती है। यह हवा से मिट्टी के कटाव को रोकती है एवं पौधों का भी तेज हवा से रक्षा करती है। विंड ब्रेक वाली पेड़ों की हवा आने वाली दिशा के लम्बवत् लगायी जाती है। हमारे देश में सामान्तया विंड ब्रेक वाली पेड़ों को पूर्व–दक्षिण दिशा में लगाया जाता है।

सेल्टर बेल्ट विंड ब्रेक का ही वृहत् एवं सघन रूप है। सेल्टर बेल्ट सरकार के द्वारा विकसित किया जाता है।

विंड ब्रेक एवं शेल्टर बेल्ट की उपयोगिता

1. सेल्टर बेल्ट एवं विंड ब्रेक कृषि फसलों के क्षेत्र में मृदाक्षरण को रोकती है एवं तापमान को भी एक हद तक अनुकूल बनाती है।
2. ये हवा की गति को भी कम करती है एवं रेत को कृषि क्षेत्र में आने से रोकती है।
3. जब हवा की गति तेज होती है तो पौधों की स्टोमाटा बंद हो जाती है। सेल्टर बेल्ट वाले क्षेत्र में पौधों की विकास की गति तीव्र होती है।
4. ये वर्षा के जल को संग्रहित करती है।
5. ओस की बूँदें सेल्टर्ड क्षेत्र में खुले जगह की अपेक्षा 200 प्रतिशत तक ज्यादा पाई जाती है।
6. मृदा में पानी की मात्रा सेल्टर्ड क्षेत्र में खुले स्थान की अपेक्षा 0.3–7.8 प्रतिशत तक ज्यादा पायी जाती है।
7. सेल्टर बेल्ट पशुओं की भी ठंडी एवं गर्म हवा से रक्षा करती है।
8. सेल्टर बेल्ट उद्यान में फूल एवं फलों को हवा से सुरक्षा प्रदान करती है।
9. सेल्टर बेल्ट जलावन की लकड़ी भी उपलब्ध कराती है एवं साथ ही साथ चिड़ियों की जनसंख्या को आकर्षित करती है जो कि कृषि फसलों के हानिकारक कीटों को खाती हैं।

10. पौधों से पानी की वाष्पन की गति को भी कम करती है।
11. सेल्टर्ड बेल्ट में दिन में तापमान कम होता है एवं जब तापमान खुले क्षेत्र में कम होता है तो सेल्टर्ड बेल्ट में ज्यादा होता है।
12. यह वायु–पानी से होने वाली मिट्टी की क्षरण को भी कम करती है।
13. सेल्टर बेल्ट में सॉप बहुत पाये जाते हैं जोकि चूहे एवं चूहे जैसे जानवरों से फसलों की रक्षा करते हैं।

प्रजातियॉ जो कि विंड ब्रेक के लिए उपयुक्त हैं:

कैजुरिना, इक्यूस्टीफोलिया, पोंगाविया, ग्लैलेरा, अकेसिया, ब्लैनीफ्रॉन्स, टैमरिंडस इंडिका, एलेजिया लिवैक, डलवर्जिया, सीसो, यूकिलिप्टस हाईब्रिड, अरेविलिक रोबस्टा आदि।

ज्वांइट फौरेस्ट मैनेजमेंट

किसी भी वन क्षेत्र को विकसि करने के लिए राष्ट्रीय वन नीति का पालन होना चाहिए। आजादी के पहले से ही, भारत के पास राष्ट्रीय वन नीति थी जो कि 1894 में बनायी गयी थी। इस नीति का उद्देश्य था:

1. पहाड़ो के ढलाव वाले वनों को बचाना।
2. वनों का व्यवसायिक दृष्टि से रख–रखाव करना।
3. अगर वनों के अन्दर उपजाऊ भूमि या कृषि योग्य भूमि है तो उस पर खेती की जाये।
4. जो वन निम्न कोटि के हैं वे आम आदमी के लिए खुले रखे जायें।

ये नीतियॉ कृषि फसलों के विकास की ओर ध्यान आकर्षित करती थीं।

आजादी के बाद 1952 में नयी वन नीति बनी जिसमें वनों का वर्गीकरण कार्य के आधार पर हुआ। इस नीति के अन्तर्गत करीब 60 प्रतिशत पहाड़ों एवं 20 प्रतिशत समतल जमीनों को वनों के लिए आरक्षित रखने का प्रावधान है। केन्द्रीय वन बोर्ड ने इन नीतियों के पुनः अध्ययन की जरूरत समझी और

अध्ययन कर अपनी रिपोर्ट 1976 में दिया। कमीशन ने यह सुझाव दिया कि राष्ट्रीय वन नीति को निम्नलिखित राष्ट्र के जरूरतों को ध्यान में रख कर कार्यान्वित किया जायः

1. वनों का समुचित ढंग से रख–रखाव हो ताकि वनों से राष्ट्र को ज्यादा से ज्यादा फायदा हो एवं राष्ट्र की आर्थिक गति भी सुदृढ़ हो।
2. पहाड़ों एवं ढलाव वाली जमीन से मिट्टी का कटाव रोका जाये ताकि वनों की पोषक तत्व का क्षरण न हो एवं डैम एवं रिजर्वयार को क्षति न हो।
3. नदियों के किनारे से मिट्टी के कटाव को रोका जाये एवं समुद्र तट से बालू को अन्दर आने से रोका जाये।
4. वनों की उत्पादकता को औद्योगिक इकाइयों की जरूरतों को ध्यान में रखकर बढ़ाया जाय।
5. ग्रामीण जनसंख्या को जलावन की लकड़ी एवं छोटे–मोटे इमारती लकड़ी उपलब्ध हो।
6. जानवरों के लिए चरने वाली जगह (चारागाह) की व्यवस्था की जाये।
7. वनों में पिकनिक स्थल एवं सैलानियों के लिए समुचित व्यवस्था की जाय।
8. पर्यावरण की सुरक्षा पर विशेष ध्यान दिया जाये एवं मिट्टी, पानी, पेड़ – पौधों व जानवरों के बीच एक स्वस्थ वातावरण बनाने की व्यवस्था की जाये।

यह नियम 1988 से पूरे भारत वर्ष में कार्यान्वित हुआ। इसके साथ ही समिति ने यह भी दिशा–निर्देश दिया कि बिना राज्य सरकार या वन विभाग की अनुमति के बिना वनों को काटा न जाये। वनों के रख–रखाव में सरकार, एन.जी.ओ. एवं स्थानीय लोगों का समन्वित योगदान होना चाहिए।

वानिकी अनुसंधान व प्रशिक्षण

भारतीय वन महाविद्यालय (आई. एफ. एस.) असिस्टेंट कन्जर्वेटर्स को प्रशिक्षण देती है। वन रेंजरों को प्रशिक्षण देने के लिए देहरादून, कोयम्बटूर,

असाम एवं चम्बा में महाविद्यालय है। जैसा कि विदित है कि कृषि के जन्मदाता ये वन ही हैं, अतः हरेक कृषि महाविद्यालयों को यह दिशा–निर्देश है कि वे कृषि–सह–वानिकी विषय पर सामग्री उपलब्ध करायें एवं साथ ही साथ वन से संबंधित विभिन्न पहलुओं का जैसे कि नर्सरी तैयार करना, कलम बनाना आदि का उचित प्रशिक्षण भी दिया जाय।

फौरेस्ट रिसर्च इन्सटीटूयट, जो कि देहरादून में स्थित है, वह देश का एक उन्नत केन्द्र है जो कि किसी भी तरह के वन से संबंधित कठिनाइयों को दूर करने के लिए सर्वदा प्रयत्नशील है। इसके अलावा विभिन्न क्षेत्रीय अनुसंधान परिसद गौहाटी, बंगलोर, कोयम्बटूर एवं जोधपुर में कार्यरत हैं।

कृषि–सह–वानिकी क्षेत्र के लिए अभी अनुसंधान की असीम संभावनाएँ हैं व निम्नलिखित पहलुओं पर अनुसंधान की त्वरित आवश्यकता है–

- सम–ऊष्ण जलवायु के लिए विभिन्न चारे की पौधों एवं घासों की पहचान।
- सैण्ड ड्यून का स्थिरीकरण यानि की बालू क्षेत्र के विस्तार को रोकने का उपाय।
- सेल्टर बेल्ट के लिए उपयुक्त वृक्षों की पहचान।
- फलदार वृक्षों की प्रजातियों का विभिन्न जलवायु के लिए पहचान।
- दीमक से वनों की रक्षा के उपाय।
- झूम खेती का विकल्प
- पहाड़ों एवं ऊँची भूमि क लिए मिट्टी–कटाव को रोकने के लिए संभावित तकनीक।
- गर्म जलवायु वाले ऊँची भूमि के लिए विभिन्न पेड़ो एवे घासों की पहचान।
- सम–आद्र जलवायु के लिए विभिन्न टिम्बर वृक्ष, फलदार वृक्ष, तेल वाली वृक्ष एवं घास की प्रजातियों की पहचान।

- जंगल से प्राप्त कच्चे पदार्थो के लिए प्रोसेसिंग यूनिट की व्यवस्था एवं सम्बन्धित तकनीक आदि।

जल छादन/जल समेट

वनों एवं कृषि के उत्पादन को बरकरार रखने के लिए आज की समय की मॉग है कि समस्त प्राृतिक संसाधनों का समन्वित उपयोग किया जाये। पिछले दशकों में समन्वित संसाधनों के रख–रखाव के लिए जल छादन को एक आदर्श इकाई मानी गयी है जहॉ कि केवल मृदा, पानी या जीव–जन्तु का ही नहीं बल्कि मनुष्यों में स्व व होलिस्टिक आधार को ध्यान में रखा जाता है। पिछले कार्यक्रमों (जो कि केवल वृहत् जल–छादनों के लिए थे) का देखते हुए यह एहसास हुआ कि मृदा, पानी के संरक्षण से मनुष्यों की जीविका के साधन एवं उनके सामाजिक–आर्थिक पहलुओं का भी अध्ययन जरूरी है।

इस तरह से छोटे जल – छादन के विकास की बात सामने आयी जिसका कि कैचमेंट क्षेत्र केवल (500–1000 हेक्टेयर) की हो, ताकि परिस्थिति के अनुसार योजनाओं में थोड़ा फेर बदलकर भूमि एवं जल से उपयुक्त फायदा लिया जा सके। जल–छादन का एक महत्वपूर्ण पहलू है पर्यावरण को भूमि–जल–वातावरण में एक समन्वय स्थापित करना। एक तरफ तो जल –छादन के विकास से मिट्टी का कटाव, पानी का संचय आदि पर ध्यान दिया जाता है तो दूसरी ओर पानी की एक बूँद से कृषि वनों से अधिक – अधिक उपज लेने का ध्येय रहता है। जल–छादन क्षेत्र कृषि, वन, उद्यान एवं घास/चारा आदि में एक ऐसा समन्वय सीापित करता है जो उस क्षेत्र की जीविका से संबंधित करीब सभी जरूरतों को पूरा करता हुआ प्रतीत होता है।

जल–छादन– यह एक ऐसी भू–गर्भीय संरचना है जिसमें कि पानी का बहाव अनेक नालो जैसी संरचना से होकर इलाके में अवस्थित एक ही जगह या निकास पर होता है। इस निकास वाले जल को एक ही जगह या गड्ढा जैसी आकृति में जमा किया जाता है। जल–छादन क्षेत्र अधिकांशतः पहाड़ी इलाकों में पाया जाता है जहॉ कि भूमि उबड़–खबड़, ढ़लाव वाली होती है ताकि पानी का बहाव ऊपर से नीचे एक जगह पर हो।

जल –छादन क्षेत्र का विकास एवं रख–रखाव वहाॅ की जीविका या जीविका के स्तर को बढ़ाने के लिए होता है। जल–छादन दो प्रकार के होते हैं–

1. जल–छादन की विशेषतायें
2. वृहत् जल–छादन

जल–छादन की विशेषतायें

जल छादन का विकास भूमि के सर्वागीण विकास एवं उसके सही एवं उचित इस्तेमाल से जुड़ा होता है।

इनका विकास पानी की उपलब्धता को बढ़ता, समुचित उपयोग, गड्ढे या टैंक को बालू भरने से बचाने, वर्षा के पानी को संग्रह कर सूखे में उपयोग करने के लिए किया जाता है।

इनका विकास जल–छादन क्षेत्र में निवास करने वाले ग्रामीणों की आर्थिक एवं सामाजिक स्थिति में सुधार, लाने के उद्देश्य से किया जाता है। साथ–ही–साथ कृषि एवं छोटे उद्येगों में सुधार की संभावना निहित होती है।

जल–छादन विकास के लिए प्राथमिकतायें

– डैम, जल संग्रह करने वाली विभिन्न आकृतियों में बालू के जमाव का अध्ययन।

– ज्यादा पानी बहने वाले, बाढ़ वाले स्थानों का चयन।

– अधिक से अधिक पानी जमा करने वाले क्षेत्र का अध्ययन एवं उनसे प्रभावित होने वाले जन–जीवन।

-- मिट्टी का प्रकार, कृषि की संभावनाएॅ, वन–क्षेत्रों का विस्तार आदि।

– लवणीय एवं क्षारीय क्षेत्रों में सुधार की संभावनाएॅ

– भूमि की संरचना में सुधार की संभावनाएॅ एवं लगने वाले लागत।

– झूम खेती, मिट्टी के कटाव, घास के मैदान, वन क्षेत्रों का विस्तार, फलदार वृक्षों का चयन इत्यादि।

जल–छादन की महत्ता

– उबड़–खाबड़ ऊँची–नीची, पहाड़ों का समुचित उपयोग करना।
– वर्षा से प्राप्त जल को संग्रह कर कृषि योग्य कार्यो में उपयोग करना व जानवरों के पीने के लिए पानी की व्यवस्था।
– मिट्‌टी के कटाव को रोकना।
– बाढ़ का नियंत्रण।
– भूमि की पैदावार को बढ़ाना।
– स्थानीय लोगो के आर्थिक एवं सामाजिक स्तर मे सुधार करना।
– मृदा की उर्वरा शक्ति को लंबे समय तक बरकरार रखना।
– वनों पर आश्रित एवं फलों के लिए छोटे–छोटे प्रोसेसिंग ईकाई का विकास।
– गहन खेती करना एवं पारंपरिक कृषि में बदलाव लाना।
– मछली पालन को प्रोत्साहन देना ताकि प्रोटीन मिले।
– प्रदूषण को रोकना।
– पिकनिक स्थलों व आरण्यों का निर्माण करना इत्यादि।

छोटे–छोटे जंगलों का योगदान

– जंगल हमारी धरोहर है। वनों से मुख्यतः सभी चीजें प्राप्त होती हैं। वन हमारे प्राकृतिक धरोहर को निम्न तरह से संरक्षित एवं फायदा देते हैं।
– इमारती लकड़ियाँ
– जंगल से प्राप्त होने वाले विभिन्न पदार्थ जैसे कि गोंद, लाख, मधु इत्यादि।
– औषधियॉ।
– पर्यावरण की स्वच्छता व संतुलन।
– खाद्य–श्रृंखला में संतुलन।
– विभिन्न पशु–पक्षियों को संरक्षण इत्यादि।

जल–छादन का विकास कर मिट्टी के कटाव, बाढ़ की संभावना, जलाशयों में बालू भरने की क्रिया को काफी हद तक कम किया जा सकता है। पहाड़ी क्षेत्रों में जहॉ लेण्ड सलाइड की संभावनाऍ होती हैं, वहॉ पर उचित पानी निकास की व्यवस्था कर वृक्ष/पौधे लगाने से इस कठिनाई पर नियंत्रण प्राप्त किया जा सकता है।

ऐसी भूमि जो कि बेकार है, बंजर है वहॉ पर जल–छादन क्षेत्र के होने से कृषि–सह–वानिकी पद्धति को अपनाकर उस भूमि को उपयोग में लाया जा सकता है। उपर्युक्त मॉडल पहाड़ों एवं पहाड़ी क्षेत्रों में अपनाया जा सकता है जिसमें कि ऊपरी या ऊॅची पहाड़ों पर वृक्ष मध्य पहाड़ पर फलदार वृक्ष एवं निमली जमीन पर सीढ़ीदार खेतों का निर्माण के साथ–साथ तराई वाले इलाके में मछली पालन भी किया जा सकता है।

एक जल–छादन क्षेत्र में वनों का महत्व और भी बढ़ जाता है। वन एक ओर तो मिट्टी के कटाव, लैण्ड–सलाइड, बाढ़ आदि को रोकने में सहायक होते हैं तो दूसरी ओर ये अपनी अपार सम्पदा से लोगों को अभिभूत करते हैं। वातावरण एवं पर्यावरण को स्वस्थ बनाये रखते हैं।

पानी का संचय होने से भूमिगत पानी का स्तर भी बढ़ता है एवं उनके अनुपात में बढ़ोत्तरी होती है।

कृषि, वानिकी, उद्यान, घास व चारे का समन्वय

अगर एक ही क्षेत्र में वानिकी, उद्यान, कृषि, चारा आदि की व्यवस्था हो तो यह उस जगह/स्थान के लिए सर्वोत्तम व्यवस्था होगी। इस तरह के क्षेत्र का विकास करने पर लोगों को उनकी जरूरत की सारी वस्तुऍ वहीं से मिल जाया करेगी। इन सारे को एक जगह या एक क्षेत्र में करने पर लोगो को जीविकोपार्जन करने के लिए नौकरी की संभावनाऍ बढ़ती हैं एवं कृषि उद्यान या जानवारों के रखने या मछली–पालन से उन्हें अतिरिक्त लाभ भी मिलता है। लोगों के जीवन–स्तर को बढ़ाने में जल–छादन का एक विशेष योगदान है। सरकार के द्वारा विभिन्न जल–छादन विकास की प्रयोजनाऍ चल रही हैं, अभी इनकी विकास की असीम संभावनाऍ हैं।

समेकित कृषि प्रणाली में वनिकी का समावेश

मानव की छेड़छाड़ से पहले यह धरती सघन वनों से भरी हुई थी तब मानव पूरी तरह से इन वृक्षों पर ही निर्भर था। उसके लिए इस हरी चादर का एक अर्थ था, एक महत्व था और सच पूछा जाये तो यह हरी चादर ही उसके जीवन की आधार थी। ज्यों–ज्यों मानव विकास की सीढ़ियॉ लांघता गया बढ़ती हुई जनसंख्या, अनियोजित औद्योगिकीकरण तथा अनियंत्रित नगरीकरण से उत्पन्न परिस्थितियों ने इन प्राकशतिक संसाधनों में लगातार जहर घोल उन्हें तहस–नहस करने की कोशिश की। मानव की नादानियों के कारण बढ़ते प्रदूषण के हलाहल को धरती के इन्हीं हरे फेफड़ों ने पिया और बदले में दी प्राण वायु ऑक्सीजन। इस तरह से यदि हम यह कहें कि हम इस धरती पर इन हरे पौधों के मेहमान बनकर आए हैं तो गलत न होगा। वनों ने हमें शुद्ध हवा, पानी और उपजाऊ मिट्टी का वरदान दिया है बदले में हमने उन्हें क्या दिया कुल्हाड़ा, आरा और प्रदूषण। एक अनुमान के अनुसार 1950 तक दुनिया के आधे जंगल धराशायी हो युके थे। भारत में ही कभी 80 प्रतिशत जंगल हुआ करते थे। ऐसे घने जंगल जिनसे सूर्य की किरणें तक गुजर नहीं पाती थी। मगर आज हमारे पास ऐसे घने वन मात्र 8 प्रतिशत रह गए हैं। कश्मीर से कन्याकुमारी तक हमारी वन सम्पदा तहस–नहस हुई पड़ी है।

वनों से हमें जहॉ एक ओर पर्यावरण को सुधारने में मदद मिलती है वहीं दूसरी आरे हमारे आम जीवन में भी इनका एक बड़ा महत्व है। पहले बात पर्यावरण की ही की जाये तो सही अर्थों में मृदा, जल, वायुमण्डल, वनस्पति और जीव–जन्तुओं का आंतरिक सम्बन्ध ही पर्यावरण है। आमतौर पर पर्यावरण को एक ऐसी चीज माना जाता है जो हर तरह से खतरे में है। परमाणु विकिरणों से लेकर कीटनाशी रसायनों तक हर तरह के जहर मानों इसे निगलने के लिए बैठे हों। लेकिन जहॉ तक खाद्य उत्पादन का संबंध है अपने दृष्टिकोण में हमें थोड़ा सा परिवर्तन लाना होगा। खेती–बाड़ी की दृष्टि से पर्यावरण का मतलब होता है कोई खेत, कोई झरना, नदी या कोई नाला। इस तरह से पर्यावरण को नष्ट होने से बचाने के लिए हमें बहुत छोटे–छोटे मुद्दों पर गौर करना होगा और ऐसा ही एक मुद्दा, जल वायु मण्डल, वनस्पति और जीव जन्तुओं के आंतरिक संबंधों के नाजुक संतुलन का।

पर्यावरण को शुद्ध रखने के लिए वनों की हरयाली एक ऐसी आधारशिला है जिसके बिना सुरक्षा की कल्पना ही नहीं है। वनों का विस्तार तथा उनका संरक्षण वायुमण्डल से दूषित गैसों की बढ़ती मात्रा को नियंत्रित भी करता है।

वनों से होने वाले प्रमुख लाभों में प्राणदायिनी गैस ऑक्सीजन का मिलना। दूसरा महत्वपूर्ण लाभ यह है कि वे भूमि को कटने से रोकते हैं। उसकी उपजाऊ परतों को बर्बाद होने से बचाते हें। तीसरी बात, वनों से एक लम्बे समय से ईंधन, इमारती लकड़ी और कोयला प्राप्त किया जाता है जो आज भी अपनी महत्ता बनाए हुए है। चौथी महत्वपूर्ण बात वन प्राणियों की सुरक्षा है जो कि एक तरह से उनको आवास की सुविधा प्रदान करता है। पॉचवॉ महत्वपूर्ण लाभ यह है कि वनों से हमें ऐसी–ऐसी औषधियॉ प्राप्त होती हैं जो कि हमारे चिकित्सा जगत के लिए रामबाण साबित होती है चाहे आयुर्वेदिक पद्धति हो, एलोपैथिक पद्धति हो, होम्योपैथिक पद्धति हो या अन्य कोई चिकित्सा पद्धति हो, सभी कुछ कहीं न कहीं किसी न किसी रूप में औषधीय वृक्षों से जुड़े हुए हैं। छठा और महत्वपूर्ण मुद्दा हमारी अपनी खाद्य आवश्यकता से जुड़ा हुआ है। मांसाहारियों की बात की जाये तो उन्हें वनों से वन्य जीवों का शिकार कर मांस मिल रहा है और यदि शाकाहारियों की बात की जाये तो वृक्षों से खाद्य पदार्थो की एक लम्बी श्रृंखला थाली में पहुँच रही है। सातवॉ महत्वपूर्ण मुद्दा मानव के अपने वर्तमान विकास से जुड़ा हुआ है। यानि हर औद्योगिक कार्यों में कच्चे माल के लिए हम किसी न किसी रूप में वन सम्पदा की ओर ही ताकते हैं।

जहॉ तक वनों से प्राण वायु प्राप्त होने की बात है तो वनों में उगे हुए वृक्ष औसतन एक टन प्राण बायु पैदा करते हैं। उष्ण कटिबंधीय क्षेत्रों के एक हैक्टर वन से पर्यावरण की दृष्टि से एक करोड़ 41 लाख रूपये मूल्य के बराबर लाभ प्राप्त होता है। लगभग 50 वर्षों मं एक वृक्ष पन्द्रह लाख रूपये मूल्य की कमाई कराता है जिसमें ऑक्सीजन, भू–संरक्षण, पशु, प्रोटीन, मृदा शामिल है। यदि व्यापारिक स्तर पर सोचा जाए तो वनों का विकास हमारे रोजमर्रा के जीवन में बढ़ती हुई लकड़ी की मांग को पूरा करने के लिए बहुत आवश्यक है। एक अनुमान के अनुसार इस शताब्दी के अंत तक देश में ईंधन की लकड़ी की आवश्यकता 34 करोड़ टन वार्षिक होगी और इमारती लकड़ी के के लिए 6 करोड़ घन मीटर लकड़ी की वार्षिक रूप से जरूरत पड़ेगी।

इसके अलावा वनों से हमें भारी मात्रा में गोंद भी प्राप्त होता है जो कि बहुत से उद्योगों में एक आधार के रूप में प्रयोग किया जाता है। वनों में पाए जाने वाले वृक्षों से आज तेल की बढ़ती हुई मांग को पूरा किया जाता है। नारियल के वृक्ष केरल से लेकर उड़ीसा तथा पश्चिमी बंगाल के साथ ही अण्डमान और निकोबार द्वीप समूहों के समुद्री तटवर्तीय क्षेत्रों की तो शोभा बढ़ाते ही हैं साथ ही इन क्षेत्रों मे खाद्य तेलों की हमारी अपनी आवश्यकता को भी काफी हद तक पूरा करते हैं। उदाहरण के तौर पर तेल–ताड़ यानि इलाइस गुइनेंसिस नामक वृक्ष आज बड़े पैमाने पर भी लगाए जा रहे हैं जो हमारी वार्षिक तिलहन की आवश्यकता को काफी हद तक पूरा कर रही है। हालांकि अभी इस दिशा में और भी दोहन बाकी है लेकिन फिर भी इसमें दो राय नहीं कि तेल ताड़ से हमने खाद्य तेल की काफी मात्रा प्राप्त की है। अपने देश में वनों में पाए जाने वाले सौ से भी ऊपर ऐसे पौधे हैं जिनमें तेल उपलबध है परन्तु हमने अभी उनका दोहन नहीं किया है। लेकिन हॉ कुछ हद तक समन्वित प्रयास जारी हैं इनमें नीम, महुआ, साल, करंज, कुसुम आदि के पौधे प्रमुख हैं। नीम के वृक्षों की उपयोगिता तो अब कोई छिपी हुई बात नहीं है। नीम अपने विभिन्न लाभों के लिए लम्बे समय से जाना जाता है।

कश्मीर में छह सौ वर्ष पूर्व जन्में संत शेख नुरूद्दीन ने अपने जीवन–काल में संदेश दिया था ''जब तक वन रहेंगे तब तक घरती में अन्न रहेगा'' यह बात आज भी चरितार्थ होती है, बल्कि और आगे जा पहुॅची है। वनों की उपयोगिता अन्न तक सीमित न रह कर जीवन की कितने ही आवश्यकताओं से जा जुड़ी है। सच तो यह है कि वृक्ष ही जीवन का आधार बन गया है। इनकी उपयोगिताओं को जीवन स्तर पर देखें–

पहली शुरूआत करते हैं मानव के लिए वृक्षों से, यह एक मान्य सत्य है कि विश्व में 30 करोड़ लोगों का घर वनों में ही है। लातिन अमरीका, अफ्रीका, एशिया और आस्ट्रेलिया में बहुत सी ऐसी जातियॉ हैं जो शताब्दियों से पूरी तरह से वनों में ही रहती हैं। इनकी सभ्यता भी अपने आप में अलग दुनिया बसाए हुए हैं। अफ्रीका की ऐसी ही एक जाति ''अका'' आज भी वनों में अपना जीवन बीता रही है। ये जाति न तो खेती करती है और न ही कोई अन्य ''सभ्य'' कहा जाने वाला काम। ये लोग अपना भोजन वृक्षों से ही

जुटाते हैं। लेन–देन का काम पैसों से न होकर आज भी मांस की टिक्कियों से होता है और कपड़े के नाम पर वलकल वस्त्र। वनों के एक बड़े क्षेत्र में इन जातियों के कई गॉव हैं। एक गॉव में 30 व्यक्ति होते हैं। इन गॉवों के निवासियों के रहन–सहन का रोचक पहलू यह है कि ये हर छह माह बाद अपना स्थान बदल लेते हैं। यानि कोई भी गांव स्थिर नहीं है।

हमारे देश सहित अन्य कई ऐसे देश हैं जहॉ घुमंतु कबीले रहते हैं। ये लोग खेती करना जानते हैं मगर इनका ठिकाना स्थिर नहीं होता। ये लोग कुछ समय के लिए एक स्थान पर आकर बसते हैं। वहॉ अपनी आश्यकता के अनुसार वृक्ष साफ करते हैं, उन्हे खेती योग्य बनाते हैं, खेती करते हैं। इस तरह की खेती "झूम खेती कहलाती है। एक तरह से ये लोग वनों की तबाही करते हैं। लेकिन इसी से जुड़ा वकालत का पहलू यह है कि जब निर्घन किसान को वनों में एक स्थान पर उपजाऊ जमीन नहीं मिलती तो वह और अच्छी जमीन की तलाश में आगे बढ़ जाते हैं।

अध्ययनों में पाया गया हे कि पुरूषों की अपेक्षा महिलाऍ वृक्षों पर अधिक निर्भर हैं। असल में उन्हीं के ऊपर पूरी गृहस्थी चलती है। पकाने के लिए ईंधन की जरूरत पड़ती है तो वे ही लकड़ी बीनने जाती हैं, पालतू पशुओं के लिए चारे की जरूरत पड़ती है तो वे ही वनों से चारा लाती है। इसके अलावा वनों से महिलाऍ कुटीर उद्योग को भी पनपाती हैं यानि वे वनों में जाकर लकड़ियॉ लाती हैं उससे संबंधित बहुत से कुटीर उद्योग हैं जैसे– दियासलाई की तीलियॉ बनाना, पत्तियों से टोकरी बनाना या फिर पत्तियॉ बनाना, उत्तर प्रदेश में किये गये एक सर्वेक्षण से पता चला है कि 13 प्रतिशत आय पुरूषों की होती है जो जंगल की भूमि से ही होती है 33 से 45 प्रतिशत आय महिलाओं की वनों से होती है। इस तरह से देखा जाये तो हमारे देश में भी महिलाऍ वनों से अधिक लाभ उठा रही हैं। उत्तर प्रदेश में हुए एक अध्ययन के अनुसार यहॉ जंगलों से और सामुदायिक रूप से जो भूमि होती है उससे पुरूषों ने 13 प्रतिशत आय की जबकि महिलाओं ने 33 से 45 प्रतिशत तक आय ली। यह आय विशेष रूप से ग्रामीण महिलाओं के लिए थी क्योंकि ये महिलाऍ अपना अधिकांश समय आय के स्रोत ढूंढ़ने के लिए, भोजन के लिए और अपने स्वास्थ्य की आवश्यकताओं के लिए गुजारती हैं।

इस तरीके से देखा जाये तो महिलाओं ने वनों से अधिक लाभ कमाया, जबकि पुरूषों ने कम। विश्व स्तर पर यह पाया गया है कि महिलाएँ 50 प्रतिशत से अधिक भोजन का उत्पादन करती हैं और अफ्रीका में तो यह स्थिति 80 प्रतिशत तक है और यह जो भोजन प्राप्त है वह एक तरह से वृक्षों से अधिक प्राप्त होता है।

वृक्षों से भोजन

वृक्षों से भोजन की शुरूआत एक तरीके से आदिकाल से ही हो गई है। मानव जब वनों में रहा करता था तो कंद–मूल फल उसका भोजन हुआ करता था। लेकिन जैसे–जैसे मानव सम्यता की सीढ़ियाँ चढ़ता गया उसकी समझ में आता गया कि केवल फल ही नहीं बल्कि वृक्षों से तो हम और भी भोजन प्राप्त कर सकते हैं और तब मानव ने देखा कि वृक्ष का हर एक भाग जीवन के लिए उपयोगी है। कुछ वृक्ष तो उसके अपने घरेलू साथी बन गए और जो कुछ वृक्ष जंगल में पनप रहे हैं वे भी मानव के जीवन से पूरी तरह से जुड़े हुए हैं और उसके लिए उपयोगी साबित हुए हैं। आज स्थिति यह है कि मानव ने बहुत से ऐसे वृक्ष ढूंढ निकाले हैं जो कि उसके लिए भोजन जुटा रहे हैं। मसलन बेल, बड़हल, करौंदा, आंवला, इमली, जामुन, बेर, रीठा, कैत, महुआ, जंगली सेब, खिरनी, खजूर, जंगली–खजूर, झरबेरी आदि। इसके अलावा सैकड़ों ऐसे वृक्ष हैं जो स्थानीय रूप से भी पनप रहे हैं और मनुष्य ही क्यों उसके पालतू जानवारें के लिए भी भोजन वनों से ही जुटाया जा रहा है। एक अनुमान के अनुसार इस शताब्दी के अंत तक हमें खद्यानों का उत्पादन 60.5 करोड़ टन और जलाऊ लकड़ी का उत्पादन 14 करोड़ टन बढ़ाना होगा। इसके अलावा जानवरों के खिलाने के लिए 110 करोड़ टन से अधिक हरे चारे की जरूरत होगी। इसके लिए वानिकी को भी हमें युद्ध स्तर पर अपनाना होगा। यानि फसलों के साथ–साथ या फिर अलग–अलग फसल चक्रों में पेड़ों, झाड़ियों, वांसों आदि की खेती करनी होगी, जिनसे फल, जलाऊ लकड़ी आदि मिल सके। लेकिन मुख्य बात यह है कि हम किस तरह से वनों से भोजन प्राप्त कर सकते हैं यानी खाद्यान्न प्राप्त कर सकते हैं। इसके लिए हमको वनों की उपयोगिता को देखते हुए विस्तार में जाना होगा। अब मसलन ऐसा वृक्ष मानव की निगाह में शायद पहली बार

आया होगा, जब उसे लगा होगा कि इस वृक्ष से तो हम खाने योग्य वस्तु प्राप्त कर सकते हैं। लेकिन तब मानव ने यह भी सोचा होगा कि भला किस वृक्ष से क्या लिया जाये ? हॉलाकि वृक्षों क एक बड़ी संख्या वनों में ही पाई जाती है परन्तु पिछले कोई 10 हज़ार वर्षों से मानव ने बहुत से वृक्षों को अपना दोस्त बना लिया है, उन्हें घरेलू बनाकर उनकी खेती कर रहा है। मानव ने ज्यों ही विकास की सीढ़ियॉ चढ़ी उसने इस बात की पहाचान शुरू कर दी कि आखिर किस वृक्ष का कौन सा भाग खाने योग्य है। मसलन किसकी जड़े खाई जाऍगी, किसकी पत्तियॉ, किसका फल, किसका फूल और किसका बीज। हॉलाकि जबसे मानव ने सभ्यता का पाठ पढ़ा है तब से उसकी आहार की आदतें तेजी से बदल रही हैं। या जो आहार उसे पसंद है वह आज भी पेड़ पौधों पर आश्रित हैं। अब इस बात को यदि हम विस्तार से लें तो पहले हम शुरूआत करते हैं कि आखिर मानव किस वृक्ष का कौन सा भाग खाता है तो आइये पहले हम जड़ों को ही ले।

मानव एक बड़ी संख्या में पेड़े--पौधों की जड़ों का प्रयोग कर रहा है जोकि हमको हरी चादर से ही मिल रही है इसमें आलू, शकरकंद, अरबी, कचालू, रतालू, आदि प्रमुख जड़ें हैं। हालांकि इन वनस्पतियों के पौधे अधिक ऊंचे नहीं होते हैं जिसे कि हम उन्हें वृक्षों की श्रेणी में रख सकें। लेकिन हरी चादर के नीचे इन्हें अवश्य रखा जा सकता है। इसके अलावा हम यह देखते हैं कि आदिवासी क्षेत्रों में लगातार बतौर भोजन के बहुत सी जड़े प्रयोग की जाती हैं। पौधों की लगभग 70 ऐसी किस्में हैं जिनकी जड़ें मानव के भोजन में शामिल की जा चुकी हैं। जड़ों में पाये जाने वाले कंद भी मानव के भोजन का सहारा बने हुए हैं। कंदों में अब जैसे रतालू, अरबी, आलू इन कंदों को मानव उबालकर खाता है, साथ ही उनका अचार भी खाता है और इसके अलावा और भी ऐसे व्यंजन हैं जो इन कंदों से तैयार किये जाते हैं आलू जैसे कंद का तो जवाब ही नहीं। किसी भी सब्जी के साथ मिला दीजिए, हर सब्जी का जोड़ीदार है। अब इन कंदों से आटा और माड़ भी प्राप्त किया जाने लगा है यही नहीं मानव ने इन कंदो के और भी प्रयोग ढूंढ़ने शरू कर दिये हैं। अब बात आती है कि मानव ने वो कौन से फूल ढूंढ निकाले हैं जो कि खाये जाते हैं। मानव ने चाहे वृक्ष हों या फिर छोटे पौधे, बहुत सी ऐसी किस्में ढूँढ़ निकाली हैं जिनके फूल खाये जाते हैं। अब सबसे पहले तो ये

सभी लोग जानते हैं कि मानव हरी सब्जियों में फूल गोभी को प्रमुख स्थान दिये हुए है। जो कि हमारी दृष्टि से सब्जी हो सकती है, लेकिन यह फूल है। इसके अलावा कचनार, लाल कचनार, कुलंजन आदि ऐसे फूल हैं जिनको मानव खाता है इसके अलावा महुआ के फूलों को आदिवासी क्षेत्र में एक लम्बे समय से उबालकर खाया जा रहा है कमल का डंठल भी उत्तर भारत में एक अच्छा भोज्य पदार्थ है। इसको कमल ककड़ी नाम से बाजार में बेचा जाता है और इसको एक बहुत ही महत्वपूर्ण आहार के रूप में शामिल किया गया है। अब बात आती है कि वह कौन से तने व पत्तियाँ हैं जो खाई जाती हैं। पत्तियों का जहॉ तक सवाल है पालक, मेथी, सरसों का साग, पत्ता–गोभी, चौलाई ऐसी पत्तियाँ हैं जो कि हमारे आहार में शामिल हैं। इसके अलावा कोई 220 ऐसी विभिन्न पौधों की किस्में. हैं जिनकी पत्तियाँ तथा तना भोजन के रूप में शामिल किया जा सकता है। यह किस्म देश के विभिन्न सस्य क्षेत्रों में उपलब्ध है। इनमें से बहुत सी ऐसी हैं जो क्षेत्रीयता का बंधन तोड़कर सब जगह पाई जाती हैं। मसलन कुल्फा, कजूरा, बथुआ, चौलाई, जंगली चौलाई, मकोई, इमली, कचालू आदि किस्में हैं जिनको बतौर सब्जी के प्रयोग किया जाता है। हिमालय के बहुत से पहाड़ी क्षेत्रों में भींगरी या लूंगरा फल को सब्जी के रूप में प्रयोग किया जाता है। इसके अलावा इन्हीं क्षेत्रों में चीनी, चीनीहारी आदि किस्मों की पत्तियों और तनों को सब्जी के रूप में प्रयोग किया जाता है अकाल के समय कोई 50 ऐसी किस्मों की पत्तियों को बतौर भोजन प्रयोग किया जाता है। अभी पिछले दिनों एक बड़ी ही रोचक चीज सामने आई है कि मानव ने घास में भी ऐसे तत्व ढूंढ निकाले हैं जिनको कि हम बतौर भोजन के रूप में प्रयोग कर सकते हैं। अब देखा जाये तो घास भी हमारे सामने एक ऐसी पत्ती है जिसको कि हम भोजन के रूप में अपना सकते हैं। भारतीय परिवेश में तो बहुत ही दिलचस्प किस्सा है कि जब महाराणा प्रताप हल्दी घाटी के युद्ध में छुपे हुए लड़ाई कर रहे थे और वे एक ऐसी स्थिति में आ गए जब उनको भोजन तक के लिए कोई वस्तु उपलब्ध न हुई तब उन्होंने घास की रोटियॉ ही खाई। हमारे वैज्ञानिकों ने भी यह पाया है कि घास में भी ऐसे तत्व पाये जाते हैं जो हमारे भोजन के लिए काफी महत्वपूर्ण हैं।

स्वास्थ्य की दृष्टि से सभी फल अत्यंत उपयोगी हैं। विश्व में शायद ही ऐसा कोई भाग होगा जहॉ पर फल न खाए जाते हों। पेड़–पौधों की कुछ नहीं तो 300 ऐसी किस्में हैं जो हमें खाने के लिए फल देती हैं। परन्तु इनमें से 50 किस्में ही मानव को रूचिकर लगती हैं। इनमें से बहुत से फल तभी खाये जाते है। जब वह पक जाते हैं, परन्तु बहुत से फल ऐसे भी हैं जिन्हें बिना पके भी खाया जाता है, जिनकों हम सब्जी के रूप में भी प्रयोग करते हैं या फिर सीधे भी खाते हैं। हमारे देश में तो फलों के अम्बार लगे हुए हैं चाहे वो शुष्क क्षेत्र हों, अर्ध शुष्क क्षेत्र हों या फिर पहाड़ी क्षेत्र हों, सभी जगह फलों की भरमार हैं। राजस्थान जैसी जगह में भी बहुत से ऐसे फल होते हैं जो कि पोषक तत्वों की दृष्टि से काफी महत्वपूर्ण हैं और आम आदमी इनको आहार में शामिल किये हुए हैं जैसे झरबेरी, करौंदा, तिल्लू आदि देश के दक्षिणी घाट, पूर्वी घाट और उत्तर–पूर्वी पहाड़ी हिस्सों में नमी क्षेत्र वाले जंगल बहुतायत में पाये जाते हैं। इन क्षेत्रों में ऐसे वृक्षों की किस्में हैं जिनके फल काफी लोकप्रिय हैं। फलों में केला, आम, अमरूद, मौसमी, नारंगी, रसभरी, पपीता, खजूर, लुकाट, आड़ू, नारियल, लीची आदि न जाने कितने फल हैं जो कि मानव के जीवन मे रच–बस गए हैं और इनके स्वाद मानव की जुबान पर चढ़े हुए हैं। गर्मियॉ आते ही हमारे देश में मनुष्य आम के वृक्षों की ओर अपनी निगाह दौड़ाने लगता है। चूंकि आम जैसा मीठा और लोकप्रिय फल शायद ही कोई हो इसीलिए इसे फलों का राजा कहा जाता है। हमारे देश में आम आज एक तरीके से हमारे बीच का ही वृक्ष बन गया है। शायद कभी यह वृक्ष जंगल में रहा होगा लेकिन आज यह वृक्ष हमारे बीच पनप रहा है। बीज और नट्स बीज मानव के भोजन का अंग बने हुए है। और यह अधिकांश बीज और नट्स हमें वनों से ही प्राप्त होते हैं। परिक्षणों में पाया गया है कि बीज और नट्स कैलोरी और खाद्यान्न तेलों की भरमार लिए हुए हैं। इसके अलावा इनमें प्रोटीन की एक अच्छी मात्रा होती है नारियल का तेल और नारियल का नट जिसको कि हम खोपरा भी कहते हैं, दोनों ही खाने योग्य वस्तु हैं और यह हमको वनों से ही प्राप्त होता है। जंगलों में जाये जाने वाले मशरूम यानि कुकुरमुत्ते एक बहुत ही उच्च कोटि की प्रोटीन अपने अंदर लिये होते हैं। इसके अलावा यह खनिज लवणों के विशेष रूप से कैल्शियम और लौह तत्व के एक प्रमुख स्रोत है। बहुत से वृक्षों से जो एक स्राव के रूप

में हमें प्राप्त होता है उससे हम गोंद और अन्य महत्वपूर्ण वस्तुएँ भी प्राप्त करते हैं। यह स्राव या तो पकाकर खाया जाता है या फिर शराब बनाने के काम में आता है, जिसमें कि ताड़ी एक प्रमुख शराब है जो कि भारतीय जंगलों में बहुतायत में प्राप्त होती है। हमारे यहाँ तो गोंद भी बतौर आहार खाया जाता है।

विश्व के ऐसे बहुत से क्षेत्र हैं जहाँ कि वनों से मांस भी प्राप्त किया जाता है यानि जो वन्य जीव हैं उनको मारकर मांस खाया जाता हैं। हमारे देश में भी एक लम्बे समय से शिकार की प्रथा रही है। राजा–महाराजा और उसके बाद भी बहुत से लोग शिकार करके लाते थे और उसको खाते थे। यह स्थिति आज भी है। हालांकि इस दिशा में रोक लगाई जा रही है जिससे कि वन्य जीव मरे नहीं। इसके लिए बहुत से कानून बनाए गए हैं। इतना ही नहीं अब बहुत से देशों में कीटों को भी खाया जाना शुरू कर दिया गया है। वैज्ञानिक स्तर पर यह पाया गया है बहुत से कीटों में उच्च किस्म के विटामिन और खनिज तत्व पाए जाते हैं। कैटरपिलर को प्रकृति का चलता–फिरता विटामिन कहा जाता है। टिड्डी जो कि हमारी हरियाली को चट्ट कर जाने के लिए मशहूर है यानि की यदि टिड्डी–दल आ गया तो समझिए हरियाली नहीं बचेगी। इसलिए लोगों ने इनको हरे सोने का लुटेरा भी कहा है। परन्तु मानव ने हरे सोने के लुटेरे को भी अपने आहार में शामिल कर लिया है। यह और बात है कि भारत में टिड्डी को भूनकर खाया जाता है। इसके अलावा कुवैत, नेपाल और कुछ अन्य देशों में भी टिड्डियाँ बाजार में बिकती हैं। यह लोग पहले टिड्डियों की गर्दन अलग कर देते हैं। उसके बाद पंख साफ कर देते हैं फिर शेष भाग यानि पेट को बीच में से चीर कर, मसाला भरकर अचार की तरह खाते हैं। वैज्ञानिकों के अनुसार टिड्डी में प्रोटीन तथा वसा की मात्रा अधिक होती है जो कि मानव स्वास्थ्य के लिए अत्यंत ही लाभकारी है। राजस्थान में ही बहुत से क्षेत्रों में ऐसे साँप भी पाये जाते हैं जिनको कि लोग आहार के रूप में शामिल किए हुए हैं। अरब में भी साँप की ऐसी कई किस्में हैं, जिनको मानव पकड़ता है, तोड़ता है और फिर खा जाता है। यह सब वनों से ही प्राप्त होते हैं। वनों में पाए जाने वाले ऐसे बहुत से वृक्ष हैं जिन पर शहद की मक्खियाँ विशेष रूप से अपना डेरा डाले हुए हैं। इस व्यवसाय के साथ दो व्यवसाय जुड़े हुए हैं, एक तो शहद का

और दूसरा मोम का। मनुष्य ने शहद को न केवल स्वास्थ्य के रूप में अपनाया है, बल्कि शहद को हमारे देश में औषधी के रूप में भी प्रयोग किया जाता रहा है और शहद की मक्खियाँ कितनी मेहनत के बाद जब फल—फूल पर मंडरा कर उनका रस चूस—चूस कर लाती हैं और शहद तैयार करती हैं तो, यह कुदरत का तोहफा मानव तक पहुँचता है और मानव अपने आहार में शामिल करता है। हमारी चिकित्सा प्रणाली में चाहे वह आयुर्वेदिक हो, होम्योपैथिक हो, या फिर एलोपैथिक, शहद का विशेष महत्व है।

जहाँ तक सागर से प्राप्त होने वाले भोजन की बात है उन पर तो मांसाहारियों का ही अधिकार है। लेकिन शाकाहारियों के लिए वन की ओर विशेष रूप से निगाहें लगी हुई हैं। कृषि वैज्ञानिकों की खोज के अनुसार दुनिया में फूल वाले पौधों की लगभग साढ़े तीन लाख जातियों में से 80 हजार ही ऐसी हैं जिनमें से अभी तक 3 हजार ही इस्तेमाल की जा रही हैं। इन 3 हजार में से सवा सौ के करीब ऐसे पौधे हैं जिनकी खेती की जाती है और सवा सौ में से केवल 30 फसलें ऐसी हैं जो हमारे आहार संबंधी 15 प्रतिशत जरूरतों को पूरा करती हैं। इनमें से अधिकांश किस्में, अधिकांश फसलें हमें जंगलों से ही प्राप्त हुई हैं। पैदावार के हिसाब से इनके नाम हैं गेहूँ, चावल, मक्का, आलू, जौ, शकरकंद टेपिओका, जई, ज्वार आदि। आदमी ने इन कुदरती फसलों की नई किस्में सैकड़ों में तैयार कर ली हैं। बारह हजार साल से खेती में जुटी मानव जाति प्रकृति के इस खाद्य भण्डार में अपनी तरफ से मात्र एक नई फसल जोड़ पाई है जिसका नाम है ट्रिटीकेल जो कि वनों से प्राप्त होने वाले गेहूँ और राई का ही संकरण होने के बाद विकसित रूप है। अभी तक यह प्रोटीन बहुल फसल जानवरों के दानों के ही काम आई है आदमियों के काम नहीं आ सकी है। नई फसलों की तलाश में आदिवासी मानव तो वनों के बीच रहकर उनकी खोजबीन एक लम्बे समय से करता रहा है। भारतीय परिवेश में एक सर्वेक्षण में यह पाया गया कि आदिवासी क्षेत्रों में आज भी ऐसी बहुत सी फसलें हैं, बहुत से ऐसे वृक्ष हैं, जिनसे कि भोजन प्राप्त किया जा सकता है। भारतीय वनस्पति शास्त्री डॉ. सुधांशु कुमार जैन ने तीन साल तक आदिवासियों के बीच रहकर ऐसे 88 पौधों का संकलन किया था जिन्हें खाया जाता था। इसके बाद तो दुनिया—भर में छानबीन शुरू हुई और राम दाना जैसी बहुत सी फसल

जिनका बनवास छुड़ाया गया और मानव ने उनको अपने आहार में शामिल किया। काटा भाजी, कूटनी और चौलाई नाम से रामदाने के साथ वाली जाति से आज देश परिचित है। अब प्रोटीन से भरपूर दाने वाली अमेरेन्थास की जातियॉ इस काबिल बनाई जा रही हैं कि उनकी व्यावसायिक खेती की जा सके। इसी तरह से दक्षिण अमेरिका की एन्डीज पहाड़ियों में बसे आदिवासियों ने तारबी नामक एक नई तिलहनी फसल खोज निकाली है। तेल से भरे इसके दाने में 46 प्रतिशत प्रोटीन होती है और इस तरह से देखा जाए तो वह पौष्टिकता में सोयाबीन को काफी पीछे छोड़ गई है। हालांकि तारबी के दाने कुछ कड़वाहट लिये होते हैं लेकिन आदिवासियों ने इसका भी एक विकल्प खोज निकाला है। वह इसको पहले पानी में भिंगोते हैं और उसके बाद इसको पीटकर इसका कड़वापन निकाल देते हैं। इसी तरह जंगल में खोजी गई बिग्डबीन यानि पंखिया फली तो हमारे देश में अण्डमान निकोबार द्वीपों और पर्वतीय क्षेत्रों में सफलता पूर्वक उगाई जाती है इसको बदलने का श्रेय एक तरीके से भारतीय कृषि अनुसंधान परिषद के अधीन राष्ट्रीय वनस्पति आनुवंशिक संसाधन ब्यूरो को मिलता है। इस पंखिया फली के मटर जैसे दानों में वैज्ञानिकों ने 37 प्रतिशत प्रोटीन खोजी है। यही नहीं पौधे की जड़ों में भी आलू से 37 प्रतिशत प्रोटीन पाई जाती है। यानि पूरा का पूरा पौधा एक तरीके से उपयोगी है इसकी पत्तियों को एवं इसके तनों को जानवर बड़े स्वाद से खाता है। इसके अलावा मनुष्य भी पत्तियों को पालक के रूप में खा सकता है। फूल पकने पर खुम्बी जैसा स्वाद देते हैं। यह पाया गया है कि साल भर में 4 महीने तक फलियॉ उतारी जा सकती हैं और हरी फलियों की सेम की तरह सब्जी बनाई जा सकती है।

दक्षिण अफ्रीका के कालाहारी मरूस्थल में उगती जंगली फली भाराना के दाने भी प्रोटीन में सोयाबीन और स्वाद में काजू और बादाम को पीछे छोड़ गए हैं। इसकी कंदीय जड़ों को उबालकर या भूनकर खाया जाता है जो कि सब्जी के रूप में तैयार की जाती है। बफैलो गोर्ड नामक इस पौधे की मोटी, गोल लौकी या कद्दू फलों के गूदे की सब्जी बनाई जाती है। साथ इसके दानों से तेल भी प्राप्त होता है। वैज्ञानिकों ने विश्लेषणों के बाद यह पाया है कि इसके दानों में 35 प्रतिशत प्रोटीन और 34 प्रतिशत तेल होता है। जड़ें भी कंदिल और 30 किलो वजन की हो जाती है। नमक के पानी में भिंगोकर

यदि इनका कड़वापन निकाल दिया जाये तो इनकी जड़ों को भी बड़े आराम से खाया जा सकता है। यह पौधा सदाबहार होता है और सूखी बंजर जमीनों को पसंद करता है।

पेड़ों से दवा

हालांकि वनों से हमको ऐसा आहार प्राप्त होता है जिससे कि हम अपना स्वास्थ्य बनाये रखते हैं, लेकिन यदि स्वास्थ्य खराब हो जाता है, कोई रोग धर–दबोचता है तो उसकी भी दवा वनों से प्राप्त होती है। भारत में औषधीय उपयोग का इतिहास बहुत पुराना है। ईसा पूर्व 4500 से 1600 की अवधि में भी पेड़–पौधों से औषधियाँ प्राप्त करने का उल्लेख मिलता है। औषधीय उपयोग का वर्णन ऋग्वेद में भी देखा गया है। इसके लिए आयुर्वेद नामक विद्या और तत्संबंधित साहित्य भी उपलब्ध है। ईसा से 4000 वर्ष पहले लिखे गए ग्रंथ सुसुप्त संहिता और चरक संहिता में पौधों के चिकित्सीय गुणों का वर्णन मिलता है। प्राचीन हिन्दू ऋषि–मुनियों आदि को देशी दवाओं की पर्याप्त जानकारी थी। इसके बाद बौद्ध काल में औषधियों के ज्ञान क्षेत्र में काफी विकास हुआ और औषधीय विशेषज्ञों के निर्देशन पर औषधीय पौधों की खेती प्रारंभ की गई। भारतीय वैज्ञानिकों ने भारतीय चिकित्सा प्रणाली की औषधियों को अधिक से अधिक विकसति करने, रोगों के उपचार में काम आने वाली वनस्पतियों तथा इनके उत्पादों तथा उप–उत्पादों को विकसित करने के लिए ग्रीक, रोम तथा बाद में अरब और फारस के देशों के संबंध स्थापित किये। इस प्रकार भारतीय औषधीय पौधों तथा मेटेरिया मेडिका का शताब्दी–दर–शताब्दी विकास होता रहा। इस खोज की प्रगति के फलस्वरूप लगभग 2000 प्रकार की औषधियों का उल्लेख मिलता है। जिसका भेषज साहित्य में वर्णन किया गया है और इनमें से लगभग 1800 प्रकार की औषधियॉ वनस्पतियों से ही मिलती हैं। इसी के उपरांत वनस्पति मेटेरिया मेडिका का वर्णन किया गया। हालांकि इसको पूरा करने में सैकड़ों वर्ष लगे। भारत में पाई जाने वाली विभिन्न चिकित्सा प्रणाली के चिकित्सकों ने क्षेत्रीय पौधों का अध्ययन किया और पता लगाने की निरंतर चेष्टा करते रहे कि किस वृक्ष से हमको कौन सी औषधि प्राप्त हो सकती है।

आयुर्वेद में 8000 ऐसी जड़ी बूटियों का जिक्र मिलता है जो कि रोगों के उपचार के लिए रामबाण हैं। चीन में भी एक लम्बे समय से पेड़–पौधों को औषधि के रूप में प्रयोग किया जाता रहा है। बहुत सी अचूक दवाएँ हमारे सामने आई जो कि वृक्षों का ही उपहार थीं। अन्य देशों में भी वृक्षों से औषधि प्राप्त करने की दिशा में निरंतर प्रयास होते रहे और औषधियाँ प्राप्त की गई। इसके बहुत से रोचक उदाहरण हैं जैसे जापानी वैज्ञानिकों ने स्टेफानिया सिफेरेथा नामक एक लता से विटेरिया की तरह के पौधों जैसे स्टे. एसकापी से सिफेरेथिन नामक मादक द्रव्य निकाला जो क्षय रोग के लिए जापान में आज भी प्रख्यात है। चीन के खोजकर्मियों ने स्थानीय अनेकानेक पौधों में क्षय रोग अवरोधी गुण खोज निकाले और कोपटिस चाइनेंसिस की जड़ों से क्षयरोग रोधी गुण खोज निकाले। मलेरिया जैसे भीषण रोग से टक्कर लेने के लिए एक लम्बे समय से कुनैन दवा का प्रयोग किया जाता रहा है यह एक ऐसी दवा है जो मलेरिया के रोग पर जल्दी काबू पाती है और अपना कोई अलग प्रभाव भी नहीं छोड़ती। एक लम्बे समय तक इस दवा को प्रयागेशाला में खोजा जाता रहा। परन्तु बाद में वैज्ञानिकों ने इस बात के बारे में जो विस्तार पूर्वक सोचा और निश्चित रूप से यह दवा वनों में मिली सिनकोना नामक एक वृक्ष से। इसके अलावा गुर्दे की बीमारी के लिए भी एक अचूक दवा खोजी गई। भूमध्य सागरीय और अरब देशों की चिकित्सा में स्थानीय पौधों अम्मी विसनागा के सूखे बीजों का काढ़ा गुर्दे की बीमारी में दिया जाता है। काहिरा मं जी. बी. अर्नेप द्वारा की गई खोजों से पता चला है कि खेलिन नामक क्रियाशील वाहिका विस्तारक यानि वासोडिलेटर के रूप में सूक्ष्म धमनियों पर प्रभावशाली जाया जाता है। बाद में अनेक चिकित्सीय परीक्षणों से पता चला है कि खेलिन एन्जाइना पर भी कारगर हो सकता है।

बहुत पुराने समय से भारत तथा मलाया में सर्पगंधा यानि राउलफिया सर्पेटाइना नाम पौधों की जड़ों का इस्तेमाल कीड़ों तथा सर्पदंश आदि में विष रोधी के रूप में किया जाता है। यही नहीं इसका उपयोग संवेदनहारी के रूप में किया जाता है। इसे रक्तचाप पर भी उपयोगी पाया गया है। इसी प्रकार प्रसिद्ध दवा बैलाडोना भी पौधों से प्राप्त हुई है, एट्रोपा एक्यूमिनेटा जो कि सोलेनेसी कूल का एक झाड़ीनुमा पौधा है। इस पौधे से बैलाडोना को प्राप्त किया गया इसकी पत्तियाँ तथा अन्य भागों से प्राप्त औषधि अमाशय तथा मुँह

में लार पैदा करने वाली ग्रंथियों को धीमा करती है। असल में इसकी जडों में एटड्रोपीन नामक एक रसायन होता है। इसकी पत्तियों तथा जड़ों को ब्रिटिश फर्माकोपिया में आधिकारिक रूप से 1932 में मान्यता दी गई। अब इस पौधे की पत्तियों को टिंचर तथा जड़ों से बैलाडोना प्लास्टर बनाने के उपयोग में लाया जाता है। इसकी पत्तियों से प्राप्त औषधि पेट की मरोड़ तथा ऐंठन जैसी अन्य तकलीफों को आराम पहुॅचाती है। इसके अलावा और भी ऐसे बहुत से वृक्ष हैं जो कि औषधीय रूप में प्रयोग किये जाते है। जैसे साइलियन यानी इसबगोल की भूसी, सेनाय की पत्तियॉ, डोडोबरी की जड़ें सदाबहार यानि कैथेरेंथस, रोजियस की जड़ें, चिरेता, इपीकाम, अफीम, नक्स बोमिका, कुथ की जड़ें आदि। अब तो स्थिति यह है कि औषधीय पौधों से तैयार औषधि मे भारत निर्यात की स्थिति में पहॅुच रहा है। हाल ही में इसबगोल की भूसी में हृदय रोग के लिए एक अचूक दवा ढूंढ़ी गई है, जिसे कि भारत द्वारा अमेरिका को भेजा गया और भारी मात्रा में इसबगोल खरीदा गया। स्वतंत्रता के बाद भारत सरकार ने औषधीय पौधों पर आधारित उद्योग में रूचि लेना आरंभ किया और उसके बाद औषधीयों पर आधारित उद्योग–धंधे बड़ी संख्या में स्थापित किये जाने लगे। औषधियों पर अनुसंधान और नई औषधियों की खोज के लिए वर्ष 1952 में लखनऊ में केन्द्रीय औषधि विज्ञान संस्थान की स्थापना की गई। विश्व स्वास्थ्य संगठन के सहयोग से वर्ष 1954 मं पिंजरी में हिन्दुस्तान एन्टीबायोटिक लिमिटेड की स्थापना की गई। संश्लेषित दवाओं के निर्माण को बढ़ावा देने के लिए हैदराबाद मं इंडियन ड्रग्स एण्ड फार्मास्यूटिकल्स के नए संयंत्र की स्थापना 1961 में की गई। इसी प्रकार ऋषिकेश में एन्टीबायोटिक संयंत्र स्थापित किया गया। इस प्रकार से कोई चार दशकों से वृक्षों से प्राप्त होने वाली दवाओं पर अध्ययन का काम तेजी पकड़ गया है और इसे अब और भी प्रोत्साहन मिल रहा है।

अनेक अर्ध–सरकारी संस्थानों जैसे भारतीय आयुर्विज्ञान अनुसंधान परिषद की प्रयोगशालाओं में इनके द्वारा उदारतापूर्वक अनुदान से निजी क्षेत्र की संस्थाओं में औषधीय पौधों पर खोज कार्य हो रहा है जो इस दिशा में रूचिपूर्वक सरकारी संरक्षण के अंतर्गत अनेक देशी दवाओं पर खोज कार्य कर रहे हैं। इस तरह स्वतंत्रता के बाद फिर एक बार देशी दवाओं पर अध्ययन का आधार प्राप्त हुआ। यह सभी दवाएँ हमको वनों से प्राप्त हुई है।

आज एक बड़ी जनसंख्या विश्व स्तर पर प्राकृतिक दवाओं पर निर्भर है। विकासशील देशों में प्राकृतिक उत्पाद दवाओं के 70 से 90 प्रतिशत तक के स्रोत हैं, जिनकों भारी जनसंख्या प्राप्त कर रही है। 6 हजार से भी अधिक पौधों की जातियॉ बतौर औषधीय गुणों के रूप में प्रयोग की जाती हैं। घाना में सूखे की स्थिति में अक्सर गिनीवर्म्स यानि पेट को और पूरे शरीर को तकलीफ पहुँचाने वाले कीड़े पैदा हो जाते हैं। इनके इलाज के लिए वनों की ओर चिकित्सक दौड़े और निश्चित रूप से वनों से उनको दवा प्राप्त हुई। कौम्ब्रेटम निक्रोनेटम नामक वृक्ष की जड़ों में ऐसे गुण पाए गए जो कि ग्वेनावर्म को 98 प्रतिशत तक समाप्त करने के लिए सिद्ध होते थे। विकसित विश्व में 35 प्रतिशत दवाऍ ऐसी होती हैं। जो कि पूरी तरह से वनों से आने वाले वृक्षों पर आधारित होती हैं। एक तरह से देखा जाये तो कुछ नही तो हर साल वृक्षों से बहुत सी नई दवाऍ आकर जुड़ जाती हैं। पेरू जैसे स्थान पर 175 उप जातियॉ ऐसी हैं जिनसे स्थानीय तौर पर दवाऍ प्राप्त की जाती है। और कुछ जगह तो यह भी पाया गया है कि पेट में पनपने वाले कीड़ों को हम अपनी रासायनिक दवाओं से काबू में नहीं पा सकते जबकि वनों में पाये जाने वाले औषधीय वृक्षों से जो सत प्राप्त होता है उनसे हम कीड़ों पर काबू पा सकते हैं। हाल ही में अमरीका के नेशनल कैंसर इन्स्टीट्यूट में हजारों ऐसे पौधों को चुना गया जिनका सत निकालकर ऐसी दवाऍ तैयार की गई जो कैंसर और एड्स पर काबू पाने में सक्षम हो सकीं। इन दवाओं पर भी परीक्षण चल रहा है संभव है भविष्य में रामबाण दवा खोज ली जाये जो कि कैंसर और एड्स जैसे भयंकर रोग को काबू में ले आए। हाल ही में भारतीय वैज्ञानिकों ने वनों से ही प्राप्त होने वाले एक नन्हें पौधे से कैंसर की अचूक दवा खोज निकाली है। भारतीय रसायन प्राद्योगिकी संस्थान, हैदराबाद द्वारा भारतीय मूल के पौधे पौडोफाइलम इमोडाइ सेइटोपोसाट नाम का एक रसायन प्राप्त किया है। हालांकि ये प्राकृतिक उत्पाद अमरीकी मूल के एक अन्य पौधे पोडोफाइलममपेल्टेरम से भी प्राप्त किया जा सकता है। पोडोफाइलम इमोडाइ को एक लम्बे समय से चिकित्सकीय पौधे के रूप में प्रयोग किया जाता है मगर यह बात स्पष्ट नहीं थी की इसमें कैंसर उपचार की दवा भी छिपी हुई है। वर्षों पहले अमरीकी इंडियन कैंसर के लिए पोडेफाइलम पैंटेरम पौधे को टटोलते रहे, मगर कई कारण ऐसे आए कि कोई सफलता हाथ नहीं

लगी। हॉ इतना जरूर पता चल गया था कि पोडोफाइलम आक्सीन में ट्यूमर को बढ़ने से रोकने की क्षमता है। असल में सबसे मूल समस्या इसे विकसित करने की थी जिसमें पौधे से इटरपोसाइड रसायन को प्राप्त करने की समस्या को दूर किया भारतीय शोध ने। भारतीय रसायन प्रोद्योगिकी संस्थान द्वारा पौधे से प्राप्त पोडोफाइलोटाक्सिन को प्रयोगशाला में जॉचा–परखा गया। इस पर ऐसे कई प्रयोग किये गये जिससे इटोपोसाइट प्राप्त किया जा सके। इस रसायन का कैंसर इलाज में उपयोगी होने का आभास पहले ही मिल चुका था। आखिर यह विधि विकसित कर ही ली गई जिससे पोडोफाइलो टॉक्सिन के उपचार के बाद इटोपोसाइड की मात्रा प्राप्त करना संभव हो गया। इस क्रांतिकारी रसायन को भारी मात्रा में प्राप्त करने के लिए पोडोफाइलम इमोडाई पौधे को योजनाबद्ध तरीके से हिमालय एवं कश्मीर के क्षेत्र में उगाया जा रहा है। असल में यह पौधा विशेष रूप से कम ताप वाले क्षेत्रों में खासा बढ़ता है। वैसे भी इन क्षेत्रों से यह पौधा बहुतायत में मिलता है।

चिकित्सकों ने अपनी शोध में पाया है कि इटोपोसाइट एक तरह से अपचयन–उपचयन प्रक्रिया को अपनाकर कार्य करता है। यों तो यह अपने आप में भी काफी असरदार है, परन्तु यदि इसमें एक अन्य रसायन टलअल्सोरील मिला दिया जाये तो इसका असर और भी बढ़ जाता है जो ट्यूमर को काबू में लाने के लिए इटोपोसाइट को और भी अधिक क्रियाशील कर देता है। इटोपोसाइट का स्वाद मूल रूप से काफी कड़वा है। इस कारण इसे सीधा चाट जाना या गटक जाना कतई संभव नहीं है। शुरू में इसे सीधी पुड़िया बनाकर या गोली बनाकर देने की बात थी। मगर प्रारंभिक परीक्षणों में पाया गया कि इसे हलक में सीधा उतारने में अरूचि होती है और उल्टी आने की पूरी संभावना रहती है। इस बात को ध्यान में रखते हुए इसके कैप्सूल तैयार किये गये हैं जो सीधे पेट में जाकर घुलते हैं। इसके अलावा इटोपोसाइट का उपयोग अंतःशिरा इन्ट्रा वीनस द्वारा भी किया जाता है। इसी प्रकार भारतीय वैज्ञानिकों ने ग्वार पाटा, मेथी और बहुत सी ऐसी वनस्पतियों को भी खोज निकाला है जो कि असाध्य रोगों को भी काबू पाने में सक्षम हैं।

भारत की जलवायु तथा भौगोलिक स्थिति लगभग बहुत से औषधीय पौधों के अनुकूल है। अतः हर प्रकार के औषधीय पौधों की कृषि और औषधीय उत्पादकों का उत्पादन तथा निर्यात सफलतापूर्वक किया जा सकता है। आज स्थिति यह है कि हम अपने वनों में जाकर न केवल अपने प्रयोग की औषधियॉ ढूंढ रहे हैं बल्कि औषधियों को निर्यात करने की भी क्षमता रखते हैं। हालांकि यह एक ऐसी स्थिति है जबकि हम अपनी वन संपदा को दूसरे देशों में पहुॅचा रहे हैं, लेकिन मानव जाति की भलाई के लिए एक दृष्टि से देखना भी उपयोगी है क्योंकि वन संपदा पर सभी का अधिकार है। यह प्रकृति की देन है और मानव तक पहुॅचाना एक उद्‌देश्य मात्र ही नहीं बल्कि मानवता की दिशा में एक अच्छा कार्य है। अफीम और कोकीन जैसे पदार्थौ का भारत सबसे बड़ा निर्यातक देश है। इसी प्रकार कुथ की जड़, सदाबहार यानि कैंथेरेन्थस भी काफी मात्रा में बाहर भेजा जाता है, निर्यात के लिए कुछ चुने गये पौधे प्रमुख हैं जो हमें विशेष रूप से वनों से प्राप्त होते हैं। इनमें हैं– क्राईसैन्थेमम, सिनेरेरीफोलियम जिसको कि आम तौर से पारेसम भी कहते हैं। डायस्कोरिया की प्रजातियॉ सौलेनम की प्रजातियॉ, एट्रोपाबैलेडोना तथा एट्रोपाएक्यूमिनेटा, बीयूबोइसिया की प्रजातियॉ, गिलीसराइजा यानी लिकोरिस की प्रजातियॉ, क्लेबोसेबस परप्यूरिया यानि अरगट की प्रजातियॉ। इसके अलावा ड्रग्स एण्ड फार्मास्यूटीकल्स इन्डस्ट्रीज कमेटी ने कुनैन के लिए सिनकोना डिगौक्सीन, डिगीटेलिन, कार्डिक, लाइकोसाइड के लिए डिजीटाइलिस, लैनाटा और डिजीलैडिस परप्यूरिया, कैफिन के लिए चाय पदार्थ और चाय का बुरादा बिनाटिस्टिन तथा बैनप्लास्टिन जैसे कैंसर रोधी एल्कलर्स के लिए कैंथेरैंथस रोजियस, हिप्नोटिक तथा सीएनएस एटक्लर्स के लिए राउलफिया और कैलिटोनाइट जो कि विटामिन–ए के निर्माण में काफी आवश्यक है, के लिए लैमिनग्रास की खेती का सुझाव दिया है। एक तरफ से देखा जाये तो हम अपने वन संपदा से जहॉ एक ओर अपने देश के स्वास्थ्य का ख्याल रख सकते हैं वहीं दूसरी ओर हम इनका निर्यात कर भारी मात्रा में विदेशी मुद्रा भी अर्जित कर सकते हैं।

मनुष्य के स्वास्थ्य के साथ–साथ हम अपनी फसलों के स्वास्थ्य का भी ध्यान रखें तो हमारे सामने वनों से ही प्राप्त होने वाला एक ऐसा वृक्ष जो कि अब हमारा एक तरह से एक घरेलू वृक्ष हो गया है– नीम। नीम एक ऐसा वृक्ष है जिसके हर अंग जड़, तना, फूल, पत्ति, फल सभी का औषधी एवं कीटाणु

नाशक के रूप में तरह–तरह से उपयोग किया जा सकता हैं। नीम के बीजों में एक कडुआ तेल पाया जाता है। तीव्र गंध, वाले इस तेंल का रंग पीला होता है। इस तेल को चर्म रोग पर लगाने के लिए और औषधी के रूप में पीने की सलाह दी जाती है। नीम की पकी निबौली यानि उसका फल स्वाद में मीठा होता है। पक्षी इसको बड़े स्वाद से खाते हैं। लेकिन इसमें भी पाये जाने वाले बीज को एकत्र करके तेल प्राप्त किया जाता है। तेल का उपयोग औषधी के लिए तथा खली का प्रयोग जानवरों के खाने तथा कीटाणुनाशक के रूप में किया जाता है। नीम के तेल का उपयोग साबुन उद्योग में भी होता है। नीम के सूखे फल में यह तेल करीब 44 प्रतिशत होता है। नीम की खली एक उत्तम उर्वरक भी है। फलों के पौधे लगाने से पूर्व मिट्टी में नीम की खली मिलाई जाती है। इससे पौधों को आवश्यक पोषक तत्व तो मिलता ही है। दीमक जैसे कीटों का भय भी जाता रहता है। आधुनिक जहरीले कीटनाशकों की बाढ़ में नीम एक ऐसा कीटनाशक है जो कि अपना दुष्प्रभाव नहीं छोड़ता है। अनाज के भण्डारण, दीमकों से सुरक्षा से लेकर पेड़ पौधों की हर तरह की बीमारी में इसका विविध उपयोग आज भी लोग करते हैं। भारत में तो एक लम्बे समय से नीम को औषधियों को एक अस्पताल ही कहा जाता है। एक तरह से नीम इतनी औषधी देता है जितनी की शायद कोई वृक्ष नहीं देता। मात्र नीम के नीचे सो जाने से ही स्वास्थ्य पर परिवर्तन हो जाता है। कुछ लोगों ने पीरक्षणों में यह भी पाया है कि आदमी कुछ समय के लिए लगातार नीम के नीचे सो ले तो उसके बहुत से चर्म रोग दूर हो जाते हैं। कीटनाशक के रूप में नीम सर्वथा हानिरहित है।

आधुनिक कीटनाशक जब खेत में डाले जाते हैं तो वह शत्रु कीटों के साथ–साथ मित्र कीटों को भी मार डालते हैं। यह एक प्राकृतिक असंतुलन पैदा होता है परनतु नीम के साथ ऐसा कुछ भी नहीं हैं यह एक प्राकृतिक कीटनाशक है जो अपना काम करने के बाद शीघ्र ही विघटित हो जाता है तथा पृथ्वी की उर्वरा शक्ति भी बढ़ा देता है। नीम के गुणों को देखते हुए आज विश्व भर में बहुत से देशों की निगाह इस ओर लगी हुई है। भारत के अलावा फिलिपीन्स, सूडान, कीनिया, नाइजीरिया तथा अमेरिका में भी नीम की खेती को बढ़ावा दिया जा रहा है। नीम के तेल को हाल ही में मच्छरों को नियंत्रित करने में भी प्रयोग किया गया। इससे मेलेरिया जैसे रोग पर काफी हद तक काबू पाने की आशा व्यक्त की जा रही है। सूडान की

राजधानी खातून के कृषि शोध संस्थान के प्रो. अहमद सादिक ब्रिटेन की टीयर नामक संस्था के सहयोग से पिछले 30 वर्षों से नीम के वृक्ष का प्रयोग करते आ रहे हैं। नीम से बना कीटनाशक सूडान में इतना लोकप्रिय हो रहा है कि अब सरकार ने भी इसे प्रोत्साहन देना शुरू कर दिया है। यह प्रसन्नता का विषय है कि नीम भारतीय मूल का वृक्ष है। जो कि अब पश्चिम देशों में भी लोकप्रिय हो रहा है। हमारे गॉव में तो नीम एक ऐसा लोकप्रिय वृक्ष है जो कि सुबह दातुन से लेकर अपना गुण स्थापित करता है और उसके बाद चाहे त्वचा का रोग हो, या सॉस का रोग हो, या फिर अन्य कोई रोग हो हर बात में आदमी कि निगाह नीम की ओर ही जाता है। नीम के अलावा और भी ऐसे वृक्ष हैं जो कि हमको भारी संख्या में औषधि देते हैं। इनमें अशोक एक ऐसा वृक्ष है जिसकी छाल के रस से अनेक दवाइयॉ बनाई जाती हैं, जो स्त्रियों के लिए अत्यंत उपयोगी हैं। इसी तरह बरगद एक ऐसा पेड़ है जिसे चलते राहगीर को तो छाया मिलती है और उसके कोमल पत्ते कुष्ठ रोग में अत्यंत उपयोगी हैं। इस पौधे से निकलने वाला रस जो कि दूध जैसा होता है, अत्यंत पौष्टिक है। यदि पाइरिया के कारण खराब हुए दाँतो वाला रोगी इसका नित्य सेवन करें तो पाइरिया समाप्त हो जाता है और चेहरे पर एक तरह से चमक आ जाती है। इसकी टहनियों से रस्सियां के समान जड़े निकलती हैं। भरपूर औषधीय गुणों वाला एक वृक्ष है ऑवला। अपने विशिष्ट गुणों के कारण यह वृक्ष हमारे औषधीय जगत में काफी लोकप्रिय है। जहॉ एक ओर एक वृक्ष सही अर्थों में धरती का फेफड़ा है यानि कि यह आस–पास की वायु को शुद्ध करता है। इसके अलावा इससे काफी संख्या में औषधियॉ भी बनाई जाती हैं। इसके फलों में सबसे अधिक विटामिन–सी पाया जाता है।

आयुर्वेद में वर्णित एक सुप्रसिद्ध दवा च्यवनप्राश ऑवले से तैयार होती है। भारतीय संस्कृति के ग्रंथों में यहॉ तक लिखा है कि देवताओं के वैद्य अश्वनी कुमार ने महर्षि च्यवन संस्कृति को च्यवनप्राश खिलाकर ऐसी शक्ति ला दी थी कि वह युवकों के समान काम करने लगे थे। हाल की महत्वपूर्ण आयुर्वेदिक दवा त्रिफला भी ऑवले से प्राप्त होती है। इसके फलों में बालों की बढ़ाने के लिए तेल होता है जिससे कि शैम्पू तैयार किये जाते हैं। यदि 12 घंटे तक सूखे फलों को पानी में भिंगोकर उसके पानी से ऑखें धोई जाएँ

तो नेत्र संबंधी कई रोग दूर हो जाते हैं। आम जैसे वृक्ष को भला कौन हसरत भरी निगाहों से नहीं देखता। गर्मियॉ आई नहीं कि आम के वृक्षों पर निगाह जा टिकती हैं कि कब फल मिलेंगे और कब उन मीठे फलों का स्वाद चखा जाएगा। आम का प्रयोग फल मात्र तक सीमित नहीं है इससे उत्पन्न अच्छी और मनमोहक सुगंध कई प्रकार के कीटाणुओं का नाश करती हैं। इसके पके फलो की गुठलियों के अंदर के बीज का उपयोग फेफड़े तथा हैजे के रोगियों के लिए अचूक दवा बनाने में कारगर है। यानि यदि यह कहा जाए कि आम के आम गुठलियों के दाम तो गलत न होगा। ऐसा ही एक और महत्वपूर्ण वृक्ष है महुआ। इसके फूल और फल स्वास्थ्य के लिए लाभदायक होते है। फूलों को सुखाकर देशी शराब बनाई जाती है। इसके बीजों से तेल निकालकर साबुन बनाने के काम में लाया जाता है। कुछ लोग खाना बनाने के लिए भी महुए के तेल का उपयोग करते हैं। महुए के वृक्ष की छाल से निकला दूध जैसा पदार्थ गठिया को दूर कर देता है। इसी प्रकार अर्जुन का पेड़ जो कि वनों की एक ऐसी देन है जिससे न केवल आते–जाते पथिक को छाया मिलती है बल्कि औषधी भी प्राप्त होती है। सड़कों के किनारे लगाए जाने वाला यह वृक्ष अत्यंत ही महत्वपूर्ण है। जहॉ एक ओर यह वातावरण को शुद्ध करता है वहीं दूसरी ओर सहज ही लोगों का ध्यान अपनी ओर खींच लेता है। इसकी जड़ों का उपयोग दस्त की बीमारी को ठीक करने में किया जाता है। इसकी छाल के रस से ह्रदय रोग के लिए अत्यंत उपयोगी आयुर्वेदि औषधि "अर्जुनारिष्ठ" तैयार की जाती है। शरीर में विटामिन–बी की कमी की पूर्ति इसके रस से होती हैं। इसकी पत्तियों के रस को कान में डालने से कान का दर्द दूर हो जाता है। इसी प्रकार का एक वृक्ष पाकड़ औषधीय दृष्टि से काफी महत्वपूर्ण है। वायुमण्डल की दूषित गैसों को अपने अंदर जज्ब करने के बाद यह वृक्ष भारी मात्रा में ऑक्सीजन देता है। इस वृक्ष का प्रत्येक भाग औषधीय गुणों से परिपूर्ण है। इसकी छाल को पीसकर लगाने से त्वचा में होने वाले फोड़े आदि दूर हो जाते हैं। इसके अलावा गले की बीमारियों के लिए भी यह एक उपयोगी वृक्ष है।

भारतीय संस्कृति में जामुन का वृक्ष एक लम्बे समय से लोकप्रिय रहा है। जामुन के फलों का उपयोग सिरका बनाने में किया जाता है जो शरीर को शीतल रखने के साथ–साथ पाचन क्रिया में भी सहायक है। पके काले और चिकने फलों को मधुमेह के रोगी दवा के तौर पर खाते हैं। विशेषकर इसकी

गुठलियों का चूर्ण तो मधुमेह के रोगियों के लिए एक उत्तम दवा है। बरसात के दिनों में होने वाली पेट की गड़बड़ियों को भी जामुन के फल दूर करने में सक्षम हैं। हमारे उद्योगों में भी वनों से प्राप्त होने वाले पौधे बहुत ही उपयोगी सिद्ध हुए हैं। लकड़ी के लिए चाहे वह साल हो, टीक हो या फिर अन्य कोई वृक्ष सभी से प्राप्त होने वाली लकड़ी आज फर्नीचर उद्योग की धुरी बनी हुई है। रेल के सिलिपर्स या फिर किसी भी मशीन को विद्युत के झटकों से बचाने के लिए लकड़ी का ही प्रयोग किया जाता है। इमारती लकड़ी के लिए भी हम वनों की ओर ही निगाह करते हैं। आज सड़कों के ऊपर दौड़ने वाले वाहन जो गति प्राप्त किये हुए हैं वह भी वनों के बल पर ही हैं। इनमें प्रयुक्त होने वाले पहिए असल में वनों से ही मिलने वाले बरब से तैयार होते हैं, अलजीर परिवार के एक पेड़ कौस्टिला इलास्टिका से। असल में यह एक बड़ी ही रोचक कहानी है 18वीं शताब्दी की। नई दुनिया की खोज हो चुकी थी। यूरोपवासियों के लिए नई दुनिया कौतुक भरी थी, नई चीजों की दुनिया थी। इसी अनोखी दुनिया में एक घुमंतु प्रकृति के निवासी जो कि स्पेन के रहने वाले थे दक्षिण अमेरिका के एक देश मैक्सीको पहुँचे। उनका नाम था कौर्टेज। मैक्सिको में उन्होंने भारतीय मूल के निवासियों को एक विशेष पदार्थ से बनी गेंद खेलते हुए देखा। पता चला कि यह तो पेड़ से प्राप्त होती है और यह पेड़ रबड़ का पेड़ था यानि कौस्टिला इलास्टिका। इस पेड़ में चीरा लगा दिया जाता है और उससे दूध जैसा एक पदार्थ निकलता है। इस दूध को जमाने का काम जलती हुई लकड़ी से निकलने वाले पदार्थ पाइरोलिगिनियस अम्ल से तथा धुएँ की सहायता से किया जाता है। यह जमा हुआ दूध असल में लैटेक्स यानि रबड़ होता है। आज रबड़ पर आधारित बहुत से उद्योग चल रहे हैं चाहे वह घरेलू उपयोग की वस्तुएँ हों, धरती पर चलने वाले वाहन हों या फिर हवा से बात करते हुए जहाज या फिर समुद्र पर तैरते हुए हों, सभी में रबड़ का प्रयोग किया जाता है और रबड़ हमारे वनों की ही देन हैं। आज हमारे दैनिक जीवन में भी चाहे वह पहनने के लिए जूते हों या फिर बरसाती कोटस भी रबड़ से तैयार किये जाते हैं। एक तरह से देखा जाए तो रबड़ हमारे वर्तमान उद्योगों में कुछ नहीं तो 70 प्रतिशत अंश तक हावी है। क्योंकि रबड़ विद्युत का कुचालक भी है इसलिए विद्युत का काम करने वाले लोग भी रबड़ के दस्तानों का प्रयोग करते हैं। खिलौनों में रबड़ गेंद के रूप में उभरकर सामने आती है रबड़ की गेंद एक लम्बे समय से भारतीय खेलों में लोकप्रिय रही है। गेंद के अलावा

रबड़ के और भी बहुत से विशेषकर धातुओं से बने अन्य खिलौनों की अपेक्षा रबड़ से बने खिलौने बच्चों के लिए अधिक उपयोगी हैं। चिकित्सकों ने परीक्षणों में यह भी पाया है कि जिन बच्चों के दॉत निकल रहे हों उनके लिए रबड़ बहुत उपयोगी होते हैं। ऐसे में बच्चों की चबाने की आदत पैदा हो जाती है। रबड़ का खिलौना यदि वह साफ रबड़ से तैयार किया गया है तो उसे चबाने से बच्चों के दाँत भी तेजी से निकलते हैं और साथ ही साथ उनको अपना मुँह चलाने में भी एक कसरत हो जाती है।

पेड़ो से जैविक खाद

बुरादा : हमारे देश में लगभग 22 लाख टन बुरादा प्रति वर्ष निकलता है। इस लकड़ी के बुरादे का कार्बन–नाइट्रोजन अनुपात बहुत अधिक होता है। इसमें 0.11 प्रतिशत नाइट्रोजन और 0.22 प्रतिशत फास्फोरस पाया जाता है। पोषक तत्वों की कमी के कारण ही इसका खाद के रूप में प्रयोग नहीं किया जाता। बुरादे की जल धारण क्षमता अन्य सामग्री का तुलना में 3–4 गुना अधिक होती है, इसलिए जानवरों के नीचे बिछाली के रूप में इसका इस्तेमाल विशेष उपयुक्त रहता है। इसके प्रयोग से मूत्र का छीजन नहीं होने पाता है।

फलों और सब्जियों की छीजन–फलों और सब्जियों के छिलके, पत्तियों, तने डंठलों, गुठलियों आदि का बड़े पैमाने पर खाद के रूप में में इस्तेमाल किया जा सकता है। आम, अनन्नास, नींबू, सेब, मटर, टमाटर आदि पर आधारित उद्योगों से प्राप्त होने वाली उपजात सामग्री की कुल मात्रा लगभग 25 हजार टन प्रति वर्ष है और ऐसा अनुमान है कि इन उपजात सामग्रियों की सम्पूर्ण मात्रा का समुचित उपयोग करके लगभग 10 हजार टन कम्पोस्ट तैयार की जा सकती है।

रूई और सूती मिलों की छीजन–कपासे से प्राप्त उपजात सामग्रियों में डंठल, फूलों को छिलके, पत्तियॉ आदि और कपास के रेशे प्रमुख हैं, जिनसे एक अच्छी कम्पोस्ट तैयार की जा सकती है। बिनौले में 1–1.5 प्रतिशत नाइट्रोजन होती है। सूती मिलों से प्रति वर्ष 30–35 हजार टन रूई की छीजन प्राप्त होती है। यदि इस मात्रा का इस्तेमाल कम्पोस्ट बनाने में किया जाय तो पोषक तत्वों की पूर्ति की समस्या कुछ हद तक हल की जा सकती है। रूई छीजन में 8.0 प्रतिशत पानी, 70 प्रतिशत जैव पदार्थ, 21 प्रतिशत

कार्बन, 1.4 प्रतिशत नाइट्रोजन 0.6 प्रतिशत फॉस्फोरस और 1.2 प्रतिशत पोटेशियम पाया जाता है इसका पी–एच मान 6.2 होता है। अधिक मात्रा में पोषक तत्वों की उपस्थिति के कारण इसकी गणना एक अच्छी खाद–सामग्री के रूप में की जाती है। इस उपजात का इस्तेमाल सीधे बिना कम्पोस्ट बनाये किया जा सकता है, परन्तु यहॉ यह बता देना आवश्यक है कि मिट्टी में रूई का विघटन काफी धीमी गति से हो पाता है। इसमें कार्बन–नाइट्रोजन का अनुपात किसी भी आदर्श खाद–सामग्री के समान है। इसमे उपलब्ध प्रमुख पोषक तत्वों की औसत मात्रा शहरी कूड़े–कचरे की तुलना में कहीं अधिक है।

नागपुर में किए गए एक अध्ययन से पता चला है कि रूई की धूल से 50–60 प्रतिशत नमी की उपस्थिति में आवश्यक पलटाई करके केवल 20 दिनों के अन्दर ही एक अच्छी किस्म की कम्पोस्ट तैयार हो जाती है। एक टन रूई की धूल से लगभग 0.6 से 0.7 टन कम्पोस्ट तैयार होती है।

मछली पालन और समुद्री उद्योग से प्राप्त छीजन–भारत के तटवर्ती क्षेत्रों में विशेषकर उड़ीसा, बंगाल, मद्रास और बम्बई में, मछलियों तथा अनेक समुद्री जानवरों डिब्बा–बन्दी का कार्य बहुत बड़े पैमाने पर किया जाता है। मेढ़क के शरीर की पिछली टॉगें ही केवल डिब्बा बन्दी के कार्य में प्रयोग की जाती हैं और सिर तथा अन्य अंगों का इस्तेमाल नहीं किया जाता है। अकेले मेढक के शरीर का लगभग 65 प्रतिशत भाग खाद बनाने में इस्तेमाल किया जा सकता है, क्योंकि सिर तथा अन्य अंगों की डिब्बाबंदी नहीं की जाती। समुद्र में पाई जाने वाली मछलियों में कुछ ऐसी मछलियॉ हैं जो खाने के काम नहीं आती है इसलिए इन्हें सुखाकर खाद तैयार की जाती है। मछलियों को सुखाकार खाद बनाने की विधि के अतिरिक्त स्टीम डाइजेस्टर में पकाने के बाद सुखा लिया जाता है। इस खाद में कार्बन–नाइट्रोजन का अनुपात 4–5 तथा नाइट्रोजन 4–10 प्रतिशत, फॉस्फोरस 3–9 प्रतिशत और पोटेशियम 1–2 प्रतिशत रहता है। इस खाद का प्रयोग समुद्र तटवर्ती क्षेत्रों में धान, रागी, नारियल, सब्जियों और फलों की खेती में किया जाता है।

चाय की छीजन–भारत में चाय उद्योग से संबंधित कारखानों और फैक्टरियों में चाय के शोधन, उत्पादन और भण्डारण के समय अनेक प्रकार की उपजात–सामग्री, पत्तियॉ, डण्ठल आदि प्राप्त होते हैं। इनकी मात्रा

लगभग 10 हजार टन प्रति वर्ष है। चाय की पत्तियों से कैफीन तैयार की जाती है। कैफीन निकलने के बाद जो सामग्री बेकार बच जाती है उससे खाद तैयार की जाती है तथा जानवरों को खिलाने के लिए इस्तेमाल करते हैं। इसमें 3.5 प्रतिशत नाइट्रोजन, 0.4 प्रतिशत फॉस्फोरस और 1.5 प्रतिशत पोटेशियम पाया जाता है। इस उत्पादन में कार्बन और नाइट्रोजन का अनुपात 9:11 तक पाया जाता है।

जूट उद्योग के उपजात

हमारे देश में लगभग 24 लाख टन जूट प्रति वर्ष पैदा होता है। रेशे निकालने के बाद बची हुई लकड़ी का इस्तेमाल खाद के लिए किया जा सकता है इसके लिए जूट की लकड़ियों को छोटे–छोटे टुकड़ो में काट लेना चाहिए, ताकि किण्वन व विघटन की क्रिया तेजी से हो सके और अच्छी किस्म की कम्पोस्ट खाद तैयार हो।

तेल उद्योग के उपजात

तेल बनाने के बाद प्राप्त खल्ली का अधिकांश भाग जानवरों के चारे के रूप में इस्तेमाल होता है। तेल तैयार करने से पहले मूंगफली आदि के छिलकों का उपयोग मुख्य रूप से खाद बनाने में ही किया जाता है। तिलहनी फसलों के अतिरिक्त प्रकृति ने बहुत सी ऐसी फसलें दी हैं जो अपने तेल–गुण के लिए प्रसिद्ध है, परन्तु इन तेलों का इस्तेमाल खाने के लिए नहीं होता है। इनमें नीम, करंज, महुआ अंडी अदि प्रमुख है। अनुमान है कि हमारे देश में 3 लाख टन ऐसी खलियॉ प्रति वर्ष तैयार की जाती है जिनका इस्तेमाल खाद के रूप में किया जाता है। खलियों में नाइट्रोजन की मात्रा फास्फोरस और पोटेशियम की अपेक्षा अधिक होती हैं। विभिन्न खलियों में नाइट्रोजन की मात्रा 3–9 प्रतिशत तक पायी जाती है। इनका कार्बन नाइट्रोजन अनुपात 3.5 होता है। यह अनुपात अनाजों और दलहनी फसलों के अवशेष की तुलना में कम होता है, जिसके फलस्वरूप इनका विघटन अधिक तेजी से होता है। खलियों में उपस्थित नाइट्रोजन का 60–80 प्रतिशत भाग 2–3 महीने के अन्दर पौधों को उपलब्ध हो जाता है। कुछ प्रमुख खलियों में प्रमुख पोषक तत्वों की मात्रा का विवरण नीचे में दिया गया है–

तालिका 56 : खलियों में पोषक तत्वों की औसत प्रतिशत मात्रा

खली का नाम	पौधे का वैज्ञानिक नाम	नाइट्रोजन	फास्फोरिक अम्ल	पोटाश
अंडी की खली	रिसीनस कम्यूनिस	4.37	1.85	1.39
नारियल की खली	कोकांस नूसीफेरा	3.02	1.90	1.77
बिनौले (बिना छिले) की खली	गौसीपियम प्रजाति	3.99	1.89	1.62
बिनौले (छिले हुए) की खली	गौसीपियम प्रजाति	6.41	2.89	2.17
मूंगफली की खली	एराकिस हाइपोगेई	7.29	1.53	1.33
जामुन की खली	एठका सेटाइवा	4.95	1.65	1.90
करंज की खली	पोंगामिया ग्लैबरा	3.97	0.94	1.27
अलसी की खली	लाइनम उसीटैटिस्सीथम	5.56	1.44	1.28
महुआ की खली	ब्रैसिका लेटीफोलिया	2.51	0.80	1.85
नीम की खली	मेलिया एजैडीराक्टा	5.22	1.08	1.48
रामतिल की खली	गिजोटिया एबीसीनिका	4.73	1.83	1.31
कुसुम की खली (छिलके सहित)	काथमिस टिंक्टोरियस	4.92	1.44	1.23
सरसों की खली	ब्रैसिका कैम्पैस्ट्रिस	5.21	1.84	1.19
कुसुम की खली (छिलके रहित)	काथमिस टिंक्टोरियस	7.88	2.20	1.92
तिल की खली	सिसामम इंडीकम	6.22	2.09	1.26
अंडी की खली	कैस्मोफाइलम आइनोफाइलम	3.63	1.52	2.05

खाद के लिए इस्तेमाल की जाने वाली विभिन्न अखाद्य खलियों में महुआ की खली में नाइट्रोजन की मात्रा सबसे कम होती हैं साथ ही इसमें उपस्थित

नाइट्रोजन अपेक्षाकृत अधिक समय में पौधों को उपलब्ध हो पाता है, इसलिए इसे फसल की बुआई से दो महीने पहले खेत में मिलाना अधिक लाभप्रद रहता है। दीमक की रोकथाम के लिए नीम की खली का प्रयोग किया जाता है। इसके साथ ही इसमें नाइट्रीकरण अवरोधक गुण भी पाया जाता है। नीम की खली से उपचारित यूरिया की क्षमता साधारण यूरिया की अपेक्षा बढ़ जाती है। परीक्षणों से पता चला है कि खलियों के प्रयोग से भूमि में पाये जाने वाले परजीवी सूत्रकृमियों की संख्या काफी घट जाती है।

फसलों के अवशेष : भारत में अनाज वाली प्रमुख फसलों से लगभग 14 करोड़ लाख टन भूसा प्रति वर्ष प्राप्त होता है। इसके अलावा दलहनी फसलों से 1 करोड़ टन भूसा मिलता है। कृषि मंत्रालय, भारत सरकार की एक रिपार्ट के आधार पर अनाज प्रमुख फसलों की भूसा उत्पादन क्षमता संबंधी ऑकड़े सारणी 5.30 में दिए जा रहे हैं।

भूसे मे औसतन 0.5 प्रतिशत नाइट्रोजन, 0.6 प्रतिशत फास्फोरस और 1.5 प्रतिशत पोटैशियम पाया जाता है। अनाज फसलों से प्राप्त भूसे की तुलना में दलहनी फसलों के भूसे में पोषक तत्वों की मात्रा अधिक होती है। इन पदार्थो का इस्तेमाल कम्पोस्ट बनाने में अच्छी तरह किया जा सकता है। फसलों के अवशेष सीधे मिट्टी में भी डाले जाने की प्रथा है।

तालिका 52 : विभिन्न अनाज वाली फसलों की भूसा उत्पादन क्षमता

फसल	छाने भूसे का अनुपात	क्षेत्रफल (हजार हेक्टेयर)	औसत उत्पादन (हजार टन)	कुल उत्पादन (हजार टन)	शुष्क पदार्थ की मात्रा (हजार टन)
धान	1:1.2	39688	1246	74474.2	89369.04
ज्वार	1:1.5	16101	592	9525.0	14287.50
गेहूँ	1:0.65	20112	1409	28336.0	18417.40
बाजरा	1:1.5	11583	494	5726.0	8589.00
मक्का	1:1.5	5996	1173	7036.0	10554.00
कुल खाद्यान्न	–	103522	1040	107698.0	–
कुल दालें	1.0.75	24665	533	131350	9851.25

धान उत्पादन के ऑकड़े मानक अनुपात 2 : 3 पर आधारित हैं।

हमारे देश में यद्यपि अधिकांश भूसा जानवरों के चारे के लिए इस्तेमाल किया जाता है, फिर भी बची हुई मात्रा का मिट्‌टी में प्रयोग करके कुछ हद तक पोषक तत्व और जीवांश पदार्थ की पूर्ति की जा सकती है।

पेड़ों से ईंधन

किसी भी राष्ट्र के उत्थान के लिए जरूरी होता है कि उसकी प्रगति का पहिया अविरल और अबाध गति से चलता रहे। प्रगति के पहिये को गति देने के लिए जरूरत होती है ऊर्जा की। आज के परिवेश में पहिये को गतिशील करने के लिए जिस ऊर्जा की आवश्यकता है वह पेट्रोल के रूप में हमारे सामने आई है। आज पेट्रोल का विश्व व्यापी संकट है। विशेष रूप से ऐसी स्थिति में जबकि वाहनों की भीड़ बढ़ गई है एवं नये–नये उद्योग लग गये हैं। हम प्रगति की सीढ़ियॉ लगातार चढ़ रहे है। भारत जैसे देश में पेट्रोल की आवश्यकता होना स्वभाविक है परन्तु स्थिति यह है कि जो विश्व में औद्योगिक देश हैं रोज पेट्रोल की खपत करते हैं उनकी अपेक्षा हमारे देश में प्रति व्यक्ति तेल की यह खपत मात्र 3 प्रतिशत है। स्थिति यह है कि पेट्रोलियम की मांग लगातार बढ़ती जा रही है और इसी को देखते हुए ऊर्जा का यह पारंपरिक स्रोत जोकि हमें धरती के गर्भ से प्राप्त होता है, समाप्त हो रहा है। वैज्ञानिकों की निगाह ऐसे गैर–पारंपरिक स्रोतों पर गई है जो कि हमें हमारी प्रगति के पहिये को गतिशील करने में, उसको अविरल अबाध गति देने के लिए ऊर्जा प्रदान करे। ऐसे में वैज्ञानिकों की निगाह इस हरी चादर पर गई है। चूँकि सूर्य सदियों से इसी वनस्पति को जिप्सम के रूप में धरती के गर्भ में पहुँचाकर क्वाइलिया और तेल में बदलते हैं इसलिए इस बात का आभास तो वैज्ञानिकों को था ही कि पेड़–पौधों से ऊर्जा प्राप्त की जा सकती है। पेड़–पौधों से पेट्रोलियम पदार्थ लिये जा सकते हैं। इस दिशा में पहला प्रयास 1970 के दौरान हुआ। अमरीका के प्रो. मैलविन कैल्विन ने पहली बार इस बात की संभावना व्यक्त की कि पेट्रोलियम जैसा महत्वपूर्ण द्रव्य हमें पौधों से भी प्राप्त हो सकता है। ऐसे पौधों से, ऐसे वृक्षों से जिनमें कि हाइड्रोकार्बन की मात्रा अत्यधिक है, दूसरे रूप में हम यह कह सकते हैं कि ऐसे वृक्ष जो कि इस ज्वलंतशील पदार्थ को स्राव के रूप में निहित किये हैं उनसे हम अधिक से अधिक मात्रा में पेट्रोल प्राप्त कर सकते हैं। इस दिशा

में भारत में भी कई प्रयास हुए। भारतीय पेट्रोलियम संस्थान, देहरादून में भी इस दिशा में शोध कार्य हुए हैं और इस बात के निरंतर प्रयास किये जा रहे हैं कि हम अपनी पेट्रोल की मांग वृक्षों से पेट्रोल प्राप्त करके ही पूरी करें क्योंकि पेड़–पौधे पेट्रोल के कभी न खत्म होने वाले स्रोत हैं और हम इन स्रोतों का जितना जल्दी दोहन कर लें उतना ही बेहतर होगा। इस समय हमारी ऊर्जा की जरूरत मुख्य रूप से धरती के गर्भ में एकत्रित खनिज तेल यानि पेट्रोलियम से पूरी हो रही है। पेट्रोल मिट्टी और ढेर सारे हाइड्रोकार्बनों का मिश्रण ही तो है। जैसे हैक्सिन हैपिटेनु आप्टेन आदि। पेड़–पौधों से मिलने वाले हाइड्रोकार्बनों की कुछ रासायनिक उत्प्रेरकों की मदद से पेट्रोल प्राप्त किया जाता है।

वृक्षों से पेट्रोल प्राप्त करने की दिशा में यह महत्वपूर्ण शोध भारत में ही नहीं बल्कि विश्व भर में एक आश्चर्य जनक और अनोखे विकल्प के रूप में सामने आई है। दूसरे विश्व युद्ध के दौरान पेट्रोल का ऐसा संकट पैदा हो गया था तब इटली और फ्रांस ने पेड़–पौधों से पेट्रोल प्राप्त करने की दिशा में कदम उठाए। हालांकि यह एक तरह से सुव्यवस्थित ढंग से किये गये प्रयोग नहीं थे लेकिन फिर भी काफी हद तक इनमें सफलता मिली। इसके लिए यूफोर्बिया एबीसिलिका नामक वृक्ष के गाढ़े दूध का इस्तेमाल किया गया। हालांकि इस तरह से प्राप्त पेट्रोल कोई अधिक महत्वपूर्ण परिणाम लेकर सामने नही आया था लेकिन चूँकि एक नई शुरूआत थी इसीलिए चर्चा का विषय अवश्य बना। इसके बाद अमरीका, ब्रिटेन और भारत में भी इस दिशा में प्रयास हुए। इसके अलावा आस्ट्रेलिया और फिलिपिन्स में भी कई महत्वपूर्ण खोजें हुईं। हमारे देख में यह काम लखनऊ के राष्ट्रीय वनस्पति अनुसंधान संस्थान और देहरादून के भारतीय पेट्रोलियम संस्थान में विशेष योजनाओं के तहत हआ है। चूँकि लखनऊ का संस्थान एक वनस्पति संस्थान है और अनुसंधान का कार्य प्रमुख रूप से करता है इसलिए यहॉ के वैज्ञानिकों ने पेड़–पौधों को छाँटने का काम शुरू किया। ऐसे पेड़े–पौधे तलाशे गये जिनमे कि हाइड्रोकार्बन की मात्रा अधिक थी। राष्ट्रीय वनस्पति अनुसंधान के वैज्ञानिक डॉ. जी. एस. श्रीवास्तव ने इस दिशा में काफी महत्वपूर्ण कार्य किये हैं। उन्होंने एक शोध निबंध में बताया है कि शुरू में पेड़–पौधों की 400 जातियॉ छॉटी गई। यह जातियॉ कुछ तो ऐसी थी जो

भारतीय मूल की थी और कुछ जातियॉ ऐसी थी जो विदेशों से आई और हमारे देश की धरती पर पनप गईं। अपनी शोध रिपोर्ट में डॉ. श्रीवास्तव ने इस बात की सूचना दी है कि 400 पेड़–पौधों की छॉटी गई जातियों में से 45 पर विस्तृत अध्ययन किया गया है। यह पेड़–पौधे मुख्य रूप से यूफोर्विएसी एस्क्ले पियारेसी, मौलेसी और स्कोटेसी कुल के थे। इनमे से 16 पौधों की हाइड्रोकार्बन क्षमता के बारे में अध्ययन किया गया। यह अध्ययन राष्ट्रीय वनस्पति अनुसंधान संस्थान के प्रांगण में डॉ. जी. एस. श्रीवास्तव के नेतृत्व में अन्य वैज्ञानिकों ने भी किया। इस अध्ययन के तहत मुख्य रूप से पौधों का जलांश, हैक्सिन और मिथनॉल प्रतिशत में निकाला गया। मोटे तौर से यह समझा जा सकता है कि इन पौधों से वह सभी तत्व तलासे गये जो कि डैसोलीन में पाये जाते हैं। उनके विभनन स्तर को आंका गया ओर यह देखा गया कि पेड़ पौधों से प्राप्त होने वाले हाइड्रोकार्बन कितने ज्वलंतशील हो सकते हैं या फिर उनको उत्प्रेरकों की मदद से किस प्रकार पेट्रोल, डीजल आदि में बदला जा सकता है। इस अध्ययन के दौरान कुछ पौधों को चुना गया मसलन कैलोट्रापिस, जोइजंटिया, कैलोट्रापिस प्रोसेरा, त्रिति डैडिफ्लोरा, हैमिडेमस इंडिक्स, परगुलेरिया एक्सटेंसा, अरगाइरिया नरगोसा, बालियोस्पर्मम मोंटाना, यूफोर्बिया इन्टीसिफीटिका, यूफोर्बिया लेथारेटिस, यूफोर्बिया एरोफोलियालैथेरेडिस, यूफोर्बिया ट्राइगोना और पेडिलेंथर टिलाई मेलाइटस। इन पौधों में से यूफोबेर्सिया कुल के पौधों से पहले–पहल यह सोचा गया कि लेटेक्स निकालकर हाइड्रोकार्बन प्राप्त किये जायें। इस तरह से पौधे को कोई क्षति नहीं होती थी यानी पौधे में मात्र एक चीरा लगाना होता था और उससे लैटेक्स निकाल कर हाइड्रोकार्बन प्राप्त किये जाते थे जबकि बाकी पौधों से हाइड्रोकार्बन प्राप्त करने के लिए पूरे के पूरे पौधे को जड़ समेत निकाला जाता है। इतना ही नहीं उसे भली प्रकार सुखाया जाता था। इसके बाद उसे रासायनिक घोलकों में घोला गया फिर कई रासायनिक उत्प्रेरकों की मदद से पेट्रोलियम उत्पाद प्राप्त किये गए। यह रासायनिक प्रक्रियाऍं लैटेक्स क साथ ही करनी पड़ती थी। कुछ पौधे जैसे यूफोर्बिया, नेरिफोलिया, युफोर्बिया कैडूसिफोलिया के लेटेक्स को जमने पर सीधे हाइड्रोकार्बन बनाने के लिए प्रयोग किया जा सकता था। यह एक प्रारंभिक शोध था लेकिन बाद में भी वैज्ञानिकों ने इसी विधि को अपनाकर हाइड्रोकार्बन प्राप्त किये। इस

विधि में पूरा का पूरा पेट्रोल, पूरा का पूरा पौधा स्वाहा हो गया था इसलिए यह साचा गया कि ऐसा तरीका निकाला जाये कि पेट्रोल तो प्राप्त हो एवं पौधे भी बचे रहें।

उपरोक्त प्रक्रियाओं में रासायनिक प्रक्रिया विशेष रूप से सम्मिलित हैं। परन्तु कुछ पेड़ ऐसे भी हैं जिनमें पेट्रोल प्राप्त करने के लिए रासायनिक प्रक्रियाओं का कोई झंझट नहीं। इस प्रकार के शोध कार्य विशिष्ट रूप से विदेशों में हुए हैं। उदाहरण के तौर पर ब्राजील के निवासी वृक्ष कापेफेरा लैक्सडोसी, और कौपिपेरा मल्टीजुगा, वृक्ष विशेष रूप से उल्लेखनीय हैं। इनसे प्राप्त होने वाले तेल बिना किसी शुद्धिकरण या परिशोधन के सीधे डीजल के रूप में प्रयोग किया जा सकता है। इन वृक्षों से 2–3 घंटे में कुछ नहीं तो 20–30 लीटर तेल मिल जाता है। देखा जाये तो यह पेड़ जंगल के पेट्रोल पम्प है। इसके फलों से मिलने वाले तेल में काफी मात्रा में हाइड्रोकार्बन मिलता है। एवं फलों में पेट्रोल जैसी गंध आती है। पिक्टोस्पोरम रैसिनोफेरम नाम का यह पेड़ अपने फलों की गंध और अन्य विशिष्ट गुणों के कारण पेट्रोलियम नट के नाम से प्रसिद्ध है। इन पौधों से पेट्रोल प्राप्त करने की दिशा में कुछ समय पूर्व सूरजमुखी और तोरिया से तेल प्राप्त कर ट्रैक्टर चलाने का एक महत्वपूर्ण उदाहरण भी सामने आया है। यह कार्य किया अमरीका की कृषि इंजीनियरी संस्था ने। उत्तरी डैकोटा विश्वविद्यालय के वैज्ञानिक पिछले तीन सालों से सूरजमुखी के तेल और डीजल के मिश्रण से ट्रैक्टर चला रहे हैं। शुरू में दोनों की आधी–आधी मात्रा ली गई मगर बाद में 25 प्रतिशत सूरजमुखी या तोरिया का तेल और 75 प्रतिशत डीजल लेकर इंधन तैयार किया गया। दोनों की आधी–आधी मात्रा प्रयोग करने से कार्बन अधिक बनता है जो इंजन पर प्रभाव डालता है। अमरीका के ही चार्ल्स पीटर संग के अनुसार सूरजमुखी के तेल में 94 प्रतिशत ऊर्जा रहती है। इस तरह से यह संभावना बढ़ी है कि यदि हम इन तेलों के संकट से काफी हद तक निपट सकते हैं। परंतु अभी वर्तमान स्थितियों में आर्थिक दृष्टिकोण से भी इस शोध को देखना होगा। कुछ विशेषज्ञों की राय में पेड़–पौधों से पेट्रोल प्राप्त करना तभी लाभकारी होगा जब अंतर्राष्ट्रीय बाजार में पेट्रोल की कीमत 90 डॉलर प्रति बैरल हो जाए। अमरीका के प्रो. कैल्विन ने वनस्पति पेट्रोल की कीमत ऑकने के लिए एक प्रायोजिक संयंत्र लगाया। यहॉ एक दिन में

1000 बैरल पेट्रोल तैयार होता था। वनस्पति स्रोत के रूप में यूफोर्बिया लैथारिस का इस्तेमाल किया गया। इससे प्राप्त पेट्रोल की कीमत 60 डालर प्रति बैरल बैठी। निश्चित रूप से यह एक ऐसा ऑकड़ा था जो कि वनस्पति स्रोत उजागर करता था। प्रो. कैल्विन का कहना है कि अगर एक लाख बैरल पेट्रोल प्रतिदिन तैयार किया जाये तो वनस्पति पेट्रोल की कीमत प्रति बैरल 5 डॉलर तक हो सकती है। यानि यह बात तो सिद्ध होती है कि पेड़–पौधों से जो पेट्रोल प्राप्त करने की प्रायोजित स्थिति है वह यदि एक बड़े पैमाने पर शुरू कर दी जाये तो आर्थिक रूप से व्यवहारिक है यानी हमको पेट्रोल वनस्पति से प्राप्त होने लगेगा तो आर्थिक लाभ भी होगा। दूसरी ओर अन्य देशों के आगे हमें हाथ नहीं पसारना होगा। ऐसे देश मनचाहे ढंग से पेट्रोल के दाम बढ़ाते जा रहे हैं क्योंकि पेट्रोल उसके लिए एक ऐसी संपदा है जिस पर उनके देश की पूरी आर्थिक स्थिति निर्भर करती है।

वनों से प्राप्त होने वाले ऊर्जा के इस नए विकल्प पेट्रोल की सार्थकता इसी में है कि इसकी कीमत अधिक से अधिक कम की जाए। इस दिशा में वैज्ञानिकों ने कुछ और ठोस सुझाव प्रस्तुत किये हैं। जैसे पेड़–पौधों के जीन में ऐसे बदलाव दिलाये जा सकते हैं जिनसे उनके लैटेक्स में हाइड्रोकार्बन की मात्रा इच्छित रूप से बढ़ जाए। इसके लिए हमें संकर विधि अपनानी होगी साथ ही जीन इंजीनियरिंग का भी सहारा लेना होगा। इससे वे जीन जो हाइड्रोकार्बन की मात्रा बढ़ाते हैं उनको अलग करके नई पीढ़ी तैयार करनी होगी। इस तरह से नई पीढ़ी में जो पौधे होंगे हाइड्रोकार्बन कि मात्रा अधिक लिये होंगे और जब वह पूर्ण रूप से विकसित हो जाएंगे तो निश्चित रूप से वनों के पेट्रोल पंप बनकर ही उभरेंगे। पेट्रोलियम फसलों की खेती की लागत भी कम करनी होगी इसके लिए प्रयास किये जा रहे हैं और निश्चित ही वैज्ञानिक किसी महत्वपूर्ण मोड़ पर पहुँचेंगे। इसी प्रकार संसाधन की प्रक्रिया में सुधार कर लागत कम की जा सकती है। पेट्रोलियम फसल उगाने में कोई झंझट नहीं है। न तो इनकी कोई खास सेवा करनी है और न ही इनको मौसम की तुनक मिजाजी से बचाना है। इन्हें तो बेकार पड़ी सीमांत भूमियों पर भी आसानी से उगाया जा सकता है। सूखी और अर्ध सूखी जमीन में इनकी खेती बड़े आराम से और भरपूर की जा सकती है। यही नहीं पौधों की कोई खास देखभाल भी नहीं करनी पड़ती। यह

पौधे हमारे देश के लिए बहुत उपयुक्त हैं। हमारे देश की जलवायु में यह काफी पनप रहे हैं। क्योंकि हमारे यहॉ लगभग साढ़े 17 करोड़ हेक्टेयर भूमि बेकार पड़ी है जो कि पूरी तरह से बंजर है, यहॉ हरियाली की चादर के नाम पर मात्र ऐसी झाड़ियाँ हैं जिसमें कि कोई आर्थिक गुण नजर नही आते। इस प्रकार की बंजर जमीन में पेट्रोलियम फसलें उगाकर हम आसानी से ऊर्जा संकट का सामना कर सकते हैं। विशेषज्ञों की राय में-बंजर जमीनों में पेट्रोलियम फसलें उगाने से बंजर जमीनें सुधर भी सकती है। लेकिन इससे बड़ा सुधार और क्या होगा कि हम पेट्रोलियम फसलों के द्वारा उनका सुधार तो कर ही रहे हैं व उस पर एक हरी चादर तो बिछा ही रहे हैं साथ ही आज की सबसे महत्वपूर्ण आवश्यकता पेट्रोलियम के रूप मे प्राप्त कर रहे हैं। निश्चित रूप से हमने अभी पेट्रोलियम फसल के रूप में मात्र 45 पौधों को ही चुना है। वहीं दूसरी ओर अमरीका में साढ़े 6 हजार से भी अधिक पौधे परखे जा चुके हैं। अपने देश में भी ऐसी ही ठोस शुरूआत की आवश्यकता है जिससे कि हम अधिक से अधिक मात्रा में वनस्पति जगत से अपने पेट्रोल की आवश्यकता पूरी कर सकें।

इसी दिशा में एक और झाड़ी सामने आई है। रेगिस्तान में उगने वाली यह झाड़ी है जोजोबा। रूपहले पट्टों वाली यह सदाबहार मैक्सिको मूल की है। सिमोंडेसी कूल के इस पौधे को कैलिफोर्निया और एरीजोना के रेगिस्तान के क्षेत्रों से भी प्राप्त किया गया है। धीमी गति से बढ़ने वाली इस झाड़ी की व्यापारिक खेती के लिए पिछले कोई 15–20 साल से कोई खास ध्यान नहीं दिया गया था परन्तु तेल संकट के सामने आने पर इसको फिर कुरेदा गया। चूँकि यह झाड़ी रेगिस्तान को एक मोटी चादर की तरह ढ़के रहती है अतः मरूस्थलीय क्षेत्रों में इसको उगाने की संभावनाऍ बढ़ गई हैं। भारत के मरूस्थलीय क्षेत्रों में भी इसको उगाया जा सकता है। जोजोबा यानि साइमनडिसिया चाइनेंसिस एक ऐसी झाड़ी है जो अपने आप में तेल का अनोखा स्रोत समेटे हुए हैं। इसके बीजों में 50 प्रतिशत तक तेल पाया जाता है। रसायन वैज्ञानिकों के अनुसार जोजोबा के बीज में विद्यमान तेल एक वसा तेल नहीं बल्कि एक तरल मोम तेल है। यह मोम प्रलवण में उपस्थित एंजाइम जैव संश्लेषित एक तेल उत्पन्न करते हैं। ऐसा उपयोगी तेल उद्योगों को कभी प्राप्त नहीं हुआ। यह तेल असंतृप्ता और स्थिरता सम्पन्न तेल है जो

ऑक्सीकरण के प्रति इतना प्रतिरोधक है कि इसे वर्षों तक रखा जा सकता है। मौसम कोई भी हो यह कभी नहीं सूखता और न ही कभी खराब होता है। सल्फीकरण के बाद इसमें असाधारण चिकनाहट पैदा हो जाती है। हाइड्रोजनीकरण के द्वारा जोजोबा का तरल मोम श्वेत क्रीम अथवा कठोर मोम में बदल जाता है। जोजोबा तेल एक बहुगुण सम्पन्न नया उत्पादन है। वैज्ञानिकों के अनुसार इसमें विभिन्न औद्योगक औषधीय उपयोग छुपे हुए हैं। स्पमआयल तेल बीवैग्स कार्मोवावैग्स, स्पनसेटी वैग्स आदि महॅगे मोम का एक अनोखा विकल्प हैं। वर्ष 1970 तक अमरीका आदि विकसित देशों में स्पम तेल उच्च कोटि के उपस्नेहक यानि लुबरीकेंट के रूप में सामने आए थे और अन्य देशों में भी इनका प्रयोग लम्बे समय तक किया जाता रहा। परन्तु अब जोजोबा से प्राप्त होने वाला तेल उपस्नेहक के रूप में स्पम तेल से कहीं अधिक उपयुक्त है। यह तेल अमरीका में बड़े पैमाने पर प्रयोग किया जा रहा है विशेषकर तेजी से चलने वाली मशीनों और उच्च ताप पर चलने वाले यंत्रों के लिए तो तेल बहुत ही उपयोगी सिद्ध हुआ है। असल में इस प्रकार के यंत्रों में अधिक ताप की स्थिति आने पर क्षमता कम हो जाती है परन्तु जब इस तेल का उपयोग किया जाता है जो यह भार खींचने की क्षमता बराबर रखता है। वर्ष 1972 से अमरीका में व्हेल मछली के शिकार पर कानूनी प्रतिबंध लगाने के बाद स्पंद व्हेल तेल के उत्पादन में भारी कमी हो गई है। स्पंद तेल के सफल वनस्पतिक विकल्प के रूप में जोजोबा तेल जब अमरीका ही धरती पर पहुॅचा और उसने उतना ही असर दिखाया जितना की स्पमवेल का तेल तो वैज्ञानिकों की निगाह एकदम इस ओर टिकी और इस बहुमूल्य और बहुउपयोगी तेल को उन्होंने 'तरल स्वर्ण' नाम से अलंकरित किया।

जोजोबा तेल अपने आप में बहुत सी विशेषताएॅ लिये हुए है। अब तक उपलब्ध वैज्ञानिक जानकारी के अनुसार जोजोबा तेल वानस्पतिक तरल मोम का एकमात्र स्रोत होने के कारण अनेक असाधारण आर्थिक संभावनाओं से ओत–प्रोत है। वैज्ञानिक परीक्षणों में जोजोबा अपने तरल और ठोस दोनों रूप में विभिन्न औद्योगिक क्षेत्रों में बहुउपयोगी सिद्ध हुआ है। असल में सल्फीकृत जोजोबा तेल स्पम तेल की तुलना में और अधिक गुण विद्यमान है। सबसे पहली बात तो यह है कि इसकी हल्की और धीमी सुगंध आम आदमी को मोह

लेती है और इसमें मछली के तेल जैसी कतई दुर्गन्ध नहीं है। इस तेल में ट्राइग्लीसराइड नहीं होता जबकि स्पनवेल तेल में इनका लगभग 30 प्रतिशत तक अंश होता है। तीसरी महत्वपूर्ण बात यह है कि जोजोबा तेल को शुद्ध करने की या उसे परिष्कृत करने की कोई भी जरूरत नहीं होती है। इसके अलावा यह अधिक मात्रा में सल्फर को भी जज्ब कर सकता है जिससे अधिक चिकनाई प्राप्त होती है। यही नहीं सल्फीकरण के बाद तरल अवस्था में बनाए रखने के लिए उसमें लवण मिलाना पड़ता है। इसके अलावा यह वानस्पतिक उत्पादन है जो पेड़ को बिना किसी हानि पहुँचाए प्राप्त किया जा सकता है।

जोजोबा तेल एक तरह से तेल ही नहीं ठोस मोम के रूप में भी प्रयोग किया जाता है और इसका उपयोग चमड़े को नरम करने, रबड़, रंग–रोगन, रेजिन आदि और सौन्दर्य प्रसाधन तथा अन्य उत्पादनों जैसे क्रीम, लोशन, वैक्स, सुगंध, लिपिस्टक, साबुन, शैम्पू आदि बनाने के लिए दिन–प्रतिदिन बढ़ता जा रहा है। फर्श पॉलिश, ताप प्रतिरोधि सामग्री, कार्बन पेपर और ज्यादा समय तक चलने वाली मोमबत्ती बनाने में भी इसका प्रयोग किया जाता है। वैसलिन तथा अन्य औषधियों के निर्माण में भी जोजोबा तेल का प्रयोग सफलतापूर्वक किया जाता है। जोजोबा तेल एक उत्तम मोश्चेराइजर भी है। इसका उपयोग फोड़े–फुंसी, मुहांसे, चर्मरोग जैसे तथा हल्के घाव को ठीक करने के लिए भी किया जाता है। हृदय रोग तथा मोटापे से पीड़ित व्यक्ति को दिये जाने वाले भोजन में इसका कैलोरी–रहित खाद्य तेल के रूप में प्रयोग हुआ है। हॉ इसमें और भी औषधीय गुण हैं लेकिन मुख्य बात यह है कि इससे प्राप्त तेल को मशीन चलाने के लिए प्रयोग किया जा रहा है।

इस प्रजाति को बड़े पैमाने पर उगाने के लिए हमारे देश में केन्द्रीय मरूक्षेत्र अनुसंधान संस्थान, जोधपुर में कार्य जारी है। यहाँ नई कृषि तकनीकों द्वारा इस पौधे की अधिक से अधिक उपज लेने के लिए कार्य हो रहे हैं। परीक्षणों से पता चला है कि अच्छे बीज लेने के लिए इसके पौधों के फूल आने से पहले और फूल आने के समय सिंचाई करना जरूरी है। आमतौर पर पौधे की महीने में एक बार सिंचाई करना लाभप्रद है। जोजोबा की खेती तथा उत्पादन जोजोबा तेल एवं उससे निर्मित अन्य उत्पादनों की मॉग को देखते हुए बड़े पैमाने पर वृक्ष वाटिकाएँ लगाने की आवश्यकता है।

इस कार्य के लिए बहुत बड़ी संख्या जोजोबा में उत्तम श्रेणी के पौधों के कृत्रिम प्रजनन को संभव बनाना आवश्यक है। इस तरह से हम अधिक मात्रा में पौधे प्राप्त कर सकेंगे और उनकी अधिक से अधिक झाड़ी लगाकर हम अधिक से अधिक तेल प्राप्त करने की दिशा में कदम उठा सकेंगे। हमारे देश में और भी कई संस्थान इस झाड़ी के दोहन में लगे हुए हैं। वैज्ञानिक अनुसंधान संस्थानों में राष्ट्रीय वानस्पतिक अनुसंधान संस्थान, लखनऊ राष्ट्रीय रसायन प्रयोगशाला, पूना महत्वपूर्ण रूप से जोजोबा के तेल प्राप्त करने की दिशा में अनुसंधान कार्य कर रहे हैं। भारत में इस कार्य का शुभारंभ करने का श्रेय केन्द्रीय नमक और समुद्री रसायन अनुसंधान संस्थान, गुजरात को जाता है। जहाँ एक लम्बे समय से अनुसंधान कार्य चल रहा है। यह एक महत्वपूर्ण बात है कि हमारे देश में जब पेट्रोल का संकट आया तो हमने भी विकल्प तलाशने शुरू कर दिये हैं और जोजोबा झााड़ी इसका एक विकल्प बनकार हमारे सामने आई है। इसमें दो राय नहीं कि यह विदेशी झाड़ी है लेकिन इस झाड़ी को भारत की जमीन इतनी भा गई है कि इस प्रकार के और भी अन्य वृक्ष, पौधे, झाड़ी आदि उगाकर हम ऐसे तेल प्राप्त कर सकेंगे जो कि खाद्य रूप में नहीं बल्कि हमारे प्रगति के पहिये को गति देने में सहायक होंगे। इस दिशा में अब तक के प्रयोग काफी सफल रहे हैं और इनसे भविष्य में भी सफलता प्राप्त करने की पूरी–पूरी संभावना है।

प्रदूषण नियंत्रण में वानिकी की भूमिका

जीवन अक्षय प्रणाली के अंतर्गत वायु, जल, भूमि, जीव–जन्तु और वनस्पति सभी शामिल है। और यदि गहराई से देखा जाये तो यह सभी आपस में माला में मोती की तरह गुंथे हुए हैं। यदि एक भी समाप्त हुआ या एक में भी कोई खराबी आई तो संतुलन बिगड़ जाएगा और जीवन रक्षा प्रणाली डगमगा जाएगी। औद्योगिकीकरण की बढ़ती हुई तीव्र इच्छा ने मानव को वनों को नष्ट करने पर मजबूर किया है फिर भी हम यहाँ एक बात बताना चाहेंगे कि वन विनाश और रेगिस्तान तथा कुछ हद तक हमारी प्रगति का नाम भी प्रदूषण का पर्याय बन चुका है। हालांकि वायु, जल और भूमि के प्रदूषण को एक–दूसरे से अलग नहीं किया जा सकता। लेकिन हम यहाँ पर पौधों के संबंध में ही वायु प्रदूषण की चर्चा करेंगें।

सबसे पहले तो हम अपने आप को ही देखते है। मनुष्य के प्रतिदिन के आहार में वायु का 80 प्रतिशत भाग होता है। एक व्यक्ति एक दिन में लगभग 22 हजार सॉसें ले लेता है और एक यह अकाट्य सत्य है कि मनुष्य बिना भोजन के, बिना पानी के कुछ समय तक रह सकता है, मगर बिना वायु के कुछ ही मिनट जी पायेगा। बिना ऑक्सीजन के तो पॉच मिनट से भी अधिक समय हो जाने पर शरीर में कहीं न कहीं विकार दृष्टिगत लगते हैं कुछ नही तो मस्तिष्क ही क्षतिग्रस्त होने लगता है। सॉस और हृदय की धड़कन रूकने लगती है और अधिक देर हो जाने पर यह घुटन ही मृत्यु का कारण बन जाती है। इससे एक बात यह स्पष्ट होती है कि यदि हमको अपने शरीर को स्वस्थ रखना है तो हमको वायु भी स्वस्थ लेनी होगी। वायु के लिए सबसे अधिक प्रदूषण करने वाला पदार्थ सल्फरडाइऑक्साइड है इसके अलावा अन्य है ओजोन, पैराकिस्टीनेनाइट्रेट, वाला पदार्थ नाइट्रोजन ऑक्साइड, फालोराईड, टीक्यूलेटस आदि। पूरा का पूरा विश्व हर साल 30 करोड़ टन प्रदूषण तत्व वायु में छोड़ता है। इसमें एक करोड़ टन का हिस्सा हमारा देश है। वास्तव में भारत में वायु प्रदूषण कुछ विशेष क्षेत्रों में केंद्रित है क्योंकि यहॉ औद्योगिक केन्द्र स्थित है। वायु प्रदूषण की दृष्टि से हमारे देश की राजधानी विश्व में चौथे नम्बर पर आती है। मनुष्य स्वयं इस प्रदूषण को झेल रहा है और किस रूप में झेल रहा है वह किसी से छुपा हुआ नहीं है। परन्तु अब यह चिन्ता का विषय बन गया है कि वनस्पतियॉ भी इससे प्रभावित होने लगी है। अतः इसमें दो राय नहीं कि हमारे वृक्ष भी प्रदूषण का हलाहल पी रहे हैं।

आज एक बड़ी मात्रा में सड़कों के किनारे या फिर ऐसी फैक्टरियों में जहॉ कि चिमनी लगातार धुऑ उगल रही हैं, पौधे लगाना आम बात हो गई है। यदि हम गौर से देखें तो जो सड़क के किनारे पौधे लगे हूए हैं वह हमको अधिक काले नजर आते हैं। यह एक हास्यास्पद स्थिति है कि प्रकृति जो कि हरा रूप लेकर, हरी चादर लेकर सामने आई, हमने उसी के मुंह पर कालिख पोतना शुरू कर दिया है। पौधों पर इस प्रदूषण का प्रभाव कई रूपों में नजर आने लगा है। वैज्ञानिकों के अनुसार प्रदूषण के कारण पत्तों पर पाए जाने वाले रंध्र बंद लोने लगते हैं। प्रकाश संश्लेषण जैसी प्रक्रिया कम होने लगती है, श्वसन क्रिया रूकने लगती है और एंजाइम उत्पन्न होने तक की प्रमुख

प्रक्रिया प्रभावित होने लगती है। जब प्रकाश संश्लेषण नहीं होगा या फिर बहुत कम होगा, वाष्पोत्सर्जन प्रभावित होगा, श्वसन प्रभावित होगा, एंजाइम नहीं बनेंगे तो एक स्थिति वह आएगी जब पादप कोशिका ही मृत होने लगेगी। जब कोशिका मृत प्राय होने लगेगी तो पौधा सूखने लगेगा और वह मरने की स्थिति में जा पहुॅचेगा। कुल मिलाकर पौधे की उत्पादकता पर प्रभाव पड़ेगा और हम उससे उपज नहीं ले पाएंगे। इसके अलावा पौधों में जो रोग जनक हैं, प्रदूषण की अवस्था में वे बढ़ने लगेंगे। उनमें वृद्धि होने लगेगी और पौधे की जो कार्यिकी है उस पर विषाक्त प्रभाव पड़ेगा। इसकी लकड़ी सड़न और फफूंद के प्रति सुग्राही हो जाएगी और जो धब्बे इस प्रदूषण के कारण बनेंगे वह रोग जनक कीटाणुओं के लिए रास्ते हो जाएंगे।

हमारे देश में वनों की कमी के कारण कोई 3.3 करोड़ टन कार्बन डाइऑक्साइड हमारे वायुमण्डल की ओर बैठ रही है जो कुल कार्बन डाइऑक्साइड का 2 प्रतिशत है। कम से कम कार्बन डाईऑक्साइड से निकलने वाली मात्रा को आधा तो किया ही जा सकता है। इस बात में दो राय नहीं है कि बन कार्बन डाइऑक्साइड के चक्र को व्यवस्थित करने का काम भी करते हैं। एक् अनुमान के अनुसार पेड़–पौधे की धरती में कुछ 2 हजार खरब टन कार्बन–डाइऑक्साइड है जो वायुमण्डल की कुल कार्बन–डाइऑक्साइड के लगभग 3 गुने के बराबर है। जब वनों को काटा जाता है तो जमीन के अंदर कुछ कार्बन ऑक्सीकृत होकर वायुमण्डल में प्रवेश कर जाते हैं। इस प्रकार वायुमण्डल में कार्बन–डाइऑक्साइड की मात्रा 260 भाग प्रति 10 लाख थी, जो कि आज बढ़कर 346 भाग प्रति 10 लाख भाग तक जा पहुॅची है। यानि कार्बन डाइऑक्साइड की मात्रा में 30 प्रतिशत की वृद्धि हुई है जो एक तरह से गम्भीर समस्या है। वर्ष 1958 के बाद से ही कार्बन डाइऑक्साइड की मात्रा में 9 प्रतिशत की वृद्धि हुई है। और उसके बाद ही वैज्ञानिको ने वायुमण्डल में कार्बन–डाइऑक्साइड की उपस्थिति के बारे में सोचना शुरू कर दिया था। लेकिन स्थिति ऐसी रही कि निरंतर कार्बन–डाईऑक्साइड की मात्रा बढ़ती गई क्योंकि मानव दी ज्यों–ज्यों जरूरतें बढ़ी वे कार्बन–डाइऑक्साइड सोखने वाले प्रकृति की इस अनोखी सम्पदा को काटते रहे। चाहे बात आवास की थी, भोजन की थीं, ईंधन की थी, सभी स्थिति में वनों को काटा गया। धरती पर से वनों का भार कम होने लगा और

कार्बन–डाइऑक्साइड बढ़ने लगी। 1860 से आज तक वनों के कटने के कारण 90–280 खरब टन कार्बन–डाइऑक्साइड वायुमण्डल में घुसी है जबकि कोयला, तेल, या गैस को जलाने से 150–190 खरब टन कार्बन–डाइऑक्साइड भी वायुमण्डल को वेध रहा है। कार्बन–डाइऑक्साइड की यह बढ़ती मात्रा औद्योगिकीकरण के कारण भी हुई है। अनुमान किया जाता है कि वनों के कम होने के कारण एक खरब टन से 2.6 खरब टन के बीच कार्बन–डाइऑक्साइड प्रति वर्ष वायुमण्डल में पहुँचती है। हमारे देश की तरह अन्य देशों में भी कार्बन–डाइऑक्साइड कि बढ़ोत्तरी जारी है। अमरीका, एशिया और अफ्रीका में 37.5 करोड़ टन कार्बन–डाईऑक्साइड वायुमण्डल में अपनी जड़े फैला चुकी है और यह लगातार बढ़ रही है। यह स्थिति अब से कोई 18 वर्ष पूर्व की है। कुल मिलाकर इस बात के संकेत हैं कि कार्बन–डाइऑक्साइड की मात्रा लगातार हावी हो रही है। यह कहा जाता है कि पौधों को अपना भोजन बनाने के लिए कार्बन–डाइऑक्साइड की जरूरत होती है और यह सच भी है कि पौधे कार्बन–डाइऑक्साइड के जहर को पीकर हमें जीवनदायिनी ऑक्सीजन प्रदान करते हैं। लेकिन वैज्ञानिकों के अनुसार यदि कार्बन–डाइऑक्साइड इसी प्रकार बढ़ती गई, वन कटते रहे, धरती के चेहरे से हरियाली की चादर हटती रही तो यह बढ़ती हुई कार्बन–डाइऑक्साइड कहर ढ़ायेगी। वायुमण्डल कार्बन–डाइऑक्साइड की बढ़ी मात्रा से पौधों की बढ़वार प्रभावित होगी तथा पृथ्वी भविष्य में अपेक्षाकृत कम गर्म होगी। हरित किरण में इसी प्रकार के पौधों की वृद्धि को तेज किया जाता है, लेकिन मुसीबत यह है कि आज तक कोई ऐसा सही तथ्य हमारे हाथ नहीं लगा है जो यह कह सके कि जिस प्रकार से कार्बन–डाइऑक्साइड की उपस्थिति में पेड़–पौधे तेजी से बढ़ते हैं उसी प्रकार की प्रक्रिया वायुयण्डल में बढ़ी कार्बन–डाइऑक्साइड के कारण भी होगी। लेकिन कुछ वैज्ञानिक जिनमें पर्यावरण विशेषज्ञ जांर्ज वुडवेल भी हैं, उनका कहना है कि लगातार बढ़ती जा रही कार्बन–डाइऑक्साइड तथा हरित क्रिया प्रभाव पैदा करने वाली अन्य गैसों के कारण यह पृथ्वी गर्म होगी तब वनस्पति में श्वसन की गति और बढ़ जाएगी और यह स्थिति जल्दी आने वाली है। इस स्थिति में पेड़–पौधों द्वारा ली गई कार्बन–डाईऑक्साईड की मात्रा उनकी आवश्यकता से कहीं अधिक हो जाएगी और तब पेड़–पाधों पर इसका विपरीत प्रभाव

पड़ेगा। पेड़–पौधे सूखने लगेंगे और वह तबाह होने की स्थिति में आ जाएंगे। हमने यदि नये वन न लगाये तो एक स्थिति वह आएगी कि कार्बन–डाईऑक्साइड की मात्रा वायुमण्डल में पूरी तरह से हावी हो जायेगी और इसका प्रभाव वृक्षों पर नजर आने लगेगा। वृक्षों का उत्पादन कम होने लगेगा। पौधें को होने वाली क्षति से आर्थिक हानि होने लगती है जिसका सही पता लगाना कठिन है। वर्ष 1977 में डब्ल्यू. डब्ल्यू. हैड और सी. एस. ब्रान ने अमरीकी ऑकड़ों को संपादित किया था और यह बताया था कि फसलें और शोभाकारी पौधों की सीधे क्षति की अनुतान 13.5 अरब अमरीकन डॉलर है। यदि वृद्धि में गिरावट और बिना क्षति से उपज परिस्थिति की प्रणाली को क्षति, सौन्दर्य पूर्ण भूदृश्य, घास के मैदान और कुछ मामलों में रोगनक आक्रमण की पूर्वानुकूलता को इसमें शामिल कर लिया जाये तो यह क्षति एक अरब अमरीकी डॉलर में होगी। क्षति का यह अनुमान केवल अमेरिका में ही पौधों की आर्थिक हानि का नही है। हमारे देश में तो इसकी स्थिति और भी विकट है। पौधों को प्रदूषण से हुई क्षति के सूचक के रूप में माना जा सकता है क्योंकि पौधे संवेदनशील जीवविज्ञान के द्योतक हैं फिर भी प्रदूषकों, रोग जनकों यहॉ तक की अन्य दशाओं जैसे कमियों के लक्षण जो कि विशुद्ध कार्यिकी लक्षण हैं, के दिखाई पड़ने वाले प्रभावों में पर्याप्त अनुरूपण हैं। इस प्रकार पौधे प्रदूषण सूचक तभी हैं जब प्रदूषण सूचक क्षति अथवा लक्षण स्पष्ट अथवा विशिष्ट हों। स्पष्टतया वायु के अधिक सम्पर्क में आने वाले हिस्से जैसे पत्ते जो कि अपनी स्थिति और बनावट के कारण इसके सबसे अधिक शिकार होते हैं। यह स्पष्ट है कि क्षति की संकेत सूची प्र्याप्त गहरी है इतनी की इस विषय में तीन रंगीन मानचित्र व चित्रावलियॉ, टी. वी., टी. वी. हिन्डावी, जे. एस. जैकप्सन और एस. सी. हिल और एच. वनहर्न्ट द्वारा सभी वर्ष 1970 में प्रकाशित हो चुकी हैं और यह बात मान ली गई है कि पौधे बुरी तरह से प्रभावित हो रहे हैं। सल्फर डाइऑक्साइड जो कि मुख्य रूप से जीव ईंधन से निकलती हैं इससे तम्बाकू में अंतरापशु परिगलन होता है। एवं गंधक ट्राइऑक्साइड से ऑक्सीकृत होता है और आर्द्रता की उपस्थिति में गंधक अम्ल तैयार होता है जिससे अम्लीय बारिश होती है। अम्लीय वारीश की स्थिति में भवनों का क्षरण शुरू हो जाता है, जीव–जन्तुओं के लिए एक समस्या खड़ी होती है और वे मौत के कगार पर भी पहुॅच जाते हैं। अमरीका में पेस्सी नदी घाटी योजना के

।बिजली घर से इतना सल्फर डाइऑक्साइड निकलता है कि उसके निकट स्थिति क्रियस्टन नगर आसपास 40 मील व्यास के क्षेत्र में 90 प्रतिशत चीड़ के पेड़ नष्ट हुए हैं। कोई 60 वर्ष पूर्व टेनिस स्थित बख्ताउन नगर में तांबा गलाने के दो प्रचालक थे, जिसमें से निकलने वाली सल्फर डाइऑक्साइड की प्रचुरता ने वहॉ की जमीन को इतना विषाक्त कर दिया कि आज भी वहॉ हरियाली का नाम नहीं है। वहॉ हरी चादर बिछाने पर भी नहीं बिछती। अमरीका के न्यू जर्सी राज्य के कोर्टेड नगर में एक तॉबा संशोधक कारखाना था जिससे कई वर्षों तक सल्फर डाइऑक्साइड का धुऑ निकलता रहा। इसके परिणामस्वरूप किसी भी घर में चीड़ के वृक्ष नहीं पनप पाए। इसी प्रकार पर्यावरण में बढ़ने वाली नाइट्रोजन ऑक्साइड भी पौधों के लिए काफी हानिकारक है। नाइट्रोजन ऑक्साइड से तम्बाकू की मध्य शिरा और अन्य यांत्रिक क्षेत्र प्रभावित होते हैं। यह अंतरदहन इंजनों से निकलती हैं जहॉ ऑक्सीजन और नाइट्रोजन की गर्मी और दबाव मिलता है। ओजोन जैसी ऑक्सीकरणसे लम्बी शिराओं के पास विरंजन हो जाता है। हमारी नादानी का परिणाम प्रदूषण जिसे पौधे हलाहल के रूप में पी रहे हैं और अपने आप को तबाह कर रहे हैं। कुछ परीक्षणों में पाया गया है कि बढ़ता हुआ प्रदूषण पौध ाों के विकास के साथ–साथ उनके प्रजनन को भी प्रभावित करता है, गुणसूत्र प्रभावित होते हैं साथ ही आने वाली पीढ़ी खतरे में पड़ जाती है और उसमें अच्छे गुणों का ह्रास होने लगता है। पौध सूत्रों से प्राप्त ऑकड़े की संगति, स्तनपाई अथवा मानव गुणसूत्रों के संबंध पर आधारित हैं।

पौधों के बारे में यह धारणा है कि वे बिना किसी नुकसान के प्रदूषण को रोकते हैं। यह उनकी प्रदूषण को रोकने की क्षमता के कारण बनी है। प्रदूषण वाली वायु जब इन वनस्पतियों के सम्पर्क से गुजरती है तो उनसे काफी मात्रा में प्रदूषक तत्व नष्ट हो जाते हैं। भारतीय परिस्थितियों के अंतर्गत पौधों के धूल रोकने की क्षमता अध्ययन का विषय है और यह बात भी प्रमाणित हो चुकी है तो उनसे काफी मात्रा में प्रदूषक तत्व नष्ट हो जाते हैं। बैटूला फैंगस आदि पौधों में प्रदूषकों को रोकने की पर्याप्त क्षमता है। पत्तों की सतह के पदार्थ या तो प्रदूषकों को नष्ट कर देते हैं या उनके साथ प्रतिक्रिया प्रदर्शित करते हैं। इस सारी क्रिया से पता चलता है कि पौधे आत्म नवीकरणशील होते हैं। इतना ही नहीं विदेशों में हुए कुछ प्रयोग बताते हैं कि

लाइकिन्स और ब्रायोफाइट्स जैसे छोटे पौधे जिनमें की रन्द्र की रचना कुछ विशेष रूप लिए होती है, प्रदूषण के लिए अच्छे सूचक हैं। वर्ष 1968 में पौधों और पशुओं पर प्रदूषण के प्रभाव पर आयोजित यूरोपीय कांग्रेस द्वारा इस संबंध में एक प्रस्ताव पास किया गया था कि उपयोग में आने वाले ऐसे पौधे जो कि प्रदूषण की सूचना दें, तलाश किये जाएँ। यह एक सौभाग्य की बात है कि भारत में लाइकिन्स और ब्रायोफाइक्स दोनों ही अच्छी मात्रा में उपलब्ध है, विशेषकर हिमालय की पट्टियों, दक्षिण केन्द्रीय पहाड़ी में तो प्रचूर मात्रा में उपलब्ध हैं।

प्रदूषण हमारे नैसर्गिक में मानव निर्मित समस्या है। प्रदूषण विकास का एक अभिन्न अंग बन गया है और यह सदा–सदा एक–दूसरे में विद्यमान रहता है। कई वनस्पतियाँ ऐसी हैं जो पेड़ों के तनों पर छा जाती हैं और उन्हें प्रदूषण से सुरक्षित रखती हैं। ऐसे ही एक अध्ययन में एन. डी. ब्रायशा ने बताया है कि ताँबा, शीशा, कैडमियम जैसी धातुओं को सहन करने की क्षमता कई वनस्पतियों में है। ऐसा प्रकृति के साथ ऐतिहासिक काल में भी हुआ। सस्य फसलों में ग्लयाडिलियस रोधिता क्षमता का और प्याज तथा तम्बाकू में ओजोन रोधी प्रकार के गुणों को भली भाँति जाना गया है। प्याज में एक अकेला ऐसा जीन होता है जो रंध्रीय क्रिया को नियंत्रित करता है। वायु में ओजोन के प्रति सुग्राहिता दिखने के लिए रन्ध्र खुल जाते हैं और प्रतिरोधिता दिखाने के लिए बंद हो जाते हैं। आवश्यकता इस बात की है कि भारत में भी इस प्रकार के अध्ययन अधिक से अधिक हों ताकि यह पता लगाया जा सके कि प्रदूषित वातावरण में किन–किन प्रदूषक तत्वों की अधिकता है और उनके लिए कौन–कौन से पौधे अथवा फसल लगाना उपयुक्त होगा। अब यह बात तो सर्वेक्षण और अध्ययनों के बाद ही पता चलेगी लेकिन यह बात तय है कि पौधे एक हद तक प्रदूषण को सहन करते हैं।

अब कुछ ऐसी बातों पर विचार करें जो आम महत्व की हैं। वायु, जल और मृदा का प्रदूषण औद्योगिकीकरण और शहरीकरण से आपस में पृथक नहीं किया जा सकता। प्रदूषण रोकने की सर्वोत्तम जगह उसके स्रोत हैं। प्रदूषण की समस्या जैविक, जैविक, भौतिक, अभियांत्रिक, सामाजिक, आर्थिक और राजनीतिक आदि पहलुओं से जुड़ी हुई हैं इसलिए पर्यावरण की समस्या

पर विचार करते समय एक तरफ जहॉ समाज की आवश्यकता को ध्यान में रखना जरूरी है वहीं यह भी जरूरी है कि वातावरण सीमा से अधिक प्रदूषित न हो क्योंकि उसका प्रभाव मनुष्य पर ही नहीं आसपास की वनस्पतियों पर भी पड़ेगा और यदि हरी चादर पर यह प्रभाव लगातार पड़ा तो वह दिन दूर नहीं जबकि हमारी मेहनत के बाद संजोई हुई यह हरी पट्टी तबाह होने लगेगी। हमारे पास यह धरा हमारी भावी पीढ़ी की धरोहर है। यह जैसी हमारे पुरखों से हमें मिली थी हम उससे भी ज्यादा इसका रंग–रूप संवारकर अगली पीढ़ी को सौंपें तो वे भी इसको संभालकर रखेंगे और यदि हमने इस हरी चादर पर भी प्रदूषण के गहराते बादल बुरी तरह से क्षत–विक्षत कर दिये तो उसमें दो राय नहीं कि यह हरी चादर तबाह हो जाएगी। इस धरती पर से वन उजड़ गए तो जीवन भी उजड़ जाएगा। बढ़ती हुई गर्मी, प्रदूषण, सूखा, अकाल, बढ़ते रेगिस्तान, बंजर होती जमीनें, यह सभी अभिशाप हमको ही नहीं हमारे चारो तरफ के पर्यावरण को भी निगल जाएंगे। धरती के फेफड़े यह वृक्ष हमारी नादानी को सहन कर रहे हैं और हमारे उद्योगों से, वाहनों से निकलने वाले प्रदूषण के हलाहल को लगातार पी रहे हैं लेकिन इसका मतलब यह कदापि नहीं है कि हम वह स्थिति पैदा कर दें जब धरती की इस चादर के पास इतनी भी सामर्थ न हो कि वे हमारे नादानी से निकली थोड़ी भी गैस को सहन कर सकें या फिर इसका तार झींना हो जाए कि इस हरी चादर से आरपार नजर आने लगे। कभी आच्छादित वनों से भी यह घरती सूरज की किरणों तक को जमीन नहीं चूमने देती थी वह ही सूरज की किरणों से भर जाए और वनस्पति ही न हो तब स्थिति बहुत विकट होगी पर यह हर रूप में आज इस जहर को पी रहे हैं लकिन यह जहर पीने की स्थिति यदि इसी तरीके से बढ़ती गई तो वह दिन दूर नहीं जब यह हमारी हरी चादर तार–तार हो जाएगी और तब हम चारो ओर बढ़ते हुए रेगिस्तान की विभीषिका देखेगें। यह नाजुक पौधे हमसे कुछ कहते हैं। इनकी जुबान न होते हुए भी यह बहुत कुछ मौन रहकर कह जाते हैं।

समेकित कृषि के अन्तर्गत औषधीय एवं सगंध पादप

औषधीय एवं सगंध पादपो की खेती

औषधीय एवं सगंध पादपों की वैज्ञानिक खेती औषधि, सौंदर्य प्रसाधन सामग्री निर्माण उद्योग तथा अन्य उद्योगों में इसकी बढ़ती हुई मॉग, जंगलो

द्वारा की जाने वाली आपूर्ति जो क्रमशः घट रही है तथा माँग में वृद्धि के चलते लाभ--अर्जन का जरिया बन सकती है।

व्यावसायिक दृष्टि से महत्वपूर्ण कई प्रजाातियों की कृषि–प्रणाली विकसित हो चुकी है। वैज्ञानिकों द्वारा वर्षो से किये जा रहे सतत् शोध के द्वारा नयी प्रजातियों के उत्पादों की गुणवत्ता में वृद्धि तथा पादप प्रवर्धन पदार्थो की उपलब्धता को सुलभ बनाया जा सकता है।

पूर्वी भारत में मौजूद अपार मानव संसाधन जो कृषिकों एवं श्रमिकों के रूप में है, उपजाऊ भूमि, प्रचुर जलस्रोत तथा अनुकूल जलवायु के द्वारा प्रदेश औषधीय एवं सगंध पादपों के उत्पादन के क्षेत्र में महत्वपूर्ण भूमिका निभा सकता है। पूर्वी क्षेत्र में सफलतापूर्वक उगाये जानेवाले औषधीय एवं सगंध पादपों का विवरण सारणी में दिया गया हैः

औषधीय एवं सगंध पादपों की खेती से प्रति हेक्टेयर सालाना आय 15,000–50,000 रू0 होती है। कुछ खास फसलों में यह आय ज्यादा भी होती है। यदि अच्छी बाजार–व्यवस्था तथा उर्जादक्ष प्रसंस्करण संयंत्रों की उपलब्धता हो तो औषधीय एवं सगंध पादपों की खेती को लोकप्रिय बनाते हुए लाभ में वृद्धि की जा सकती है तथा आशा की जाती है कि प्रति व्यक्ति सालाना आय जो 1993–94 के आधार पर मात्र 1508 रू था, को बढ़ाया जा सकता है। यद्यपि उक्त फसलों की खेती अच्छी उपजाऊ भूमियों पर की जाती है जिससे खाद्य फसलों का उत्पादन–क्षेत्र घटेगा एवं खाद्य–असुरक्षा बढ़ेगी जो प्रदेश के लिए स्वस्थ वैकल्पिक व्यवस्था नहीं होगी। अतः व्यवसायिक दृष्टि से लाभप्रद औषधीय एवं सगंध पादपों की खेती को प्रोत्साहन निम्नलिखित प्रकार से दिया जा सकता है।

असिंचित, बंजर एवं समस्याग्रस्त भूमियों में की जानेवाली रोपाई क्षेत्र के कुल फसलाच्छादित क्षेत्र का लगभग 57 प्रतिशत भाग सिंचित भूमि है एवं शेष 43 प्रतिशत असिंचित भूमि है, जिसमें हमेशा सूखे की समस्या रहती है। औषधीय एवं सगंध फसलें पारम्परिक फसलों के वनिस्पत अजैविक प्रतिबल के प्रति ज्यादा सहिष्णु है। इन फसलों की खेती असिंचित भूमि में प्रजातियों के प्रकृति के अनुसार की जा सकती है। औषधीय एवं सगंध पादपों में से कुछ प्रजातियों को जो जलत्रुटि में भी लाभप्रद हो सकती हैं सारिणी में

दर्शाया गया है। पामारोजा एवं लेमनग्रास प्रतिरोधी किस्म के पौधे हैं जो विभिन्न प्रकार की मृदा संरचनाओं में उग सकते हैं जैसे– निम्न उर्वर बलुई दोमट भूमि, क्षारीय भूमि तथा उर्वर जलोढ़ भूमि। सुगंधित घास को निम्न सीमांत एवं असिंचित भूमि में भी भलीभाँति उगाया जा सकता है तथापि उत्पादन को सिंचाई द्वारा बढ़ाया जा सकता है। जावा सिट्रोनिला को आसाम एवं मेधालय में असिंचित फसलों के तौर पर उपजाया जाता है। सिंचित भूमि के वनिस्पत असिंचित भूमि में उगायी गयी फसलों में तेल–उत्पादन क्षमता अधिक पायी गयी है। बिहार में 51000 हे0 कृषि योग्य परती जमीन उपलब्ध है जो न तो जंगलों द्वारा अधिग्रहीत है और न ही उन पर खेती की जा रही है। सुखाड़ एवं बंजर भूमियाँ सगंध घास एवं कुछ औषधीय पादपों की खेती के लिए उपयुक्त होगी जिससे इन बेकार पड़ी भूमियों की उपयोगिता बढ़ेगी।

इन अभावग्रस्त मृदाओं में पामारोजा एवं लेमनग्रास की खेती की संभावना अच्छी है। पात्रा एवं सिंह (1995) के अनुसार पामारोजा, लेमनग्रास एवं खस 10 पी0एच0 वाली मृदा में, जिसकी लवणीयता 12 डी0एस0एम0 एवं क्षारीयता ई0एस0पी0 55 प्रतिशत वाली मृदा में लेमनग्रास के पत्तों के वजन में 14–25 प्रतिशत तथा तेल–उत्पादन में 5–17 प्रतिशत की गिरावट होती है। प्रदेश की 4.55 लाख हे0 भूमि जो प्रदेश के कुल क्षेत्रफल का 4.86 प्रतिशत दलदली है, तथा इसके अतिरिक्त प्रदेश का बड़ा भू–भाग बरसात के समय में जलप्लावित हो जाता है। निकटवर्ती क्षेत्रों के कुछ भाग तथा अन्य दूसरे भाग छिछले हो जाते है। यह बाढ़ का पानी हटने के समय पर निर्भर करता है। यह क्षेत्र बच एवं खस की खेती करने के उपयोग में लाया जा सकता है। तटवर्ती क्षेत्रों में मण्डूकपर्णी, ब्राह्मी, भृंगराज एवं अन्य औषधीय पुष्प जैसे– बण्डालफूल, कुमुदनी, बकाईन आदि को लगा कर लाभ अर्जित किया जा सकता है।

(ख) उद्यानिक वृक्षों के साथ सहखेती

यह क्षेत्र औषधीय एवं सगंध पादप सम्पदा की प्राकृतिक पुनरोत्पादन–प्रक्रिया को सीमित करता है। लेकिन क्षेत्रों में बहुवर्षीय फलदार फसलों का कृषि–अर्थव्यवस्था में महत्वपूर्ण स्थान है। यह क्षेत्र मुश्किल से साल में एक बार ही प्रतिफल देता है तथा किसी–किसी साल वह भी अप्राप्य ही रहता है। इन

क्षेत्रों का उपयोग यदि वैसे औषधीय एंव सगंध पादपों को लगाने में किया जाय जिनमें कम लागत लगता हो तथा देख–रेख की कम आवश्यकता पड़ती हो तो क्षेत्रों का विवेकपूर्ण उपयोग होगा। प्रजातियों का चयन शस्य–औद्यानिक प्रणाली के स्थान विशेष की जलवायु को ध्याान में रखकर किया जाय तो यह अधिक लाभप्रद होगा वनिस्पत इसके अकेले फसल लगाने अथवा उद्यान लगाने के। ऐसे क्षेत्रों में इन प्रजातियों को लगाना बगीचे की उम्र एवं पौधों की प्रकृति के साथ–साथ सूक्ष्म जलवायु में सामंजस्य पर भी निर्भर करता है। इसका विवरण सारिणी में दिया गया है–

शस्य सह वानिकी की प्रजातियों के परीक्षणों के दौरान यह पाया गया कि 5–6 वर्ष पुराने पोपुलर एवं युक्लिप्टस के साथ पामारोजा, लेमनग्रास तथा सीट्रोनिला की खेती से उत्पादन में मामूली ह्रास होता है। शस्य सह वानिकी की स्थिति में घासों का हरित उत्पाद में 17–52 प्रतिशत तक का ह्रास होता है वनिस्पत कि सगंध घासों की अकेली खेती से। लत्तेदार पादप प्रजाति को प्रकाश –संश्लेषण के लिए सहारे की जरूरत होती है ताकि अपने पत्तों को सूर्य की उदग्र किरणें के सम्मुख रख सके। इन प्रजातियों में छाये को शुरू–शुरू में सहन करने की शक्ति होती है जिससे वह अपनी बढ़वार को वृक्ष के तनों पर फैला देता है। यह लत्तेदार फसलों पर कृत्रिम सहारे पर होनवाले खर्चो को बचाता है।

(ग) फसल –योजना में औषधीय एवं सगंध पौधों का समायोजन

पारंपरिक फसलों के साथ अन्तर्वर्ती खेती

अन्तर्वर्ती फसलें इकाई क्षेत्रफल में उत्पादन एवं कुल आय में वृद्धि करती हैं। खाद्यान्न फसलों के साथ व्यावसायिक दृष्टि से महत्वपूर्ण जड़ी–बूटियों की खेती से मिलने वाले प्रतिफल के कई गुणा बढ़ने की संभावना है। परीक्षणों से ज्ञात हुआ है कि गन्ना तथा जापानी पुदीना की अन्तर्वर्ती खेती से प्रति हे0 आय 40–50 हजार रू0 है, वहीं पर एकाकी गन्ने की फसल से प्रति हे0 आय मात्र 33000 रू0 है। जापानी पुदीना के साथ गन्ने की बसन्त ऋतु की फसलों की अन्तर्वती खेती ज्यादा लाभप्रद है वनिस्पत एकाकी फसल लेने से तथा कुल प्रतिफल आय प्रति रूपया लागत पर 1.2–1.4 प्रतिफल मिलता है बजाय 1.0 रू0 गन्ने की एकाकी फसल से। खाद्य फसलों के साथ अन्तर्वर्ती खेती ज्यादा लाभप्रद है वनिस्पत कि पारंपरिक फसलों

से। उपरी भमि पर धान एवं मक्के के साथ जापानी पुदीना की खेती ढ़ाईगुना ज्यादा लाभ देती है।

दलहनी फसलों : मसूर, चना एवं अरहर के साथ सिट्रोनिला की अन्तर्वती खेती प्रति इकाई क्षेत्रफल में उत्पादकता एवं शुद्ध लाभ में वृद्धि करती है। शुद्ध प्रतिफल नेत्रजन की उचित आपूर्ति पर द्विवर्षीय फसल –चक्रों में पाया गया है कि सिट्रोनिला और मटर में 5 प्रतिशत, सिट्रोनिला और मसूर में 33 प्रतिशत तथा सिट्रोनिला और चना में 14 प्रतिशत वृद्धि होता है।

फसल–क्रम में परिवर्तन

पारंपरिक फसल–चक्रों में औषधीय एवं सगंध पादपों का समन्वय प्रक्षेत्र की आय में वृद्धि करेगा। बिहार में धान–गेहूँ फसल–चक्र प्रणाली का अनुपात तीनों कृषि–जलवायु क्षेत्रों में ज्यादा है। इन क्षेत्रों में औषधीय पादपों की खेती के साथ वाली कृषि–प्रणाली प्रदेश की अर्थव्यवस्था में बदलाव ला सकती है। रबी फसलों की कटाई के बाद जापानी पुदीना की खेती ज्यादा लाभप्रद है तथा उत्तर प्रदेश में इसका, क्षेत्रफल बढ़ता ही जा रहा है। रबी एवं खरीफ फसलों के बीच जापानी पुदीना लगाने से खाद्यान्न फसलों में लगने वाली कीट–व्याधियों का प्रकोप कम हो जाता है तथा साथ ही पारंपरिक फसलों से यह ज्यादा लाभप्रद भी है। कुछ जगहों में जापानी पुदीना आधारित फसल–चक्र है– धान–आलू–पुदीना, धान–पुदीना, धान–सरसों–पुदीना, तुलसी–आलू–पुदीना, पिछेती धान–मटर–पुदीना, अरहर–पुदीना, पुदीना –मेथी तथा पुदीना –आलू इत्यादि।

निष्कर्ष

औषधीय एवं सगंध पादपों की खेती द्वारा पूर्वी क्षेत्र की कृषि आधारित अर्थव्यवस्था के सुदृढ़ होने की आशा है। इसकी खेती से प्रक्षेत्र की उत्पादकता में बढ़ोतरी एवं नगदी फसल होने के नाते किसानों की आर्थिक दशा में सुधार की संभावना है। प्रदेश में विपुल श्रमिकों की उपलब्धता को देखते हुए इसकी खेती एवं प्रसंस्करण से उन्हें रोजगार मिलेगा। कृषि उद्योग वर्तमान समय में बिखराव के दौर से गुजर रहा है तथा औषधीय एवं सगंध पौधों की खेती के द्वारा इसमें नयी जान फूंकने की प्रबल संभावना है। इसकी

खेती को बढ़ावा देने से न केवल कृषि–कार्य में बढ़ोतरी होगी वरन् इससे जुड़े अन्य उद्योग भी खड़े होंगे, जैसे–सुगंधित तेलों का प्रभावीकरण, उद्योग एवं सक्रिय घटक जैसे अल्कलायड, सैपोनिन्स आदि को अलग करने की प्रक्रिया, उच्च गुणवत्तायुक्त सुवास रसायन–निर्माण, ईत्र–निर्माण, सौंदर्य प्रसाधन उद्योग, अगरबत्ती उद्योग एवं जड़ी–बूटी आधारित औषधि–निर्माण केन्द्र। ये सभी श्रमसाधन प्रक्रियाएँ हैं तथा औषधीय एवं सगंध पादप क्षेत्रों में रोजगार वृद्धि के नये अवसर मुहैया करायेंगे जो प्रदेश के गरीबी–उन्मूलन में सहायक होगा। वैसे क्षेत्र का जो परंपरागत फसलों के लिए अनुपयुक्त है, उपयोग वैसे औषधीय एवं सगंध पादप प्रजातियों को लगाने में किया जा सकता है जो अनुपम सामर्थ्य के साथ कम उपजाऊ असिंचित दशा एवं अम्लीय/क्षारीय भूमि के साथ कम लागत में भी उत्पादन दे सकते हों। इस प्रक्रिया की शुरूआत से राज्य के ग्रामीण विकास में नवयुग का सवेरा होगा।

तालिका 58 : असिंचित, कम उपजाऊ, क्षारीय/अम्लीय मृदाओं में उपयुक्त औषधीय एवं सगंध पादप

क्रम सं0	औषधीय पादप	सगंध पादप
1.	अश्वगंधा (विथिनिया सोमनीफेरा)	पामारोजा (साइकोपोगोन मार्टिनी)
2.	सदाबहार (कैथरेन्थस रोजस)	लेमनग्रास (सिट्रोनिला फ्लेक्सस)
3.	सतावर (अस्पारगस रेसीमोसस)	सिट्रोनिला (सिट्रोनेला विन्टरीऐनस)
4.	सर्पगंधा (रावोल्फिया)	खस (वीटिवर जीजीन्डस)
5.	कालहरी (ग्लोरीअस सुपरबा)	मुश्कदाना (एक्लमोन्चस मोसचेस)
6.	कौंच (मुकुना प्रुरीटा)	तुलसी (ओसियम स्पेसीज)
7.	भूमिऑवला (फाइलेन्थस आर्मरस)	
8.	सरपुंखा (टेफोरोसिया परपुरिया)	
9.	वन प्याज (अर्जीनिया इंडिका)	
10.	कालमेध (एन्ड्रोग्राफिस पेनीकुलेटा)	
11.	ईसबगोल (प्लान्टागो ओवाटा)	
12.	अपामार्गया चिड़चीड़ी (एकाइरेन्थस्पेरा)	
13.	गुड़मार (जाइमन्मा साइसभेस्ट्री)	
14.	गिलोयया गुरूज (टीनोस्पोरा कार्डिफोलिया)	
15.	पुनर्नवा (लाल) वोहेविया डिफ्यूजा	

तालिका 59 : कृषि–औद्यानिकी में उपयुक्त औषधीय एवं सगंध पादप

क्रम सं.	औषधीय पादप (प्रचलित नाम)	वानस्पतिक नाम	सगंध पादप (प्रचलित नाम)	वानस्पतिक नाम
1.	सर्पगंधा	रावोल्फिया सर्पेन्टाइन	पचौली	पोन्गोस्टोमान पचौली
2.	कालमेध	एन्ड्रोग्राफिस पेनीकुलेटा		
3.	पिपली	पाइपर लौंगम		
4.	वन प्याज	अर्जीनिया इंडिका		
5.	कौंज	मुकुना प्रुरीटा		
6.	गिलोय	टीनोस्पोरा कार्डिफोलिया		
7.	रत्ती, गुंजा	एवरस प्रीकाटोरियस		
8.	काली मूसली	कुरकुलिगो आर्चियोड्स		
9.	कलिहारि	ग्लोरीजा सुपर्वा		

तालिका 60 : पूर्वी क्षेत्र की फसल–प्रणाली में उपयुक्त औषधीय एवं सगंध पादप

क्रम सं.	फसल का नाम	प्रयोज्य अंग	संक्रिय घटक	फसल अवधि एवं रोपाई का समय	औसत उपज क्विंटल / हे0	प्राक्कलित आय (हजार रू0 / वर्ष)
1.	2.	3.	4.	5.	6.	
क. औषधीय पौधे						
1.	सर्पगंधा (रावोल्फिया सर्पेन्टाइन)	जड़	रिसर्पिन, अजमलसिन, सर्पेरिन	18–20 महीना (जून–दिसम्बर)	1–15	20–30
2.	अश्वगंधा (विथिनिया सोमनीफेरा)	जड़	विथानिन	5–6 महीना (अगस्त–फरवरी)	5–6	15–20
3.	बच (अकोरस कालमस)	जड़	एसारोन	8–9 महीना (जून–मार्च)	35–40	60–65
4.	कालमेध एन्ड्रोग्राफिस पेनीकुलेटा	पंचांग	एण्ड्रोग्राफोलिड, नियोएड्रोग्राफोलिड	3–4 महीना (जून–सितम्बर)	25–30	30–50

5.	सतावर (अस्पारगस रेसीमोसस)	कन्दरूपी जड़	सैपोजेनिन ग्लाइकासाइड्स	12–18 महीना (अगस्त –फरवरी)	40–45	70–75
6.	कलिहारी (ग्लोरीअस सुपरबा)	कन्द, बीज	कोल्चीसीन	6–7 महीना (जून –सितम्बर)	बीज 1.5 –3.5 कंद 20–30 प्रत्येक पॉच वर्ष पर	50–75
7.	कौंच (मुकुना प्रुरीटा)	बीज एवं जड़	एल–डोपा	6–7 महीना (जून –अक्टूबर)	बीज 2–3, जड़ 20–25	60–70
8.	वन प्याज (अर्जीनिया इंडिका)	कन्द	सिलैरिन–ए0 एन0बी0			
9.	सफेद मूसली क्लोरोफाइटम बोरीबिलेनम	अंगुली नुमा कन्द	स्पोनिनस एवं स्टीरॉयडस	7–8 महीना (मई –जून)	ताजा जड़ 25–30 सूखा जड़ 6–8	
10.	ईसबगोल प्लान्टागो ओवाटा	बीज एवं छिलका	म्युसीलेज	4–5 महीना (नवम्बर –दिसम्बर)	बीज 10–14	30–40
11.	सदाबहार (कैथरेन्थस रोजस)	पत्ता एवं जड़	टाजमसीन रिसर्पिन	8–9 महीना (जून–जूलाई)	पत्तों 30–35, जड़ 4–6	60–70
12.	पिपली (पाइपर लौंगम)	फली एवं जड़	वाष्पशील, तेल, पिपीरीन पिपरलॉग्युनिन	4–5 वर्ष (जून–जुलाई)	बीज 90–100	100
13.	जंगली अरण्ड जट्रोफा कुरकस	बीज एवं तना	जैट्रौफीन, हेन टायकन्टेन	बहुवर्षीय (5 वर्ष) (फरवरी–जून–जुलाई)	तेल 1. 5–2.5	30–40
(ख) सगंध पादप						
1.	जापानी पुदीना (मेन्था आर्वेन्सिस)	पत्तों एवं तना	मेंथाल	बहुवर्षीय (5 वर्ष) (फरवरी–जून–जूलाई)	तेल 175–2.25	30–40

2.	सिट्रोनिला (साइकोपोगोन विन्टरीऐनस)	पत्तें एवं तना	जिगनियॉल सिटेनिलॉल	बहुवर्षीय (5 वर्ष) (जून–जूलाई)	तेल 1.75–2.25	30–40
3.	पमारोजा (साइकोपोगोन मार्टिनी)	तना एवं फूल	जिरेनियॉल	बहुवर्षीय (5 वर्ष) (जून –जुलाई)	तेल 1.25–1.50	40–45
4.	लेमनग्रास (साइकोयोगोन फ्लेक्सम)	पत्तों युक्त तना	सिट्रल	बहुवर्षीय (5 वर्ष) (जून–जुलाई)	तेल 1.75–2.00	45–20
5.	खस (वीटिवर जीजीन्डस)	जड़	वेटिवेरोल	बहुवर्षीय (2 वर्ष) (जून–जुलाई)	तेल 0.2–0.35	25–30
6.	पंचौली पोगोस्टीमोन	पत्तियाँ युक्त शाखा	पंचलोल	बहुवर्षीय (5 वर्ष)	तेल 0.35–0.5	30–35
7,	मुश्कदाना (एक्लमोन्चस मोसचेस)	बीज	वाष्पशील तेल, रेजिन	7–8 महीना (जुलाई –अगस्त)	तेल 10–12	30–70
8.	तुलसी ओसियम वेसीलिकम	पत्ते एवं बीज पंचांग	मेथाइलचेविकोल युजीनोल	4–5 महीना (मई –जून)	तेल 0. 6–0.8	35–40
9.	रजनीगंधा प्लीयेन्थस ट्यूबरोज	फूल	जिरेनियोल युजीनोल, नेरोल	बहुवर्षीय (अगस्त–सितम्बर)	–	–

❑❑❑

अध्याय 7

कृषि प्रणाली अनुसंधान कार्यनीति एवं विस्तार की संभावनाएँ: कार्यनीति

हमारे देश में समेकित कृषि प्रणाली पर आधारित शोध कार्य काफी बाद में शुरू हुए। नई–नई तकनीकों के विकास एवं हस्तांतरण द्वारा कृषि को विकसित करने के लक्ष्य में समेकित कृषि प्रणाली पर शोध कार्य काफी महत्वपूर्ण भूमिका निभाते हैं। यह राष्ट्रीय कृषि अनुसंधान एवं प्रसार कार्यक्रम के बीच कड़ी का काम करता है (रमन, 1988)।

हमारे देश मे पूर्वी क्षेत्र के अन्तर्गत पूर्वी उत्तर प्रदेश (85,844 वर्ग कि. मी.), बिहार एवं झारखण्ड (1,73877 वर्ग कि.मी.), पश्चिी बंगाल (88,752 वर्ग कि.मी.), असम (78,438 वर्ग कि.मी.), उड़ीसा (1,55,707 वर्ग कि.मी.) तथा छत्तीसगढ़ (1,44,422 वर्ग कि.मी.) आते है जो देश के भौगोलिक क्षेत्रफल का 28 प्रतिशत है। इस क्षेत्र से लगभग 58 मिलीयन टन (34.6% भाग) खाद्यान का उत्पादन होता है तथा यहॉ देश की लगभग 35 प्रतिशत जनसंख्या रहती है। इस क्षेत्र की जनसंख्या का घनत्व राष्ट्र की औसत जनसंख्या के घनत्व से 1.24 गुणा ज्यादा है अर्थात राष्ट्रीय औसत 257 प्रति वर्ग कि.मी. तथा पूर्वी क्षेत्र का 318 प्रति वर्ग कि.मी. (1991 की जनगणना के निुसार)। इन क्षेत्रों में कृषि का विकास काफी कम हुआ है, परिणामस्वरूप कृषि क्षेत्र में रोजगार के

बहुत कम अवसर प्राप्त होते हैं तथा यहाँ की जनसंख्या का एक बड़ा भाग आज भी गरीबी रेखा के नीचे है एवं कुपोषण का शिकार है। उदाहरणस्वरूप– हमारे देश के कुल खेती करने योग्य भूमि का 3 प्रतिशत भाग बिहार के हिस्से में आता है एवं यहॉ देश की 8 प्रतिशत जनसंख्या का वास है तथा वर्ष 1999–2000 में कुल खाद्यान्न का 6.9 प्रतिशत भाग (14.56 मिलीयन टन) का उत्पादन बिहार में हुआ। बिहार राज्य के खाद्याान की औसत उपज 1620 किलो/हे. है जो राष्ट्रीय औसत (1697 किलो/हे.) से कम है।

अधिकतर यह देखा गया है कि कृषि के विकास के लिए बनाये गए कार्यक्रमों में महिलाओं एवं उनकी भागीदारी पर ध्यान नहीं दिया जाता। हालॉकि महिलाएं कृषि के कई आवश्यक कार्य करती हैं एवं कृषि कार्य में लगे मजदूरों में 50 प्रतिशत महिलाएं ही होती हैं। कृषि प्रणाली अनुसंधान अथवा समेकित कृषि प्रणाली अनुसंधान में इस ओर भी ध्यान दिया जाता है तथा लिंग विश्लेषण को भी शोध का अभिन्न अंग माना गया है। यह पाया गया है कि गहन खेती द्वारा बहुत कम अवधि के लिए ही उत्पादन को बढ़ाया जा सकता है। इस प्रकार की खेती में बाह्य कृषि सामग्री का अंधाधुंध इस्तेमाल होता है पर उपज में स्थिरता नहीं आ पाती। अतः भविष्य में हमारी कृषि विकास नीति कुछ इस प्रकार होनी चाहिए जिससे प्राकृतिक संसाधनों के पतन को यथासंभव कम किया जा सके एवं पारिस्थितिकी/पर्यावरणीय संतुलन को बिगड़ने से बचाया जा सके। समेकित कृषि प्रणाली परशोध द्वारा इस दिशा में आगे बढ़ने की संभावना नजर आती है।

आज हमारा राष्ट्रीय लक्ष्य है:– छोटे एवं संसाधनहीन गरीब किसानों की आय एवं उत्पादकता में वृद्धि लाना। समेकित कृषि प्रणाली में यह क्षमता है कि पारम्परिक/वर्तमान में प्रचलित फसल प्रणाली में आवश्यक फेर बदल ला कर किसानों की आवश्यकतानुसार उन्हें लाभ दिला सके। इसका गहरा प्रभाव कृषि नीतियों एवं अन्य जुड़ी हुई सेवाओं पर पड़ेगा। आज आवश्यकता इस बात की है कि वर्तमान में चल रही तकनीकियों (टेक्नालॉजी) के बनने एवं हस्तांतरण विधि की नीतियों में परिवर्तन लाकर उन्हें कृषि के क्षेत्र में बढ़ावा देने के लिए कुछ प्रोत्साहन, इनाम तथा कार्यकुशलता का मूल्यांकन इत्यादि किया जाए और यह सब समेकित कृषि प्रणाली द्वारा ही संभव है।

कृषि प्रणाली अनुसंधान की भावी दिशाएं

विस्तृत लक्ष्य : तकनीकों (टेक्नोलॉजी) को बनाने एवं विकसित करने से सम्बन्धित शोधों में कृषि प्रणाली अनुसंधान का बहुत महत्व है क्योंकि इसके द्वारा शोध कार्यों को एक उपयोगी तालिका मिलती रहती है। इसके लक्ष्य को और अधिक विस्तृत किया जा सकता है– कई अन्य फार्म उद्यमों को शामिल करके। इसे पारिवारिक, ग्रामीण, कृषि पारिस्थितिकी या जलछादन स्तर (वाटर शेड लेवल) पर भी कार्यान्वित किया जा सकता है। कुछ परिस्थितियों में कृषि प्रणाली अनुसंधान के शोधकर्ताओं को कृषि नीतियों या गैर तकनीकी समस्याओं पर अधिक ध्यान देने की आवश्यकता है:

नीतियों को प्रभावित करना : समेकित कृषि प्रणाली अनुसंधान के शोधकर्ताओं को नीतियों से सम्बंधित मुद्दों पर अधिक ध्यान देना चाहिए। उन्हें अपने शोध परिणामों में नीति निर्धारकों को भी क्लाइंट के रूप में शामिल करना चाहिए।

निष्पक्षता को प्रोत्साहन देना : समेकित कृषि प्रणाली अनुसंधान की कार्य प्रणाली ऐसी होनी चाहिए जो जटिल एवं विभिन्न पर्यावरण में कार्यरत संसाधन विहिन किसानों के लिए उपयुक्त तकनीक का सृजन कर सके। यद्यपि संसाधन संरक्षण पर किये गए शोधों द्वारा सुझाव दिये जा सकते हैं पर वे कम आय वाले किसानों की आर्थिक रूचियों को खतरे में डाल सकते हैं। अतः शोधकर्त्ताओं का इस बात पर ध्यान देना होगा कि संसाधन संरक्षण द्वारा उत्पन्न परिवर्तनों से प्राप्त लाभ का वितरण सभी वर्ग के किसानों में समान रूप से हो।

बाह्य कारकों को भी संगठित करना : समेकित कृषि प्रणाली अनुसंधान को और अधिक प्रभावकारी बनाने के लिए कुछ अन्य बातों पर भी ध्यान देना होगा जैसे– लेन–देन अथवा कार्य सम्पन्न करने में लगा खर्च, सार्वजनिक सम्पत्ति वाले संसाधन, मूल्य निर्धारण नीतियॉ एवं कई अन्य बाह्यकारक जिसके द्वारा व्यक्तिगत तथा सामाजिक मूल्यों तथा लाभ में अंतर पड़ सकता है। भू–क्षरण, कृषि पारिथितिकी विविधता तथा कृषि एवं वैश्विक प्रदूषण के बीच की कड़ियों से सम्बन्धित नीतियॉ बनाने पर उनका कृषि

प्रणाली पर गहरा प्रभाव पड़ेगा। अतः समेकित कृषि प्रणाली अनुसंधान के शोधकर्ताओं/कार्यकर्त्ताओं को बाह्य कारकों को भी शामिल करने के लिए तैयार रहना चाहिए।

प्राथमिकताओं के अनुसार संवारना (सेट करना) : समेकित कृषि प्रणाली अनुसंधान के कार्यक्रमों के लिए यह मुश्किल होगा कि सभी दिशाओं में एक ही वक्त में कार्य करें। शोधकर्त्ताओं को विभिन्न तकनीकी शोध विषयों को प्राथमिकता के अनुसार रखना चाहिए, वैसे ही उन्हें इसके प्रसार के लिए भी विभिन्न दिशाओं को प्राथमिकता देनी चाहिए। इसके लिए उन्हें निम्न क्षेत्रों में विशेष ध्यान देने की आवश्यकता होगी जैसे– किसी खास कृषि प्रणाली अनुसंधान के प्रस्ताव तथा संस्थानिक प्रतिबंधों एवं पर्यावरणीय स्थिति इत्यादि के बीच सामंजस्य स्थापित करने में।

किसानों को शामिल करना : कृषि प्रणाली अनुसंधान में किसानों की भूमिका को और बढ़ाना चाहिए। स्थायित्व प्रदान करने वाली प्रैक्टिस/प्रयास अधिकतर किसानों के विभिन्न प्रयोगों द्वारा ही मिलते हैं तथा उनके अनुभवों पर आधारित सुझाव द्वारा ही प्राप्त होते हैं। किसानों को भी अवसर देना चाहिए कि वे अन्य किसानों को प्रशिक्षण दें तथा ऑकड़े जमा कर उन्हें सूचित करें।

स्थायित्व के लिए कार्य करना : शोधकर्त्ताओं एवं शोध प्रबंधको को बहुत सारी बातों जैसे कृषि–पारिस्थतिकी–विविधता, कृषि सम्बन्धित उद्यमों के बीच कडी, कृषि पर बढ़ती जलवायु के कुप्रभाव इत्यादि को समझना तथा परीक्षण करना चाहिए। कृषि प्रणाली अनुसंधान कई तरीके प्रदान करता है जिससे समय के साथ किसानों की परिस्थिति में जो बदलाव आ रहे हैं उन्हें जाना जा सके। यह अवश्य ही भविष्य में स्थायित्व प्रदान करने के लिए दिये जाने वाले सुझावों में प्रयुक्त होगा।

प्रणाली को समन्वित करना : वर्तमान दौर में कृषि प्रणाली अनुसंधान में स्थायित्व (सस्टेनेबेलिटी) को सर्वाधिक प्राथमिकता दी गई है। फार्म से सम्बन्धित उद्यमों को जैविक तौर पर नया रूप देकर इसकी महत्ता को और बढ़ाया जा सकता है। यहाँ जैविक तौर पर नया रूप कहने का अर्थ है नये उद्यमों को फार्म में शामिल करना तथा पोषक तत्वों एवं ऊर्जा का पुनःचक्रण

(रि–साइकिल) करना। समेकित कृषि प्रणाली में फार्म से विभिन्न अवशिष्ट एवं बेकार कृषि पदार्थों का सर्वाधिक पुनः चक्रण होता है फलस्वरूप उत्पादकता में भी वद्धि हाती है।

मॉडल बनाना : वैचारिक एवं गणितीय मॉडल का विकास एवं उसमें सुधार होना चाहिए। औपचारिक मॉडलिंग जटिल एवं अधिक खर्चीली हो सकती है अतः शोधकत्ताओं को औपचारिक मॉडलों पर ज्यादा निर्भर नहीं रहना चाहिए। मॉडल बनाने वालें को मॉडल बनाते समय किसानों की जरूरतों एवं उनके द्वारा उपयोग में लाई जाने वाली विभिन्न सामग्रियों के बारे में भी जानकारी रखनी चाहिए।

कृषि प्रणाली अनुसंधान का मूल्यांकन : फार्म स्तर पर समेकित कृषि प्रणाली अनुसंधान के भाव पर बहुत कम जानकारी/दस्तावेज उपलब्ध हैं। हालॉकि निरीक्षण एवं मूलयांकन के कई उपाय विकसित हो चुके हैं तथा कुछ शोधकर्ताओं को इनकी अच्छी जानकारी भी है। परन्तु अभी भी कृषि प्रणाली अनुसंधान से सम्बन्धित कार्यकलापों के प्रभावों का मूल्यांकन करना बहुत जरूरी है।

जेन्डर को बल देना : कृषि प्रणाली अनुसंधान की भूमिका को समझना तथा उस पर जोर देना चाहिए, विशेषकर जब भोजन एवं पैसे की कमी हो उस अवस्था में महिलाएँ पारिस्थितिकी को बनाए रखती हैं तथा पैसा भी अर्जित करती हैं। अनुसंधान की रूप रेखा तैयार करते समय एवं मूल्यांकन करते समय इस प्रकार की समझ को हमेशा तरजीह देनी चाहिए। शोध प्रबंधकों को चाहिये कि वे महिलाओं की भागीदारी को समझें तथा कृषि प्रणाली अनुसंधान के क्रिया कलापों द्वारा महिलाओं को भी लाभान्वित करने का लक्ष्य बनाए तथा उनकी भागीदारी को और बढ़ायें जिससे उन्हें भी पहचान मिले।

शोध की कड़ियों को मजबूत बनाना : सभी वैज्ञानिकों को जो कृषि के लिए नई तकनीकों के विकास कार्य में लगे हों, चाहे वे किसी भी विषय के क्यों न हो आपस में तारतम्य बनाये रखना चाहिए तथा एक प्रणाली (सिस्टम) के तहत कार्य करना चाहिए। कहने का तात्पर्य यह है कि कृषि

प्रणाली अनुसंधान के शोधकर्त्ताओं एवं अन्य वैज्ञानिकों के बीच की कड़ी मजबूत होनी चाहिए ताकि आपसी विचार विमर्श द्वारा किसी सफल परिणाम तक पहुँचा जा सके।

प्रसार कार्य भी संलग्न हो : कृषि प्रणाली अनुसंधान को प्रचार एवं प्रसार सेवाओं के साथ भी जुड़ा रहना चाहिए। इसके लिए सरल एवं कारगर मार्ग का विकास करना चाहिए जिसमें किसानों की भी प्रसार कार्यों में भागीदारी हो तथा किसान ही अन्य किसानों को प्रशिक्षण दें।

गैर सरकारी संस्थाओं के साथ टीम बनाना : जब शोध संसाधन सीमित हों तो वैसी अवस्था में छोटे किसानों तक तकनीकें पहुँचाने एवं बनाने में गैर–सरकारी संस्थाओं का काफी योगदान मिल सकता है। अतः कृषि अनुसंधान प्रणाली के सरकारी कार्यक्रमों को सुचारू रूप से चलाने के लिए गैर–सरकारी संस्थाओं के साथ अपने सम्बन्ध मजबूत बनाये रखने चाहिए।

प्रशिक्षण में सुधार : कृषि प्रणाली अनुसंधान के लिए सुझाई गई नई दिशाओं में कृषि प्रणाली अनुसंधान से जुड़े हुए कुशल व्यक्तियों की आवश्यकता होगी। इस चुनौती को स्वीकारने के लिए विश्वविद्यालय एवं कृषि शिक्षा पद्धति को तैयार रहना होगा।

भविष्य के विचारणीय बिन्दु

- समेकित कृषि प्रणाली के अंतर्गत बायोमास उत्पादन की मात्रा तथा स्थायित्व लाने लिए इसकी पूर्ण क्षमता/कुशलता का मापन करना।
- फसल अवशेषों के पुनर्चक्रण हेतु सक्षम कोशिकाभित्तियुक्त सूक्ष्मजीवों की पहचान करना।
- कार्बन संचय तथा इसके पृथक्करण पर समेकित कृषि प्रणाली का प्रभाव
- कृषक समुदाय में अपनाई गई/व्याप्त समेकित कृषि प्रणाली के देशी तकनीकी ज्ञान को विकसित करना तथा उनकी वैज्ञानिक पुष्टता कर उन्हें लोकप्रिय बनाना।

- फार्म पर अनुसंधान (ऑन फार्म रिसर्च) का विकास करना ताकि स्थान विशिष्ट की समस्याओं के समाधान के लिए तकनीकों की पहचान की जा सके एवं उन्हें अपनाया/लागू किया जा सके।
- कृषि प्रणाली के प्रकार, ढ़ॉचे, आर्थिकी, स्थायित्व आदि से सम्बन्धित विभिन्न परिस्थितियों में डाटाबेस (सूचना संग्रह) विकसित करने की आवश्यकता है।
- विभिन्न आकर के जोतों के लिए, बदलती आर्थिक व्यवहार्यता एवं सामाजिक स्वीकार्यता के साथ, फार्मिंग सिस्टम (कृषि प्रणाली) के अनुसंधान मॉड्ल्स विकसित करना।
- शोध केन्द्रों में विकसित तकनीकों का किसान के खेतों पर मूल्यांकन करना एवं बेहतर बनाना।
- विभिन्न कृषि परिस्थितियों के अंतर्गत, मौसमी उतार–चढ़ाव/जलवायविक आपदाओं का सामना करने के लिए एक आपदा प्रबंधन योजना बनाना।
- कृषि प्रणाली को वृहत स्तर पर आगे बढ़ाने के लिए अल्पकालिक/मध्यकालिक अथवा दीर्घकालिक ऋणों एवं अन्य प्रोत्साहक फायदों के माध्यम से प्रारम्भिक वित्तीय सहायता के साथ नियोजनकर्त्ताओं/नियोजकों के विचार हेतु एक नीति प्रारूप तैयार करने की आवश्यकता है।

समेकित कृषि प्रणाली की सीमायें/बाधायें

- चूँकि यह प्रणाली बहुविषयक एवं बहुउद्यमी है, अतः विभिन्न घटकों व विभिन्न विषयों के ज्ञाताओं के साथ ताल–मेल बैठाने में परेशानी होती है।
- शुरुआत में यह एक खर्चीली प्रणाली है।
- मॉडल स्थान विशेष एवं परिस्थिति के लिए ही उपयुक्त होती है। एक माडल समान रूप से सभी जगह लागू नहीं हो सकता हैं।
- समय पर उन्नत किस्म के प्रजातियों का अभाव (फसल/जीव जन्तु) हो सकता है।

- कृषकों में तकनीकी ज्ञान की कमी एवं शिक्षा का अभाव है जिसके कारण इसके ग्राहयता मे परेशानी होती है।
- बिखरे हुए जोन (खासकर बिहार में) विशेष समस्या है।
- यह किसानों की सामाजिक एवं आर्थिक स्थिति पर आधारित होती है।
- ग्राम–स्तर/जिला–स्तर पर बाजार के अभाव में उत्पादों की बिक्री सुलभ नहीं हो पाती है।
- तकनीक अपनाने में किसानों की असमर्थता एवं हिचकिचाहट इत्यादि।

❑❑❑

अध्याय 8

परिशिष्ट

सफलता की कहानी

एस. दर्शन सिंह– एक प्रगतिशील किसान (पंजाब प्रांत) अपने खेत में कृषि–मात्स्यिकी –बागवानी–वानिकी–पशुपालन के समन्वय की धारणा को अपनाया। खेत की फसलों, बगीचों तथा वनों की मत्स्य तालाब के जल द्वारा सिंचाई करने के लिए अपनी स्वयं की व्यवस्था विकसित की। मिश्रित मत्स्यपालन तथा पोपलर उत्पादन के साथ उन्होंने मत्स्य तालाब के उर्वरक हेतु सूअरों एवं कुक्कुट के मल का प्रयोग किया। 5–6 टन/हे0 मछली के साथ साथ धान (2.2–3.0 टन/हे0) तथा गेहूँ (1.8–2.5 टन/हे0) प्राप्त करने के साथ ही, सुअर पालन, कुक्कुटपालन तथा दुग्ध व्यवसाय से अन्य आय भी प्राप्त कर रहें हैं।

मछली के तालाब के पानी से धान में सिंचाई

फ्लोटिंग फिश् फीड डिस्पेंसर

सूअरों के तालाब में नहाने के दौरान पानी में ऑक्सीजन मिश्रण

पोपलर के वृक्षों की सोलर पम्प से सिंचाई

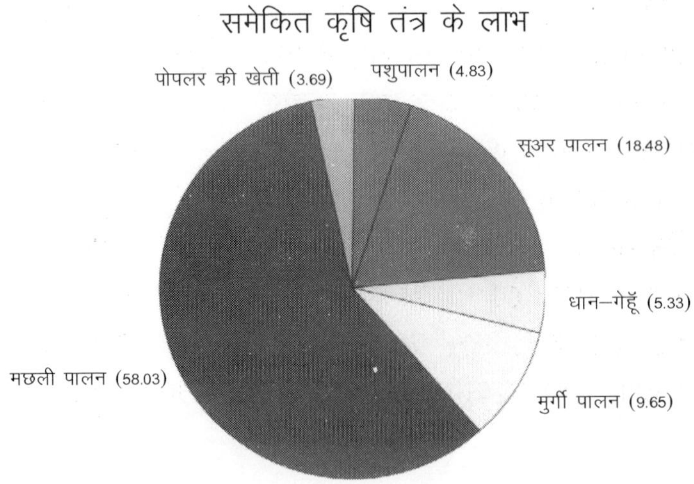

रेखाचित्र 16 : विविध उद्यमों के अंतर्गत उत्पन्न आय (प्रतिशत)

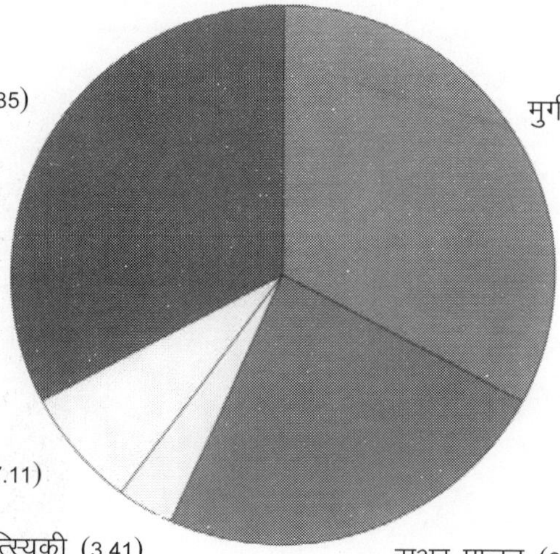

रेखाचित्र 17 : धान–गेहूँ तंत्र पर रोजगार सृजन (श्रम दिवस) का प्रतिशत

सफलता की कहानी

राधाकान्त साहू (कटक, उड़ीसा)

- 2.47 हे0 दलदली एवं जलमग्न क्षेत्र में बहुआयामी उपयोग का प्रदर्शन किया।
- 1.64 हे0 अल्प उत्पादन वाली भूमि को एक मत्स्यतालाब में परिवर्तित किया, निकली मिट्टी का बागवानी / सब्जी उत्पादन हेतु मेड़ की उँचाई बढ़ाने में उपयोग किया।
- तालाब में मछलियों तथा झींगा का पालन किया।
- मत्स्य तालाब के साथ कुक्कुट के समन्वय हेतु उन्होने 4000 पक्षियों के लिए कुक्कुट बाड़ का इस प्रकार निर्माण किया कि मल से तालाब को उर्वरक एवं मछलियों को चारा मिलता रहे। इस तंत्र से ₹ 3,62,515 / – की शुद्ध आय मिली जबकि साथ लगे जलमग्न धान के खेत से मात्र ₹ 4,166 / – की प्राप्ति हुई।
- समेकित कृषि तंत्र की शुद्ध जल उत्पादकता ₹ 7.5 / मी.^{3} तथा सब्जी के साथ धान उत्पादन में जल की शुद्ध उत्पादकता ₹ 7.5 / मी.^{3}

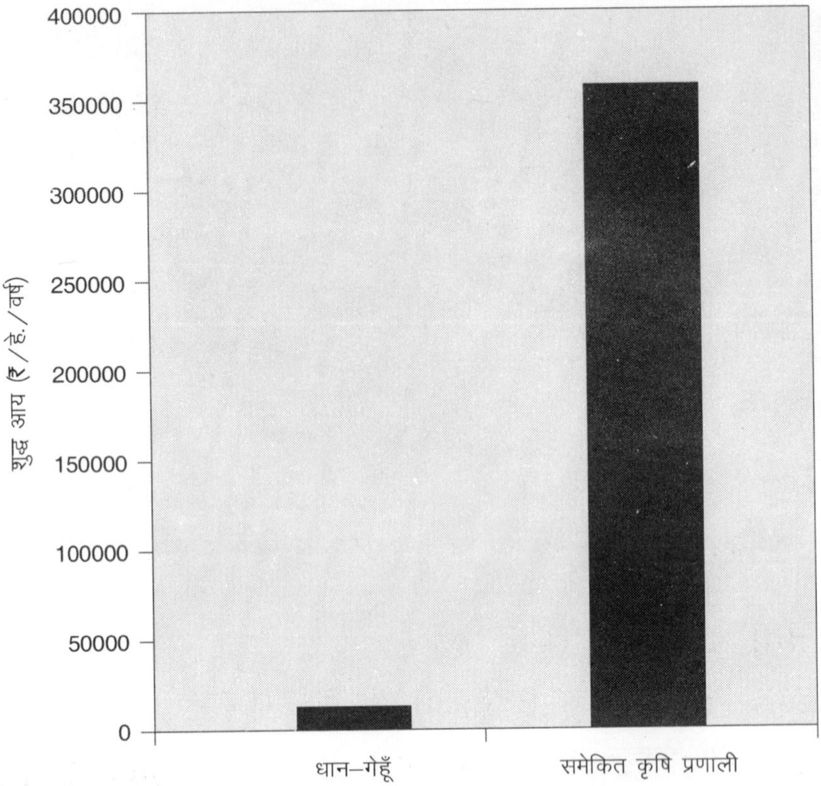

रेखाचित्र 18 : परम्परागत एवं समेकित कृषि प्रणाली के अन्तर्गत आय

❑❑❑

अध्याय 9

संदर्भ

जयंती सी., शक्तिवेल, एन. मारीमुथ्थु एस., विवके जी. ऐण्ड कंडास्वामी, ओ. एस. 2004। *इफीशिएंट इंटीग्रेटेड फार्मिंग सिस्टम फॉर इनक्रीसिंग द फार्म प्रोडक्टीविटी ऑफ रिसोर्स पुअर फारमर्स*। सिंह ए. के., गंगवार बी., शर्मा जी. सी. और पांडेय पी. एस. (सम्पादक) पृ. सं. 3–5, मोदीपुरम फार्मिगं सिस्टम रिसर्च एंड डेवेलपमेंट एसोसिएशन।

के. ए. यू (केरल कृषि विश्वविद्यालय), 2007। *पैकेज ऑफ प्रैक्टिसेस रिकोमेन्डेशनसः क्रॉपस* 13 प्रका. के ए यू डायरेक्टेट ऑफ एक्सटेंशन, थ्रीसुर पृ. सं. 334

मैथ्यू टी. एण्ड वर्गिस के. 2007, न्यूट्रिएंट फलो एण्ड इकोनॉमिक्स ऑफ इंटीग्रेटेड फार्मिंग सिस्टम प्रैक्टिसड इन द कॉस्टल रिजन ऑफ केरल. इनः *नेशनल सिम्पोजियम ऑन इंटीग्रेटेड फार्मिंग सिस्टमस ऐंड इट्स रोल टुवार्डस लाइवलीहुड इम्प्रूवमेंट अंडर इंडियन कॉन्टेक्सट* 26–28 अक्टूबर, 2007 ऐट आर ए आर एस, दुर्गापुरा (जयपुर) आर ए यू., फार्मिंग सिस्टम रिसर्च ऐंड डेवेलपमेंट एसोसिएशन मोदीपुरम।

नेलिएट इ. वी. ऐण्ड कृष्णनजी, एन. 1976। इंटेंसिव क्रॉपिंग इन कोकोनट गार्डेनस। *इंडियन फार्मिंग* 27 (9):9–12

फीनस्त्रा जी., इनजेल्स सी. ऐण्ड कैम्पेल डी. 1997। व्हाट इज सस्टेनेबल एग्रीकल्चर (ऑन लाइन) यू सी. सस्टेनेबल एग्रीकल्चरल रिसर्च ऐण्ड एज्यूकेशन प्रोग्राम.। यूनिवर्सिटी ऑफ कैलीफोर्निया, डेविस

सिंह कल्याण, बोहरा जे. एस., सिंह टी. के., सिंह जे. पी., सिंह योगेश्वर ऐंण्ड सिंह सी. एस. 2007। प्रोडक्टीविटी ऐण्ड एग्रो–इकोसिस्टम ऑफ इस्टर्न उत्तर प्रदेश। *इंडियन जनरल ऑफ एग्रोनोमी* 52 (1): 11–15

सुलीवान, पी. 2003। ऐप्लाइंग द प्रिंसिपल ऑफ सस्टेनेबल फार्मिंग फंडामेन्टलस ऑफ सस्टेनेबल एग्रीकल्चर ए.टी. टी. आर.एन नेशनल सस्टेनेबल एग्रीकल्चरल इनफॉरमेशन सर्विस, फेयेटेवीले,, यू. एस. ए.।

तिवारी एस. पी., रवि आर., नन्देहा के. एल., वारदीआ, एच. के., शर्मा आर. पी. एंण्ड राजगोपाल एस. 1999। ऑगमेनटेशन ऑफ इकोनोमिक स्टेट्स ऑफ बस्तर ट्राइबल्स थ्रू इंटीग्रेटेड (क्रॉप, लाइवस्टॉक, पोलट्री, डक, फिश) फार्मिंग सिस्टम। *इंडियन जनरल ऑफ एनीमल साइंसेज* 69 (6):448–452

उरूकर जे. एस. ऐण्ड मिश्रा, आर. के. 2004। फार्मिंग सिस्टमस इन छत्तीसगढ़: प्रोबलम्स एंण्ड प्रॉस्पेक्टस। *प्रोसिडिंगस ऑफ ए सिम्पोजयम अल्टरनेटिव फार्मिंग सिस्टम: इनहांसड इनकम ऐंड इम्प्लॉयमेंट जेनेरेशन ऑपशन्स फॉर स्मॉल ऐंड मारजीनल फारमर्स'* हेल्ड ऐट पी. डी. सी. एस. आर., मेरठ (यू. पी.), 16– 18 सितम्बर, 2004।

जयंती सी., बालुसामी एम., चिन्नुसामी सी. ऐण्ड मैथिली एस. 2003। इंटीग्रेटेड न्यूट्रीएंट सप्लाई सिस्टम ऑफ लिंकड कम्पोनेन्टस इन लोलैंड इंटीग्रेटेड फार्मिंग सिस्टम। *इंडियन जर्नल ऑफ एग्रोनोमी* 48 (4) : 241–246

हेगड़े डी. एम. एण्ड बाबू एस. एन. सुधाकर 2004। अल्टरनेट क्रॉपिंग सिस्टम फॉर रिसोर्स सस्टेनेबिलिटी एण्ड वैल्यू एडीशन। *प्रोसिडिंगस ऑफ ए सिम्पेजियम 'अल्टरनेटिव फार्मिंग सिस्टम: इनहांसड इनकम एण्ड एमप्लायमेंट जेनेरेशन ऑपशन्स फॉर स्मॉल एण्ड मार्जीनल फारमर्स'* हेल्ड ऐट पी. डी. सी. एस. आर., मोदीपुरम, मरठ (यू. पी.), 16–18 सितम्बर, 2004।

चेम्वर्स आर. एण्ड धीलदयाल बी. पी. 1985। एग्रीकल्चरल रिसर्च फॉर रिसोर्स – पूअर फारमर्स : द फारमर – फर्स्ट – एण्ड – लास्ट मॉडल। *एग्री. एडमीन.* 20: 1–30।

रमन के. वी. एण्ड बालागुरू टी. 1992। फार्मिंग सिस्टम रिसर्च इन इंडियाः स्ट्रैटेजिस फॉर इम्प्लीमेंटेशन प्रोसिडिंग ऑफ नेशनल वर्कशॉप, (एन. ए. ए. आर. एम.) नार्म, हैदराबाद पृ. सं. 1–39।

सी. जी. आई. ए. आर. 1978। फार्मिंग सिस्टमस रिसर्च ऐट द इंटरनेशनल एग्रीकल्चरल रिसर्च सेन्टरस. टी ए. सी. सेकरेटेरिएट, रोम, इटली।

शेनर डब्ल्यू. डब्ल्यू., फिलिप्स पी. ई. एण्ड स्केमेहल डब्ल्यू. आर. 1982। फार्मिंग सिस्टमस रिसर्च एण्ड डेवलपमेन्टः ए गाइडलाइन फॉर डेवलपिंग कन्ट्रीज्. बोलडर, कोलाराडोः वेस्ट विउ प्रेस।

मेरिल–सैंडस डी. 1986। फार्मिंग सिस्टमस रिसर्च : क्लैरिफिकेशन ऑफ टर्मस एण्ड कॉनसेप्टस. *एक्सपेरिमेंटल एग्रीकल्चर* 22: 87–104 ।

गौतम यू. एस., सिंह एस. एस., कुमार उज्जवल, भटनागर पी. आर. राजन के. एण्ड सिक्का ए. के. 2004। इनहांसिंग एग्रीकल्चरल प्रोडक्शन थ्रू बायो–फिजिकल इंटरवेंशनस बुलेटिन संख्या आर–12 /पट–4, आई सी. ए. आर.–आर. सी. ई. आर., पटना।

ऐश्वाई, जे. ए. 1986। मेथोडॉलॉजी फॉर द पार्टीसीपेशन ऑफ स्माल फारमर्स इन द डिजाइन ऑफ ऑन–फॉर्म ट्रॉयलस एग्रीकल्चर एण्ड एडमीन. एण्ड *एक्सटेंशन* 22: 1–19।

कुमार संजीव एवं शिवानी 2009। बुलेटिन ऑन–समेकित कृषि प्रणाली (हिन्दी) प्रकाशकः बिहार कृषि प्रबंधन एवं प्रसार प्रशिक्षण संस्थान (बामेति) पटना।

बिगस एस. डी. 1989। रिसोर्स पुअर फारमर पार्टीसिपेशन इन रिसर्चः ए सिन्थेसिस ऑफ एक्सपीरिएंसेज् फ्रॉम नाइन नेशनल एग्रीकल्चरल रिसर्च सिस्टमस, ओ. एफ. सी. ओ. आर. कम्पेरेटिव स्टडी पेपर 3, आई. एस. एन. ए. आर., हेग, नीदरलैंडस।

राय मंगला 2005। कृषि जलवायु मंडल पर आधारित फसल प्रणाली, प्रोजेक्ट डायरेक्टेरेट ऑफ क्रॉपिंग सिस्टमस रिसर्च, मोदीपुरम, मेरठ (यू. पी.)।

सोहाने आर. के. 2008। वर्मी कम्पोस्ट सह खेती। बामेति, बिहार सरकार, पटना – 14 (बिहार)

शंकरण एन. एण्ड जयंती, सी. 2004। प्रीडोमिनेंट फार्मिंग सिस्टम एण्ड अल्टरनेटिवस इन तमिलनाडु. *प्रोसिडिंगस ऑफ ए सिम्पोजियम 'अल्टरनेटिव फार्मिंग*

सिस्टमः इन्हांसड इनकम एण्ड इम्प्लायमेंट जेनरेशन ऑपशनस फॉर स्माल एण्ड मार्जीनल फारमर्स' हेल्ड ऐट पी. डी. एफ. एस. आर., मोदीपुरम, मेरठ (यू. पी.)।

शिवामुरूगन, 2001। सस्टेनेबल फार्मिंग सिस्टम अंडर इरीगेटेड अपलैंड सिचुएशन. पी. एच. डी. (थीसिस) तमिलनाडु एग्रीकल्चरल यूनिवर्सिटी, कोयम्बटूर।

गणेशन एस. 1989। स्टडीज ऑन द फिजीबिलिटी ऑफ इंट्रोड्यूसिंग डक कम फिश रिअरिंग इन द डेल्टाइक रिजन ऑफ थनजावुर डिस्ट्रीक्ट। एम. एस. सी. (एजी.) थीसिस, तमिलनाडु एग्रीकल्चरल यूनिवर्सिटी, कोयम्बटूर।

राजकुमार एस. 1988। फिजीबिलिटी आफॅ इट्रोड्यूसिंग डेयरिंग ऐज कम्प्लीमेंटरी इंटरप्राइज फॉर स्मॉल फारमर इन थनजावुर डेल्टा एम. एस. सी. (एजी.) थीसिस, तमिलनाडु एग्रीकल्चरल यूनिवर्सिटी, कोयम्बटूर।

कुरूविल्ला वर्गिस एण्ड थॉमस मैथ्यू 2009। इंटीग्रेटेड फार्मिंग सिस्टमस फॉर सस्टेनेबीलिटी इन कोस्टल इकोसिस्टम, *इंडियन जरनल ऑफ एग्रोनोमी* 54 (2): 120–127।

वर्गिस के. जैकब जे., रानी बी. एण्ड विजयन एम. 2007। स्कोप ऑफ क्रॉप डाइवरसिफिकेशन इन पैडी फील्डस इन : स्पेशल सेशन ऑफ द 19 श्वॉ केरल साइंस कांग्रेस ऐट कन्नुर. 29–31 जनवरी 2007. पैडी कल्टीवेशन इन केरल (मुथुनयगम, ए. ई. एड.) साइंटिस्टस ऑफ केरल स्टेट काउंसिल फॉर साइंस, इकोलॉजी एण्ड इनवायरमेंट, त्रिवेन्द्रम।

वर्गिस के. 2006। प्रोडक्शन पोटेंशियल ऑफ हाई वैल्यू क्रॉपिंग सिस्टमस इन कॉस्टल इकोसिस्टम। *इंडियन जरनल ऑफ एग्रोनोमी* 51 (1) : 21–23।

बजरबरूआ के. एम., सतपती के. के. एण्ड भट्ट बी. पी. 2004। अल्टरनेटिव फार्मिंग सिस्टमसः इश्यूस एण्ड ऑपरचुनिटीज् इन नार्थ इस्टर्न हिल्स। *प्रोसिडिंगस ऑफ ए सिम्पोजीयम 'अल्टरनेटिव फार्मिंग सिस्टमः इनहांसड इनकम एण्ड इम्प्लायमेंट जेनरेशन आपशनस फॉर स्मॉल एण्ड मार्जीनल फारमर्स'* हेल्ड ऐट पी. डी. सी. एस. आर. मोदीपुरम, मेरठ (यू. पी.), 16–18 सितम्बर, 2004।

गिल एम. एम. 2004। मेथॉडोलॉजी फॉर फार्मिंग सिस्टम एप्रोच–ए केस स्टडी। *प्रोसिडिंगस ऑफ ए सिम्पोजीयम 'अल्टरनेटिव फार्मिंग सिस्टमः इनहांसड इनकम एण्ड इम्प्लायमेंट जेनरेशन आपशनस फॉर स्मॉल एण्ड मार्जीनल*

फारमर्स' हेल्ड ऐट पी. डी. सी. एस. आर. मोदीपुरम, मेरठ (यू. पी.), 16–18 सितम्बर, 2004।

बोरा ठाकुर डी. एन. 1985। फार्मिंग सिस्टमस रिसर्च प्रोजेक्ट, बारापानी, आई. सी. ए. आर. रिसर्च कम्पलेक्स फॉर नार्थ इस्टर्न रिजन, शिलांग।

रमन के. वी. 1988। फार्मिग सिस्टमस रिसर्च–इटस इमप्लीकेशन इन फ्यूचर रिसर्च स्ट्रैटेजीस इन इंडिया। *फार्मिंग सिस्टमस रिसर्च न्यूजलेटर* 2 (2): 3–5।

गिल एम. एस. 2004 एण्ड बरार एस. पी. एस. 2001। फार्मिंग सिस्टम अप्रोच टू रिवाइटालाइज पंजाब एग्रीकल्चर –केस स्टडी। *बुलेटिन पंजाब एग्रीकल्चरल मैनेजमेंट एण्ड एक्सटेंशन ट्रेनिंग इंस्टीच्यूट,* पी. ए. यू. लुधियाना।

हन्डू जे. के. 2004। औषधि एवं सुगंध पौधों की वैज्ञानिक खेती एवं प्रसंस्करण। राजेन्द्र कृषि विश्वविद्यालय, पूसा, समस्तीपुर, बिहार।

कुमार अशोक, शर्मा एस. के., वशिष्ठ जी. डी. एण्ड कुमार ए. 2002। प्रोफीटेबिलिटी, रिस्क एण्ड डाइवरसिफिकेशन इन माउनटेन एग्रीकल्चरः सम पॉलिसी इश्यूस फॉर स्लो ग्रोथ क्रॉपस। *इंडियन जर्नल ऑफ एग्रीकल्चरल इकॉनोमिक्स* 57 (3) : 356–365 ।

गुप्ता जे. पी., राठौर एस. एस., शर्मा बी. एम., फरोदा ए. एस., जोशी एन. एक्स., काठजू एस. एण्ड अमल कार 1999। ग्रीनींग सैंडी वेस्टलैंडस : द कल्याणपुर एक्सपीरिएंस। *प्रोसिडिंगस ऑफ ए. सिम्पोजीयम हेल्ड इन इंडिया ऑन रिसेन्ट एडवान्सेस इन मैनेजमेंट ऑफ एरीड इको सिस्टमः* 499–504।

सिंह राजेन्द्र, सिंह नरेन्द्र, फोगत एस. बी. शर्मा यू. के., सिंह आर. एण्ड सिंह एन. 1999। इनकम एण्ड इम्प्लायमेंट पोटेनशियल ऑफ डिफरेंट फार्मिंग सिस्टमस। *हरियाणा एग्रीकल्चरल यूनीवर्सिटी जर्नल ऑफ रिसर्च* 29 (3–4): 143–145।

डजाजाडिरेडजा, आर. जंगकारू, जेड एण्ड मो. जुनु 1980. फ्रेशवाटर एक्वाकल्चर इन इण्डोनेशिया विद् स्पेशल रिफरेंस स्मौल–स्केल एग्रीकल्चर, (इनः प्रोसिडिंग आर. सी. एल. ए.आर.एम–एस.ई.ए.आर.सी.ए. कान्फ्रेन्स ऑन *'इन्टीग्रेटेड एग्रीकल्चर एक्वाकल्चर फार्मिग सिस्टम्स,* 4 अगस्त, 1979, मनीला, फिलीपिन्स), पेजः 143–165

डेलमान्डों एम. एन. 1980. ए रिव्यू ऑफ इंटीग्रेटेड लाइवस्टॉक, वाउलस एण्ड फिस फार्मिंग सिस्टमस. *इन : प्रोसीडिंग ऑफ के. एल. ए. आर. एम. – एस. इ. ए.*

आर. सी. ए. कान्फ्रेंस ऑन 'इंटीग्रेटेड एग्री. एक्वाकल्चर फार्मिंग सिस्टमस'। 4 अगस्त 1979, मनीला, फिलीपिंस, पेजः 172–175।

चेन टी. पी. एण्ड ली., वाइ. 1980. इंटीग्रेटेड एग्रीकल्चर एक्वाकल्चर स्टडीज इन ताईवान। *इन : प्रोसीडिंग ऑफ के. एल. ए. आर. एम. – एस. इ. ए. आर. सी. ए. कांन्फ्रेंस ऑन 'इंटीग्रेटेड एग्री. एक्वाकल्चर फार्मिंग सिस्टमस'*। 4 अगस्त 1979, मनीला, फिलीपिंस, पेजः 239–241।

गोविन्दन, आर., चिन्नास्वामी, के. एन., चन्द्रशेखरन, बी., बुधार, सम, एन, एण्ड प्राइस, जे. 1990. पाउल्ट्री फिश कल्चर इन राइस फार्मिंग सिस्टम्स इन कावेरी डेल्टा रिजन्स ऑफ तमिलनाडु, *इण्डियन जरनल ऑफ एग्रोनॉमी* 35: 23–29।

गोविन्दन आर. 1988. रोल ऑफ पाउल्ट्री–कम–फिश कल्चर ऑफ द इकॉनामिक्स ऑस फार्मिग सिस्टम्स इन थंजाबुर डिस्ट्रिक्ट ऑफ कावेरी डेल्टा। एम. एस. सी. (एग्री) थीसिस, तमिलनाडु एग्रीकल्चरल यूनीवर्सिटी, कोयम्बटूर।

गोविना एल. डी. 1990. पिग–डक–फिश–एजोला इटीग्रेशन इन ला यूनियन, फिलीपिंस, *नागा द आइ.सी.एल.ए.आर.एम. क्वाटरली, अप्रैल* 18–20।

जयासीलन, एम. जे.पी., वेनुगोपाल एम. एस. एण्ड चेलिया एस. 1988. टू इनोवेटिव कल्चर मेथड्स फॉर इन्क्रीज्ड इंटीग्रेटेड फिश प्रोडक्शन, *फार्म फोरन* ।। : 23–26।

कुमार के. एण्ड सिंह बी. एन. 1984. प्रीलीमिनरी आब्जरवेशन ऑन यूटीलाइजेशन ऑफ पैलेटाइज्ड पाउल्ट्री लीटर एज फीड फॉर कॉमन कार्प, *इन्टरनेशनल जनरल ऑफ इचटियल :* 151–154।

लाइफुट सी. एण्ड मिनिक डी. आर. 1990 फारमर्स –फर्स्ट क्वालीटेटिव मेथड्सः फामर्सडायग्राम फॉर इम्प्रूभिंग मेथड्स ऑफ एक्सपेरिमेन्टल डिजाइन इन इंटीग्रेटेड फार्मिग सिस्टमस. ए. एफ. एस. आर. ई. सिम्पोजियम ऑन 'द रोल ऑफ फार्मस इन एफ.एस. आर. ई. एण्ड सस्टैनेबल एग्रीकल्चर'। 14–17 अक्टूबर 1990, माइकेगन स्टेट यूनीवर्सिटी, इस्ट लानसिंग, यू.एस.ए.।

लोगानाथन पी. 1989. मशरूम कल्टीवेशन एज ए कंपोनेन्ट इन मिक्सड् फार्मिंग सिसटम इन थंजावुर डिस्ट्रिक्ट, तमिलनाडु। एम. एस. सी. (एग्री.) थीसिस, तमिलनाडु एग्रीकल्चरल यूनीवर्सिटी, कोयम्बटूर।

पाउलराज एस. 1984। कम्पोजिट फिश कल्चर बाइ पिग डंग, सिओबायोस 11: 265–267।

पालानियप्पन एस. पी. एण्ड सिद्धेवरन के. 1990. इवैलुयेशन ऑफ द पोटेन्शियल ऑफ ग्रीन मैन्योरस एण्ड ग्रेन लेगूयम्स इन राइस फार्मिंग सिस्टम। नेशनल सिम्पोजियम ऑफ 'राइस फार्मिंग सिस्टम' एग्री. कॉलेज एण्ड रिसर्च इंस्टीट्यूट, मदुरई, भारत।

राव पी. वाई. 1984। मशरूम फार्म इन हिमाचल प्रदेश। *इंटेसिव एग्रीकल्चर* 22:19–20।

रंगास्वामी ए. 1992। सस्टेनेवल एग्रीकल्चर फॉर राइस बेस्ड इकोस्टिम। *इन: प्रोसिडिंग ऑफ नेशनल ट्रेनिंग ऑन 'इंटीग्रेटेड फार्मिंग सिस्टम'* हेल्ड ड्यूरिंग 10–17 दिसम्बर, 1992. एट एग्रीकल्चरल यूनीवर्सिटी,कोयम्बटूर, भारत, पेजः 5–12।

रंगास्वामी ए. एण्ड जयन्ती सी. 1994। रिसाइकलिंग ऑफ ऑरगेनिक वेस्टस *इन इन्टीग्रेटेड फार्मिंग सिस्टमस। इन: प्रोसिडिंग ऑफ नेशनल ट्रेनिंग ऑन' आर्गेनिक फार्मिंग'* गवमेनट ऑफ इंडिया एण्ड तमिलनाडु एग्रीकल्चरल यूनीवर्सिटी,कोयम्बटूर, भारत, पेजः 114–118।

झिंगरन, यू. जी. एण्ड शर्मा बी. के. 1980। इंटिग्रेटेड लाइवस्टॉक फिश फार्मिंग इन इंडिया। इनः प्रोसिडिंग आई. सी. ए. एट. ए. आर. एम. – एस. ई. ए. आर. सी. ए. कान्फ्रौस ऑन *'इंटीग्रेटेड एग्रीकल्चर – एक्वाकल्चर फार्मिंग सिस्टमस'* 9 अगस्त, 1979, मनीला, फिलीपिन्स, पेजः 135–141।

शर्मा बी. के., दास एम. के. एण्ड चक्रवर्ती डी. पी. 1985। इंटीग्रेटेड फिश–कम–पाउल्ट्री फार्मिंग। *एग्रीकल्चर एक्सटेंशन मैनुअल न्यूज लेटर,* सीरिज 5:20–29।

शर्मा बी. के.,एण्ड दास एम. के. 1985। इंटीग्रेटेड फिश–कम–लाइवस्टॉक, क्रॉप फार्मिंग सिस्टमस् इन एम. मोहन जोसेफ (इडी.)। *द फर्स्ट इंडियन फिशरीज फोरम् प्रोसिडिंगस।* एसियन फिशरिज सोसाइटी, इंडियन ब्रॉच, मंगलोर, पेजः 27–30।

शर्मा, एल. आर. भाती, जे. पी. एण्ड सिंह, आर. 1991। इमरजिंग फार्मिंग सिस्टम्स् इन हिमाचल प्रदेशः की इशूज इन सस्टेनेबिलिटी। *इंडियन जरनल ऑफ एग्रीकल्चरल इकानॉमिक्स।* 46 (3): 421–427।

शामुंगसुन्दरम् वी. एस, बालुस्वामी एम. एण्ड सुब्रहमन्यम, के. एस. 1992। इंटीग्रेटेड फार्मिंग सिस्टम इन वेटलैन्ड इकोसिस्टम। *इनः प्रोसीडिंग ऑफ नेशनल ट्रेनिंग ऑन 'इंटीग्रेटेड फार्मिंग सिस्टम'* गवर्मेन्ट ऑफ इंडिया एण्ड तमिलनाडु एग्रीकल्चरल यूनीवर्सिटी, कोयम्बटूर, भारत, पेजः 18–20।

सिंह ए. डब्ल्यू सी. 1980. इंटीग्रेटेड एनिमल–फिश हसबेन्ड्री सिस्टमस इन हॉग–कॉग। दि् केस स्टडीज ऑन डक–फिश एण्ड गोट– फिश सिस्टमस। *इन : प्रोसीडिंग ऑफ के. एल. ए. आर. एम. – एस. इ. ए. आर. सी. ए. कान्फ्रेंस ऑन 'इंटीग्रेटेड एग्री. एक्वाकल्चर फार्मिंग सिस्टमस'*। 4 अगस्त 1979, मनीला, फिलीपिंस।

वोयानारोविच इन 1980। रेजिंग डक्स ऑन फिश पॉन्डस। *इन : प्रोसीडिंग ऑफ के. एल. ए. आर. एम. – एस. इ. ए. आर. सी. ए. कान्फ्रेंस ऑन 'इंटीग्रेटेड एग्री. एक्वाकल्चर फार्मिंग सिस्टमस'*। 4 अगस्त 1979, मनीला, फिलीपिंस।

टान, इ. एम. पी. खू, के. एच. 1980। इन इंटीग्रेशन ऑफ फिश फार्मिंग विद् एग्रीकल्चर इन मलेशिया। इन : *प्रोसीडिंग ऑफ आई. सी. एल. ए. आर. एम. – एस. इ. ए. आर. सी. ए. कान्फ्रेंस आन इंटीग्रेटेड एग्री. एक्वाकल्चर फार्मिंग सिस्टमस*। 4 अगस्त, 1979, मनीला, फिलीपिंस, पेजः 175–187।

वनगिरेनसवन, एल. जी. 1987। इन कल्टीवेशन ऑफ मशरूमः इट्स प्रेणेंट एण्ड फ्यूचर डेवलप्मेंट। *आउटलुक ऑन एग्रीकल्चर*। 6:131–135।

वीरभद्रन, वी. 1994। फार्मिंग सिसटमस रिसर्च इन साउद्रन पार्टस ऑफ तमिलनाडु। इनः प्रोसीडिंग ऑफ समर इंस्टीट्यूट ऑन *'इंटीग्रेटेड फार्मिंग सिस्टम रिसर्च एण्ड मैनेजमेनट फॉर सस्टेनेबल एग्रीकल्चर*। 6–15 जून, 1994, तमिलनाडु एग्रीकल्चरल यूनीवर्सिटी,कोयम्बटूर, भारत, पेजः 258–269।

□□□

समेकित कृषि प्रणाली को दर्शाते कुछ चित्र

भा. कृ. अनु. प., पटना द्वारा विकसित 2 एकड़ समेकित कृषि प्रणाली का प्रारूप

भा. कृ. अनु. प., पटना द्वारा विकसित 1 एकड़ समेकित कृषि प्रणाली का प्रारूप

1 एकड़ समेकित कृषि प्रणाली के अंतर्गत मधुमक्खी पालन

2 एकड़ समेकित कृषि प्रणाली के तालाब के बंध पर केला उत्पादन

2 एकड़ समेकित कृषि प्रणाली के मेड़ पर करैला उत्पादन

1 एकड़ समेकित कृषि प्रणाली के अंतर्गत शस्य फसल उत्पादन

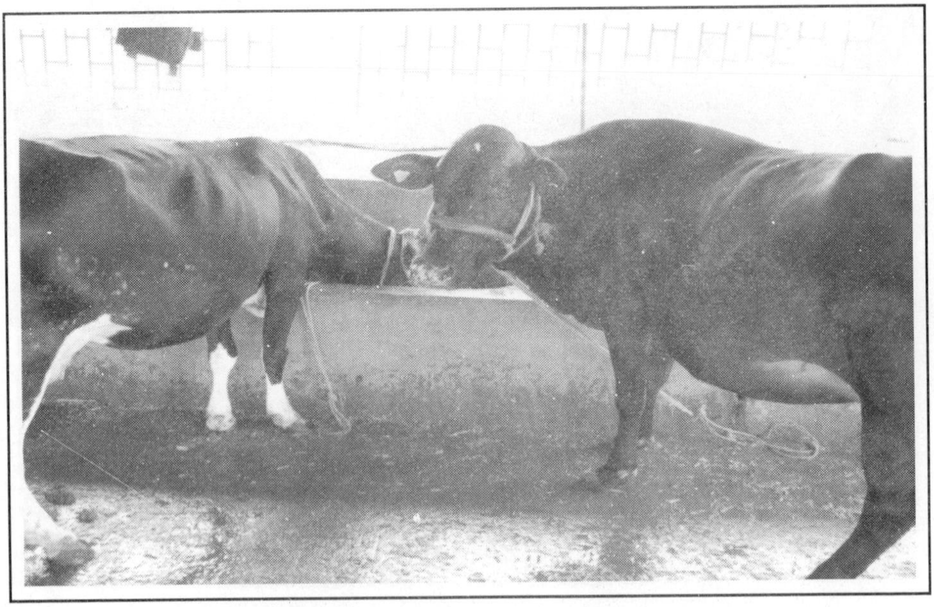

2 एकड़ समेकित कृषि प्रणाली के अंतर्गत पशुपालन

2 एकड़ समेकित कृषि प्रणाली के अंतर्गत बत्तख पालन

2 एकड़ समेकित कृषि प्रणाली के अंतर्गत बत्तखों का समूह

1 एकड़ समेकित कृषि प्रणाली का कृषक भ्रमण

2 एकड़ समेकित कृषि प्रणाली के अंतर्गत मत्स्य–सह–बत्तख पालन

समेकित कृषि प्रणाली के अंतर्गत तालाब के मेड़ पर पपीते के साथ फूलगोभी की खेती

1 एकड़ समेकित कृषि प्रणाली के अंतर्गत बकरी पालन

1 एवं 2 एकड़ समेकित कृषि प्रणाली के अंतर्गत नींबू उत्पादन

2 एकड़ समेकित कृषि प्रणाली के अंतर्गत उद्यान क्षेत्र

2 एकड़ समेकित कृषि प्रणाली के अंतर्गत गौ पालन

2 एकड़ समेकित कृषि प्रणाली के अंतर्गत तालाब के बंध पर नींबू उत्पादन

1 एकड़ समेकित कृषि प्रणाली के अंतर्गत आयस्टर मशरूम उत्पादन

2 एकड़ समेकित कृषि प्रणाली के अंतर्गत उद्यान क्षेत्र में नींबू की खेती

2 एकड़ समेकित कृषि प्रणाली के अंतर्गत अमरूद–सह–टमाटर की खेती

1 एकड़ समेकित कृषि प्रणाली के अंतर्गत मशरूम उत्पादन इकाई

1 एकड़ समेकित कृषि प्रणाली के अंतर्गत आलू की खेती

समेकित कृषि प्रणाली के अंतर्गत खेत के मेड़ो पर पत्ता–गोभी की खेती

समेकित कृषि प्रणाली के अंतर्गत कम लागत वाली पशु शेड

समेकित कृषि प्रणाली के अंतर्गत वर्मी खाद द्वारा टमाटर उत्पादन

समेकित कृषि प्रणाली के अंतर्गत गेहूँ–सह–मक्के की खेती

समेकित कृषि प्रणाली के अंतर्गत मत्स्य उत्पादन

समेकित कृषि प्रणाली के अंतर्गत तालाब के मेड़ पर केले के साथ भिंडी की अंतःवर्ती खेती

समेकित कृषि प्रणाली के अंतर्गत तालाब के मेड़ पर नींबू के साथ तरोई की खेती

समेकित कृषि प्रणाली के अंतर्गत तालाब के मेड़ पर पपीते के साथ बोरो (काउ पी) एवं सूरन की खेती

समेकित कृषि प्रणाली के अंतर्गत खेत की मेड़ पर लौकी की खेती

समेकित कृषि प्रणाली के अंतर्गत तालाब के मेड़ पर नींबू के साथ फूलगोभी की खेती

समेकित कृषि प्रणाली के अंतर्गत तालाब के मेड़ पर नींबू के साथ टमाटर की खेती

समेकित कृषि प्रणाली के अंतर्गत कम लागत वाली चूजा शेड का निर्माण

समेकित कृषि प्रणाली के अंतर्गत तालाब के मेड़ पर बत्तख शेड का निर्माण

समेकित कृषि प्रणाली के अंतर्गत दो शेडों के बीच खाली स्थान में हल्दी की खेती

बत्तखों द्वारा तालाब के ढालों पर उगे खर–पतवारों एवं कीटों का भक्षण

समेकित कृषि प्रणाली के अंतर्गत कम लागत वाली पौल्ट्री एवं मशरूम शेड

समेकित कृषि प्रणाली के अंतर्गत खेत के मेड़ पर खीरा एवं मुख्य खेत में बैगन

समेकित कृषि प्रणाली के अंतर्गत खेत के मेड़ पर खीरा की खेती

समेकित कृषि प्रणाली के अंतर्गत ब्रायलर चूजा पालन

समेकित कृषि प्रणाली के अंतर्गत पिट में बकरी खाद उत्पादन

समेकित कृषि प्रणाली के अंतर्गत तालाब के मेड़ पर पपीते के साथ हल्दी की अंतःवर्ती खेती

समेकित कृषि प्रणाली के अंतर्गत मुख्य खेत में धान एवं मेड़ पर तरोई की फसल

समेकित कृषि प्रणाली के अंतर्गत वर्मी कम्पोस्ट उत्पादन इकाई

समेकित कृषि प्रणाली का मॉडल प्रक्षेत्र

समेकित कृषि प्रणाली के अंतर्गत चारागाह

समेकित कृषि प्रणाली के अंतर्गत विभिन्न शेडों के छत पर भतुआ (ऐश गोर्ड) की फसल

समेकित कृषि प्रणाली के अंतर्गत विभिन्न फसलों का समन्वयन

समेकित कृषि प्रणाली के अंतर्गत उद्यान प्रक्षेत्र

लेखक परिचय

डॉ. संजीव कुमार का जन्म 18 अक्टूबर, 1971 को बिहार प्रान्त के पटना जिले के अन्तर्गत खुसरूपुर ग्राम में हुआ था। उनकी प्रारंभिक शिक्षा पटना में हुई। उन्होंने अपनी ग्रेजुयेशन (1994) गोबिन्द बल्लभ पन्त कृषि एवं प्राद्योगिकी विश्वविद्यालय, पन्तनगर, उत्तर प्रदेश से कृषि एवं पशुपालन विषय में प्रथम स्थान से प्राप्त की। तदोपरान्त वे अपनी मास्टर ऑफ साइंस की उपाधि (1996) शस्य विज्ञान में इसी विश्वविद्यालय से प्रथम श्रेणी में उतीर्ण की इस दौरान उन्होंने भारतीय कृषि अनुसंधान परिषद् द्वारा प्रायोजित जूनियर रिसर्च फेलोशिप भी प्राप्त की। इसके बाद वे भारतीय कृषि अनु. प. द्वारा प्रायोजित कृषि अनुसंधान सेवा के लिए वैज्ञानिक पद पर 1997 में चयनित हुए एवं भारत के उत्तर–पूर्वी राज्य (मणिपुर) में अपना पहला योगदान दिया। वहॉ उन्होंने शीतकालीन मूँगफली की खेती पॉलीथीन मल्च के साथ शुरू की जो कि काफी सराहनीय प्रयास रहा। इसके बाद वे 1999 में भा. कृ. अनु. प. के उत्तर–पूर्वी परिषद् के सिक्किम केन्द्र पर अपना योगदान दिया जहॉ वे पहाड़ी भूमि पर खेती करने की नई विधियॉ विकसित करने में सफल रहे एवं इस दौरान वे केन्द्र के शस्य विभाग के प्रभारी भी रहे और इस दौरान वे राजकीय कृषि विभाग एवं एन.ए.टी.पी. के अंतर्गत वाटर सेड़ मैनेजमेंट कार्यक्रम में सराहनीय योगदान दिया।

इसके बाद उनका चयन 1996 में वरिष्ठ वैज्ञानिक, शस्य विज्ञान के रूप में पूर्वी क्षेत्र के लिए भारतीय कृषि अनुसंधान परिषद् के शोध परिसर, पटना में हुआ। जहॉ पर उन्होनें समेकित कृषि प्रणाली विषय पर शोध कार्य प्रारंभ किया एवं वर्तमान में वे अखिल भारतीय फसल अनुसंधान कार्यक्रम के तहत समेकित कृषि प्रणाली पटना केन्द्र के मुख्य अन्वेषक के रूप में कार्यरत हैं। 2005 में उन्होंने पी. एच. डी. (शस्य विज्ञान) की उपाधि प्राप्त की। समेकित कृषि प्रणाली अनुसंधान मे अन्तर्गत उन्होंने राज्य के किसानों को दो समेकित कृषि प्रणाली का प्रारूप (एक एकड़ एवं दो एकड़) दिया जो कि पूर्वी क्षेत्र में काफी सराहनीय प्रयास रहा है। अपनी अब तक की सेवा के दौरान वे कई राष्ट्रीय एवं अन्तराष्ट्रीय कृषि प्रोजेक्ट के मुख्य अन्वेषक व सह – अन्वेषक भी रहे।

उन्होंने इस दौरान तकरीबन 30 शोध पत्र, 10 किसानोपयोगी लेख, 5 तकनीकी बुलेटिन्स एवं कई पुस्तकों में लेखन का कार्य किया। समेकित कृषि प्रणाली से जुड़े अनुसंधानों एवं कृषक क्षेत्र पर समेकित कृषि प्रणाली को ले जाने में इनका प्रयास काफी सराहनीय रहा है।

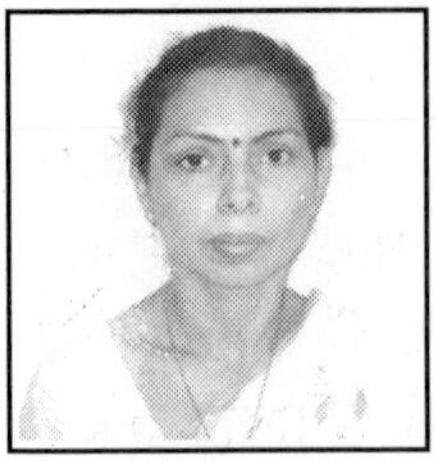

डॉ. शिवानी का जन्म झारखण्ड प्रान्त की राजधानी रॉची शहर में हुआ था। उनकी प्रारंभिक शिक्षा मिशनरी स्कूल में हुई एवं कृषि विज्ञान में स्नातक, स्नातकोत्तर एवं पी.एच.डी. की उपाधि (शस्य विज्ञान) बिरसा कृषि विश्वविद्यालय रॉची से क्रमशः सन् 1991, 1994 एवं 2001 के दौरान प्राप्त की। स्नातकोत्तर करने के दौरान उन्होंने जूनियर रिसर्च फेलोशिप प्राप्त किया। उन्होंने अपना कार्य भा. कृ. अनु. परिषद् के तहत् फसल अनुसंधान प्रणाली निदेशालय, मोदीपुरम, मेरठ (उत्तर प्रदेश) में वैज्ञानिक के पद पर 1997 में शरू किया। वहाँ उन्होंने अनुसंधान समन्वय एवं प्रबंधन प्रोग्राम में अपना योगदान दिया। धान गेहूँ फसल प्रणाली में दलहन फसलों द्वारा विविधिकरण द्वारा उत्पादकता एवं मृदा स्वास्थ्य पर पड़ने वाले प्रभाव पर शोध किया।

इसके बाद सन् 1999 में उत्तर – पूर्वी क्षेत्र के लिए भा. कृ. अ. प. के सिक्किम केन्द्र में उनका स्थानांतरण हो गया। वहॉ उन्होंने सरसों पर अनुसंधान किया तथा उस क्षेत्र के लिए सरसों की बुआई का उपयुक्त समय एवं दूरी पर शोध कार्य किया। राजकीय कृषि विभाग द्वारा चलायी जा रही परियोजना सिक्किम कृषि के एवं बागवानी फसलों में समन्वित पोषक तत्व प्रबंधन के साथ भी वे जुड़ी रहीं।

पूर्वी क्षेत्र के लिए भारतीय कृषि अनुसंधान परिषद् का अनुसंधान परिसर, पटना में सन् 2003 से फिर वे अनुसंधान समन्वय एवं प्रबंधन इकाई से जुड़ गईं। उन्होंने संस्थान के वार्षिक प्रतिवेदन के संकलन एवं सम्पादन के साथ–साथ अन्य प्रकाशनों के भी सम्पादन में योगदान दिया। फसल विविधिकरण एवं समन्वित कृषि प्रणाली में उन्होंने अपना सराहनीय योगदान दिया तथा किसानों को लाभान्वित करने वाले सफल परिणाम भी दिये। अब तक उनके 16 शोध पत्र, 6 लेख, 3 पुस्तकों में अध्याय प्रकाशित हो चुके हैं।

डॉ. सती शंकर सिंह का जन्म 09 दिसम्बर, 1959 को उत्तर प्रदेश के गोंडा में हुआ था और अभी वे पू. क्षे. के लिए भा.कृ. अनु. परिषद् का शोध केन्द्र, पटना में फसल अनुसंधान विभाग के अध्यक्ष हैं।

उन्होंने अपना कार्य राजेन्द्र कृषि विश्वविद्यालय में सहायक प्राध्यापक के रूप में सन् 1986 में प्रारंभ किया। वरिष्ठ वैज्ञानिक, शस्य विज्ञान पद पर उनका चयन भा. कृ. अनृ. परिषद् का शोध परिसर, पटना में हुआ। 2004–2006 के दौरान वे आर.डब्लू.सी. / सी.आई.एम.एम.वाई.टी. (सिमीट) के साथ जुड़े रहे। डॉ. सिंह को 25 वर्षों का पठन–पाठन, अनुसंधान एवं प्रयास का अनुभव प्राप्त है तथा राजेन्द्र कृषि विश्वविद्यालय में 2 एम.एस.सी. विद्यार्थीयों के प्रमुख सलाहकार भी रहे। डॉ. सिंह काफी समय से अन्तराष्ट्रीय एवं राट्रीय अनुसंधान कार्यक्रमों (डी.एफ.आई.डी., आई.एफ.ए.डी., यू.एस.ए.आई.डी., सिमीट, आर.डब्लू.सी., आई.आर.आर.आई., एफ.ओ.आर.डी. फाउन्डेशन) आदि से जुड़े हैं। उन्होंने करीब 50 शोध पत्र विभिन्न 7 पुस्तकों में अध्याय, 10 तकनीकी बुलेटिन, 28 उपयोगी लेख, 30 प्रचार एवं प्रसार बुलेटिन एवं 70 के करीब राष्ट्रीय विषयों पर सारांश लिखे।

अपने शोध के दौरान उन्होंने अमेरिका, इंग्लैण्ड, मेक्सिको, थाईलैंड, फिलीपीन्स एवं बंगलादेश आदि देशों का भ्रमण किया। भा. कृषि अनु. प. द्वारा प्रायोजित सीनियर रिसर्च फेलोशिप भी उन्हें पी. एच.डी. के दौरान प्राप्त हुआ। डॉ. सिंह को 2001–2002 के दौरान भा. कृ. अनु. परिषद् ने उत्कृष्ट अनुसंधान दल का भी पुरस्कार दिया।